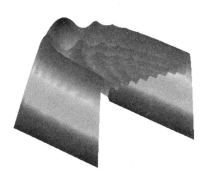

MATLAB R2016a
数字图像处理算法分析与实现

◎ 杨文茵 徐丽新 编著

清华大学出版社

北京

内 容 简 介

　　本书以 MATLAB R2016a 为平台进行编写,全面、系统地介绍了 MATLAB 在数字图像处理中的各种技术及应用。全书共 32 章,主要介绍了图像的运算、图像的变换、图像的增强、图像的复原、图像的分割、图像的编码、图像的形态学处理及图像的小波变换等内容。同时讲述如何利用 MATLAB 解决数字图像的相关问题,起到学以致用的效果。

　　本书可作为数字图像处理领域广大科研人员、学者、工程设计人员的参考用书,也可供高等院校相关专业的教师、在读学生参考使用。

图书在版编目(CIP)数据

MATLAB R2016a 数字图像处理算法分析与实现/杨文茵,徐丽新编著.—北京:清华大学出版社,2018(2018.10重印)

　(精通 MATLAB)

　ISBN 978-7-302-49623-6

　Ⅰ.①M…　Ⅱ.①杨…②徐…　Ⅲ.①数字图象处理-Matlab 软件-研究　Ⅳ.①TN911.73

中国版本图书馆 CIP 数据核字(2018)第 032110 号

责任编辑:刘　星
封面设计:刘　键
责任校对:焦丽丽
责任印制:丛怀宇

出版发行:清华大学出版社
　　　　网　　址:http://www.tup.com.cn,http://www.wqbook.com
　　　　地　　址:北京清华大学学研大厦 A 座　　　　　　　邮　编:100084
　　　　社 总 机:010-62770175　　　　　　　　　　　　　　邮　购:010-62786544
　　　　投稿与读者服务:010-62776969,c-service@tup.tsinghua.edu.cn
　　　　质量反馈:010-62772015,zhiliang@tup.tsinghua.edu.cn
　　　　课件下载:http://www.tup.com.cn,010-62795954
印 装 者:三河市金元印装有限公司
经　　销:全国新华书店
开　　本:185mm×260mm　　　　印　张:27.75　　　　字　数:657 千字
版　　次:2018 年 9 月第 1 版　　　　　　　　　　　　印　次:2018 年 10 月第 2 次印刷
印　　数:1501～2500
定　　价:89.00 元

产品编号:075229-01

　　图像是客观对象的一种相似性的、生动性的描述或写真,是人类社会活动中最常用的信息载体;或者说图像是客观对象的一种表示,它包含了被描述对象的有关信息,是人们最主要的信息源。据统计,一个人获取的信息约有 75% 来自视觉。图像作为一种有效的信息载体,是人类获取和交换信息的主要来源,其直观性和易解性是显而易见的,也是其他信息所无法比拟的。

　　数字图像,又称数码图像或数位图像,是二维图像用有限数字数值像素的表示。数字图像由数组或矩阵表示,其光照位置和强度都是离散的。数字图像是由模拟图像数字化得到的、以像素为基本元素的、可以用数字计算机或数字电路存储和处理的图像。目前比较流行的图像格式包括光栅图像格式 BMP、GIF、JPEG、PNG 等,以及向量图像格式 WMF、SVG 等。目前,大多数浏览器都支持 GIF、JPG 和 PNG 图像的直接显示,而 SVG 格式作为 W3C 的标准格式在网络上的应用越来越广。

　　随着计算机科学技术的不断发展与人们在日常生活中对图像信息需求的不断增长,数字图像处理技术在近年来得到了迅速的发展,成为当代科学研究和应用开发中一道亮丽的风景线。数字图像处理技术以其信息量大、处理和传输方便、应用范围广等优点,成为人类获取信息的重要来源和利用信息的重要手段,并在宇宙探测、遥感、生物医学、工农生产、军事、公共、办公自动化等领域得到广泛应用,显示出其广泛的应用前景。数字图像处理技术已成为计算机科学、信息科学、生物科学、空间科学、气象学、统计学、工程科学、医学等学科的研究热点,并已成为工科院校电子信息、电气工程、医学生物工程等专业的必修课。

　　MATLAB R2016a 作为美国 MathWorks 公司开发的用于概念设计、算法开发、建模仿真,实时实现的理想的集成环境,是目前最好的科学计算类软件。2016 年 3 月 MATLAB R2016a 最新版正式发行。MATLAB 主要面对科学计算、数据可视化、系统仿真及交互式程序设计的高新技术计算环境。由于其功能强大,并且简单易学,MATLAB 软件成为高校教师、科研人员和工程技术人员的必学软件之一,从而极大地提高了工作效率和质量。MATLAB 软件有一个专门的图像处理工具箱,由一系列支持图像处理操作的函数组成。MATLAB 支持五种图像类型,即索引图像、灰度图像、二值图像、RGB 图像和多帧图像阵列;支持 BMP、GIF、HDF、JPEG、PCX、PNG、TIFF、XWD、CUR、ICO 等图像文件格式的读写和显示。在 MATLAB 中,可对图像进行诸如几何操作、线性滤波与滤波器设计、图像变换、图像分析与图像增强、二值图像操作以及形态学处理等图像处理操作。

　　在数字图像处理领域对问题的求解通常需要大量的实验工作,包括软件模拟和大量样本图像的测试。虽然典型算法的开发是基于理论支持的,但这些算法的实现几乎总是要求对参数进行估计,并常常进行算法修正与候选求解方案的比较。这样,由许多资料证明的灵活的、综合的软件开发环境就成为一个关键因素。这些因素在开销、开发时间和图像处理求解方法上都具有重要意义。MATLAB 在数字图像中也起到了重要的作用。

本书具有以下特点：

（1）内容由浅入深，循序渐进。

本书结构合理，内容由浅入深，讲解渐进，不仅适合初学者阅读，也非常适合有一定图像处理基础的读者进一步学习。

（2）重点突出，目的明确。

本书立足于基本理论，面向应用技术，以必须、够用为尺度，以掌握概念、强化应用为重点，旨在加强理论知识和实际应用的统一。

（3）叙述翔实，实例丰富。

本书有详细的实例，每个例子都经过精挑细选，有很强的针对性。书中的程序都有完整的代码，而且非常简洁和高效，便于读者学习和调试。

（4）易于学习，强化实践。

本书以 MATLAB 为编程工具，通过大量典型实例的分析实践，使读者较快地掌握数字图像处理系统的基本理论、方法、实用技术及一些典型应用。

（5）语言通俗，图文并茂。

本书以 MATLAB R2016a 为平台进行编写，全面、系统地介绍了 MATLAB 在数字图像处理中的各种技术及应用。全书共 32 章，主要介绍了图像的运算、图像的变换、图像的增强、图像的复原、图像的分割、图像的编码、图像的形态学处理及图像的小波变换等内容。同时讲述如何利用 MATLAB 解决数字图像的相关问题，起到学以致用的效果。

本书主要由杨文茵与徐丽新编写，此外参加编写的还有栾颖、周品、曾虹雁、邓俊辉、邓秀乾、邓耀隆、高永崇、李嘉乐、张棣华、张金林、钟东山、李伟平、宋晓光。

由于时间仓促，加之作者水平有限，书中疏漏之处在所难免。在此，真诚地期望得到专家和广大读者的批评指正。

作　者

2017 年 12 月

目录

目录

目录

目录

目录

目录

目录

第
1
章
小
波
在
图
像
处
理
中
的
综
合
应
用

小波分析的应用是与小波分析的理论研究紧密地结合在一起的,现已在科技信息产业领域中取得了令人瞩目的成就。从数学角度来看,信号与图像处理可以统一看作信号处理(图像可以看作二维信号),在许多小波分析应用中,都可以归结为信号处理问题。

1.1 小波在图像压缩中的应用

图像压缩是将原来较大的图像尽可能地以较少的字节表示和传输,并要求图像具有较好的质量。通过图像压缩,可以减轻图像存储和传输的负担,提高信息传输和处理速度。

1.1.1 图像压缩的原理

图像数据之所以能够进行压缩,其数学原理主要有下面两点。

(1) 原始图像数据往往存在各种信息的冗余(如空间冗余、视觉冗余和结构冗余等),数据之间存在相关性,邻近像素的灰度(将其看成随机变量)往往是高度相关的。

(2) 在多媒体应用领域中,人眼作为图像信息的接收端,因其视觉对于边缘急剧变化敏感,以及人眼存在对图像的亮度信息敏感,而对颜色分辨率弱等,所以在高压缩比的情况下,解压缩后的图像信号仍有满意的主观质量。

虽然图像的数据是非常巨大的,但是可以采用适当的坐标变换去除相关,从而达到压缩数据的目的。传统的 K-L 变换就是以这种思路为基础的,把信号的一小块看成是一个独立的随机向量,其基函数由余弦函数组成。

小波变换通过多分辨分析过程将一幅图像分成近似和细节两部分,细节对应的是小尺度的瞬变,它在本尺度内很稳定。因此将细节存储起来,对近似部分在下一个尺度下进行分解,重复该过程即可。基于小波变换的图像压缩过程如图 1-1 所示。近似和细节在正交镜像滤波器算法中分别对应于高通和低通滤波,这种变换通过尺度去掉相关性,这在视频压缩中被证明是有效的。

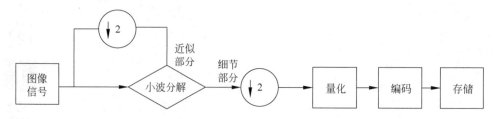

图 1-1　基于小波变换的图像压缩过程

小波图像压缩的特点在于压缩比高、压缩速度快,压缩后能保持信号与图像的特征基本不变,且在传递过程可以抗干扰等。

不同于傅里叶分析,小波基不是唯一的,显然难点在于如何选择最优的小波基用于图像压缩,一般情况下需要考虑以下几个因素:

（1）小波基的正则性和消失矩;

（2）小波基的线性相位;

（3）所处理图像与小波基的相似性;

（4）小波函数的能量集中性;

（5）综合考虑压缩效率和计算复杂度。

正则性是函数光滑性的一种描述,也反映了函数频域能量集中的程度。正则性对图像压缩效果有一定的影响,如果图像大部分是光滑的,一般选择正则性好的小波。如Haar 小波是不连续的（即不光滑的）,会造成复原图像中出现方块效应,而采用其他的小波基方块效应则会消失。

1.1.2　图像压缩的 MATLAB 实现

应用 MATLAB 小波工具箱进行图像压缩,有两种方法。

（1）对图像作小波分解后,可得到一系列不同分辨率的子图像（它们所对应的频率不相同）。对于图像来说,表征它的最主要部分是低频部分,而高频部分大部分点的数值均接近于 0,而且频率越高,这种现象越明显。因此,利用小波分解去掉图像的高频部分而仅保留图像的低频部分是一种最简单的图像压缩方法。即用二维离散小波变换函数 dwt2 对图像进行小波分解后,再用 upcoef2 函数对分解后图像进行重构,最后用 wcodemat 函数进行量化编码。wcodemat 函数的调用格式为:

Y = wcodemat(X,NBCODES,OPT,ABSOL):如果 ABSOL＝0,则返回输入矩阵 X 的编码;如果 ABSOL≠0,则返回 ABS(X)。参量 NBCODES 为最大编码值。如果 OPT='row'或'r',以行形式编码;如果 OPT='col'或'c',以列方式编码;如果 OPT= 'mat'或'm',以矩阵方式编码。

Y = wcodemat(X,NBCODES,OPT):等价于 Y = wcodemat(X,NBCODES, OPT,1)。

Y = wcodemat(X,NBCODES):等价于 Y = wcodemat(X,NBCODES,'mat',1)。

Y = wcodemat(X):等价于 Y = wcodemat(X,16,'mat',1)。

【例 1-1】 扩展二维图像的伪彩色矩阵比例。

```
>> clear all;
load woman;
subplot(1,3,1);image(X);
colormap(map);
title('原始图像')
% colormap 的范围
NBCOL = size(map,1);
% 利用 db1 对图像进行单层二维离散分解
[cA1,cH1,cV1,cD1] = dwt2(X,'db1');
subplot(1,3,2);image(cA1);
colormap(map);
title('未缩放的图像');
% 对图像进行缩放
cD = wcodemat(cA1,NBCOL);
subplot(1,3,3);image(cD);
colormap(map);
title('缩放图像');
```

运行程序,效果如图 1-2 所示。

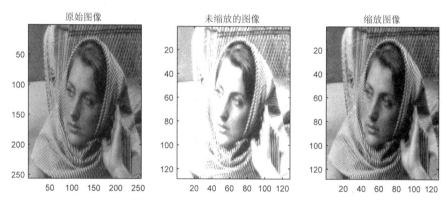

图 1-2   wcodemat 图像压缩处理

(2) 利用小波工具箱中专用的阈值压缩图像函数 wdencmp 进行图像压缩。

【例 1-2】 利用 wdencmp 函数实现图像分层压缩。

```
>> clear all;                                              % 清空工作空间变量
load detfingr;                                            % 导入图像数据
nbc = size(map,1);
[C,S] = wavedec2(X,2,'db4');                              % 图像小波分解
thr_h = [21 46];                                         % 设置水平分量阈值
thr_d = [21 46];                                         % 设置对角分量阈值
thr_v = [21 46];                                         % 设置垂直分量阈值
thr = [thr_h;thr_d;thr_v];
[Xcompress2,cxd,lxd,perf0,perfl2] = wdencmp('lvd',X,'db3',2,thr,'h');   % 进行分层压缩
set(0,'defaultFigurePosition',[100,100,1000,500]);       % 修改图形图像位置的默认设置
set(0,'defaultFigureColor',[1 1 1])                      % 修改图形背景颜色的设置
Y = wcodemat(X,nbc);
```

```
Y1 = wcodemat(Xcompress2,nbc);
figure                                          %显示原图像和压缩图像
colormap(map)
subplot(221),image(Y),axis square
title('映射数组压缩前图像');
subplot(222),image(Y1),axis square
title('映射数组压缩后图像');
subplot(223),image(Y),axis square
title('彩色方式下压缩前原图像');
subplot(224),image(Y1),axis square
title('彩色方式下压缩后图像');
disp('小波系数中置0的系数个数百分比：')         %显示压缩能量
perfl2
disp('压缩后图像剩余能量百分比：')
perf0
```

运行程序，输出如下，效果如图 1-3 所示。

```
小波系数中置0的系数个数百分比：
perfl2 =
    910.1000
压缩后图像剩余能量百分比：
perf0 =
    91.4960
```

映射数组压缩前图像

映射数组压缩后图像

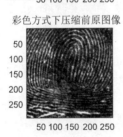

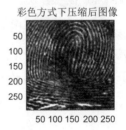

彩色方式下压缩前原图像

彩色方式下压缩后图像

图 1-3　图像的分层压缩处理

1.2　小波在图像增强中的应用

通过前面的介绍可以知道图像增强是图像处理中最基本的技术之一，这里只介绍基于多层方法的增强技术。小波变换将一幅图像分解为大小、位置和方向均不相同的分量，在做逆变换前，可根据需要对不同位置、不同方向上的某些分量改变其系数的大小，从而使得某些感兴趣的分量放大而使某些不需要的分量减小。小波变换的增强框图如图 1-4 所示。

图 1-4　小波变换的增强框图

【**例 1-3**】　用小波分析法对低频分解系数进行增强处理，对高频分解系数进行衰减处理，从而达到图像增强的效果。

```
>> clear all;
load sinsin
subplot(121);image(X);                        % 画出原始图像
colormap(map);
title('原始图像');
axis square
% 下面进行图像的增强处理
% 用小波函数 sym4 对 X 进行 2 层小波分解
[c,s] = wavedec2(X,2,'sym4');
sizec = size(c);
% 对分解系数进行处理以突出轮廓部分,弱化细节部分
for i = 1:sizec(2)
    if(c(i)> 350)
        c(i) = 2 * c(i);
    else
        c(i) = 0.5 * c(i);
    end
end
xx = waverec2(c,s,'sym4');                     % 下面对处理后的系数进行重构
% 画出重构后的图像
subplot(122);image(xx);
colormap(map);
title('增强图像');
axis square
```

运行程序,效果如图 1-5 所示。

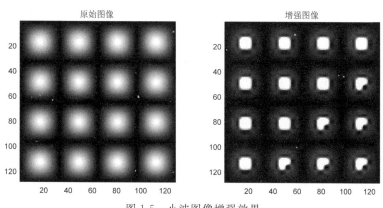

图 1-5　小波图像增强效果

分解后的图像,其主要信息(即轮廓)由低频部分来表征,而细节部分则由高频部分来表征。因此,在上述例子中,对分解后的低频系数加权进行增强,而对高频部分加权进行弱化,经过如此处理后,即达到了增强图像的目的。

1.3　小波在图像融合中的应用

图像融合是综合两幅或多幅图像的信息,以获得对同一场景更为准确、更为全面、更为可靠的图像描述。按照处理层次由低到高一般可分为3级:像素级图像融合、特征级图像融合和决策级图像融合。它们有各自的优缺点,在实际应用中可根据具体需求来选择。其中,像素级图像融合是最基本的图像融合方法,它是最低层次的融合,也是后两级融合处理的基础。像素级图像融合方法大致分为3类:简单的图像融合方法、基于塔形分解的图像融合方法和基于小波变换的图像融合方法。

1.3.1　图像融合的原理

如果一个图像进行 L 层小波分解,将得到 $(3L+1)$ 层子带,其中包括低频的基带 C_j 和 $3L$ 层的高频子带 D^h、D^v 和 D^d。用 $f(x,y)$ 代表原图像,记为 C_0,设尺度系数 $\phi(x)$ 和小波系数 $\psi(x)$ 对应的滤波器系数矩阵分别为 H 和 G,则二维小波分解算法可描述为:

$$\begin{cases} C_{j+1} = HC_jH' \\ D^h_{j+1} = GC_jH' \\ D^v_{j+1} = HC_jG' \\ D^d_{j+1} = GC_jG' \end{cases}$$

式中,j 表示分解层数;h、v、d 分别表示水平、垂直、对角方向;H' 和 G' 分别是 H 和 G 的共轭转置矩阵。

小波重构算法为:

$$C_{j-1} = H'C_jH + G'D^h_jH + H'D^v_jG + G'D^d_jG$$

基于二维DWT的融合过程如图1-6所示,ImageA 和 ImageB 代表两幅原图像 A 和 B,ImageF 代表融合后的图像,具体步骤为:

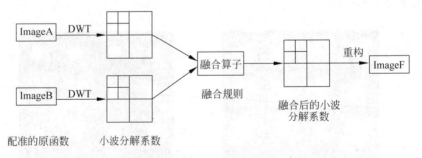

图 1-6　基于 DWT 图像融合过程

(1)图像的预处理。

图像滤波:对失真变质的图像直接进行融合必然导致图像噪声融入融合效果,所以在进行融合前,必须对原始图像进行预处理来消除噪声。

图像配准:由多种成像模式或多焦距提供的信息常常具有互补性,为了综合使用多种成像模式和多焦距以提供更全面的信息,常常需要将有效信息进行融合,使多幅图像在空间域中达到几何位置的完全对应。

(2) 对 ImageA 和 ImageB 进行二维 DWT 分解,得到图像的低频和高频分量。

(3) 根据低频和高频分量的特点,按照各自的融合算法进行融合。

(4) 对以上得到的高低频分量,经过小波逆变换重构得到融合图像 ImageF。

1.3.2 图像融合的 MATLAB 实现

MATLAB 中并没有提供专门的图像融合函数,都是基于小波分解和重构函数及其他函数实现图像融合。下面通过几个实例来演示小波图像融合技术。

【例 1-4】 利用二维小波变换将两幅图像融合在一起。

```
>> clear all;
load woman;
X1 = X;                                  %复制
map1 = map;                               %复制
subplot(1,3,1);imshow(X1,map1);
xlabel('(a)原始 woman 图像');
axis square;
load wbarb;
X2 = X;
map2 = map;
for i = 1:256;
    for j = 1:256;
        if(X2(i,j)>100)
            X(i,j) = 1.3 * X2(i,j);
        else
            X2(i,j) = 0.6 * X2(i,j);
        end
    end
end
subplot(1,3,2);imshow(X2,map2);
xlabel('(b)原始 wbarb 图像');
[C1,S1] = wavedec2(X1,2,'sym5');          %进行二层小波分解
sizec1 = size(C1);                        %处理分解系数,突出轮廓,弱化细节
for i = 1:sizec1(2)                       %小波系数处理
    C1(i) = 1.3 * C1(i);
end
[C2,S2] = wavedec2(X2,2,'sym5');          %进行二层小波分解
C = C1 + C2;
C = 0.6 * C;
x = waverec2(C,S1,'sym5');                %小波变换进行重构
subplot(1,3,3);imshow(x,map);
xlabel('(c)图像融合');
axis square;
```

运行程序,效果如图 1-7 所示。注:各章的彩色图片请见提供的配套资料。

(a) 原始woman图像　　　　　　(b) 原始wbarb图像　　　　　　(c) 图像融合

图 1-7　图像的融合效果图

由图 1-7 可见,一幅图像和它某一部分放大后的图像融合,融合后的图像给人一种朦胧梦幻般的感觉,对较深的背景部分则做了淡化处理。

此外,利用 MATLAB 中提供的实现图像融合的函数 wfusing 来实现简单的图像整合。函数的调用格式为:

XFUS = wfusimg(X1,X2,WNAME,LEVEL,AFUSMETH,DFUSMETH):返回两个源图像 X1 和 X2 融合后的图像 XFUS。其中,X1 和 X2 的大小相等,参数 WNAME 表示分解的小波函数,LEVEL 表示对源函数 X1 和 X2 进行小波分解的层数,AFUSMETH 和 DFUSMETH 表示对源图像低频分量和高频分量进行融合的方法。融合规则可以是 max、min、mean、img1、img2 和 rand,对应的低频或高频融合规则为取最大值、最小值、均值、第一幅图像像素、第二幅图像像素、随机选择。

[XFUS,TXFUS,TX1,TX2]=wfusimg(X1,X2,WNAME,LEVEL,AFUSMETH,DFUSMETH):该函数中参数含义与上述调用格式相同,只是返回更多的参数,除了返回矩阵 XFUS 外,还有对应于 XFUS、X1、X3 的 WDECTREE 小波分解树的 3 个对象 XFUS、TX1、TX2。

wfusimg(X1,X2,WNAME,LEVEL,AFUSMETH,DFUSMETH,FLAGPLOT):该函数直接画出 TXFUS、TX1 和 TX2 这 3 个对象。

【例 1-5】 利用 wfusimg 函数对两幅图像进行图像融合。

```
    clear all;                                    % 清除空间变量
load mask;
X1 = X;
load bust;
X2 = X;
% 通过 wfusimg 函数实现两种图像的平均融合
XFUSmean = wfusimg(X1,X2,'db2',5,'mean','mean');
% 通过 wfusimg 函数实现两种图像的最大最小值融合
XFUSmaxmin = wfusimg(X1,X2,'db2',5,'max','min');
colormap(map);
subplot(221), image(X1), axis square,
title('原始 Mask 图像')
subplot(222), image(X2), axis square,
title('原始 Bust 图像')
subplot(223), image(XFUSmean), axis square,
```

```
title('图像的平均融合');
subplot(224), image(XFUSmaxmin), axis square,
title('图像的最大最小值融合');
```

运行程序,效果如图 1-8 所示。

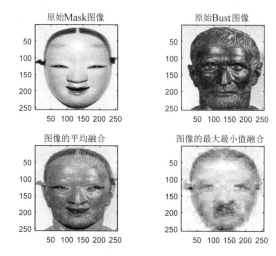

图 1-8 图像的融合技术

以上程序中,首先通过 load 函数载入图像,存入矩阵 X1 和 X2 中,然后利用 wfusimg 函数对两幅图像进行融合:方案 1 对图像低频和高频分量都采用 mean 进行融合;方案 2 对图像低频利用 max 进行融合,对图像高频利用 min 进行融合。

【例 1-6】 利用图像融合方法从模糊图像中恢复图像。

```
>> clear all;
load cathe_1;
X1 = X;
% 调入第二幅模糊图像
load cathe_2;
X2 = X;
% 基于小波分解的图像融合
XFUS = wfusimg(X1,X2,'sym4',5,'max','max');
colormap(map);
subplot(1,3,1);image(X1);
axis square;
title('模糊图 1');
subplot(1,3,2);image(X2);
axis square;
title('模糊图 2');
subplot(1,3,3);image(XFUS);
axis square;
title('恢复后图像');
```

运行程序,效果如图 1-9 所示。

除此之外,还有一种参数独立法,需要两个步骤实现图像融合。

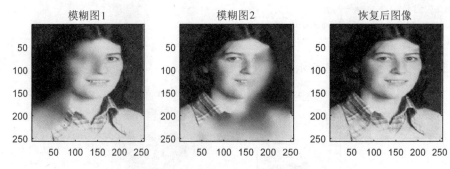

图 1-9　利用融合实现图像恢复

（1）图像融合方法设置为：

Fusmeth＝struct（'name'，nameMETH，'param'，paramMETH）：该函数中nameMETH 的取值可以是'UD_fusion'、'DU_fusion'、'LR_fusion'、'RL_fusion'和'UserDFF'，分别表示上-下融合、下-上融合、左-右融合、右-左融合和用户自定义融合。

（2）利用 wfusmat 函数调用设置的图像融合法来实现图像融合。函数 wfusmat 的调用格式为：

C ＝ wfusmat(A,B,METHOD)：函数返回图像矩阵 A 和 B 按照 METHOD 方法进行图像融合得到结果 C,其中,A、B 和 C 的大小相等。

【例 1-7】　利用用户自定义的方法进行图像融合。

根据需要,编写自定义融合规则函数,代码为：

```
function C = myfus_FUN(A,B)
% 定义融合规则
D = logical(triu(ones(size(A))));              % 提取矩阵的下三角部分
t = 0.3;                                       % 设置融合比例
C = A;                                         % 设置融合图像的初始值为 A
C(D)   = t * A(D) + (1-t) * B(D);              % 融合后图像 C 的下三角融合规则
C(~D) = t * B(~D) + (1-t) * A(~D);            % 融合后图像 D 的上三角融合规则
```

通过 wfusmat 函数调用融合规则,实现图像融合,代码为：

```
>> clear all;                                  % 清除空间变量
load mask; A = X;
load bust;
B = X;
% 定义融合规则和调用函数名
Fus_Method = struct('name','userDEF','param','myfus_FUN');
C = wfusmat(A,B,Fus_Method);                   % 设置图像融合方法
figure;
colormap(pink(220))
subplot(1,3,1), image(A),   axis square
title('原始图像 mask'),
subplot(1,3,2), image(C),   axis square
title('融合图像'),
subplot(1,3,3), image(B), axis square
title('原始图像 bust'),
```

运行程序,效果如图 1-10 所示。

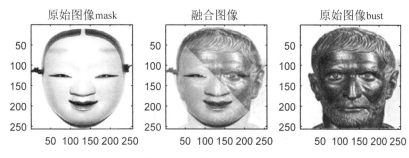

图 1-10　图像自定义融合

1.4　小波包在图像边缘检测中的应用

小波包分解后得到的图像序列由近似部分和细节部分组成,近似部分是原图像对高频部分进行滤波所得的近似表示。经滤波后,近似部分去除了高频分量,因此能够检测到原图像中所检测不到的边缘。

对近似图像进行边缘检测的结果和对原图像进行边缘检测的结果相比,前一种方法的效果更好。

【例 1-8】　利用小波包分解法实现二维图像的边缘检测。

```
>> clear all;
load bust;                              % 装载并显示原始图像
% 加入含噪
init = 2055615866;
randn('seed',init);
X1 = X + 20 * randn(size(X));
subplot(2,2,1);image(X1);
colormap(map);
title('原始图像');
axis square;
% 用小波 db4 对图像 X 进行一层小波包分解
T = wpdec2(X1,1,'db4');
% 重构图像近似部分
A = wprcoef(T,[1 0]);
subplot(2,2,2);image(A);
title('图像的近似部分');
axis square;
% % 原图像的边缘检测
BW1 = edge(X1,'prewitt');
subplot(2,2,3);imshow(BW1);
title('原图像的边缘');
axis square;
% % 图像近似部分的边缘检测
BW2 = edge(A,'prewitt');
subplot(2,2,4);imshow(BW2);
```

```
title('图像近似部分的边缘');
axis square;
```

运行程序,效果如图 1-11 所示。

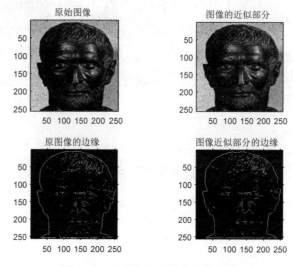

图 1-11　小波包实现图像边缘检测

2.1 区域分割

阈值分割可以认为是将图像由大到小（从上到下）进行拆分，而区域分割则相当于由小到大（从下到上）对像素进行合并。如果将上述两种方法结合起来对图像进行划分，就是分裂-合并算法。区域生长法和分裂-合并法是区域图像分割的重要方法。

2.1.1 区域生长法

1. 区域生长原理

区域生长也称为区域增长，它的基本思想是将具有相似性质的像素集合起来构成一个区域，其本质是将具有相似特性的像素元素连接成区域。这些区域是互不相交的，每一个区域都满足特定区域的一致性。具体实现时，先在每个分割的区域找一个种子像素作为生长的起始点，再将种子像素周围邻域中与种子像素有相同或相似性质的像素（根据某种事先确定的生长或相似准则来判定）合并到种子像素所在的区域中。将这些新像素当作新的种子像素继续进行上面的过程，直到再没有满足条件的像素可被包括进来，通过区域生长，一个区域就长成了。其过程如图 2-1 所示。

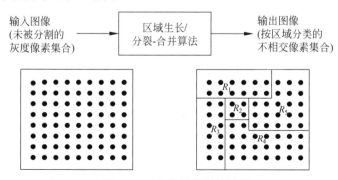

图 2-1　区域生长分割效果图

在实际应用区域生长法时需要解决3个问题：

（1）选择或确定一组正确代表所需区域的种子像素。

（2）确定在生长过程中能将相邻像素包括进来的准则。

（3）制定生长过程停止的条件或规则。

种子像素的选取常可借助具体问题的特点来进行。例如在军用红外图像中检测目标时，由于一般情况下目标辐射较大，所以可以选用图中最亮的像素作为种子像素。如果对具体问题没有先验知识，则可借助生长所用准则对像素进行相应计算。如果计算结果呈现聚类的情况，则接近聚类中心的像素可取为种子像素。

生长准则的选取不仅依赖于具体问题本身，也和所用图像数据的种类有关。例如当图像是彩色的时候，仅用单色的准则效果就会受到影响。此外还要考虑像素间的连通性和邻近性，否则有时会出现无意义的结果。

一般生长过程在进行到再没有满足生长准则的像素时停止，但常用的基于灰度、纹理、彩色的准则大都基于图像的局部性质，并没有充分考虑生长的"历史"。为增加区域生长的性能，常需考虑一些与尺寸、形状等图像和目标的全局性质有关的准则。在这种情况下常需对分割结果建立一定的模型或辅以一定的先验知识。

2. 区域生长准则

区域生长的一个关键是选择合适的生长相似准则，大部分区域生长准则使用图像的局部性质。生长准则可根据不同原则制定，而使用不同的生长准则会影响区域生长的过程。下面介绍3种基本的生长准则和方法。

（1）基于区域灰度差的方法主要有以下步骤：

① 对像素进行扫描，找出尚没有归属的像素。

② 以该像素为中心检查它的邻域像素，即将邻域中的像素逐个与它比较，如果灰度差小于预先确定的阈值，就将它们合并。

③ 以新合并的像素为中心，返回到步骤②，检查新像素的邻域，直到区域不能进一步扩张。

④ 返回到步骤①，继续扫描，直到所有像素都归属，则结束整个生长过程。

采用上述方法得到的结果对区域生长起点的选择有较大的依赖性。为克服这个问题可以将方法做以下改进：将灰度差的阈值设为零，这样具有相同灰度值的像素便合并到一起，然后比较所有相邻区域之间的平均灰度差，合并灰度差小于某一阈值的区域。这种改进仍然存在一个问题，即当图像中存在缓慢变化的区域时，有可能会将不同区域逐步合并而产生错误分割的结果。一个比较好的做法是：在进行生长时，不用新像素的灰度值与邻域像素的灰度值比较，而是用新像素所在区域平均灰度值与各邻域像素的灰度值进行比较，将小于某一阈值的像素合并进来。

（2）基于区域内灰度分布统计性质，这里考虑以灰度分布相似性作为生长准则来决定区域的合并，具体步骤为：

① 把像素分成互不重叠的小区域。

② 比较邻接区域的累积灰度直方图，根据灰度分布的相似性来进行区域合并。

③ 设定终止准则，通过反复进行步骤②中的操作将各个区依次合并，直到满足终止

准则。

为了检测灰度分布情况的相似性，采用下面的方法。这里设 $h_1(X)$ 和 $h_2(X)$ 为相邻的两个区域的灰度直方图，X 为灰度值变量，从这个直方图求出累积灰度直方图 $H_1(X)$ 和 $H_2(X)$，根据以下两个准则：

① Kolomogorov-Smirnov 检测。

$$\max_X \left| H_1(X) - H_2(X) \right| \tag{2-1}$$

② Smoothed-Difference 检测。

$$\sum_X \left| H_1(X) - H_2(X) \right| \tag{2-2}$$

如果检测结果小于给定的阈值，就把两个区域合并。这里灰度直方图 $h(X)$ 的累积灰度直方图 $H(X)$ 被定义为：

$$H(X) = \int_0^X h(x)\,\mathrm{d}x$$

在离散情况下为：

$$H(X) = \sum_{i=0}^X h(i) \int_0^X \tag{2-3}$$

对上述两种方法有两点值得说明：

① 小区域的尺寸对结果影响较大，尺寸太小时检测可靠性降低；尺寸太大时则得到的区域形状不理想，使小的目标可能漏掉。

② 在检测直方图相似性方面式(2-2)比式(2-1)较优，因为它考虑了所有灰度值。

（3）基于区域形状，在决定对区域的合并时也可以利用对目标形状的检测结果，常用方法有：将图像分割成灰度固定的区域，设两相邻区域的周长为 p_1 和 p_2，把两区域共同边界线两侧灰度差小于给定值的那部分设为 L，如果（T_2 为预定阈值）

$$\frac{L}{\min\{p_1, p_2\}} > T_2 \tag{2-4}$$

则合并两区域。

3. 区域生长法的 MATLAB 实现

区域生长法的优点是计算简单，比较适合分割均匀的小结构，往往与其他分割方法联合使用，从而得到更精确的分割结果。区域生长法的缺点是对初始种子的依赖性，而且对噪声也比较敏感，使得分割出的区域出现空洞或分割过度。

【例 2-1】　使用区域生长法对图像进行分割。

```
>> clear all;
I = imread('peppers.png');
I = rgb2gray(I);                    % 将灰度图像转换
I1 = double(I);                     % 数据类型转换
s = 255;
t = 55;
if numel(s) == 1
    si = I1 == s;
    s1 = s;
else
```

```
        si = bwnorph(s,'shrink',Inf);
        j = find(si);
        s1 = I1(j);
end
ti = false(size(I1));
for k = 1:length(s1)
        sv = s1(k);
        s = abs(I1 - sv)< = t;
        ti = ti|s;
end
[g,nr] = bwlabel(imreconstruct(si,ti));                    % 图像标记
subplot(121);imshow(I);
title('原始灰度图像');
subplot(122);imshow(g);
title ('区域生长法分割');
disp('No. of regions')
nr
```

运行程序,输出如下,效果如图 2-2 所示。

```
No. of regions
nr =
     2
```

图 2-2　区域生长法分割图像效果

2.1.2　分裂-合并法

分裂-合并法是指从树的某一层开始,按照某种区域属性特征一致性的测度,将应该合并的相邻块加以合并,对应该进一步划分的块再进行划分的分割方法。分裂-合并法差不多是区域生长法的逆过程,它从整个图像出发,不断分裂得到各个子区域,然后再把前景区域合并,实现目标提取。典型的分割技术是以图像四叉树或金字塔作为基本数据结构的分裂-合并法。

1. 四叉树结构

四叉树要求输入图像 $f(x,y)$ 的大小为 2 的整数次幂。设 $N=2^n$,对于 $N\times N$ 大小的输入图像 $f(x,y)$,可以连续进行四次等分,一直分到正方形的大小正好与像素的大小

相等为止。换句话说,设 R 代表整个正方形图像区域,一个四叉树从最高 0 层开始,把 R 连续分成越来越小的 1/4 的正方形子区域 R_i,不断地将该子区域 R_i 进行四等分,并且最终使子区域 R_i 处于不可分状态。图像四叉树分裂-合并基本数据结构如图 2-3 所示。区域生长先从单个生长点开始,通过不断接纳满足接收准则的新生长点,最后得到整个区域,其实是从树的叶子开始,由下到上最终到达树的根,最终完成图像的区域划分。无论由树的根开始,由上至下决定每个像元的区域类归属,还是由树的叶子开始,由下至上完成图像的区域划分,它们都要遍历整个树。

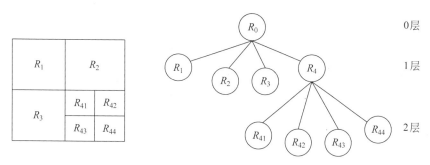

图 2-3　图像四叉树分裂-合并基本数据结构

2. 四叉树的实现

图像的四叉树分解指的是将一幅图像分解成一个个具有同样特性的子块。这一方法能揭示图像的结构信息,同时,它也是自适应压缩算法的第一步。实现四叉树分解可以使用 qtdecomp 函数。该函数首先将一幅方块图像分解成 4 个小方块图像,然后检测每一小块中像素值是否满足规定的同一性标准。如果满足就不再分解;如果不满足,则继续分解,重复迭代,直到每一小块达到同一性标准。这时小块之间进行合并,最后的结果是几个大小不等的块。

qtdecomp 函数的调用格式为:

S = qtdecomp(I):对灰度图像 I 执行四叉树分解,返回一个四叉树结构 S,S 为一个稀疏矩阵。如果 S(k,m) 非零,那么像素点 (k,m) 为分解结构中一个子图像块的左上顶点,而这个图像块的大小由 S(k,m) 给定。默认情况下,qtecomp 函数分割图像块直到图像块中的像素点符合一个阈值为止。

S = qtdecomp(I, threshold):分割图像块直到块中的最大值和最小值不大于阈值 thresh hold。参数 thresh hold 定义值为 0～1。如果 I 为 uint8 类型,把阈值乘以 255 作为实际的阈值使用;如果 I 为 uint16 类型,把阈值乘以 65 535 作为实际阈值使用;如果为其他类型,其阈值有所不同。

S = qtdecomp(I, threshold, mindim):将不产生小于 mindim 的图像块,以致结果图像块不满足阈值条件(一致性条件)。

S = qtdecomp(I, threshold, [mindim maxdim]):产生比 mindim 小的图像块或比 maxdim 大的图像块,以致产生的图像块满足阈值条件。maxdim/mindim 必须为 2 的整数次幂。

S = qtdecomp(I, fun):用 fun 函数确定是否分割图像块。qtdecomp 函数为 m×m×

k 堆栈所有当前 m×m 大小的块进行 fun 函数处理,这里 k 为 m×m 块的个数。fun 函数由@创建,或者是内联函数。

【例 2-2】 利用四叉树分割图像。

```
>> clear all;
I = imread('liftingbody.png');
S = qtdecomp(I,.27);                      % 四叉树分解,返回四叉树结构稀疏矩阵
blocks = repmat(uint8(0),size(S));
for dim = [512 256 128 64 32 16 8 4 2 1];  % 定义新区域显示分块
  numblocks = length(find(S == dim));      % 各分块的可能维数
  if (numblocks > 0)                       % 找出分块的现有维数
    values = repmat(uint8(1),[dim dim numblocks]);
    values(2:dim,2:dim,:) = 0;
    blocks = qtsetblk(blocks,S,dim,values);
  end
end
blocks(end,1:end) = 1;
blocks(1:end,end) = 1;
subplot(121);imshow(I);
title('原始图像')
subplot(122);imshow(blocks,[]);
title('四叉树分割图像');
```

运行程序,效果如图 2-4 所示。

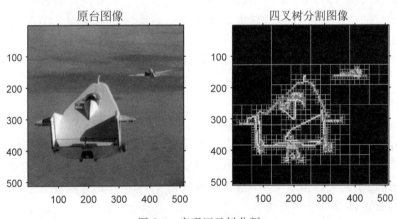

图 2-4 实现四叉树分割

2.2 边缘分割

数字图像的边缘检测是图像分割、目标区域识别、区域形状提取等图像分析领域十分重要的基础,也是图像识别中提取图像特征的一个重要属性。在进行图像理解和分析时,第一步往往就是边缘检测,目前这已成为机器视觉研究领域最活跃的课题之一,在工程应用中占有十分重要的地位。

物体边缘是以图像的局部特征不连续的形式出现的,即指图像局部亮度变化最显著的部分,例如灰度值的突变、颜色的突变、纹理结构的突变等,同时物体的边缘也是不同

区域的分界处。图像边缘具有方向和幅度两个特性,通常沿边缘走向的像素灰度变化平缓,垂直于边缘走向的像素灰度变化剧烈。根据灰度变化的特点,可分为阶跃型、房顶型和凸缘型,如图 2-5 所示。

(a)阶跃型   (b)房顶型   (c)凸缘型

图 2-5 图像的边缘

边缘检测在实际应用中非常重要。首先,人眼通过追踪未知物体的轮廓(轮廓是由一段段的边缘片段组成的)而扫视一个未知物体;其次,如果能成功地得到图像的边缘,那么图像分析就会大大简化,图像识别就会容易得多;再次,很多图像并没有具体的物体,对这些图像理解取决于它们的纹理性质,而提取这些性质与边缘检测有着极其密切的关系。

边缘检测的实质是采用某种算法来提取出图像中对象与背景间的交界线。图像灰度的变化情况可以用图像灰度分布的梯度来反映,因此可以用局部图像微分技术来获得边缘检测算子。经典的边缘检测方法是对原始图像中像素的某小邻域来构造边缘检测算子。以下对几种经典的边缘检测算子进行理论分析,并对各自的性能特性作出比较和评价。

2.2.1 梯度算子

梯度算子是一阶导数算子。对于图像函数 $f(x,y)$,它的梯度定义为一个向量:

$$\nabla f(x,y) = \begin{bmatrix} G_x \\ G_y \end{bmatrix} = \begin{bmatrix} \dfrac{\partial f}{\partial x} \\ \dfrac{\partial f}{\partial y} \end{bmatrix}$$

这个向量的幅度值为:

$$\mathrm{mag}(f) = (G_x^2 + G_y^2)^{\frac{1}{2}}$$

为简化计算,幅度值也可用如下公式来近似表示:

$$\begin{cases} M_1 = |G_x| + |G_y| \\ M_2 = G_x^2 + G_y^2 \\ M_\infty = \max(G_x, G_y) \end{cases}$$

该向量的方向角表示为:

$$\alpha(x,y) = \arctan \frac{G_y}{G_x}$$

由于数字图像是离散的,计算偏导数 G_x 与 G_y 时,常用差分来代替微分,为计算方便,常用小区域模板和图像卷积来近似计算梯度值。采用不同的模板计算 G_x 与 G_y 可产生不同的边缘检测算子,最常见的有 Roberts、Sobel 和 Prewitt 算子,每一种方法都具有不同的优缺点。

【例 2-3】 对图 2-6(a)求梯度。

图 2-6(a)为二值图像,设二值图像黑色为 0,白色为 1,图 2-6(a)中横线标注的行的像素可表示为 0000000001111000001111000000000,现对该行进行梯度运算就可得到 0000000010001000001000010000000000,即得到图 2-6(b)中横线标注对应的图像,如果对所有行逐行梯度运算就会得到图 2-6(b)所示的边缘图像。

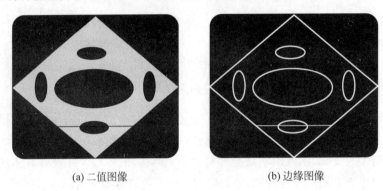

(a) 二值图像　　　　　　　　　　　　　(b) 边缘图像

图 2-6　图像梯度运算效果

以梯度算子作为理论依据,人们提出了许多算法,其中比较常用的边缘检测方法有 Sobel 边缘检测算子、Roberts 边缘检测算子、Prewitt 边缘检测算子,它们都是一阶微分算子,而 Canny 算子和 LoG 算子是二阶微分算子。

2.2.2　一阶微分算子

1. Roberts 边缘检测算子

罗伯特(Roberts)边缘检测算子是一种斜向偏差分的梯度计算方法,梯度的大小代表边缘的强度,梯度的方向与边缘走向垂直。两个卷积核分别为 $G_x = \begin{bmatrix} 1 & 0 \\ 0 & -1 \end{bmatrix}$,$G_y = \begin{bmatrix} 0 & 1 \\ -1 & 0 \end{bmatrix}$,采用 1 范数衡量梯度的幅度:$|G(x,y)| = |G_x| + |G_y|$。Roberts 算子对具有陡峭的低噪声的图像效果较好。

2. Sobel 算子

Sobel 算子不是简单求平均再差分,而是加强了中心像素上、下、左、右四个方向像素的权重,运算结果是一幅边缘图像。该算子通常由下列计算公式表示:

$$f'_x(x,y) = f(x-1,y+1) + 2f(x,y+1) + f(x+1,y+1) - f(x-1,y-1) - 2f(x,y-1) - f(x+1,y-1)$$

$$f'_y(x,y) = f(x-1,y-1) + 2f(x-1,y) + f(x-1,y+1) - f(x+1,y-1) - 2f(x+1,y) - f(x+1,y+1)$$

$$G[f(x,y)] = |f'_x(x,y)| + |f'_y(x,y)|$$

式中,$f'_x(x,y)$ 和 $f'_y(x,y)$ 分别表示 x 方向和 y 方向的一阶微分,$G[f(x,y)]$ 为 Sobel 算子的梯度,$f(x,y)$ 是具有整数像素坐标的输入图像。求出梯度后,可设定一个常数 T,当 $G[f(x,y)] > T$ 时,标出该点为边界点,其像素值设定为 0,其他的设定为 255,适当调整常数 T 的大小来达到最佳效果。

Sobel 算子通常对灰度渐变和噪声较多的图像处理得较好。

3. Prewitt 算子

Prewitt 边缘算子是一种边缘样板算子,利用像素点上、下、左、右邻点灰度差,在边缘处达到极值检测边缘,对噪声具有平滑作用。由于边缘点像素的灰度值与其邻域点像素的灰度值显著不同,在实际应用中通常采用微分算子和模板匹配方法检测图像的边缘。

Prewitt 算子的两个卷积计算核分别为 $G_x = \begin{bmatrix} -1 & 0 & 1 \\ -1 & 0 & 1 \\ -1 & 0 & 1 \end{bmatrix}$ 和 $G_y = \begin{bmatrix} -1 & 1 & 1 \\ 0 & 0 & 0 \\ -1 & -1 & -1 \end{bmatrix}$,与 Sobel 算子一样,采用 ∞ 范数作为输出。Prewitt 算子对灰度渐变和噪声较多的图像处理得较好。

4. MATLAB 实现

在 MATLAB 中,提供了 edge 函数用于实现一阶与二阶的算子边缘检测,实现一阶微分算子的边缘检测调用格式为:

BW = edge(I):对灰度或二值图像 I 采用 Sobel 算子进行边缘检测,返回二值图像 BW,BW 与 I 的维数相同,BW 中 I 表示边缘,0 表示其他部分。

BW = edge(I, 'sobel'):等价于 BW = edge(I)。

BW = edge(I, 'sobel', thresh):对灰度或二值图像 I 采用指定阈值的 Sobel 算子进行边缘检测,参数 thresh 为阈值。

BW = edge(I, 'sobel', thresh, direction):对灰度或二值图像 I 采用 Sobel 算子进行边缘检测,参数 direction 为指定算子的方向。

[BW, thresh] = edge(I, 'sobel', …):根据默认的阈值进行边缘检测,并由 thresh 返回函数自动选取阈值。用户可以在观察边缘检测效果的同时,根据返回的阈值进行调整,直到满意为止。

BW = edge(I, 'prewitt'):对灰度或二值图像 I 采用 Prewitt 算子进行边缘检测。

BW = edge(I, 'prewitt', thresh):对灰度或二值图像 I 采用指定阈值的 Prewitt 算子进行边缘检测,参数 thresh 为阈值。

BW = edge(I, 'prewitt', thresh, direction):对灰度或二值图像采用 Prewitt 算子进行边缘检测。字符串参数 direction 为指定检测算法的方向。

[BW, thresh] = edge(I, 'prewitt', …):对灰度或二值图像采用 Prewitt 算子进行边缘检测。返回的 thresh 表示 edge 使用的阈值。

BW = edge(I, 'roberts'):对灰度或二值图像 I 采用 Roberts 算子进行边缘检测。

BW = edge(I, 'roberts', thresh):对灰度或二值图像 I 采用指定阈值的 Roberts 算子进行边缘检测。参数 thresh 为阈值。

[BW, thresh] = edge(I, 'roberts', …)：对灰度或二值图像 I 采用 Roberts 算子进行边缘检测。返回的 thresh 表示 edge 使用的阈值。

【例 2-4】 利用 edge 函数，分别采用 Sobel、Roberts、Prewitt 三种不同的边缘检测算子实现图像的分割。

```
>> clear all;
I = imread('tire.tif');              %原始灰度图像
subplot(221);imshow(I);
title('原始图像');
BW1 = edge(I,'sobel',0.15);          %用 Sobel 算子进行边缘检测,判别阈值为 0.15
subplot(222);imshow(BW1);
title('Sobel 算子边缘检测');
BW2 = edge(I,'Roberts',0.15);        %用 Roberts 算子进行边缘检测,判别阈值为 0.15
subplot(223);imshow(BW2);
title('Roberts 算子边缘检测');
BW3 = edge(I,'Prewitt',0.15);        %用 Prewitt 算子进行边缘检测,判别阈值为 0.15
subplot(224);imshow(BW2);
title('Prewitt 算子边缘检测');
```

运行程序，效果如图 2-7 所示。

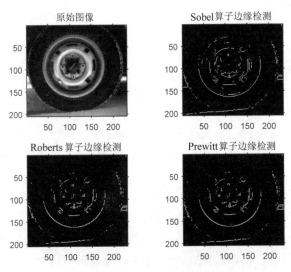

图 2-7　一阶微分算子检测

从图 2-7 可看出，在采用一阶微分算子进行边缘检测时，除了微分算子对边缘检测结果有影响外，阈值选择也对边缘检测有着重要的影响。比较几种算法的边缘检测结果，可看出 Sobel 算子提取边缘较其他两种算子完整。

2.2.3　二阶微分算子

1. Canny 算子边缘检测

Canny 算子边缘检测的基本原理是：采用二维高斯函数的任一方向上的一阶方向导数为噪声滤波器，通过与图像 $f(x, y)$ 卷积进行滤波，然后对滤波后的图像寻找图像梯度的局部极大值,以确定图像边缘。

Canny 边缘检测算子是一种最优边缘检测算子。其实现检测图像边缘的步骤与方法为:

(1) 用高斯滤波器平滑图像;

(2) 计算滤波后图像梯度的幅值和方向;

(3) 对梯度幅值应用非极大值抑制,其过程为找出图像梯度中的局部极大值点,把其他非局部极大值置零以得到细化的边缘;

(4) 再用双阈值算法检测和连接边缘。

具体的数学描述如下所述。

首先,取二维高斯函数:

$$G(x,y) = \frac{1}{2\pi\sigma^2} e^{-\frac{x^2+y^2}{2\sigma^2}}$$

然后,求高斯函数 $G(x,y)$ 在某一方向 n 上的一阶方向导数为:

$$G_n = \frac{\partial G(x,y)}{\partial n}, \quad n = \begin{bmatrix} \cos\theta \\ \sin\theta \end{bmatrix}, \quad \nabla G(x,y) = \begin{bmatrix} \dfrac{\partial G}{\partial x} \\ \dfrac{\partial G}{\partial y} \end{bmatrix}$$

其中,n 为方向向量,$\nabla G(x,y)$ 为梯度向量。

Canny 算子建立在二维 $\nabla G(x,y) \times f(x,y)$ 基础上,边缘强度由 $|\nabla G(x,y) \times f(x,y)|$ 和方向 $n = \dfrac{\nabla G(x,y) \times f(x,y)}{|\nabla G(x,y) \times f(x,y)|}$ 来决定。为了提高 Canny 算子的运算速度,将 $\nabla G(x,y)$ 的二维卷积模板分解为两个一维滤波器,则有:

$$\frac{\partial G(x,y)}{\partial x} = kx \cdot e^{-\frac{x^2}{2\sigma^2}} e^{-\frac{y^2}{2\sigma^2}} = h_1(x)h_2(y)$$

$$\frac{\partial G(x,y)}{\partial y} = ky \cdot e^{-\frac{y^2}{2\sigma^2}} e^{-\frac{x^2}{2\sigma^2}} = h_1(y)h_2(x)$$

其中,k 为常数,

$$h_1(x) = \sqrt{k}x \cdot e^{-\frac{x^2}{2\sigma^2}} \quad h_2(y) = \sqrt{k}x \cdot e^{-\frac{y^2}{2\sigma^2}}$$

$$h_1(y) = \sqrt{k}x \cdot e^{-\frac{y^2}{2\sigma^2}} \quad h_2(x) = \sqrt{k}x \cdot e^{-\frac{x^2}{2\sigma^2}}$$

可见:

$$h_1(x) = xh_2(x)$$

$$h_1(y) = yh_2(y)$$

然后将这两个模板分别与图像 $f(x,y)$ 进行卷积,得到:

$$E_x = \frac{\partial G(x,y)}{\partial x} \times f(x,y), \quad E_y = \frac{\partial G(x,y)}{\partial y} \times f(x,y)$$

令:

$$A(i,j) = \sqrt{E_x^2(i,j) + E_y^2(i,j)}, \quad \alpha(i,j) = \arctan\frac{E_y(x,y)}{E_x(x,y)}$$

其中,$A(i,j)$ 反映了图像上 (i,j) 点处的边缘强度,$\alpha(i,j)$ 为垂边缘的方向。

判断一个像素是否为边缘点有多种方法,如用双阈值法进行边缘判别。凡是边缘强度大于高阈值的一定是边缘点;凡是边缘强度小于低阈值的一定不是边缘点。如果边缘强度大于低阈值但又小于高阈值,则看这个像素的邻接像素中有没有超过高阈值的边缘点,如果有,它就是边缘点;如果没有,它就不是边缘点。

2. 拉普拉斯高斯算子(LoG)

LoG运算基本思想:先用高斯函数对图像滤波,然后对滤波后的图像进行拉普拉斯运算,算得的值等于零的点认为是边界点。

LoG运算:

$$h(x,y) = \nabla^2[g(x,y)] * f(x,y)$$

根据卷积求导法:

$$h(x,y) = [\nabla^2 g(x,y)] * f(x,y)$$

其中,$f(x,y)$为图像,$g(x,y)$为高斯函数,

$$g(x,y) = \frac{1}{2\pi\sigma^2}e^{-\frac{x^2+y^2}{2\sigma^2}}$$

$$\nabla^2 g(x,y) = \left(\frac{x^2+y^2-2\sigma^2}{\sigma^4}\right)e^{\frac{x^2+y^2}{2\sigma^2}}$$

$$\frac{\partial G(x,y)}{\partial x} = \frac{\partial \frac{1}{2\pi\sigma^2}e^{-\frac{x^2+y^2}{2\sigma^2}}}{\partial x} = \frac{1}{2\pi\sigma^2}e^{-\frac{x^2+y^2}{2\sigma^2}}\left(-\frac{x}{\sigma^2}\right)$$

$$\frac{\partial^2 G(x,y)}{\partial^2 x} = \frac{1}{2\pi\sigma^2}e^{-\frac{x^2+y^2}{2\sigma^2}}\left(-\frac{x^2}{\sigma^4}\right) + \frac{1}{2\pi\sigma^2}e^{-\frac{x^2+y^2}{2\sigma^2}}\left(-\frac{1}{\sigma^2}\right)$$

$$= \frac{1}{2\pi\sigma^4}e^{-\frac{x^2+y^2}{2\sigma^2}}\left(\frac{x^2}{\sigma^2}-1\right)$$

同理:

$$\frac{\partial^2 G(x,y)}{\partial^2 y} = \frac{1}{2\pi\sigma^4}e^{-\frac{x^2+y^2}{2\sigma^2}}\left(\frac{y^2}{\sigma^2}-1\right)$$

故:

$$\nabla^2 G(x,y) = \frac{\partial^2 G(x,y)}{\partial^2 x} + \frac{\partial^2 G(x,y)}{\partial^2 y} = \frac{1}{2\pi\sigma^4}\left(\frac{x^2+y^2}{\sigma^2}-2\right)e^{\frac{x^2+y^2}{2\sigma^2}}$$

在实际使用中,常常对LoG算子进行简化,使用差分高斯函数(DoG)代替LoG算子。

$$\text{DoG}(\sigma_1,\sigma_2) = \frac{1}{\sqrt{2\pi}\sigma_1}e^{-\frac{x^2+y^2}{2\sigma_1^2}} - \frac{1}{\sqrt{2\pi}\sigma_2}e^{-\frac{x^2+y^2}{2\sigma_2^2}}$$

研究表明,差分高斯算子较好地符合人的视觉特性。根据二阶导数的性质,检测边界就是寻找$\nabla^2 f$的过零点。有两种等效计算方法:

(1)图像与高斯函数卷积,再求卷积的拉普拉斯微分。

(2)求高斯函数的拉普拉斯微分,再与图像卷积。

LoG算子能有效地检测边界,但仍存在两个问题:一是LoG算子会产生虚假边界,二是定位精度不高。在实际应用中,还应做如下的一些考虑:σ的选择、模板尺寸N的确

定、边界强度和方向、提取边界的精度。其中,高斯函数中方差参数 σ 的选择十分关键,对图像边缘检测效果有很大的影响。高斯滤波器为低通滤波器,方差参数越大,通频带越窄,对较高频率噪声的抑制作用越大,避免了虚假边缘的检测,同时信号的边缘也被平滑了,造成某些边缘点的丢失。反之,通频带越宽,可以检测到图像更高频率的细节,但对噪声的抑制能力相对下降,容易出现虚假边缘。因此,为取得更佳的效果,应用 LoG 算子对于不同图像选择不同参数。

在 LoG 算子中对边缘判断采用的技术是零交叉(zero-crossing)检测,把零交叉检测推广一下,只要在检测前用指定的滤波器对图像进行滤波,然后再寻找零交叉点作边缘。

【例 2-5】 用 MATLAB 编程可得到二维 LoG 算子的图像与边缘提取。

```
>> clear all;
x = − 2:0.1:2;
y = − 2:0.1:2;
sigma = 0.5;
y = y';
for i = 1:(4/0.1 + 1)
    xx(i, :) = x;
    yy(:, i) = y;
end
r = 1/(pi * sigma ^ 4) * ((xx.^ 2 + yy.^ 2)/(2 * sigma ^ 2) − 1). * exp( − (xx.^ 2 + yy.^ 2)/(2 *
sigma ^ 2));
figure;
colormap(jet(16));
mesh(xx, yy, r);
```

运行程序,如图 2-8 所示。

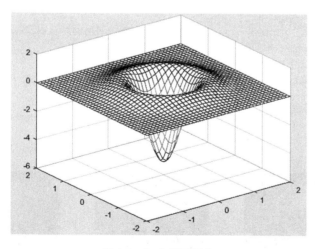

图 2-8 LoG 算子图像

LoG 滤波器在 (x, y) 空间中的图形,其形状与墨西哥草帽相似,因此又称为墨西哥草帽算子。

3. MATLAB 实现

edge 函数也可用于二阶微分算子的边缘检测，其调用格式为：

BW = edge(I,'canny')：用 Canny 算子自动选择阈值进行边缘检测。

BW = edge(I,'canny',thresh)：根据给定的敏感阈值 thresh 对图像进行 Canny 算子边缘检测。参量 thresh 为一个二元向量，第一个元素为低阈值，第二个元素为高阈值。如果 thresh 为一元参量，则此值作为高阈值，$0.4 *$ thresh 被用作低阈值。如果没有指定阈值 thresh 或为空[]，函数将自动选择参量值。

BW = edge(I,'canny',thresh,sigma)：指定的阈值和高斯滤波器的标准偏差 signa，默认 sigma 值为 1。滤波器的尺寸基于 sigma 自动选择。

[BW,threshold] = edge(I,'canny',…)：返回二元阈值和图像 BW。

BW = edge(I,'log')：对灰度或二值图像 I 采用 Laplacian of Gaussian(LoG)算子进行边缘检测。

BW = edge(I,'log',thresh)：对灰度或二值图像 I 采用指定阈值的 LoG 算子进行边缘检测；thresh 指定阈值。

BW = edge(I,'log',thresh,sigma)：对灰度或二值图像 I 采用指定阈值的 LoG 算子进行边缘检测；thresh 指定阈值；参数 sigma 指定高斯滤波器的标准差，默认值为 2。

[BW,threshold] = edge(I,'log',…)：对灰度或二值图像 I 采用指定阈值的 LoG 算子进行边缘检测。返回的 threshold 表示 edge 使用的阈值。

【例 2-6】 利用二阶微分算子检测图像。

```
>> clear all;
I = imread('tire.tif');              % 原始灰度图像
subplot(131);imshow(I);
title('原始图像');
BW1 = edge(I,'log',0.015);           % 用 LoG 算子进行边缘检测,判别阈值为 0.015
subplot(132);imshow(BW1);
title('LoG 算子边缘检测');
BW2 = edge(I,'canny',0.15);          % 用 Canny 算子进行边缘检测,判别阈值为 0.15
subplot(133);imshow(BW2);
title('Canny 算子边缘检测');
```

运行程序，效果如图 2-9 所示。

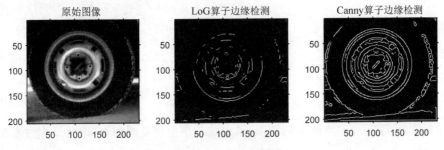

图 2-9 二阶微分算子边缘检测

2.3　彩色空间分割

上述介绍的图像分割方法是基于灰度图像的,对于彩色图像来说并不一定都适用,因此本节将进一步介绍彩色图像的相关分割方法。

彩色图像分割是数字图像处理领域中一类非常重要的图像分析技术,在对图像的研究和应用中,根据不同领域的不同需要,在某一领域往往仅对原始图像中的某些部分感兴趣。这些目标区域一般来说都具备自身特定的一些诸如颜色、纹理等性质,彩色图像的分割主要根据图像在各个区域的不同特性,而对其进行边界或区域上的分割,并从中提取出所关心的目标。

图像分割注重对图像中的目标进行检测与测量,这与在像素级对图像进行操作的图像处理技术中,为改善图像视觉效果而强调在图像之间所进行的变换是有所区别的。通过对图像的分割、目标特征的提取,可将经初步图像处理的图像特征向量提取出来,并将原始的数字图像转化成为一种有利于目标表达的更抽象、更紧凑的表现形式,从而使高层的图像分析、图像理解以及计算机的模式自动识别成为可能。多年来,彩色图像分割技术一直在工业自动化控制、遥感遥测、微生物工程以及合成孔径雷达(SAR)成像等多种工程应用领域得到广泛应用。

彩色图像分割是图像处理中的一个主要问题,也是计算机视觉领域低层次视觉中的主要问题。

总的来说,彩色图像分割的方法可以分为基于像元、区域、边缘的分割这三大类,前两类利用的是相似性,基于边缘的分割则利用的是不连续性。

2.3.1　基于像元的分割方法

基于像元的分割方法又可分为三类:直方图门限技术、色彩空间聚类法以及模糊聚类分割方法。其中直方图门限技术是最常用的,由于图像门限处理的直观性和易于实现的性质,使得它在彩色图像分割应用中处于中心地位。

直方图门限技术:Tominaga 提出可将 RGB 色彩空间转换成 HVC 或其他色彩空间,如 HSI,再分别求 H、V、C(或 H、S、I)的一维直方图,寻找最明显的峰值,一般是选定两个作为门限。Holla 将 RGB 色彩空间转换成 RG、YB、I,再将这 3 个通道用带通滤波器平滑,滤波器中心频率过滤这 3 种色彩特征的比率是 I:RG:YB=4:2:1,然后在二维直方图 RG-YB 中寻找峰值点和基点,从而将像素点分成两个区域。但是该方法会在图像中留下捕捉不到的部分,因此可以再考虑加入其他的特征,如亮度或者像素的局部相连性,这样可以增强分割效果。Stein 的方法是对 Holl 的改进,算法中加入了邻域的特征。当留下了一些没有被分配到的像素点时,就取它周围的 3×3 的模板,如果模板中有一个或者多个像素点被指派到区域 A,则该像素点也被指派到区域 A 中;如果该邻域模板中的像素点没被指派到任何区域或者被指派到了不同的区域,那么该像素点仍然不被指派。这样的话可能还是会存在残留点,但是比率要少得多。R. Ohtander 的方法是比较经典的,它采用 9 个色彩特征:R、G、B、H、S、V、Y、I、Q,对这 9 个特征分别计算直方图,再选择最好的峰值作为门限。Ohta 等提出的方法和前面方法的不同点在于,它将 RGB 色彩空间转换为另外定义的 I1、I2、I3 特征,再分别对它们进行直方图化,从 3 个一维直方图上可以看到各自的峰值点,该算法给出的 I1、I2、I3 的表达式相当于动态 K-L 变换的结果,而且都是对 R、G、B 的线性变换,不存在奇异点,不同的图像对 I1、I2、I3 各自的峰值点分割的效果有差别,需要自动选取合适的门限。根据 I1、I2、I3 的直方图,有明显双峰更适合该图像。

色彩空间聚类法:该方法也结合了直方图阈值选取技术。先将 RGB 色彩空间转换成 HLS 色彩空间(H、L、S 的表达式已给出),根据 L 的值将图像分为过亮区域和非过亮区域。在过亮区域里以 H 为主要特征,根据直方图取峰值进行分割;在非过亮区域里以 S 为主要特征,根据直方图取峰值进行分割,最后将分割的两幅图像合并。Ferri 则是通过神经网络将像素分成几个区域,再利用编辑和压缩技术来减少分类的个数。该方法用的是 YUV 色彩空间,它对每个像素点(i,j)扩展成向量。

Lauterbach 是在 LUV 色彩空间中进行分割的,首先求二维 UV 直方图的最高点,这个最高点是通过计算累计直方图的值和一个邻域窗的均值之差得到的。然后添加色彩匹配线(acl),这条线是通过两个聚类中心的一根直线。像素值在 UV 空间的两个聚类中心之间的 acl 的欧氏距离决定了像素点被分派到哪两个类中去。最后再在两类中用最小距离准则找出一类。但是,该方法没有考虑亮度,所以在某些情况下并不太适用。

模糊聚类分割方法,基于门限和模糊 C-均值法:先粗糙地用标量空间分析的一维直方图分割。具体步骤:计算图像每一个色彩特征的直方图;标量分析直方图;定义合法的几个类 V1、V2、…、Vc;对属于类别 Vi 的每一个像素点 p,用 i 标记 p;计算每一类 Vi 的重心;对没有被分类的像素值 p(x,y),用模糊成员函数 U 计算,取最大的 U(x,y)(此时类别为 Vk),则将该像素 p 分派到 Vk。

【例 2-7】 基于 Lab 空间的彩色分割。

基于 Lab 空间的彩色分割,是根据图像中彩色空间不同的颜色,来确定不同色彩所在的区域从而对图像进行划分。例如,一幅包含红色、蓝色、绿色、黄色 4 种颜色的图像可以分割成红色区域、蓝色区域、绿色区域和蓝色区域。

这种基于色彩的图像分割方法简单而且易于理解,同时在实际应用中颜色通常具有很明显的区域特征,因此这种方法在实际应用中也有很广泛的用途。

```
>> clear all;
fabric = imread('fabric.png');                    % 读取图像
figure; subplot(121); imshow(fabric),            % 显示
title('原始图像');
load regioncoordinates;                          % 下载颜色区域坐标到工作空间
nColors = 6;
sample_regions = false([size(fabric,1) size(fabric,2) nColors]);
for count = 1:nColors
    sample_regions(:,:,count) = roipoly(fabric,...
    region_coordinates(:,1,count), ...
    region_coordinates(:,2,count));              % 选择每一小块颜色的样本区域
end
subplot(122),
```

```matlab
imshow(sample_regions(:,:,2));                    % 显示红色区域的样本
title('红色区域的样本');
cform = makecform('srgb2lab');                    % RGB 空间转换成 Lab 空间结构
lab_fabric = applycform(fabric,cform);
a = lab_fabric(:,:,2); b = lab_fabric(:,:,3);
color_markers = repmat(0, [nColors, 2]);          % 初始化颜色均值
for count = 1:nColors
color_markers(count,1) = mean2(a(sample_regions(:,:,count)));   % a 均值
color_markers(count,2) = mean2(b(sample_regions(:,:,count)));   % b 均值
end
disp(sprintf('[ % 0.3f, % 0.3f]',color_markers(2,1),...
    color_markers(2,2)));                         % 显示红色分量样本的均值
color_labels = 0:nColors - 1;
a = double(a); b = double(b);
distance = repmat(0,[size(a), nColors]);          % 初始化距离矩阵
for count = 1:nColors
   distance(:,:,count) = ( (a - color_markers(count,1)).^2 + ...
     (b - color_markers(count,2)).^2 ).^0.5;      % 计算到各种颜色的距离
end
[value, label] = min(distance,[],3);              % 求出最小距离的颜色
label = color_labels(label);
clear value distance;
rgb_label = repmat(label,[1 1 3]);
segmented_images = repmat(uint8(0),[size(fabric), nColors]);
for count = 1:nColors
   color = fabric;
   color(rgb_label ~ = color_labels(count)) = 0;  % 不是标号颜色的像素置 0
   segmented_images(:,:,:,count) = color;
end
figure;
subplot(231);imshow(segmented_images(:,:,:,1)),   % 显示背景
title('背景');
subplot(232);imshow(segmented_images(:,:,:,2)),   % 显示红色目标
title('红色目标');
subplot(233);imshow(segmented_images(:,:,:,3)),   % 显示绿色目标
title('绿色目标');
subplot(234);imshow(segmented_images(:,:,:,4)),   % 显示紫色目标
title('紫色目标');
subplot(235);imshow(segmented_images(:,:,:,5)),   % 显示红紫色目标
title('红紫色目标');
subplot(236);imshow(segmented_images(:,:,:,6)),   % 显示黄色目标
title('黄色目标');
purple = [119/255 73/255 152/255];
plot_labels = {'k', 'r', 'g', purple, 'm', 'y'};
figure
for count = 1:nColors
plot(a(label == count - 1),b(label == count - 1),'.','MarkerEdgeColor', ...
    plot_labels{count});                          % 显示各种颜色的散点图
```

```
hold on;
end
title('a * b * 空间散点图');
xlabel('''a * '' values'); ylabel('''b * '' values');
```

运行程序,输出如下,效果如图 2-10～图 2-12 所示。

[1910.183,149.722]

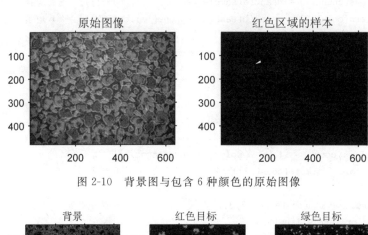

图 2-10　背景图与包含 6 种颜色的原始图像

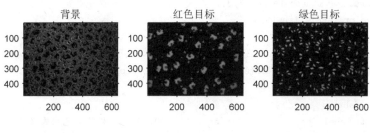

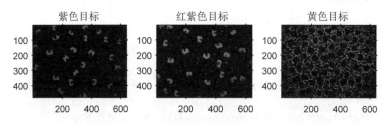

图 2-11　分别显示 6 种颜色区域

2.3.2　聚类算法

聚类算法不需要训练样本,因此聚类是一种无监督的(unsupervised)统计方法。因为没有训练样本集,聚类算法迭代的执行是对图像分类和提取各类的特征值。从某种意义上说,聚类是一种自我训练的分类。其中,k 均值、模糊 C 均值(Fuzzy C-Means)、EM(Expectation-Maximization)和分层聚类方法是常用的聚类算法。

k 均值算法先对当前的每一类求均值,然后按新生的均值对象进行重新分类(将像素归入均值最近的类),对新生成的类再迭代执行前面的步骤。模糊 C 均值算法从模糊集

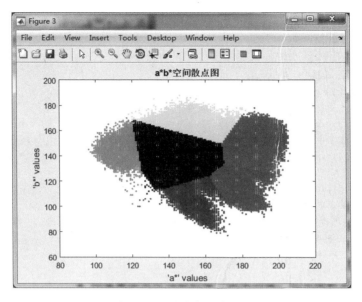

图 2-12   6 种彩色的散点图

合理论的角度对 k 均值进行了推广。EM 算法把图像中每一个像素的灰度值看作几个概率分布(一般用高斯分布)按一定的比例混合,通过优化基于最大后验概率的目标函数,来估计这几个概率分布的参数和它们之间的混合比例。分层聚类方法通过一系列类别的连续合并和分裂完成,聚类过程可以用一个类似树的结构来表示。聚类分析不需要训练集,但是需要有一个初始分割提供初始参数,初始参数对最终分类结果影响较大。另一方面,聚类也没有考虑空间关联信息,因此也对噪声和灰度不均匀敏感。

【例 2-8】   基于色彩空间,使用 k 均值聚类算法对图像进行分割。目标是自动使用 L * a * b * 色彩空间和 k 均值聚类算法实现图像分割。

```
>> clear all;
I = imread('hestain.png');
subplot(2,3,1);imshow(I);
xlabel('(a)H&E 图像');
% 将图像的色彩空间由 RGB 色彩空间转换到 L * a * b 色彩空间
cform = makecform('srgb2lab');                    % 色彩空间转换
lab_I = applycform(I,cform);
% 使用 k 均值聚类算法对 a * b 空间中的色彩进行分类
ab = double(lab_I(:,:,2:3));                       % 数据类型转换
nrow = size(ab,1);                                 % 求矩阵尺寸
ncol = size(ab,2);                                 % 求矩阵尺寸
ab = reshape(ab,nrow * ncol,2);                    % 矩阵形状变换
ncolors = 3;
% 重复聚类 3 次,以避免局部最小值
[c_idx,c_center] = kmeans(ab,ncolors,'distance','sqEuclidean','Replicates',3);
% 使用 k 均值聚类算法得到的结果对图像进行标记
pixel_labels = reshape(c_idx,nrow,ncol);           % 矩阵形状改变
subplot(2,3,2);imshow(pixel_labels,[]);
xlabel('(b)使用簇索引对图像进行记');
```

```
s_image = cell(1,3);                              % 元胞型数组
rgb_label = repmat(pixel_labels,[1 1 3]);         % 矩阵平铺
for k = 1:ncolors
    color = I;
    color(rgb_label~ = k) = 0;
    s_image{k} = color;
end
subplot(2,3,3);imshow(s_image{1});
xlabel('(c)簇 1 中的目标');
subplot(2,3,4);imshow(s_image{2});
xlabel('(d)簇 2 中的目标');
subplot(2,3,5);imshow(s_image{3});
xlabel('(e)簇 3 中的目标');
% 分割细胞核到一个分离图像
mean_c_value = mean(c_center,2);
[tmp,idx] = sort(mean_c_value);
b_c_num = idx(1);
L = lab_I(:,:,1);
b_indx = find(pixel_labels == b_c_num);
L_blue = L(b_indx);
i_l_b = im2bw(L_blue,graythresh(L_blue));         % 图像黑白转换
% 使用亮蓝色标记属于蓝色细胞核的像素
n_labels = repmat(uint8(0),[nrow,ncol]);          % 矩阵平铺
n_labels(b_indx(i_l_b == false)) = 1;
n_labels = repmat(i_l_b,[1,1,3]);                 % 矩阵平铺
b_n = I;
b_n(n_labels~ = 1) = 1;
subplot(2,3,6);imshow(b_n);
xlabel('(f)使用簇索引对图像进行标记');
```

运行程序,效果如图 2-13 所示。

  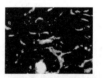

(a) H&E图像   (b) 使用簇索引对图像进行记   (c) 簇1中的目标

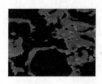 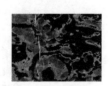 

(d) 簇2中的目标   (e) 簇3中的目标   (f) 使用簇索引对图像进行标记

图 2-13   彩色图像的分割效果

JPEG(Joint Photographic Experts Group)是由 ISO 和 IEC 两个组织机构联合组成的一个专家组,负责制定静态和数字图像数据压缩标准,这个专家组开发的算法称为 JPEG 算法,并且成为国际上通用的标准,因此又称为 JPEG 标准。JPEG 是一个适用范围很广的静态图像数据压缩标准,既可用于灰度图像压缩又可用于彩色图像压缩,JPEG 标准有以下要求:

- 必须将图像质量控制在可视保真度高的范围内,同时编码器可被参数化,允许用户设置压缩或质量水平。
- 压缩标准可以应用于任何一类连续色调数字图像,并不应受到维数、颜色、画面尺寸、内容、影调的限制。
- 压缩标准必须从完全无损到有损范围内可选,以适应不同的存储、CPU 和显示要求。

此外,JPEG 标准是为连续色调图像压缩提供的公共标准,连续色调图像并不局限于单色调图像,可适用于各种多媒体存储和通信应用所使用的灰度图像、摄影图像及静止视频压缩文件。

3.1 JPEG 压缩算法的原理

JPEG 标准包括图像编码和解码过程以及压缩图像数据的编码表示,共提供了 3 种压缩算法:基本系统(Baseline System)、扩展系统(Extended System)和无失真压缩(Lossless)。所有的 JPEG 编码器和解码器都必须支持基本系统,另外两种压缩算法则适用于特定的应用。

JPEG 专家组开发了两种基本的压缩算法,一种是以离散余弦变换 DCT 为基础的有损压缩算法,另一种是以预测技术为基础的无损压缩算法。使用有损压缩算法时,在压缩比为 25∶1 的情况下,压缩后还原得到的图像与原始图像相比较,对于非图像专家而言,很难找出它们之间的区别,这使得该压缩技术得到了广泛的应用。为了在保证图像质量的前提下进一步提高压缩比,近年来,JPEG 专家组又制定了 JPEG2000(简称 JP2000)标准,JPEG2000 与传统 JPEG 相比,最大的不同点在于：其放弃了 JPEG 所采用的以离散余弦变换为主的区块编码方式,而改用以小波变换为主的多解析解码方式。采用小波变换的主要目的是将图像的频率成分抽取出来。

图 3-1 说明了 JPEG 标准的基本处理框图。

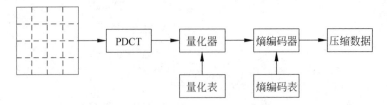

图 3-1　JPEG 标准的基本处理框图

JPEG 标准将整个图像分成 8×8 的图像块,并用作二维离散余弦变换 DCT 的输入。通过 DCT 变换,把能量集中在少数几个系数上,然后对这些系数进行量化。由于人眼对亮度信号的感知比对色差信号更为敏感,因此 JPEG 使用了两种量化表:亮度量化值和色差量化值。此外,由于人眼对低频分量的图像感知比对高频分量的图像更敏感,所以对图像中左上角的量化步长要比右下角的量化步长小。

在经过量化之后,进行熵编码过程,将 DCT 系数进行 DPCM 编码,而 AC 系数 Z 形排列之后采用 RLE 编码,最后得到经压缩编码后的数据值。

此外,JPEG 还规定了 4 种运行模式,以满足不同的应用需要。

- 基于 DPCM 的无损编码模式:压缩比可以达到 2∶1。
- 基于 DCT 的有损顺序编码模式:压缩比可以达到 10∶1。
- 基于 DCT 的递增编码模式。
- 基于 DCT 的分层编码模式。

JPEG 压缩的有损之处体现在:

(1) 在由 RGB 到 YUV 色度空间变换时,保留每个像素点的亮度信息,其中只保留部分像素点的色度信息。

(2) 经过离散余弦变换后的变换系数被进一步量化。量化系数的选取是不均匀的,人眼敏感的低频信号区采用的是细量化,而高频信号区采用的是粗量化。这样,人眼感觉不到的高频信号会被忽略,仅仅保留了低频信号,从而达到压缩的目的。

通过 JPEG 压缩方法而节省的数据是大量的。尽管基于分块 DCT 变换编码的 JPEG 图像压缩技术已得到了广泛的应用,却在低比特率压缩时产生方块效应,严重影响解码图像的视觉效果。其主要原因是低比特率压缩的粗量化过程在各个方块内引入高频量化误差,各子块独立编码没有考虑块间的相关性,从而造成块边缘的不连续性。此外,由于舍去了图像的高频信息,编码图像的边缘难以很好地保持。提高图像传输的比特率,加重编解码的负担;或采用后处理技术,即对解码图像进行图像增强或图像恢复等处理。

3.2　JPEG 压缩编码算法的实现步骤

1. 正向离散余弦变换

编码前一般先将图像从 RGB 空间转换到 YCbCr 空间,然后将每个分量图像分割成不重叠的 8×8 像素块,每个 8×8 像素块称为一个数据单元,把采样频率最低的分量图像中 1 个数据单元所对应的像区上覆盖的所有分量上的数据单元按顺序编组为 1 个最小编码单元,以这个最小编码单元为单位顺序将数据单元进行二维离散余弦变换 FDCT。最终得到的 64 个系数代表了该图像块的频率成分,其中低频分量集中在左上角,高频分量集中在右下角。通常将系数矩阵左上角系统称为直流系数(DC),代表了该数据块的平均值,其余 63 个称为交流系数(AC)。

2. 量化

FDCT 处理后得到的 64 个系数中,低频分量包含了图像亮度等主要信息,在编码时可以通过忽略高频分量的方法达到压缩的目的。在 JPEG 标准中,用具有 64 个独立元素的量化表来规定 DCT 域中相应的 64 个系数的量化精度,使得对某个系数的具体量化阶数取决于人眼对该频率分量的视觉敏感程度。

3. Z 字形编码

Z 扫描是将 DCT 系数量化后的数据矩阵变为一维数列,为熵编码奠定基础。

4. 使用差分脉冲编码调制(DPCM)对直流系数(DC)进行编码

直流系数反映了一个 8×8 数据块的平均亮度。JPEG 标准对直流系数做差分编码。如果直流系数的动态范围为 −1024～+1024,则差值的动态范围为 −2047～+2047。如果每一个差值赋一个码字,则码表将十分庞大。为此,JPEG 标准对码表进行了简化,采用"前缀码(SSSS)+尾码"来表示。

5. 使用行程长度编码对交流系数进行编码

由于经 Z 形排列后的交流系数更有可能出现连续由 0 组成的字符串,因而 JPEG 标准采用行程编码对数据进行压缩。JPEG 标准将一个非零的交流系数及其前面的 0 行程长度的组合成为一个事件。将每个事件编码表示为"NNNN/SSSS+尾码"。

6. 熵编码

通常采用赫夫曼编码器对量化系数进行编码。

【例 3-1】　根据以上步骤,对图像进行 JPEG 编码。

```
>> clear all;
x = imread('lean.bmp');          % 图像的大小为 512×512
subplot(1,2,1);imshow(x);
```

```
y = jpegcode(x,5);
X = huffdecode(y);
subplot(122);imshow(X);
% 计算均方根误差
e = double(x) − double(X);
[m,n] = size(e);
erms = sqrt(sum(e(:).^2)/(m * n))
% 计算压缩比
cr = imageration(x,y)
```

运行程序效果如图 3-2 所示,图 3-2(b)的压缩比 cr＝29.8561,其均方根误差 erms＝7.9322。

(a)原始图像   (b)压缩后图像

图 3-2 近似 JPEG 压缩效果

在以上程序中,调用自定义编写的实现 JPEG 图像压缩编码的函数,函数的源代码为:

```
% jpegencode 函数用来压缩图像,是一种近似的 JPEG 方法
function y = jpegencode(x,quality)
% x 为输入图像
% quality 决定了截去的系数和压缩比
error(nargchk(1,2,nargin));                      % 检查输入参数
if nargin < = 2
    quality = 1;                                 % 默认 quality = 1
end
x = double(x) − 128;                             % 像素层次移动 − 128
[xm,xn] = size(x);
t = dctmtx(8);                                   % 得到 8 × 8 DCT 矩阵
% 将图像分割成 8×8 子图像,进行 DCT,然后进行量化
y = blkproc(x,[8 8],'P1 * x * P2',t,t');
m = [16 11 10 16 24 40 51 61
     12 12 14 19 26 58 60 55
     14 13 16 24 40 57 69 56
     14 17 22 29 51 87 80 62
     18 22 67 56 68 109 103 77
     24 35 55 64 81 104 113 92
     49 64 78 87 103 121 120 92
     72 92 95 98 112 100 103 99] * quality;
% 用 m 量化步长短对变换矩阵进行量化
yy = blkproc(y,[8 8],'round(x./P1)',m);          % 将图像块排列成向量
y = im2col(yy,[8 8],'distinct');                 % 得到列数,也就是子图像个数
```

```
xb = size(y,2);                                    % 变换系数排列次序
order = [1 9 2 3 10 17 25 18 11 4 5 12 19 26 33 ...
 41 34 27 20 13 6 7 14 21 28 35 42 49 57 50 ...
 43 36 29 22 15 8 16 23 30 37 44 51 58 59 52 ...
 45 38 31 24 32 39 46 53 60 61 54 47 40 48 55 62 63 56 64];
     % 用 Z 形扫描方式对变换系数重新排列
     y = y(order,:);
     eob = max(x(:)) + 1;                          % 创建一个块结束符号
     num = numel(y) + size(y,2);
     r = zeros(num,1);
     count = 0;
     %  将非零元素重新排列放到 r 中, - 26 - 3 eob    - 25   1 eob
     for j = 1:xb
          i = max(find(y(:,j)));                   % 每次对一列(即一块)进行操作
          if isempty(i)
               i = 0;
          end
          p = count + 1;
          q = p + i;
          r(p:q) = [y(1:i,j);eob];                 % 截去 0 并加上结束符号
          count = count + i + 1;
     end
     r((count + 1):end) = [ ];                      % 删除 r 中没有用的部分
     r = r + 128;
     % 保存编码信息
     y. size = uint16([xm,xn]);
     y. numblocks = uint16(xb);
     y. quality = uint16(quality * 100);
     % 对 r 进行 Huffman 编码
     [y. huffman y. info] = huffcode(uint8(r));
% jpegdecode 函数, jpegencode 的解码程序
function x = jpegdecode(y)
error(nargchk(1,1,nargin));                         % 检查输入参数
m = [16 11 10 16 24 40 51 61
      12 12 14 19 26 58 60 55
      14 13 16 24 40 57 69 56
      14 17 22 29 51 87 80 62
      18 22 67 56 68 109 103 77
      24 35 55 64 81 104 113 92
      49 64 78 87 103 121 120 92
      72 92 95 98 112 100 103 99];
order = [1 9 2 3 10 17 25 18 11 4 5 12 19 26 33...
 41 34 27 20 13 6 7 14 21 28 35 42 49 57 50...
 43 36 29 22 15 8 16 23 30 37 44 51 58 59 52...
 45 38 31 24 32 39 46 53 60 61 54 47 40 48 55 62 63 56 64];
rev = order;                                        % 计算逆运算
for k = 1:length(order)
    rev(k) = find(order == k);
end
% ff = max(rev(:)) + 1;
m = double(y. quality)/100 * m;
```

```
xb = double(y.numblocks);                          % 得到图像的块数
sz = double(y.size);
xn = sz(1);                                        % 得到行数
xm = sz(2);                                        % 得到列数
x = huffdecode(y.huffman,y.info);                  % Huffman 解码
x = double(x) - 128;
eob = max(x(:));                                   % 得到块结束符
z = zeros(64,xb);
k = 1;
for i = 1:xb
    for j = 1:64
        if x(k) == eob
            k = k + 1;
        break;
        else
            z(j,i) = x(k);
            k = k + 1;
        end
    end
end
z = z(rev,:);                                      % 恢复次序
x = col2im(z,[8 8],[xm xn],'distinct');            % 重新排列成图像块
x = blkproc(x,[8 8],'x. * P1',m);                  % 逆量化
t = dctmtx(8);
x = blkproc(x,[8 8],'P1 * x * P2',t,t);            % DCT 逆变换
x = uint8(x + 128);                                % 进行位移
```

在以上程序代码中,调用到以下子程序,其源代码分别为:

```
% Huffencode 函数对输入矩阵 vector 进行 Huffman 编码,返回编码后的向量(压缩数据)及相关
% 信息
function [zippend,info] = huffcode(vector)
% 输入和输出都是 uint8 格式; info 为返回解码需要的结构信息
% info.pad 是添加的比特数; info.huffcodes 是 Huffman 码字
% info.rows 是原始图像行数; info.cols 是原始图像列数; info.length 是最大码长
if~isa(vector,'uint8')
    eror('input argument must be a uint8 vector');
end
[m,n] = size(vector);
vector = vector(:)';
f = frequency(vector);                             % 计算各符号出现的概率
symbols = find(f~ = 0);
f = f(symbols);
[f,sortindex] = sort(f);                           % 将符号按照出现的概率大小排列
symbols = symbols(sortindex);
len = length(symbols);
symbols_index = num2cell(1:len);
codeword_tmp = cell(len,1);
while length(f)> 1                                  % 生成 Huffman 树,得到码字编码表
    index1 = symbols_index{1};
    index2 = symbols_index{2};
```

```matlab
        codeword_tmp(index1) = addnode(codeword_tmp(index1),uint8(0));
        codeword_tmp(index2) = addnode(codeword_tmp(index2),uint8(1));
        f = [sum(f(1:2)) f(3:end)];
        symbols_index = [{[index1,index2]} symbols_index(3:end)];
        [f,sortindex] = sort(f);
        symbols_index = symbols_index(sortindex);
end
codeword = cell(256,1);
codeword(symbols) = codeword_tmp;
len = 0;
for index = 1:length(vector)                    % 得到整个图像所有比特数
    len = len + length(codeword{double(vector(index)) + 1});
end
string = repmat(uint(0),1,len);
pointer = 1;
for index = 1:length(vector)                    % 对输入图像进行编码
    code = codeword{double(vector(index)) + 1};
    len = length(code);
    string(pointer + (0:len - 1)) = code;
    pointer = pointer + len;
end
len = length(string);
pad = 8 - mod(len,8);                           % 非 8 的整数倍时,最后补 pad 个 0
if pad > 0
    string = [string uint8(zeros(1,pad))];
end
codeword = codeword(symbols);
codlen = zeros(size(codeword));
weights = 2.^(0:23);
maxcodelen = 0;
for index = 1:length(codeword)
    len = length(codeword{index});
    if len > maxcodelen
      maxcodelen = len;
    end
    if len > 0
        code = sum(weights(codeword{index} == 1));
        code = bitset(code,len + 1);
        codeword{index} = code;
        codelen(index) = len;
    end
end
codeword = [codeword{:}];
% 计算压缩后的向量
cols = length(string)/8;
string = reshape(string,8,cols);
weights = 2.^(0:7);
zipped = uint8(weights * double(string));
% 码表存储到一个稀疏矩阵
huffcodes = sparse(1,1);
for index = 1:nnz(codeword)
```

```matlab
        huffcodes(codeword(index),1) = symbols(index);
    end
    % 填写解码时所需的结构信息
    info.pad = pad;
    info.huffcodes = huffcodes;
    info.ratio = cols./length(vector);
    info.length = length(vector);
    info.maxcodelen = maxcodelen;
    info.rows = m;
    info.cols = n;

    % huffdecode 函数对输入矩阵 vector 进行 Huffman 编码,返回解压后的图像数据
    function vector = huffdecode(zipped, info, image)
    if ~isa(zipped,'uint8')
        error('input argument must be a uint8 vector');
    end
    % 产生 0,1 序列,每位占一个字节
    len = length(zipped);
    string = repmat(uint8(0),1,len.*8);
    bitindex = 1:8;
    for index = 1:len
        string(bitindex + 10.*(index - 1)) = uint8(bitget(zipped(index),bitindex));
    end
    string = logical(string(:)');
    len = length(string);
    % 开始解码
    weights = 2.^(0:51);
    vector = repmat(uint8(0),1,info.length);
    vectorindex = 1;
    codeindex = 1;
    code = 0;
    for index = 1:len
        code = bitset(code,codeindex,string(index));
        codeindex = codeindex + 1;
        byte = decode(bitset(code,codeindex),info);
        if byte > 0
            vector(vectorindex) = byte - 1;
            codeindex = 1;
            code = 0;
            vectorindex = vectorindex + 1;
        end
    end
    vector = reshape(vector,info.rows,info.cols);

    % addnode 函数的源程序代码
    function codeword_new = addnode(codeword_old,item)
    codeword_new = cell(size(codeword_old));
    for index = 1:length(codeword_old),
        codeword_new{index} = [item codeword_old{index}];
    end
```

```
% frequency 函数的源程序代码
function f = frequency(vector)
% FREQUENCY 计算元素出现概率
if ~isa(vector,'uint8'),
    error('input argument must be a uint8 vector')
end
f = repmat(0,1,256);
% 扫描向量
len = length(vector);
for index = 0:256, %
    f(index + 1) = sum(vector == uint8(index));
end
% 归一化
f = f./len;
```

第4章 频域滤波的MATLAB实现

频域图像增强首先通过傅里叶变换将图像从空间域转换到频域，然后在频域内对图像进行处理，最后通过傅里叶逆变换转换到空间域。频域内的图像增强通常包括有限冲激响应滤波、低通滤波、高通滤波、高斯带阻滤波和同态滤波。

4.1 有限冲激响应滤波

有限冲激响应滤波器所具有的很多特点，使它适合在 MATLAB 环境下进行图像处理。

- FIR 滤波器系数容易用矩阵表示。
- 二维 FIR 滤波器是一维 FIR 滤波器的简单扩展。
- FIR 滤波器有很多可靠的设计方法。
- FIR 滤波器容易实现。
- FIR 滤波器可以设计成线性相位，防止图像失真。

1. 频率变换法

频率变换法是指把一个一维 FIR 滤波器转换成二维 FIR 滤波器。频率转换方法保留了一维 FIR 滤波器的大部分特性，尤其是保留了变换带宽和波纹特征。该方法使用了变换矩阵，而矩阵中的元素定义了频率变换。

在 MATLAB 中，提供了 ftrans2 函数用来实现频率变换法。函数的调用格式为：

h = ftrans2(b)：b 为对应的一维 FIR 滤波器，其长度必须为奇数，一般为奇数 fir1、fir2 或 remez 返回值。h 为返回的二维 FIR 滤波器。

h = ftrans2(b, t)：t 为转换矩阵，默认值为 t＝[1 2 1;2 −4 2;1 2 1]/8。

【例 4-1】 利用 ftran2 函数将一维滤波器转化为二维滤波器。

```
>> clear all;
colormap(jet(64))                              % 颜色映射表
b = remez(10,[0 0.05 0.15 0.55 0.65 1],[0 0 1 1 0 0]);% 一维带通滤波器
```

```
[H,w] = freqz(b,1,128,'whole');          % 一维带通滤波器的频率响应
subplot(121);plot(w/pi-1,fftshift(abs(H)));
title('一维带通滤波器');
h = ftrans2(b);                          % 二维带通滤波器
subplot(122);freqz2(h);                  % 二维带通滤波器的频率响应
title('二维带通滤波器');
```

运行程序,效果如图 4-1 所示。

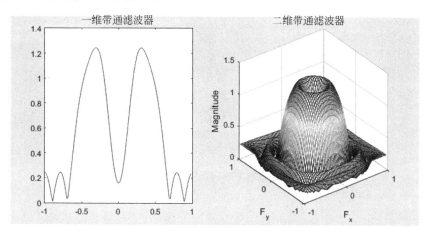

图 4-1　一维和二维带通滤波器的频率响应

2. 频率采样法

频率采样法是用于创建一个基于所需频率响应的滤波器。给定一个定义频率响应的矩阵,再用频率采样法创建一个通过这些点的滤波器,而对这些给定点之间的频率响应并没有限制。

在 MATLAB 中,提供了 fsamp2 函数用于设计二维 FIR 滤波器。该函数返回一个滤波器,它的频率响应与给定的频率响应矩阵对应,函数的调用格式为:

h = fsamp2(Hd):参数 Hd 为频率响应,h 为返回的频率响应系数;

h = fsamp2(f1, f2, Hd,[m n]):f1,f2 为给定的响应频率,产生一个 m×n 的 FIR 滤波器。

【例 4-2】　利用 fsamp2 函数设计一个 11×11 的滤波器。

```
>> clear all;
[f1,f2] = freqspace(21,'meshgrid');
Hd = ones(21);
r = sqrt(f1.^2 + f2.^2);
Hd((r<0.1)|(r>0.5)) = 0;
colormap(jet(64))
subplot(121);mesh(f1,f2,Hd);
title('所需滤波器产生的频率响应');
h = fsamp2(Hd);
subplot(122);freqz2(h);
title('频率采样法产生的频率响应')
```

运行程序,效果如图 4-2 所示。

由图 4-2 右图可注意到,实际产生的滤波器的频率响应中会产生波纹,这些波纹是用频率采样法设计滤波器时所存在的固有问题。

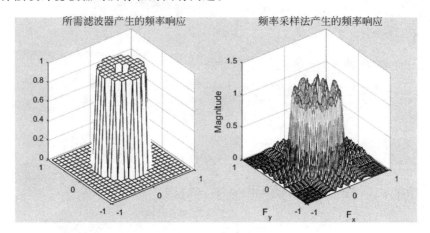

图 4-2　所需滤波器的频率响应和频率采样法产生的频率响应

3. 窗函数法

窗函数法通过理想冲激响应和窗函数相乘产生相应的滤波器。与频率采样法类似,窗函数法产生一个与所需滤波器响应类似的滤波器,但窗函数法会产生比频率采样法效果更好的滤波器。

MATLAB 图像处理工具箱提供了两个函数来设计滤波器 fwind1 和 fwind2:

(1) fwind1 函数通过使用一个或两个一维窗口的二维窗口来设计二维滤波器;

(2) fwind2 函数直接使用指定的二维窗口来设计二维滤波器。

fwind1 函数支持两种不同的方法来创建二维窗口:

(1) 使用类似于旋转的方法,将一个一维窗口转化为一个二维窗口;

(2) 通过计算两个一维窗口的外积来创建一个矩形窗口。

fwind1 函数的调用格式为:

h = fwind1(Hd, win):参数 Hd 为所需要的频率响应,win 为一维窗函数,h 为返回的二维滤波器;

h = fwind1(Hd, win1, win2):根据给定的两个一维窗函数 win1、win2,创建一个二维滤波器 h;

h = fwind1(f1, f2, Hd,…):根据给定的两个频率 f1、f2,创建一个二维滤波器 h。

【例 4-3】　利用 fwind1 函数产生二维滤波器。

```
>> clear all;
[f1,f2] = freqspace(21,'meshgrid');
Hd = ones(21);
r = sqrt(f1.^2 + f2.^2);
Hd((r<0.1)|(r>0.5)) = 0;
colormap(jet(64))
subplot(121);mesh(f1,f2,Hd);
```

```
title('二维频率响应');
h = fwind1(Hd,hamming(21));
subplot(122);freqz2(h);
title('hamming 窗函数的频率响应');
```

运行程序,效果如图 4-3 所示。

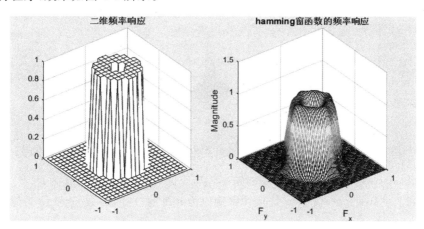

图 4-3　所需二维频率响应和 hamming 窗函数的频率响应

fwind2 函数与 fwind1 函数的用法类似,fwind2 函数的调用格式为:

h = fwind2(Hd, win):参数 Hd 为所需要的频率响应,win 为一维窗函数,返回参数 h 为二维滤波器;

h = fwind2(f1, f2, Hd, win):f1 与 f2 为给定的频率。

【例 4-4】 利用 fwind2 函数产生二维滤波器。

```
>> clear all;
[f1,f2] = freqspace(21,'meshgrid');
Hd = ones(21);
r = sqrt(f1.^2 + f2.^2);
Hd((r<0.1)|(r>0.5)) = 0;
colormap(jet(64))
subplot(131);mesh(f1,f2,Hd);
title('二维频率响应')
win = fspecial('gaussian',21,2);
win = win ./ max(win(:));
subplot(132);mesh(win);
title('高斯滤波器');
h = fwind2(Hd,win);
subplot(133);freqz2(h);
title('fwind2 窗函数频率响应');
```

运行程序,效果如图 4-4 所示。

4．频率响应矩阵

滤波器设计函数 fsamp2、fwind1、fwind2 所设计的滤波器以幅频响应矩阵为基础,其中,幅频响应是描述一个滤波器对不同频率响应的函数。因此,可以直接使用 MATLAB

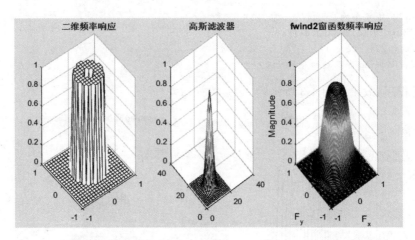

图 4-4   所需二维频率响应、高斯滤波器和 fwind2 窗函数法产生的频率响应

中提供的 freqspace 函数来创建所需的频率响应空间,函数的调用格式为:

[f1,f2] = freqspace(n):n 是指频率响应为 n 维的方阵,参数 f1 和 f2 为返回的二维频率空间;

[f1,f2] = freqspace([m n]):[m n]是指频率响应为 m×n 的矩阵;

[x1,y1] = freqspace(…,'meshgrid'):利用 meshgrid 函数绘制的三维数据创建频率响应矩阵。

【例 4-5】   利用 freqspace 绘制一个低通滤波器。

```
>> clear all;
[f1,f2] = freqspace(25,'meshgrid');        %频率响应的频率空间
Hd = zeros(25,25);
d = sqrt(f1.^2 + f2.^2)< 0.5;              %低通滤波器的响应
Hd(d) = 1;
mesh(f1,f2,Hd);
```

运行程序,效果如图 4-5 所示。

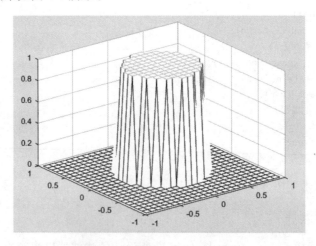

图 4-5   低通滤波器的频率响应

4.2　低通滤波

低通滤波器的功能是让低频通过而滤掉或衰减高频,其作用是过滤掉包含在高频中的噪声。所以低通滤波的效果是使图像去噪声而被平滑增强,但这同时也抑制了图像的边界,从而造成图像存在不同程度上的模糊的现象。对于大小为 $M \times N$ 的图像,频率点 (u, v) 与频域中心的距离为 $D(u, v)$,其表达式为:

$$D(u, v) = \left[\left(u - \frac{M}{2} \right)^2 + \left(v - \frac{N}{2} \right)^{1/2} \right]$$

1. 理想低通滤波器

理想低通滤波器的传递函数为:

$$H(u, v) = \begin{cases} 1, & D(u, v) \in D_0 \\ 0, & D(u, v) \notin D_0 \end{cases}$$

理论上,在 D_0 区域的频段上无损通过,区域外的高频信号将被滤除;如果高频信号中的大量边缘信息也被滤除,将会发生图像模糊的现象。

2. 巴特沃斯低通滤波器

巴特沃斯低通滤波器的传递函数(D_0 为截频区域)为:

$$H(u, v) = \frac{1}{1 + \left[\dfrac{D(u, v)}{D_0} \right]^{2n}}$$

由于在通带与阻带间有平滑过渡带存在,高频信号并没有完全被滤除,因此它的边缘模糊程度会大大降低。

3. 高斯低通滤波器

高斯低通滤波器的传递函数为:

$$H(u, v) = e^{-D^2(u, v)/2D_0^2}$$

其中,D_0 为高斯低通滤波器的截止频率。

【例 4-6】　对图像实现不同的低通滤波效果。

```
>> clear all;
I = imread('liftingbody.png');
I = im2double(I);
M = 2 * size(I,1);
N = 2 * size(I,2);
u = - M/2:(M/2 - 1);
v = - N/2:(N/2 - 1);
[U,V] = meshgrid(u, v);
D = sqrt(U.^2 + V.^2);
D0 = 80;
H1 = double(D <= D0);
```

```
J1 = fftshift(fft2(I, size(H1, 1), size(H1, 2)));      % 时域图像转换为频域
K1 = J1. * H1;
L1 = ifft2(ifftshift(K1));                             % 频域图像转换为时频
L1 = L1(1:size(I,1), 1:size(I, 2));
subplot(221);imshow(I);
title('原始图像');
subplot(222);imshow(L1);
title('理想低通滤波器');
n = 6;
H2 = 1./(1 + (D./D0).^(2 * n));
J2 = fftshift(fft2(I, size(H2, 1), size(H2, 2)));      % 时域图像转换为频域
K2 = J2. * H2;
L2 = ifft2(ifftshift(K2));                             % 频域图像转换为时频
L2 = L2(1:size(I,1), 1:size(I, 2));
subplot(223);imshow(L2);
title('巴特沃斯低通滤波器');
H3 = exp( - (D.^2)./(2 * (D0.^2)));
J3 = fftshift(fft2(I, size(H3, 1), size(H3, 2)));      % 时域图像转换为频域
K3 = J3. * H3;
L3 = ifft2(ifftshift(K3));                             % 频域图像转换为时频
L3 = L3(1:size(I,1), 1:size(I, 2));
subplot(224);imshow(L3);
title('高斯低通滤波器');
```

运行程序,效果如图 4-6 所示。

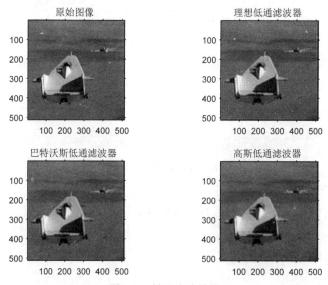

图 4-6　低通滤波效果

4.3　高通滤波

高通滤波是衰减或抑制低频分量,让高频分量通过的一种方法,其作用是使图像得到锐化处理,从而突出图像的边界。经理想高频滤波后的图像会把信息丰富的低频去

掉,致使丢失许多必要的信息。一般情况下,高通滤波对噪声没有任何抑制作用,如果是简单的高通滤波,图像质量可能由于噪声严重而难以达到满意的改善效果。为了既加强图像的细节又抑制噪声,可采用高频加强滤波来处理。这种滤波器实际上是由一个高通滤波器和一个全通滤波器构成的,这样便能在高通滤波的基础上保留低频信息。

1. 理想高通滤波器

理想高通滤波器的传递函数如下:

$$H(u,v) = \begin{cases} 0, & D(u,v) \leqslant D_0 \\ 1, & D(u,v) > D_0 \end{cases}$$

其中,D_0 是一个非负整数,即理想高通滤波器的截止频率,$D(u,v)$ 是从点 (u,v) 到频域原点的距离。

$$D(u,v) = \sqrt{u^2 + v^2}$$

理想高通滤波器的作用与理想低通滤波器的作用相反,它是将小于 D_0 的频率(半径为 D_0 的圆内)完全截止,而大于 D_0 的频率(圆外的频率)则可以全部无衰减通过。

2. 巴特沃斯高通滤波器

截止频率为 D_0 的 n 阶巴特沃斯高通滤波器的传递函数为:

$$H(u,v) = \frac{1}{1 + \left[\dfrac{D_0}{D(u,v)}\right]^{2n}}$$

同低通滤波器的情况一样,我们可以认为巴特沃斯高通滤波器比理想高通滤波器更平滑。巴特沃斯高通滤波器在通过和滤掉的频率之间没有不连续的分界,因此,用巴特沃斯高通滤波器得到的输出图像振铃效果不明显。

当 $D(u,v) = D_0$ 时,$H(u,v) = \dfrac{1}{2}$。另一个常用的截止频率是使 $H(u,v)$ 降低到最大值的 $\dfrac{1}{\sqrt{2}}$ 时的频率。这时,传递函数变为:

$$H(u,v) = \frac{1}{1 + (\sqrt{2} - 1)\left[\dfrac{D_0}{D(u,v)}\right]^{2n}}$$

3. 高斯高通滤波器

高斯高通滤波器的传递函数为:

$$H(u,v) = 1 - e^{-D^2(u,v)/2D_0^2} D_0$$

其中,D_0 为高斯高通滤波器的截止频率。

【例 4-7】　对图像实现不同的高通滤波效果。

```
>> clear all;
I = imread('coins.png');
```

```
I = im2double(I);
subplot(221);imshow(I);
title('原始图像');
M = 2 * size(I,1);
N = 2 * size(I,2);
u = - M/2:(M/2 - 1);
v = - N/2:(N/2 - 1);
[U,V] = meshgrid(u, v);
D = sqrt(U.^2 + V.^2);
D0 = 30;
n = 6;                                          % 巴特沃斯滤波器的阶数
H2 = 1./(1 + (D0./D).^(2 * n));
J2 = fftshift(fft2(I, size(H2, 1), size(H2, 2)));    % 时域图像转换为频域
K2 = J2. * H2;
L2 = ifft2(ifftshift(K2));                       % 频域图像转换为时频
L2 = L2(1:size(I,1), 1:size(I, 2));
subplot(222);imshow(L2);
title('巴特沃斯高通滤波器');
H3 = 1 - exp( - (D.^2)./(2 * (D0.^2)));
J3 = fftshift(fft2(I, size(H3, 1), size(H3, 2)));    % 时域图像转换为频域
K3 = J3. * H3;
L3 = ifft2(ifftshift(K3));                       % 频域图像转换为时频
L3 = L3(1:size(I,1), 1:size(I, 2));
subplot(223);imshow(L3);
title('高斯低通滤波器');
```

运行程序,效果如图 4-7 所示。

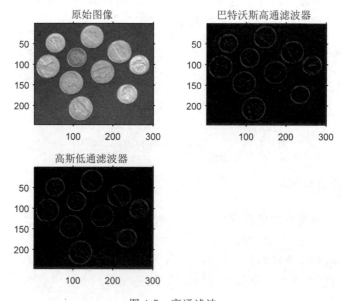

图 4-7　高通滤波

4.4　高斯带阻滤波

带阻滤波器是用来抵制距离频域中心一定距离的一个圆环区域的频率，可以用来消除一定频率范围的周期噪声。带阻滤波器包括理想带阻滤波器、巴特沃斯带阻滤波器和高斯带阻滤波器。

1. 理想带阻滤波器

理想带阻滤波器的传递函数为：

$$H(u,v) = \begin{cases} 1, & D(u,v) < D_0 - \dfrac{W}{2} \\[2mm] 0, & D_0 - \dfrac{W}{2} \leqslant D(u,v) \leqslant D_0 + \dfrac{W}{2} \\[2mm] 1, & D(u,v) > D_0 + \dfrac{W}{2} \end{cases}$$

其中，D_0 为需要阻止的频率点与频率中心的距离，W 为带阻滤波器的带宽。

2. 巴特沃斯带阻滤波器

巴特沃斯带阻滤波器的传递函数为：

$$H(u,v) = \cfrac{1}{1 + \left[\cfrac{D(u,v)W}{D^2(u,v) - D_0^2}\right]^{2n}}$$

其中，D_0 为需要阻止的频率点与频率中心的距离，W 为带阻滤波器的带宽，n 为巴特沃斯滤波器的阶数。

3. 高斯带阻滤波器

高斯带阻滤波器的传递函数为：

$$H(u,v) = 1 - e^{\frac{1}{2}\left[\frac{D^2(u,v)-D_0^2}{D(u,v)W}\right]^2}$$

其中，D_0 为需要阻止的频率点与频率中心的距离，W 为带阻滤波器的带宽。

【**例 4-8**】　对图像实现不同的带阻滤波效果。

```
>> clear all;
I = imread('coins.png');
subplot(221);imshow(I);
title('原始图像');
I = imnoise(I,'gaussian',0,0.015);          % 添加噪声
subplot(222);imshow(I);
title('含有噪声图像');
I = im2double(I);
M = 2 * size(I,1);
N = 2 * size(I,2);
u = - M/2:(M/2 - 1);
v = - N/2:(N/2 - 1);
```

```
[U, V] = meshgrid(u, v);
D = sqrt(U.^2 + V.^2);
D0 = 50;
W = 30;                                        % 滤波器的带宽
H1 = double(or(D < (D0 - W/2), D > D0 + W/2));
J1 = fftshift(fft2(I, size(H1, 1), size(H1, 2)));    % 时域图像转换为频域
K1 = J1. * H1;
L1 = ifft2(ifftshift(K1));                      % 频域图像转换为时频
L1 = L1(1:size(I,1), 1:size(I, 2));
subplot(223);imshow(L1);
title('理想带阻滤波器');
n = 6;                                          % 巴特沃斯滤波器的阶数
H2 = 1./((1 + ((D. * W)./(D.^2 - D0.^2)).^(2 * n)));
J2 = fftshift(fft2(I, size(H2, 1), size(H2, 2)));    % 时域图像转换为频域
K2 = J2. * H2;
L2 = ifft2(ifftshift(K2));                      % 频域图像转换为时频
L2 = L2(1:size(I,1), 1:size(I, 2));
subplot(224);imshow(L2);
title('巴特沃斯高通滤波器');
```

运行程序,效果如图 4-8 所示。

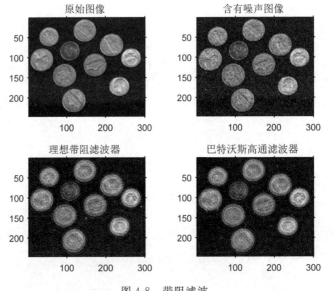

图 4-8　带阻滤波

4.5　同态滤波

同态滤波是一种特殊的滤波技术,可用于压缩灰度的动态范围,同时增强对比度。这种处理方法与其说是一种数学技巧,倒不如说是因为人眼视觉系统对图像亮度具有类似于对数运算的非线性特性。

一幅图像 $f(x,y)$ 可以用它的照明分量 $i(x,y)$ 及反射分量 $r(x,y)$ 来表示,即:

$$f(x,y) = i(x,y) \cdot r(x,y)$$

根据这个模型可用下列方法把两个分量分开分别进行滤波,如图 4-9 所示。

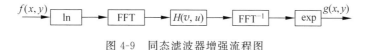

图 4-9　同态滤波器增强流程图

- 先对式 $f(x,y)$ 取对数：$\ln f(x,y) = \ln i(x,y) + \ln r(x,y)$。
- 对上式取傅里叶变换：$F(u,v) = I(u,v) + R(u,v)$。
- 用一个频域函数 $H(u,v)$ 处理 $F(u,v)$。$H(u,v)F(u,v) = H(u,v)I(u,v) + H(u,v)R(u,v)$。
- 傅里叶逆变换到空间域：$h_f(x,y) = h_i(x,y) + h_r(x,y)$。
- 将上式两边取指数：$g(x,y) = e^{|h_f(x,y)|} = e^{|h_i(x,y)|} \cdot e^{|h_r(x,y)|}$，令：

$$\begin{cases} i_0(x,y) = e^{|h_i(x,y)|} \\ r_0(x,y) = e^{|h_r(x,y)|} \end{cases}$$

则

$$g(x,y) = i_0(x,y) \cdot r_0(x,y)$$

其中,$i_0(x,y)$ 是处理后的照射分量,$r_0(x,y)$ 是处理后的反射分量。

一幅图像的照射分量一般是在空间缓慢变化的,而反射分量在不同物体的交界处是急剧变化的,这个特征使得把一幅图像取对数后的傅里叶变换的低频分量和照射分量联系起来,同时把反射分量与高频分量联系起来成为可能。以上特性表明,可以设计一个对傅里叶变换的高频和低频分量影响不同的滤波函数 $H(u,v)$,处理结果会使像素灰度的动态范围或图像对比度得到增强。

【例 4-9】　对图像实现同态滤波处理。

```matlab
>> clear all;
I = imread('lean.jpg');
subplot(121);imshow(I);
title('原始图像');
J = double(I);
f = fft2(J);                                    % 傅里叶变换
g = fftshift(f);                                % 数据矩阵平衡
[M,N] = size(f);
d0 = 10;
r1 = 0.5;
rh = 2;
c = 4;
n1 = floor(M/2);
n2 = floor(N/2);
for i = 1:M
    for j = 1:N
        d = sqrt((i-n1)^2 + (j-n2)^2);
        h = (rh-r1) * (1-exp(-c * (d.^2/d0.^2))) + r1;
        g(i,j) = h * g(i,j);
    end
end
```

```
g = ifftshift(g);
g = uint8(real(ifft2(g)));
subplot(122);imshow(g);
title('同态滤波器')
```

运行程序,效果如图 4-10 所示。

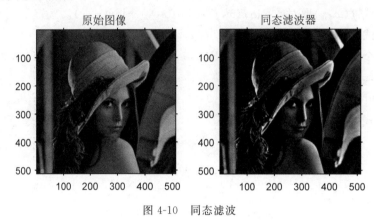

原始图像　　　　　　　　　　同态滤波器

图 4-10　同态滤波

计算机图像处理中,所谓图像变换就是为达到图像处理的某种目的而使用的一种数学技巧。图像函数经过变换后处理起来较变换前更加简单和方便,由于这种变换是对图像函数而言的,所以称为图像变换。现在研究的图像变换基本都是正交变换,通过正交变换可以减少图像数据的相关性,获取图像的整体特点,有利于用较少的数据量来表示原始图像,这对图像的分析、存储以及传输都是非常有意义的。

5.1　傅里叶变换的物理意义

从纯粹的数学意义上看,傅里叶变换是将一个图像函数转换为一系列周期函数来处理;从物理效果看,傅里叶变换是将图像从空间域转换到频域,其逆变换是将图像从频域转换到空间域。换言之,傅里叶变换的物理意义是将图像的灰度分布函数变换为图像的频率分布函数,傅里叶逆变换是将图像的频率分布函数变换为灰度分布函数。实际上,对图像进行二维傅里叶变换得到的频谱图,就是图像梯度的分布图。傅里叶频谱图上看到的明暗不一的亮点,实际上是图像上某一点与邻域点差异的强弱,即梯度的大小,也即该点的频率大小。如果频谱图中暗的点数更多,那么实际图像是比较柔和的;反之,如果频谱图中亮的点数多,那么实际图像一定是尖锐的,边界分明且边界两边像素差异较大。

5.2　傅里叶变换的定义

傅里叶变换分为一维连续傅里叶变换、一维离散傅里叶变换、二维连续傅里叶变换、二维离散傅里叶变换等。

5.2.1　一维连续傅里叶变换

假设函数 $f(x)$ 为实变量,且在 $(-\infty, +\infty)$ 内绝对可积,则 $f(x)$

的傅里叶变换定义如下:

$$F(u) = \int_{-\infty}^{+\infty} f(x) \mathrm{e}^{-2\mathrm{j}\pi ux} \,\mathrm{d}x$$

假设 $F(u)$ 可积,求 $f(x)$ 的傅里叶变换定义为:

$$f(x) = \int_{-\infty}^{+\infty} F(u) \mathrm{e}^{2\mathrm{j}\pi ux} \,\mathrm{d}u$$

在积分区间内,$f(x)$ 必须满足只含有限个第一类间断点、有限个极值点和绝对可积的条件,并且 $F(u)$ 也是可积的。正、反傅里叶变换称为傅里叶变换对,并且是可逆的。正、反傅里叶变换的唯一区别是幂的符号。$F(u)$ 为一个复函数,由实部和虚部构成,如式(5-1)所示。

$$F(u) = R(u) + \mathrm{j}I(u) \tag{5-1}$$

由于 $F(u)$ 为复函数,根据复数的特点,可以知道复数的模和实部、虚部之间的关系,如式(5-2)所示;复数在实平面上的向量角度和实部、虚部之间的关系,如式(5-3)所示。

$$|F(u)| = \sqrt{[R(u)^2 + I(u)^2]} \tag{5-2}$$

$$\theta(u) = \arctan\left[\frac{I(u)}{R(u)}\right] \tag{5-3}$$

其中,$|F(u)|$ 称为 $f(x)$ 的振幅谱或傅里叶谱;$F(u)$ 称为 $f(x)$ 的幅值谱;$\theta(u)$ 称为 $f(x)$ 的相位谱;$E(u) = F^2(u)$,$E(u)$ 称为 $f(x)$ 的能量谱。

5.2.2　一维离散傅里叶变换

对于有限长序列 $f(x)$ $(x = 0, 1, \cdots, N-1)$,定义一维离散傅里叶变换对如下:

$$F(u) = \mathrm{DFT}[f(x)] = \sum_{x=0}^{N-1} f(x) W^{ux}, \quad u = 0, 1, \cdots, N-1 \tag{5-4}$$

$$f(x) = \mathrm{IDFT}[F(u)] = \frac{1}{N} \sum_{u=0}^{N-1} F(u) W^{-ux}, \quad x = 0, 1, \cdots, N-1 \tag{5-5}$$

其中,$W = \mathrm{e}^{-\mathrm{j}\frac{2\pi}{N}}$,称为变换核。由式(5-4)可见,给定序列 $f(x)$,可以求出其傅里叶谱 $F(u)$;反之由傅里叶谱 $F(u)$ 也可以求出 $f(x)$。离散傅里叶变换对可以简记为:

$$f(x) \leftrightarrow F(u) \tag{5-6}$$

离散傅里叶变换的矩阵形式为:

$$\begin{bmatrix} F(0) \\ F(1) \\ \vdots \\ F(N-1) \end{bmatrix} = \begin{bmatrix} W^0 & W^0 & W^0 & \cdots & W^0 \\ W^0 & W^{1\times1} & W^{2\times1} & \cdots & W^{(N-1)\times1} \\ \vdots & \vdots & \vdots & & \vdots \\ W^0 & W^{1\times(N-1)} & W^{2\times(N-1)} & \cdots & W^{(N-1)\times(N-1)} \end{bmatrix} \begin{bmatrix} f(0) \\ f(1) \\ \vdots \\ f(N-1) \end{bmatrix} \tag{5-7}$$

$$\begin{bmatrix} f(0) \\ f(1) \\ \vdots \\ f(N-1) \end{bmatrix} = \begin{bmatrix} W^0 & W^0 & W^0 & \cdots & W^0 \\ W^0 & W^{-1\times1} & W^{-2\times1} & \cdots & W^{-(N-1)\times1} \\ \vdots & \vdots & \vdots & & \vdots \\ W^0 & W^{-1\times(N-1)} & W^{-2\times(N-1)} & \cdots & W^{-(N-1)\times(N-1)} \end{bmatrix} \begin{bmatrix} F(0) \\ F(1) \\ \vdots \\ F(N-1) \end{bmatrix} \tag{5-8}$$

5.2.3 二维连续傅里叶变换

从一维傅里叶变换很容易推广到二维傅里叶变换。

如果假设 $f(x,y)$ 为实变量，并且 $E(u,v)$ 可积，则存在以下傅里叶变换对，其中，u、v 为频率变量：

$$F(u,v) = \int_{-\infty}^{+\infty} \int_{-\infty}^{+\infty} f(x,y) \mathrm{e}^{-\mathrm{j}2\pi(ux+vy)} \mathrm{d}x\mathrm{d}y \tag{5-9}$$

其逆变换为：

$$f(x,y) = \int_{-\infty}^{+\infty} \int_{-\infty}^{+\infty} F(u,v) \mathrm{e}^{\mathrm{j}2\pi(ux+vy)} \mathrm{d}u\mathrm{d}v \tag{5-10}$$

与一维傅里叶变换一样，二维傅里叶变换可写为如下形式。

振幅谱为：

$$\left| F(u,v) \right| = \sqrt{\left[R^2(u,v) + I^2(u,v) \right]} \tag{5-11}$$

相位谱为：

$$\theta(u) = \arctan\left[\frac{I(u,v)}{R(u,v)} \right]$$

能量谱为：

$$p(u,v) = \left| F(u,v) \right|^2 = \left[R^2(u,v) + I^2(u,v) \right] \tag{5-12}$$

振幅谱表明了各正弦分量出现了多少次，而相位谱信息表明了各正弦分量在图像中出现的位置。对于整幅图像来说，只要各正弦分量保持原相位，幅值就不那么重要了。所以大多数实用滤波器都只能影响幅值，而几乎不改变其相位信息。

5.2.4 二维离散傅里叶变换

一幅静止的数字图像可以看成二维数据阵列，因此，数字图像处理主要是二维数据处理。一维的 DFT 和 FFT 是二维离散信号处理的基础。

将一维离散傅里叶变换推广到二维，则二维离散傅里叶变换对被定义为：

$$F[f(x,y)] = F(u,v) = \frac{1}{MN} \sum_{x=0}^{M-1} \sum_{y=0}^{N-1} f(x,y) \mathrm{e}^{-\mathrm{j}2\pi\left(\frac{ux}{M}+\frac{vy}{N}\right)} \tag{5-13}$$

$$F^{-1}[F(u,v)] = f(x,y) = \sum_{x=0}^{M-1} \sum_{y=0}^{N-1} F(u,v) \mathrm{e}^{\mathrm{j}2\pi\left(\frac{ux}{M}+\frac{vy}{N}\right)} \tag{5-14}$$

式中，$u,x = 0,1,2,\cdots,M-1$；$v,y = 0,1,2,\cdots,N-1$；x,y 为时域变量；u,v 为频域变量。

同一维离散傅里叶变换一样，系数 $1/MN$ 可以在正变换或逆变换中；也可以在正变换和逆变量前分别乘以 $1/\sqrt{MN}$，只要两式系数的乘积等于 $1/MN$ 即可。

二维离散函数的复数形式、指数形式、振幅、相角、能量谱的表示类似于二维连续函数相应的表达式。

下面通过一个矩形函数来帮助读者加深对二维傅里叶变换的理解。函数 $f(m,n)$ 只在矩形中心区域有值,取值为1,其他区域取值为0,为了简单起见,将 $f(m,n)$ 显示为连续形式,矩形函数图如图 5-1 所示。

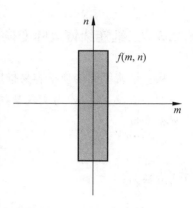

图 5-2 显示了其二维离散傅里叶变换后的振幅谱图,其中最大值是 $F(0,0)$,是 $f(m,n)$ 所有元素的和。从图 5-2 中可以看出:高频部分水平方向的能量比垂直方向的能量更高,这是因为水平方向为窄脉冲,垂直方向为宽脉冲,而窄脉冲比宽脉冲含有更多的高频成分。

另一种显示二维傅里叶变换的方法是将 $\log_2 |F(u,v)|$ 作为像素值,使用不同颜色来表示像素值的大小,如图 5-3 所示。

图 5-1　矩形函数图

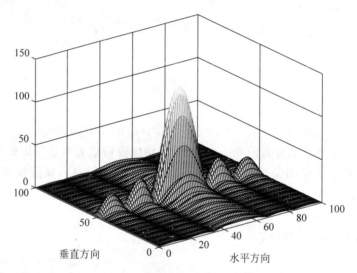

图 5-2　矩形函数的二维傅里叶变换振幅谱

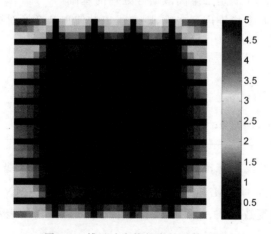

图 5-3　傅里叶变换幅度的对数显示

5.3 二维离散傅里叶变换的性质

离散傅里叶变换建立了函数在空间域与频域之间的转换关系,使在空间域难以显示的特征在频域中能够十分清楚地显示出来。在数字图像处理中,经常需要利用这种转换关系和转换规律。下面介绍二维离散傅里叶变换的基本性质。

1. 可分离性

如果图像函数 $f(x,y)$ 的傅里叶变换为 $F(u,v)$,图像函数 $g(x,y)$ 的傅里叶变换为 $G(u,v)$,则图像函数 $h(x,y)=f(x,y)\cdot g(x,y)$,它的傅里叶变换 $H(u,v)=F(u,v)\cdot G(u,v)$。

2. 线性

如果图像函数 $f_1(x,y)$ 的傅里叶变换为 $F_1(u,v)$,图像函数 $f_2(x,y)$ 的傅里叶变换函数为 $F_2(u,v)$,则 $af_1(x,y)+bf_2(x,y)$ 的傅里叶变换为 $aF_1(u,v)+bF_2(u,v)$。

3. 共轭对称性

如果 $f(x,y)$ 是实函数,则它的傅里叶变换具有共轭对称性:
$$F(u,v) = F^*(-u,-v)$$
$$|F(u,v)| = |F(-u,-v)|$$
其中,$F^*(u,v)$ 是 $F(u,v)$ 的复共轭。

4. 位移性

如果图像函数 $f(x,y)$ 的傅里叶变换为 $F(u,v)$,则 $f(x-x_0,y-y_0)$ 的傅里叶变换为 $F(u,v)\mathrm{e}^{-\mathrm{j}2\pi(ux_0+vy_0)/N}$,$f(x,y)\mathrm{e}^{\mathrm{j}2\pi(u_0x+v_0y)/N}$ 的傅里叶变换为 $F(u-u_0,v-v_0)$。

5. 尺度变换性

如果图像函数 $f(x,y)$ 的傅里叶变换为 $F(u,v)$,则图像函数 $f(ax,by)$ 的傅里叶变换为 $\dfrac{1}{|ab|}F\left(\dfrac{u}{a},\dfrac{v}{b}\right)$。

6. 周期性

傅里叶变换和逆变换均以 N 为周期,即:
$$F(u,v) = F(u+N,v) = F(u,v+N) = F(u+N,v+N)$$
傅里叶变换的周期性表明,尽管 $F(u,v)$ 对无穷多个 u 和 v 的值重复出现,但只需根据任意周期内的 N 个值就可以从 $F(u,v)$ 得到 $f(x,y)$。也就是说,只需一个周期内的变换就可以将 $F(u,v)$ 完全确定。这一性质对于 $f(x,y)$ 在空间域中也同样成立。

7. 旋转不变性

如果引入极坐标,使

$$\begin{cases} x = r\cos\theta \\ y = r\cos\theta \end{cases} \qquad \begin{cases} u = \omega\cos\varphi \\ v = \omega\cos\varphi \end{cases}$$

则 $f(x,y)$ 和 $F(u,v)$ 分别表示为 $f(r,\theta)$,$F(\omega,\varphi)$。

在极坐标中,存在以下的变换对:

$$f(r,\theta+\theta_0) \Leftrightarrow F(\omega,\varphi+\theta_0)$$

该式表明,如果 $f(x,y)$ 在空域旋转 θ_0 角度,则相应的傅里叶变换 $F(u,v)$ 在频域上也旋转同一角度 θ_0。

8. 卷积性

如果图像函数 $f(x,y)$ 的傅里叶变换为 $F(u,v)$,图像函数 $g(x,y)$ 的傅里叶变换为 $G(u,v)$,则图像函数 $h_1(x,y)=f(x,y)*g(x,y)$,它的傅里叶变换 $H_1(u,v)=F(u,v) \cdot G(u,v)$;图像函数 $h_2(x,y)=f(x,y) \cdot g(x,y)$,它的傅里叶变换 $H_2(u,v)=F(u,v)*G(u,v)$。

5.4　傅里叶变换的实现

在 MATLAB 中,通过 fft 函数进行一维离散傅里叶变换,通过 ifft 函数进行一维离散傅里叶逆变换。这两个函数用法可通过 MATLAB 帮助文档了解。MATLAB 同时提供了 fft2 函数进行二维离散傅里叶变换,fft 函数与 fft2 函数的关系为 fft2(X)=fft(fft(X).').'。fft2 函数与 ifft2 函数的调用格式为:

Y = fft2(X):返回二维离散傅里叶变换,结果 Y 和 X 的大小相同。其等价于变换形式 fft(fft(X).').'。

Y = fft2(X,m,n):在变换前,把 X 截短或者添加 0 成 m×n 的数组,返回结果大小为 m×n。

Y = ifft2(X):运用快速傅里叶逆变换(IFFT)算法,计算矩阵 X 的二维离散傅里叶逆变换值 Y。Y 与 X 的维数相同。

Y = ifft2(X,m,n):计算矩阵 X 的二维离散傅里叶逆变换矩阵 Y。在变换前先将 X 补零到 m×n 矩阵。如果 m 或 n 比 X 的维数小,则将 X 截短。Y 的维数为 m×n。

y = ifft2(…, 'symmetric'):强制认为矩阵 X 为共轭对称矩阵计算矩阵 X 的二维离散傅里叶逆变换值 Y。

y = ifft2(…, 'nonsymmetric'):不强制认为矩阵 X 为共轭对称矩阵 X 的二维离散傅里叶逆变换值 Y。

【例 5-1】　实现图像的傅里叶变换。

```
>> clear all;
```

```
I = imread('cameraman.tif');                    % 导入图像
subplot(131);imshow(I);
title('原始图像');
J = fft2(I);                                     % 图像傅里叶变换
subplot(132);imshow(J);
title('傅里叶变换后图像');
K = ifft2(J)/255;                                % 傅里叶逆变换
subplot(133);imshow(K);
title('傅里叶逆变换后图像')
```

运行程序,效果如图 5-4 所示。

原始图像　　　　　　　傅里叶变换后图像　　　　　傅里叶逆变换后图像

图 5-4　图像的傅里叶变换

在 MATLAB 中,可以通过 fftshift 函数将变换后的坐标原点移到频谱图窗口中央, 坐标原点是低频,向外是高频。fftshift 函数的调用格式为:

Y = fftshift(X):把 fft 函数、fft2 函数和 fftn 函数输出的结果的零频率部分移到数 组的中间。对于观察傅里叶变换频谱中间零频率部分十分有效。对于向量,fftshift(X) 把 X 左右部分交换一下;对于矩阵,fftshift(X)把 X 的第一、第三象限和第二、第四象限 交换;对于高维数组,fftshift(X)在每维交换 X 的半空间。

Y = fftshift(X,dim):把 fftshift 操作应用到 dim 维上。

【例 5-2】　图像变亮后进行傅里叶变换。

```
>> clear all;
I = imread('peppers.png');
J = rgb2gray(I);                                 % 将彩色图像转换为灰度图像
J = J * exp(1);                                  % 变亮
J(find(J > 255)) = 255;
K = fft2(J);                                     % 傅里叶变换
K = fftshift(K);                                 % 平移
L = abs(K/256);
figure;
subplot(121);imshow(J);
title('变亮后的图像');
subplot(122);imshow(uint8(L));                   % 频谱图
title('频谱图');
```

运行程序,效果如图 5-5 所示。

变亮后的图像 频谱图

图 5-5　灰度图像变亮后进行傅里叶变换

5.5　傅里叶变换的应用

通过傅里叶变换将图像从时域转换到频域,对其进行相应处理,例如滤波和增强等;再通过傅里叶变换将图像从频域转换到时域。

5.5.1　在图像特征定义中的应用

傅里叶变换可用于与卷积密切相关的运算(correlation)。数字图像处理中的相关运算通常用于匹配模板,可用于对某些模板对应的特征进行定位。

【例 5-3】　假如希望在图像 text.tif 中定位字母 a,如图 5-6(a)所示,可以采用下面的方法定位。

解析:将包含字母 a 的图像与图像 text.png 进行相关运算,也就是对字母 a 的图像和图像 text.png 进行傅里叶变换,然后利用快速卷积的方法,计算字母 a 和图像 text.png 的卷积,提取卷积运算的峰值,即得到在图像 text.png 中对应字母 a 的定位结果。

```
>> clear all;
bw = imread('text.png');
a = bw(32:45,88:98);
subplot(1,2,1),imshow(bw);
title('原始图像');
subplot(1,2,2),imshow(a);
title('模板图像')
```

运行程序,效果如图 5-6 所示。

将模板 a 和 text.png 图像进行相关运算,就是先分别对其进行快速傅里叶变换,然后利用快速卷积的方法,计算模板和 text.png 的卷积。如图 5-7 所示,提取卷积运算结果的最大值,即图 5-7 右图所示的白色亮点,即得到图像 text.png 中字母 a 的定位结果。

```
>> clear all;
bw = imread('text.png');
a = bw(32:45,88:98);                          % 从图像中提取字母 a
C = real(ifft2(fft2(bw).* fft2(rot90(a,2),256,256)));
```

```
subplot(121),imshow(C,[]);
title('模板与卷积')
max(C(:))
thresh = 60                                    %设定门限
subplot(122),imshow(C>thresh)
title('字母 a 定位')
```

原始图像

模板图像

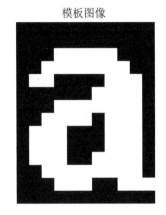

图 5-6　在图形中定位字母 a

运行程序,输出如下,效果如图 5-7 所示。

```
ans =
    68
thresh =
    60
```

模板与卷积

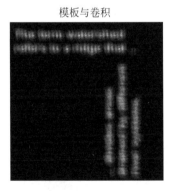

字母a定位

图 5-7　字母 a 的识别效果

5.5.2　在滤波器中的应用

巴特沃斯低通滤波器的传递函数为:

$$H(u,v) = \frac{1}{1+\left[D(u,v)/D_0\right]^{2n}}$$

其中，D_0 为截止频率，$D(u,v) = \sqrt{u^2 + v^2}$。由于进行了中心化，频率的中心为 $\left(\dfrac{M}{2}, \dfrac{N}{2}\right)$，

因此 $D(u,v) = \left[\left(u - \dfrac{M}{2}\right)^2 + \left(v - \dfrac{N}{2}\right)^2\right]^{\frac{1}{2}}$。参数 n 为巴特沃斯滤波器的阶数，n 越大滤波器的形状越陡峭。

巴特沃斯高通滤波器的传递函数为：

$$H(u,v) = \frac{1}{1 + \left[D_0/D(u,v)\right]^{2n}}$$

其参数的意义和巴特沃斯低通滤波器相同。

【例 5-4】 对图像进行巴特沃斯低通滤波器。

```
>> clear all;
I = imread('cameraman.tif');
I = im2double(I);
J = fftshift(fft2(I));                          %傅里叶变换和平移
[x,y] = meshgrid( - 128:127, - 128:127);        %产生离散数据
z = sqrt(x.^2 + y.^2);
D1 = 10;D2 = 35;                                 %滤波器的截止
n = 6;                                           %滤波器的阶数
H1 = 1./(1 + (z/D1).^(2 * n));                   %滤波器
H2 = 1./(1 + (z/D2).^(2 * n));
K1 = J. * H1;
K2 = J. * H2;
L1 = ifft2(ifftshift(K1));                       %傅里叶逆变换
L2 = ifft2(ifftshift(K2));
subplot(131);imshow(I);
title('原始图像');
subplot(132);imshow(L1);                         %显示载频频率为 10Hz
title('巴特沃斯低通滤波器(10Hz)');
subplot(133);imshow(L2);                         %载频频率为 35Hz
title('巴特沃斯低通滤波器(35Hz)');
```

运行程序，效果如图 5-8 所示。

原始图像　　　　　巴特沃斯低通滤波器(10Hz)　　　　巴特沃斯低通滤波器(35Hz)

图 5-8　图像的巴特沃斯低通滤波效果

在程序中读入灰度图像，接着对图像进行二维离散傅里叶变换和平移，然后设计巴特沃斯低通滤波器，在频域对图像进行滤波，最后进行二维离散傅里叶逆变换。

【**例 5-5**】 对图像进行巴特沃斯高通滤波器。

```
clear all;
I = imread('cameraman.tif');
I = im2double(I);
J = fftshift(fft2(I));                      %傅里叶变换和平移
[x, y] = meshgrid( - 128:127, - 128:127);   %产生离散数据
z = sqrt(x.^2 + y.^2);
D1 = 10; D2 = 35;                           %滤波器的截止
n1 = 4; n2 = 8                              %滤波器的阶数
H1 = 1./(1 + (D1./z).^(2 * n1));            %滤波器
H2 = 1./(1 + (D2./z).^(2 * n2));
K1 = J. * H1;
K2 = J. * H2;
L1 = ifft2(ifftshift(K1));                  %傅里叶逆变换
L2 = ifft2(ifftshift(K2));
subplot(131); imshow(I);
title('原始图像');
subplot(132); imshow(L1);                   %显示载频频率为 10Hz
title('巴特沃斯高通滤波器(10Hz)');
subplot(133); imshow(L2);                   %载频频率为 35Hz
title('巴特沃斯高通滤波器(35Hz)');
```

运行程序,效果如图 5-9 所示。

原始图像　　　　　巴特沃斯高通滤波器(10Hz)　　　巴特沃斯高通滤波器(35Hz)

图 5-9　图像的巴特沃斯高通滤波效果

在程序中读入灰度图像,接着对图像进行二维离散傅里叶变换和平移,然后设计巴特沃斯高通滤波器,通过频域的相乘来进行滤波,最后进行二维离散傅里叶逆变换。

第6章 数字图像的小波变换

小波变换（Wavelet Transform，WT）是一种新的变换分析方法，它继承和发展了短时傅里叶变换局部化的思想，同时又克服了窗口大小不随频率变化等缺点，能够提供一个随频率改变的"时间-频率"窗口，是进行信号时频分析和处理的理想工具。其主要特点是通过变换能够充分突出问题某些方面的特征，并对时间（空间）频率的局部化进行分析，通过伸缩平移运算对信号（函数）逐步进行多尺度细化，最终达到高频处时间细分，低频处频率细分，能自动适应时频信号分析的要求，从而可聚焦到信号的任意细节，解决了傅里叶变换的困难问题，成为继傅里叶变换以来在科学方法上的重大突破。

本章先介绍小波变换的数学基础，内容包括小波变换的基本定义及小波变换的实现方法，为后续基于小波变换的图像处理提供理论基础。

6.1 小波变换的定义

小波变换在许多领域中都得到了成功的应用，特别是小波变换的离散数字算法已被广泛用于许多问题的变换研究中。因此，小波变换引起人们越来越多的重视，其应用领域也越来越广泛。

1. 一维连续小波变换

设 $\psi(t) \in L^2(R)$，其傅里叶变换为 $\hat{\psi}(\bar{\omega})$，当 $\hat{\psi}(\omega)$ 满足允许条件（完全重构条件或恒等分辨条件）

$$C_\psi = \int_R \frac{|\hat{\psi}(\omega)|^2}{|\omega|} \mathrm{d}\omega < \infty \qquad (6\text{-}1)$$

时，称 $\psi(t)$ 为一个基本小波或母小波。将母函数 $\psi(t)$ 经伸缩和平移后得：

$$\psi_{a,b}(t) = \frac{1}{\sqrt{|a|}} \psi\left(\frac{t-b}{a}\right), \quad a,b \in R, a \neq 0 \qquad (6\text{-}2)$$

称其为一个小波序列。其中，a 为伸缩因子，b 为平移因子。对于任意的函数 $f(t) \in L^2(R)$ 的连续小波变换为：

$$W_f(a,b) = <f,\psi_{a,b}> = |a|^{-1/2} \int_R f(t)\,\overline{\psi\left(\frac{t-b}{a}\right)}\,\mathrm{d}t \tag{6-3}$$

其重构公式(逆变换)为:

$$f(t) = \frac{1}{C_\psi} \int_{-\infty}^{\infty} \int_{-\infty}^{\infty} \frac{1}{a^2} W_f(a,b)\,\psi\left(\frac{t-b}{a}\right)\mathrm{d}a\,\mathrm{d}b \tag{6-4}$$

由于基小波 $\psi(t)$ 生成的小波 $\psi_{a,b}(t)$ 在小波变换中对被分析的信号起着观测窗的作用,所以 $\psi(t)$ 还应该满足一般函数的约束条件:

$$\int_{-\infty}^{\infty} |\psi(t)|\,\mathrm{d}t < \infty \tag{6-5}$$

因此 $\hat{\psi}(\omega)$ 是一个连续函数。这意味着,为了满足完全重构条件式,$\hat{\psi}(\omega)$ 在原点必须等于 0,即:

$$\hat{\psi}(0) = \int_{-\infty}^{\infty} \psi(t)\,\mathrm{d}t = 0 \tag{6-6}$$

为了使信号重构的实现在数值上是稳定的,除了完全重构条件外,还要求小波 $\psi(t)$ 的傅里叶变化满足下面的稳定性条件:

$$A \leqslant \sum_{-\infty}^{\infty} |\hat{\psi}(2^{-j}\omega)|^2 \leqslant B \tag{6-7}$$

其中,$0 < A \leqslant B < \infty$。

如果小波 $\psi(t)$ 满足稳定性条件式(6-7),则定义一个对偶小波 $\tilde{\psi}(t)$,其傅里叶变换 $\hat{\tilde{\psi}}(\omega)$ 由式(6-8)给出:

$$\hat{\tilde{\psi}}(\omega) = \frac{\hat{\psi}^*(\omega)}{\sum\limits_{j=-\infty}^{\infty} |\hat{\psi}(2^{-j}\omega)|^2} \tag{6-8}$$

注意,稳定性条件式(6-7)实际上是对式(6-8)分母的约束条件,其作用是保证对偶小波的傅里叶变换存在的稳定性。值得指出的是,一个小波的对偶小波一般不是唯一的,然而在实际应用中,又总是希望它们是唯一对应的。因此,寻找具有唯一对偶小波的合适小波也就成为小波分析中最基本的问题。

连续小波变换具有以下重要性质。

(1) 线性:一个多分量信号的小波变换等于各个分量的小波变换之和。

(2) 平移不变性:若 $f(t)$ 的小波变换为 $W_f(a,b)$,则 $f(t-\tau)$ 的小波变换为 $W_f(a,b-\tau)$。

(3) 伸缩共变性:若 $f(t)$ 的小波变换为 $W_f(a,b)$,则 $f(ct)$ 的小波变换为 $\frac{1}{\sqrt{c}}W_f(ca,cb)$,$c>0$。

(4) 自相似性:对应不同尺度参数 a 和不同平移参数 b 的连续小波变换之间是自相似的。

(5) 冗余性:连续小波变换中存在信息表述的冗余度。

小波变换的冗余性事实上也是自相似性的直接反映,主要表现在以下两个方面:

(1) 由连续小波变换恢复原信号的重构分式不是唯一的。也就是说,信号 $f(t)$ 的小波变换与小波重构不存在一一对应关系,而傅里叶变换与傅里叶逆变换是一一对应的。

（2）小波变换的核函数即小波函数 $\psi_{a,b}(t)$ 存在许多可能的选择。例如，它们可以是非正交小波、正交小波、双正交小波，甚至允许是彼此线性相关的。

小波变换在不同的 (a,b) 之间的相关性增加了分析和解释小波变换结果的困难，因此，将小波变换的冗余度尽可能减小，是小波分析中需解决的主要问题之一。

2. 一维离散小波变换

设 $\psi(t) \in L^2(R)$，其傅里叶变换为 $\hat{\psi}(\bar{\omega})$，当 $\hat{\psi}(\omega)$ 满足下面的允许条件（完全重构条件或恒等分辨条件）：

$$C_\psi = \int_R \frac{|\hat{\psi}(\omega)|^2}{|\omega|} d\omega < \infty$$

时，称 $\psi(t)$ 为一个基本小波或母小波。将母函数 $\psi(t)$ 经伸缩和平移后得：

$$\psi_{a,b}(t) = \frac{1}{\sqrt{|a|}} \psi\left(\frac{t-b}{a}\right) \quad a, b \in R, a \neq 0$$

称其为一个小波序列。其中，a 为伸缩因子，b 为平移因子。对于任意的函数 $f(t) \in L^2(R)$ 的连续小波变换为：

$$W_f(a,b) = <f, \psi_{a,b}> = |a|^{-1/2} \int_R f(t) \overline{\psi\left(\frac{t-b}{a}\right)} dt$$

其重构公式（逆变换）为：

$$f(t) = \frac{1}{C_\psi} \int_{-\infty}^{\infty} \int_{-\infty}^{\infty} \frac{1}{a^2} W_f(a,b) \psi\left(\frac{t-b}{a}\right) da db$$

由于基小波 $\psi(t)$ 生成的小波 $\psi_{a,b}(t)$ 在小波变换中对被分析的信号起着观测窗的作用，所以 $\psi(t)$ 还应该满足一般函数的约束条件：

$$\int_{-\infty}^{\infty} |\psi(t)| dt < \infty$$

故 $\hat{\psi}(\omega)$ 是一个连续函数。这意味着，为了满足完全重构条件式，$\hat{\psi}(\omega)$ 在原点必须等于 0，即：

$$\hat{\psi}(0) = \int_{-\infty}^{\infty} \psi(t) dt = 0$$

为了使信号重构的实现在数值上是稳定的，除了完全重构条件外，还要求小波 $\psi(t)$ 的傅里叶变化满足下面的稳定性条件：

$$A \leqslant \sum_{-\infty}^{\infty} |\hat{\psi}(2^{-j}\omega)|^2 \leqslant B$$

其中，$0 < A \leqslant B < \infty$。

3. 二维离散小波变换

为了将一维离散小波变换推广到二维，只考虑尺度函数是可分离的情况，即：

$$\Phi(x,y) = \Phi(x)\Phi(y)$$

其中，$\Phi(x)$ 是一维尺度函数，其相应的小波是 $\psi(x)$，下列 3 个二维基本小波是建立二维小波变换的基础：

$$\psi^1(x,y) = \Phi(x)\psi(y), \quad \psi^2(x,y) = \Phi(y)\psi(x), \quad \psi^3(x,y) = \psi(x)\psi(y)$$

它们构成二维平方可积函数空间 $L^2(R^2)$ 的正交归一：

$$\psi_{j,m,n}^l(x,y) = 2^j \psi^l(x - 2^j m, y - 2^j n) \quad j \geqslant 0, l = 1,2,3, j,l,m,n \text{ 都为整数}$$

（1）正变换。

从一幅 $N \times N$ 的图像 $f(x,y)$ 开始，其中上标指示尺度并且 N 是 2 的幂。对于 $j = 0$，尺度 $2^j = 2^0 = 1$，也就是原图像的尺度。j 值的每一次增大都使尺度加倍，而使分辨率减半。在变换的每一层次，图像都被分解为 4 个四分之一大小的图像，它们都是由原图与一个小波基图像的内积后，再经过在行和列方向进行 2 倍的间隔采样而生成的。对于第一个层次（$j=1$），可写成

$$f_2^0(m,n) = \langle f_1(x,y), \Phi(x - 2m, y - 2n) \rangle$$
$$f_2^1(m,n) = \langle f_1(x,y), \psi^1(x - 2m, y - 2n) \rangle$$
$$f_2^2(m,n) = \langle f_1(x,y), \psi^2(x - 2m, y - 2n) \rangle$$
$$f_2^3(m,n) = \langle f_1(x,y), \psi^3(x - 2m, y - 2n) \rangle$$

后续的层次（$j>1$），依次类推，形成如图 6-1 所示的二维离散小波变换形式。

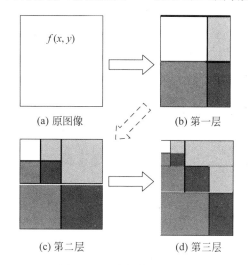

(a) 原图像 (b) 第一层

(c) 第二层 (d) 第三层

图 6-1 二维离散小波变换

如果将内积改写卷积形式，则有：

$$f_{2^{j+1}}^0(m,n) = \left[f_{2^j}^0(x,y) \times \Phi(-x,-y) \right](2m,2n)$$
$$f_{2^{j+1}}^1(m,n) = \left[f_{2^j}^0(x,y) \times \psi^1(-x,-y) \right](2m,2n)$$
$$f_{2^{j+1}}^2(m,n) = \left[f_{2^j}^0(x,y) \times \psi^{21}(-x,-y) \right](2m,2n)$$
$$f_{2^{j+1}}^3(m,n) = \left[f_{2^j}^0(x,y) \times \psi^{31}(-x,-y) \right](2m,2n)$$

因为尺度函数和小波函数都是可分离的，所以每个卷积都可分解成行和列的一维卷积。例如，在第一层，首先用 $h_0(-x)$ 和 $h_1(-x)$ 分别与图像 $f(x,y)$ 的每行做卷积并丢弃奇数列（以最左列为第 0 列）。接着这个 $(N \times N)/2$ 矩阵的每列再和 $h_0(-x)$ 和 $h_1(-x)$ 相卷积，丢弃奇数行（以最上行为第 0 行）。结果就是该层变换所要求的 4 个 $(N/2) \times (N/2)$ 的数组，如图 6-2 所示。

（2）逆变换。

逆变换与上述过程相似，每一层通过在每一列的左边插入一列 0 来增频采样前一

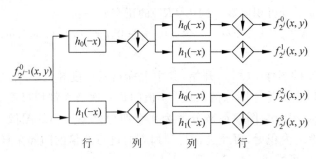

图 6-2　DWT 图像分解步骤

层的 4 个矩阵；接着用 $h_0(x)$ 和 $h_1(x)$ 来卷积各行，再成对地把这几个 $N/2 \times N$ 的矩阵加起来；然后通过在每行上面插入一行 0，来将刚才所得的两个矩阵增频采样为 $N \times N$；再用 $h_0(x)$ 和 $h_1(x)$ 与这两个矩阵的每列卷积，这两个矩阵的和就是这一层重建的结果。

图 6-3 给出了逆小波变换图像重建的过程。

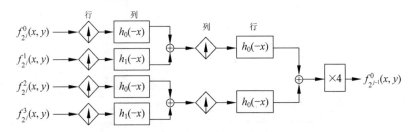

图 6-3　DWT 图像重建步骤

6.2　小波变换的快速算法

为了能够处理二维函数或信号（如图像信号），就必须引入二维小波和二维小波变换及其相应的快速算法。二维多分辨分析有两种，一种是可分离的，另一种是不可分离的。前一种情况较为简单且应用广泛。因此，本节就介绍可由一维多分辨分析的张量积空间构造的二维多分辨分析。而不可分离的情况也比较常见，但在图像处理领域应用不多，故这里不作介绍。

用 $L^2(R^2)$ 表示平面上平方可积函数空间，即：

$$f(x,y) \in L^2(R^2) \Leftrightarrow \int_{-\infty}^{+\infty}\int_{-\infty}^{+\infty} |f(x,y)|^2 \mathrm{d}x\mathrm{d}y < \infty \qquad (6\text{-}9)$$

容易证明，平面上有限区域中的一幅图像的能量是有限的。如设 $f(x,y)$ 是一幅图像，它的定义域围成的区域的面积为 D，设 $f(x,y)$ 最大的亮度值为 M，即 $f(x,y) \leqslant M$，则：

$$\int_{-\infty}^{+\infty}\int_{-\infty}^{+\infty} |f(x,y)|^2 \mathrm{d}x\mathrm{d}y \leqslant M^2 D < +\infty$$

引入 $L^2(R^2)$ 空间的内积为：

$$\langle f,g \rangle = \int_{R^2} f(x,y)\,\overline{g(x,y)}\,\mathrm{d}x\mathrm{d}y, \quad f,g \in L^2(R^2)$$

相应的范数定义为：

$$\| f \|_{L^2(R^2)} = \langle f,f \rangle^{1/2}, \quad f \in L^2(R^2)$$

在不发生混淆的情况下，范数也常记为 $\| f \|_{L^2}$。$f(x,y)$ 的傅里叶变换定义为：

$$\hat{f}(\zeta) = \hat{f}(\zeta_1,\zeta_2) = \int_{R^2} f(x,y)\mathrm{e}^{-i(x\zeta_1+y\zeta_2)}\,\mathrm{d}x\mathrm{d}y$$

设 F 和 D 是两个有限维或可数无限维线性空间。F 和 D 的基底分别为 $\cdots,f_{-1},f_0,f_1,\cdots$ 及 $\cdots,d_{-1},d_0,d_1,\cdots$。定义以形如 $f_i d_i\,(i=0,\pm 1,\pm 2,\cdots;j=0,\pm 1,\pm 2,\cdots)$ 的元素为基底的空间 H 为 F 与 D 的张量积空间，表示为：

$$H = F \otimes D$$

如果 F 和 D 都是函数空间，x 和 y 分别是 F 和 D 中的自变量，则张量积空间 H 中的元素称为二维张量积函数或张量积曲面。

现在，设 $\{V_k^1\}$ 和 $\{V_k^2\}$ 是由尺度函数 $\phi^1(x)$ 和 $\phi^2(y)$ 生成的两个多分辨分析，则可得到 V_k^1 和 V_k^2 的张量积空间：

$$V_k = V_k^1 \otimes V_k^2$$

由于 V_k^1 的基底为 $\{2^{k/2}\phi^1(2^k x-j)\}$，$V_k^2$ 的基底为 $\{2^{k/2}\phi^2(2^k y-l)\}$，所以 V_k 的基底为 $\{2^k\phi^1(2^k x-j)\phi^2(2^k y-l)\}$。

对于二元函数 $f(x,y)$，引入记号：

$$f_{k;j,l}(x,y) = 2^k f(2^k x-j,2^k y-l)$$

记

$$\phi(x,y) = \phi^1(x)\phi^2(y)$$

则 $\{\phi_{k;j,l}(x,y):j,l \in Z\}$ 是 V_k 的基底。这样 $\{V_k\}$ 就形成 $L^2(R^2)$ 中的一个多分辨分析，$\phi(x,y)$ 就是相应的尺度函数。

设 V_k^1 关于 V_{k+1}^1 的补空间为 W_k^1，V_k^2 关于 V_{k+1}^2 的补空间为 W_k^2，即：

$$V_{k+1}^1 = V_k^1 \dotplus W_k^1, \quad V_{k+1}^2 = V_k^2 \dotplus W_k^2$$

现在，设 $\psi^1(x)$ 生成 W_0^1，$\psi^2(x)$ 生成 W_0^2，即：

$$W_0^1 := \mathrm{clos}_{L^2(R)}\langle \psi^1(x-k):k \in Z \rangle$$
$$W_0^2 := \mathrm{clos}_{L^2(R)}\langle \psi^2(x-k):k \in Z \rangle$$

这时：

$$\begin{aligned}
V_{k+1} &= V_{k+1}^1 \otimes V_{k+1}^2 = (V_k^1 \dotplus W_k^1) \otimes (V_k^2 \dotplus W_k^2) \\
&= V_k^1 \otimes V_k^2 \dotplus V_k^1 \otimes W_k^2 \dotplus W_k^1 \otimes V_k^2 \dotplus W_k^1 \otimes W_k^2 \\
&= V_k \dotplus W_k
\end{aligned} \tag{6-10}$$

其中：

$$W_k = W_k^{(1)} + W_k^{(2)} + W_k^{(3)},$$
$$W_k^{(1)} = V_k^1 \otimes W_k^2, \quad W_k^{(2)} = W_k^1 \otimes V_k^2, \quad W_k^{(3)} = W_k^1 \otimes W_k^2$$

同样，由于 V_k^1 的基底为 $\{2^{k/2}\phi^1(2^k x-j)\}$，$W_k^2$ 的基底为 $\{2^{k/2}\psi^1(2^k y-l)\}$，则 $W_k^{(1)}$ 的基底为 $\{2^k\phi^1(2^k x-j)\psi^2(2^k y-l)\}$。记

$$\psi^1(x,y) = \phi^1(x)\psi^2(y)$$

则 $W_k^{(1)}$ 的基底为 $\{\psi_{k,j,l}^1 : j,l \in Z\}$。类似地，记

$$\psi^2(x,y) = \psi^1(x)\phi^2(y)$$

$$\psi^3(x,y) = \psi^1(x)\psi^2(y)$$

则 $W_k^{(2)}$ 的基底为 $\{\psi_{k,j,l}^2 : j,l \in Z\}$，$W_k^{(3)}$ 的基底为 $\{\psi_{k,j,l}^3 : j,l \in Z\}$。

可以看到，与一维只有一个尺度函数和一个小波函数不同的是，二维情形有一个尺度函数 $\phi(x,y)$ 和三个小波函数 $\psi^1(x,y),\psi^2(x,y),\psi^3(x,y)$。

与一维情况类似，直接分解为：

$$L^2(R^2) = \cdots \dotplus W_{-1} \dotplus W_0 \dotplus W_1 \dotplus \cdots$$

则对于 $\forall f(x,y) \in L^2(R^2)$ 都有唯一分解：

$$f(x,y) = \cdots + d_{-1}(x,y) + d_0(x,y) + d_1(x,y) + \cdots$$

其中，$d_k(x,y) \in W_k$。

如果 $\phi^1(x),\phi^2(y)$ 及 $\psi^1(x),\psi^2(y)$ 都是半正交尺度函数与半正交小波函数，则上面的直和分解就可以变为正交和分解：

$$L^2(R^2) = \cdots \oplus W_{-1} \oplus W_0 \oplus W_1 \oplus \cdots$$

此时：

$$W_k \perp W_n, \quad k \neq n$$

即：

$$\langle d_k, d_n \rangle = 0, \quad k \neq n$$

其中，$d_k \in W_k, d_n \in W_n$。

设 $f_k(x,y) \in V_k, d_k(x,y) \in W_k$，则：

$$f_{k+1}(x,y) = f_k(x,y) + d_k(x,y)$$

其中，对于任何 $k, f_k \in V_k, d_k \in W_k$。这样对于 $d_k \in W_k$ 还可以进一步分解为：

$$d_k = d_k^{(1)} + d_k^{(2)} + d_k^{(3)}$$

其中，$d_k^{(i)} \in W_k^{(i)}(i=1,2,3)$，则有 $f_{k+1}(x,y) \in V_{k+1}$。

利用一维情况下的两尺度方程和小波方程：

$$\begin{cases} \phi^1(x) = \sum_n h_n^1 \phi^1(2x-n) \\ \psi^1(x) = \sum_n g_n^1 \phi^1(2x-n) \end{cases}$$

$$\begin{cases} \phi^2(x) = \sum_n h_n^2 \phi^2(2x-n) \\ \psi^2(x) = \sum_n g_n^2 \phi^2(2x-n) \end{cases}$$

可以得到二维张量积两尺度关系为：

$$\begin{cases} \phi(x,y) = \sum_{n,m} h_{n,m} \phi(2x-n,2y-m) \\ \psi^i(x,y) = \sum_{n,m} g_{n,m}^i \phi(2x-n,2y-m), \quad i=1,2,3 \end{cases}$$

其中：

$$\begin{cases} h_{n,m} = h_n^1 h_m^2, & g_{n,m}^1 = h_n^1 g_m^2 \\ g_{n,m}^2 = g_n^1 h_m^2, & g_{n,m}^3 = g_n^1 g_m^2 \end{cases}$$

现在,设:

$$\begin{cases} f_k(x,y) = \sum_{k;n,m} c_{k;n,m} \phi(2^k x - n, 2^k y - m) \\ g_k^{(i)}(x,y) = \sum_{n,m} d_{k;n,m}^i \psi^i(2^k x - n, 2^k y - m) \end{cases}$$

则由:

$$f_{k+1}(x,y) = f_k(x,y) + g_k^{(1)}(x,y) + g_k^{(2)}(x,y) + g_k^{(3)}(x,y)$$

再利用尺度函数 $\phi(x,y)$ 和小波函数 $\psi^1(x,y), \psi^2(x,y), \psi^3(x,y)$ 及其二进伸缩和平移的正交性,可以得到如下的二维 Mallat 算法。

(1)分解算法:

$$\begin{cases} c_{k;n,m} = \sum_{l,j} h_{l-2n} h_{j-2m} c_{k+1;l,j} \\ d_{k;n,m}^1 = \sum_{l,j} h_{l-2n} g_{j-2m} c_{k+1;l,j} \\ d_{k;n,m}^2 = \sum_{l,j} g_{l-2n} h_{j-2m} c_{k+1;l,j} \\ d_{k;n,m}^3 = \sum_{l,j} g_{l-2n} g_{j-2m} c_{k+1;l,j} \end{cases}$$

(2)重构算法:

$$c_{k+1;n,m} = \sum_{l,j} h_{n-2l} h_{m-2j} c_{k;n,m} + \sum_{l,j} h_{n-2l} g_{m-2j} d_{k;n,m}^1 +$$
$$\sum_{l,j} g_{n-2l} h_{m-2j} d_{k;n,m}^2 + \sum_{l,j} g_{n-2l} g_{m-2j} d_{k;n,m}^3$$

类似地,利用一维双正交多分辨分析,可以获得二维双正交多分辨分析。只要将相应的分解和重构滤波器置换,就可以得到二维双正交多分辨分析的 Mallat 算法。称序列 $\{c^k, d_k^1, d_k^2, d_k^3\}$ 为 c^{k+1} 的一级二维小波变换,则对应于二维 Mallat 算法的滤波器组表示如图 6-4 所示。

有了上面的分析,现在就可以分析二维离散图像信号的处理方法。设 $\{b_{n,m}\}(n=0, 1, \cdots, N-1)$ 是一幅输入图像,其像素点之间的距离为 N^{-1},其中,$N=2^L$。可以将 $b_{n,m}$ 与尺度 2^L 下的一个逼近函数:

$$f(x,y) = \sum_{n,m} c_{n,m}^L \phi_{L,n,m}(x,y) \in V_L^2$$

联系起来,其中 $c_{n,m}^L = \langle f, \tilde{\phi}_{L,n,m} \rangle$,$\phi$ 和 $\tilde{\phi}$ 是两个对偶尺度函数。使得 $b_{n,m}$ 为 $f(x,y)$ 的均匀采样,即 $b_{n,m} = f(N^{-1}n, N^{-1}m)$。另外,根据 $c_{n,m}^L = \langle f, \tilde{\phi}_{L,n,m} \rangle$,有:

$$Nc_{n,m}^L = \int_{-\infty}^{+\infty} \int_{-\infty}^{+\infty} f(u,v) \frac{1}{N^{-2}} \tilde{\phi} \left(\frac{u - N^{-1}n}{N^{-1}}, \frac{v - N^{-1}m}{N^{-1}} \right) \mathrm{d}u\mathrm{d}v$$

由于 $\int_{-\infty}^{+\infty} \int_{-\infty}^{+\infty} \phi(u,v) \mathrm{d}u\mathrm{d}v = 1$,故:

$$\int_{-\infty}^{+\infty} \int_{-\infty}^{+\infty} \frac{1}{N^{-2}} \tilde{\phi} \left(\frac{u - N^{-1}n}{N^{-1}}, \frac{v - N^{-1}m}{N^{-1}} \right) \mathrm{d}u\mathrm{d}v = 1$$

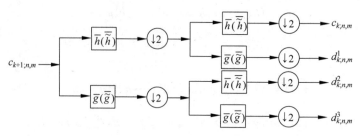

(a) 二维小波分解(括号中表示双正交滤波器)

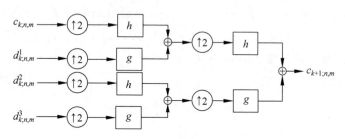

(b) 二维小波重构

图 6-4   二维二通道 Mallat 算法的滤波器组表示

从而，$Nc_{n,m}^L$ 是 f 在 $(N^{-1}n, N^{-1}m)$ 的一个小邻域上的加权平均。因此有：

$$Nc_{n,m}^L \approx f(N^{-1}n, N^{-1}m) = b_{n,m}$$

如果将 $\{c_{k+1;n,m}\}$ 看成是一幅二维图像信号，n 和 m 分别为行下标和列下标，则二维小波变换过程可以解释如下：先利用分析滤波器 $\bar{\bar{h}}, \bar{\bar{g}}$ 对图像的第 n 行做小波变换，得到低频部分 $\sum_j \tilde{h}_{j-2m}c_{k+1;l,j}$ 和高频部分 $\sum_j \tilde{g}_{j-2m}c_{k+1;l,j}$；然后对得到的数据的第 m 列用分析滤波器 $\bar{\bar{h}}, \bar{\bar{g}}$ 做小波变换；对 $\sum_j \tilde{h}_{j-2m}c_{k+1;l,j}$ 的各列做小波变换得到低频系数 $\sum_l \tilde{h}_{l-2n}\left(\sum_j \tilde{h}_{j-2m}c_{k+1;n,m}\right)$，即 $c_{j;n,m}$，及高频系数 $\sum_l \tilde{g}_{l-2n}\left(\sum_j \tilde{h}_{j-2m}c_{k+1;n,m}\right)$，即 $d_{k;n,m}^1$。对 $\sum_j \tilde{g}_{j-2m}c_{k+1;l,j}$ 的各列做小波变换得到低频系数 $\sum_l \tilde{h}_{l-2n}\left(\sum_j \tilde{g}_{j-2m}c_{k+1;n,m}\right)$，即 $d_{k;n,m}^2$，及高频系数 $\sum_l \tilde{g}_{l-2n}\left(\sum_j \tilde{g}_{j-2m}c_{k+1;n,m}\right)$，即 $d_{k;n,m}^3$。一级小波分解后图像由四部分构成：

$$\begin{bmatrix} (c_{k;n,m}) & (d_{k;n,m}^1) \\ (d_{k;n,m}^2) & (d_{k;n,m}^3) \end{bmatrix}$$

其中，每个子图像都是原始图像尺寸大小的 1/4。这样，每一级变换得到的低频信号递归进行分解，同样重构过程也可类似进行，这样就形成了二维小波变换的塔式结构。

6.3   小波包变换

在多分辨分析中，$L^2(R) = \underset{j \in z}{\oplus} W_j$，表明多分辨分析是按照不同的尺度因子 j 把 Hilbert 空间 $L^2(R)$ 分解为所有子空间 $W_j(j \in Z)$ 的正交和。其中，W_j 为小波函数 $\psi(t)$ 的闭包(小波子空间)。现在，对小波子空间 W_j 按照二进制分式进行频率的细分，以达到提高频率分辨率的目的。

一种自然的做法是将尺度空间 V_j 和小波子空间 W_j 用一个新的子空间 U_j^n 统一起来表征,如果令

$$\begin{cases} U_j^0 = V_j \\ U_j^1 = W_j \end{cases}, \quad j \in Z$$

则 Hilbert 空间的正交分解 $V_{j+1} = V_j \bigoplus W_j$,即可用 U_j^n 的分解统一为:

$$U_{j+1}^0 = U_j^0 \bigoplus U_j^1, \quad j \in Z \tag{6-11}$$

定义子空间 U_j^n 是函数 $U_n(t)$ 的闭包空间,而 $U_n(t)$ 是函数 $U_{2n}(t)$ 的闭包空间,并令 $U_n(t)$ 满足下面的双尺度方程:

$$\begin{cases} u_{2n}(t) = \sqrt{2} \sum_{k \in Z} h(k) u_n(2t - k) \\ u_{2n+1}(t) = \sqrt{2} \sum_{k \in Z} g(k) u_n(2t - k) \end{cases} \tag{6-12}$$

其中,$g(k) = (-1)^k h(1-k)$,即两系数也具有正交关系。当 $n = 0$ 时,以式(6-11)和式(6-12)直接给出:

$$\begin{cases} u_0(t) = \sum_{k \in Z} h_k u_0(2t - k) \\ u_1(t) = \sum_{k \in Z} g_k u_0(2t - k) \end{cases} \tag{6-13}$$

与在多分辨分析中,$\phi(t)$ 和 $\psi(t)$ 满足双尺度方程:

$$\begin{cases} \phi(t) = \sum_{k \in Z} h_k \phi(2t - k), \quad \{h_k\}_{k \in Z} \in l^2 \\ \psi(t) = \sum_{k \in Z} g_k \phi(2t - k), \quad \{g_k\}_{k \in Z} \in l^2 \end{cases} \tag{6-14}$$

相比较,$u_0(t)$ 和 $u_1(t)$ 分别退化为尺度函数 $\phi(t)$ 和小波基函数 $\psi(t)$。式(6-13)是式(6-11)的等价表示。把这种等价表示推广到 $n \in Z_+$(非负整数)的情况,即得到式(6-12)的等价表示为:

$$U_{j+1}^n = U_j^n \bigoplus U_j^{2n+1} \quad j \in Z, \quad n \in Z_+ \tag{6-15}$$

由式(6-12)构造的序列 $\{u_n(t)\}$(其中,$n \in Z_+$)称为由基函数 $u_0(t) = \phi(t)$ 确定的正交小波包。当 $n = 0$ 时,即为式(6-13)的情况。

由于 $\phi(t)$ 由 h_k 唯一确定,所以又称 $\{u_n(t)\}_{n \in Z}$ 为关于序列 $\{h_k\}$ 的正交小波包。

设非负整数 n 的二进制表示为 $n = \sum_{i=1}^{\infty} \varepsilon_i 2^{i-1}$,$\varepsilon_i = 0$ 或 1,则小波包 $\widehat{u_n}(w)$ 的傅里叶变换由下式给出:

$$\widehat{u_n}(\bar{w}) = \prod_{i=1}^{\infty} m_{\varepsilon_i}(w/2^j) \tag{6-16}$$

其中,$m_0(\bar{w}) = H(w) = \frac{1}{\sqrt{2}} \sum_{k=-\infty}^{+\infty} h(k) e^{-jkw}$,$m_1(\bar{w}) = G(w) = \frac{1}{\sqrt{2}} \sum_{k=-\infty}^{\infty} g(k) e^{-jkw}$。

设 $\{u_n(t)\}_{n \in Z}$ 是正交尺度函数 $\phi(t)$ 的正交小波包,则 $<u_n(t-k), u_n(t-l)> = \delta_{kl}$,即 $\{u_n(t)\}_{n \in Z}$ 构成 $L^2(R)$ 的规范正交基。

6.4　小波变换的优点

从图像处理的角度看,小波变换存在以下几个优点:

(1) 小波分解可以覆盖整个频域(提供了一个数学上完备的描述)。

(2) 小波变换通过选取合适的滤波器,可以极大地减小或去除所提取的不同特征之间的相关性。

(3) 小波变换具有"变焦"特性,在低频段,可用高频率分辨率和低时间分辨率(宽分析窗口);在高频段,可用低频率分辨率和高时间分辨率(窄分析窗口)。

(4) 小波变换实现上有快速算法(Mallat 小波分解算法)。

6.5　数字图像的小波变换工具箱

MATLAB 并没有提供专门的小波图像处理工具箱,而是将与图像有关的小波变换及操作放在小波变换工具箱(Wavelet Toolbox)中。下面主要介绍与图像有关的小波变换工具箱中的函数及其相关知识。

从数学角度来说,图像可以看作离散二元函数的采样,而在 MATLAB 中,它是最基本的数据类型矩阵,也可以看作二元函数,因此很自然地将数值矩阵和图像建立关联。如果一幅图像 $f(x,y)$ 用矩阵 I 来表示,那么对于图像 $f(x,y)$ 中某一个特定像素点来说,可以通过矩阵的下标来获取,例如以 $I(i,j)$ 来描述的图像 $f(x,y)$ 的第 i 行第 j 列的像素对应的值。

在 MATLAB 中,索引图像数据包括图像矩阵 X 与颜色图数组 map,其中颜色图数组 map 是按图像中颜色值进行排序后的数组。对于每个像素,图像矩阵 X 包含一个值,这个值就是颜色图数组 map 中的颜色。颜色图数组 map 为 m×3 的双精度矩阵,各行分别指定红、绿、蓝(R、G、B)单色值,map=[RGB],R、G、B 的值域为[0,1]的实数值,m 为索引图像包含的像素个数。例如,在 MATLAB 命令行输入:

```
load clown
>> whos
   Name         Size           Bytes       Class        Attributes
   X            200x320        512000      double
   caption      2x1            4           char
   map          81x3           1944        double
```

运行程序,工作空间产生与该图像数据有关的矩阵 X 和 map,其中 X 为图像矩阵,map 为颜色图像数组,X 矩阵大小与导入图像 clown 大小相等。例如,X(64,18)的值是41,描述的图像 clown 中的位置是(64,18)像素的颜色值 map(41,:)。

在小波变换工具箱中只支持具有线性单调颜色图的索引图像,通常来说,颜色索引图像的颜色图不是线性单调的,所以在进行小波分解前,需要先将其转换成合适的灰度图像。这里可以直接调用 MATLAB 提供的图像类型转换函数 rgb2gray,也可以通过分离索引图像中 RGB 颜色来重新定义灰度级。

对于同一图像,采用不同的母小波进行小波变换,其得到的结果差别很大。因此,如何选择母小波一直是小波工程应用领域的研究热点。MATLAB 小波变换工具箱提供了多个母小波族,如表 6-1 所示,这些母小波函数具有不同的特点,用户根据工程应用的不同需求,来选择不同的母小波函数。

表 6-1　小波变换工具箱提供的母小波

小波家族名称	简称	小波家族名称	简称
Haar wavelet	'haar'	Gaussian wavelets	'gaus'
Daubechies wavelets	'db'	Mexican hat wavelet	'mexh'
Symlets	'sym'	Morlet wavelet	'morl'
Coiflets	'coif'	Complex Gaussian wavelets	'cgau'
Biorthogonal wavelets	'bior'	Shannon wavelets	'shan'
Reverse biorthogonal wavelets	'rbio'	Frequency B-Spline wavelets	'fbsp'
Meyer wavelet	'meyr'	Complex Morlet wavelets	'cmor'
Discrete approximation of Meyer wavelet	'dmey'		

具体代表的母小波特点如下。

(1) Haar 小波的特点:它是唯一一个具有对称性的紧支正交实数小波,支撑长度为 1,用它做小波变换的话,计算量很小。它的缺点就是光滑性太差,用它重构的信号会出现"锯齿"现象。

(2) Marr 小波和 Morlet 小波的特点:具有对称性和清晰的函数表达式,但是它们的尺度函数并不存在,因此不具有正交性,即不能够对分解后的信号进行重构。

(3) Meyer 小波的特点:在频域定义的紧支撑正交对称小波,无穷次连续可微,有无穷阶消失矩,这都是它的优势。但这种小波没有快速算法,进而会影响计算速度,因此从处理速度方面考虑,一般不采用 Meyer 小波。

(4) Biorthogonal 小波系特点:一类具有对称性的紧支双正交小波,但该小波系中的各小波基只具有双正交性,不具有正交性,所以相对于具有同样消失矩阶数的正交小波来说,其计算的简便性和计算时间可能会受到影响,应用时要合理选择滤波器的长度。

(5) Daubechies 小波系特点:一类紧支正交小波,通常以 dbN 的形式来表示,其中,N 对应了小波函数的消失矩的阶数,且支撑长度为 $2N-1$,正则性随着 N 的增加而增加,但该类小波对称性很差,导致信号在分解与重构时相位严重失真。

(6) Symlet 小波系特点:近似对称的一类紧支正交小波函数具有 Daubechies 小波系的一切良好特性,而就对称性方面的改进,又使得该小波在处理信号上的速度更快。

(7) Coiflet 小波系特点:它是一类具有近似对称性的紧支正交小波,消失距为 N 时支撑长度为 $6N-1$,而且 coifN 小波比 symN 小波的对称性要好一些。但值得注意的是,这是以支撑长度的大幅度增加为代价的。

在 MATLAB 中,提供了一些了解小波信息的函数。

6.5.1　waveletfamilies 函数

在 MATLAB 中,提供了 waveletfamilies 函数用于返回小波家族函数的相关信息。

函数的调用格式为：

waveletfamilies 或 waveletfamilies('f')：返回 MATLAB 中所有可用的小波家族名称。

waveletfamilies('n')：返回 MATLAB 中所有可用的小波家族名称、成员小波的名称。

waveletfamilies('a')：返回 MATLAB 中所有可用的小波家族名称、成员小波的名称及其特性。

如在 MATLAB 中输入：

```
waveletfamilies
```

回车后，得：

```
==================================
Haar                   haar
Daubechies             db
Symlets                sym
Coiflets               coif
BiorSplines            bior
ReverseBior            rbio
Meyer                  meyr
DMeyer                 dmey
Gaussian               gaus
Mexican_hat            mexh
Morlet                 morl
Complex Gaussian       cgau
Shannon                shan
Frequency B - Spline   fbsp
Complex Morlet         cmor
==================================
```

结果返回 MATLAB 中提供的小波家族名称及其对应的简称。

```
waveletfamilies('n')
==================================
Haar                   haar
==================================
Daubechies             db
----------------------------------
db1   db2   db3   db4
db5   db6   db7   db8
db9   db10      db **
==================================
Symlets                sym
----------------------------------
sym2   sym3   sym4   sym5
sym6   sym7   sym8   sym **
==================================
Coiflets               coif
----------------------------------
```

coif1 coif2 coif3 coif4
coif5
================================
BiorSplines   bior
----
bior1.1 bior1.3 bior1.5 bior2.2
bior2.4 bior2.6 bior2.8 bior3.1
bior3.3 bior3.5 bior3.7 bior3.9
bior4.4 bior5.5 bior6.8
================================
ReverseBior   rbio
----
rbio1.1 rbio1.3 rbio1.5 rbio2.2
rbio2.4 rbio2.6 rbio2.8 rbio3.1
rbio3.3 rbio3.5 rbio3.7 rbio3.9
rbio4.4 rbio5.5 rbio6.8
================================
Meyer   meyr
================================
DMeyer   dmey
================================
Gaussian   gaus
----
gaus1 gaus2 gaus3 gaus4
gaus5 gaus6 gaus7 gaus8
gaus**
================================
Mexican_hat   mexh
================================
Morlet   morl
================================
Complex Gaussian   cgau
----
cgau1 cgau2 cgau3 cgau4
cgau5 cgau**
================================
Shannon   shan
----
shan1 − 1.5 shan1 − 1 shan1 − 0.5 shan1 − 0.1
shan2 − 3 shan**
================================
Frequency B − Spline   fbsp
----
fbsp1 − 1 − 1.5 fbsp1 − 1 − 1 fbsp1 − 1 − 0.5 fbsp2 − 1 − 1
fbsp2 − 1 − 0.5 fbsp2 − 1 − 0.1 fbsp**
================================
Complex Morlet   cmor
----
cmor1 − 1.5 cmor1 − 1 cmor1 − 0.5 cmor1 − 1
cmor1 − 0.5 cmor1 − 0.1 cmor**
================================

除了家族函数名称和简称外，还提供每个小波家族成员的小波名称。

如在 MATLAB 命令行中输入：

```
waveletfamilies('a')
```

回车后，得：

```
Type of Wavelets
-----------------

type = 1    - orthogonals wavelets        (F.I.R.)
type = 2    - biorthogonals wavelets       (F.I.R.)
type = 3    - with scale function
type = 4    - without scale function
type = 5    - complex wavelet.
------------------------------------------------------------------
------------------------

Family Name : Haar
haar
1
no
no
dbwavf
------------------------

Family Name : Daubechies
db
1
1 2 3 4 5 6 7 8 9 10 **
integer
dbwavf
------------------------

Family Name : Symlets
sym
1
2 3 4 5 6 7 8 **
integer
symwavf
------------------------

Family Name : Coiflets
coif
1
1 2 3 4 5
integer
coifwavf
------------------------

Family Name : BiorSplines
bior
2
1.1 1.3 1.5 2.2 2.4 2.6 2.8 3.1 3.3 3.5 3.7 3.9 4.4 5.5 6.8
real
biorwavf
------------------------
```

Family Name : ReverseBior

rbio

2

1.1 1.3 1.5 2.2 2.4 2.6 2.8 3.1 3.3 3.5 3.7 3.9 4.4 5.5 6.8

real

rbiowavf

Family Name : Meyer

meyr

3

no

no

meyer

- 8 8

Family Name : DMeyer

dmey

1

no

no

dmey.mat

Family Name : Gaussian

gaus

4

1 2 3 4 5 6 7 8 **

integer

gauswavf

- 5 5

Family Name : Mexican_hat

mexh

4

no

no

mexihat

- 8 8

Family Name : Morlet

morl

4

no

no

morlet

- 8 8

Family Name : Complex Gaussian

cgau

5

1 2 3 4 5 **

integer

```
cgauwavf
- 5 5
------------------------
Family Name : Shannon
shan
5
1 - 1.5 1 - 1 1 - 0.5 1 - 0.1 2 - 3 **
string
shanwavf
- 20 20
------------------------
Family Name : Frequency B - Spline
fbsp
5
1 - 1 - 1.5 1 - 1 - 1 1 - 1 - 0.5 2 - 1 - 1 2 - 1 - 0.5 2 - 1 - 0.1 **
string
fbspwavf
- 20 20
------------------------
Family Name : Complex Morlet
cmor
5
1 - 1.5 1 - 1 1 - 0.5 1 - 1 1 - 0.5 1 - 0.1 **
string
cmorwavf
- 8 8
------------------------
```

结果返回 MATLAB 中的提供小波家族的类型及其对应的信息。

6.5.2 waveinfo 函数

在 MATLAB 中,提供了 waveinfo 函数用于查询小波的信息。函数的调用格式为:

waveinfo('wname'):返回名为'wname'的小波家族的具体信息。

如在 MATLAB 命令窗口中输入:

```
waveinfo('db')
```

回车后,得:

```
Information on Daubechies wavelets.
    Daubechies Wavelets
    General characteristics: Compactly supported
    wavelets with extremal phase and highest
    number of vanishing moments for a given
    support width. Associated scaling filters are
    minimum - phase filters.
    Family                    Daubechies
    Short name                db
    Order N                   N strictly positive integer
```

```
Examples                      db1 or haar, db4, db15
Orthogonal                    yes
Biorthogonal                  yes
Compact support               yes
DWT                           possible
CWT                           possible
Support width                 2N − 1
Filters length                2N
Regularity                    about 0.2 N for large N
Symmetry                      far from
Number of vanishing
moments for psi               N
Reference: I. Daubechies,
Ten lectures on wavelets,
CBMS, SIAM, 61, 1994, 194 − 202.
```

返回结果是对应的小波族名称(Daubechies wavelets)、特点(General characteristics)、小波家族名(Family)、缩写(Short name)、阶数(Order N)、调用例子(Examples)、正交与非(Orthogonal)、双正交与否(Biorthogonal)、紧支性(Compact support)、是否可以进行离散小波变换(DWT)、连续小波变换(CWT)、支持长度(Support width)、滤波器长度(Filters length)、规则性(Regularity)、对称性(Symmetry)和消失矩的阶数(Number of vanishing moments for psi),最后给出详细的参考文献(Reference)。

6.5.3　wavefun 函数

在 MATLAB 中,提供了 wavefun 函数用于实现小波函数和尺度函数。函数的调用格式为:

[PHI,PSI,XVAL] = wavefun('wname',ITER):返回小波函数 ψ 和相应的尺度函数 φ 的近似值。参数 ITER 决定了反复计算的次数,从而确定了近似值的精确程度。

[PHI1,PSI1,PHI2,PSI2,XVAL] = wavefun('wname',ITER):返回分别用于分解的尺度函数 PHI1、小波函数 PSI1、重构的尺度函数 PHI2 和小波函数 PSI2。

[PHI,PSI,XVAL] = wavefun('wname',ITER):小波函数 wname 指定为 Meyer。

[PSI,XVAL] = wavefun('wname',ITER):小波函数 wname 指定为 Morler 或 Mexican Hat。

[…] = wavefun(wname,A,B)或[…] = wavefun('wname',max(A,B)):A,B 为正整数,它可计算尺度函数和小波函数的近似值并画出图形。

【例 6-1】　利用 wavefun 函数计算小波函数。

```
>> clear all;
% 设置迭代和小波的名称
iter = 10;
wav = 'sym4';
% 计算近似的小波函数
for i = 1:iter
    [phi,psi,xval] = wavefun(wav,i);
```

```
    plot(xval,psi);
    hold on
end
title('小波函数 sym4 的近似值(iter 从 1 到 10)');
hold off;
```

运行程序,效果如图 6-5 所示。

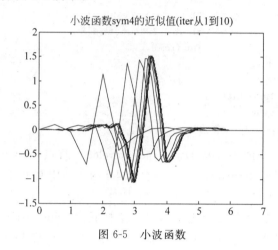

图 6-5　小波函数

6.5.4　wfilters 函数

在 MATLAB 中,提供了 wfilters 函数用于实现小波滤波器函数。函数的调用格式为:

[Lo_D,Hi_D,Lo_R,Hi_R] = wfilters('wname'):用来计算和正交或双正交小波 wname 相关联的 4 个滤波器。返回的分解的低通滤波器 Lo_D,分解的高通滤波器 Hi_D, 重构的低通滤波器 Lo_R 及重构的高通滤波器 Hi_R。

[F1,F2] = wfilters('wname','type'):type 为返回滤波器的类型,当 type=d 时, 返回 Lo_D 和 Hi_D(分解滤波器);当 type=r 时,返回 Lo_R 和 Hi_R(重构滤波器);当 type=l 时,返回 Lo_D 和 Lo_R(低通滤波器);当 type=h 时,返回 Hi_D 和 Hi_R(高通 滤波器)。

【例 6-2】　利用 wfilters 函数计算小波滤波器。

```
>> clear all;
% 设置小波器名称
wname = 'db5';
% 计算与给定小波相关联的 4 个滤波器
[Lo_D,Hi_D,Lo_R,Hi_R] = wfilters(wname);
subplot(221); stem(Lo_D);
title('分解低通滤波器');grid on;
subplot(222); stem(Hi_D);
title('分解高通滤波器'); grid on;
subplot(223); stem(Lo_R);
title('重构低通滤波器'); grid on;
```

```
subplot(224); stem(Hi_R);
title('重构高通滤波器'); grid on;
```

运行程序,效果如图 6-6 所示。

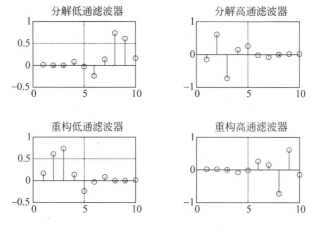

图 6-6　db5 的 4 个小波滤波器

6.5.5　wavefun2 函数

在 MATLAB 中,提供了 wavefun2 函数用于实现二维正交小波函数和尺度函数。函数的调用格式为:

[PHI,PSI,XVAL] = wavefun('wname',iter):尺度函数 PHI 和 PSI 的向量积;参数 XVAL 为一个从(XVAL,XVAL)的向量积得到的 $2^{iter} \times 2^{iter}$ 网络。参数 iter 决定了反复计算的次数,从而决定了近似值的精确程度。

[S,W1,W2,W3,XYVAL] = wavefun2('wname',ITER,'plot'):小波函数 W1、W2、W3 分别为(PHI,PSI)、(PSI,PHI)和(PSI,PSI)的向量积。

[S, W1, W2, W3, XYVAL] = wavefun2(wname,A,B) 或 [S,W1,W2,W3,XYVAL] = wavefun2('wname',max(A,B)):A 与 B 为整数,它计算小波函数和尺度函数的近似值并画图。

[S,W1,W2,W3,XYVAL] = wavefun2('wname',0)或[S,W1,W2,W3,XYVAL] = wavefun2('wname',4,0)或[S,W1,W2,W3,XYVAL] = wavefun2('wname')或[S,W1,W2,W3,XYVAL] = wavefun2('wname',4):当 A 被设定为 0 时,计算小波函数和尺度函数的近似值。

【例 6-3】 利用 wavefun2 函数实现二维小波函数和尺度函数。

```
>> clear all;
%设置迭代和小波的名称
iter = 4;
wav = 'sym4';
%计算小波函数和尺度函数,并迭代画图
[s,w1,w2,w3,xyval] = wavefun2(wav,iter,0);
```

运行程序,效果如图 6-7 所示。

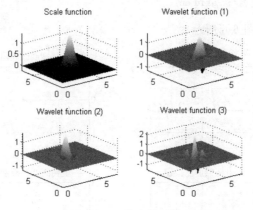

图 6-7　二维小波函数

如果将上述语句 wav = 'sym4'改为 wav = 'bior1.3',运行程序,得到结果为:

```
**************************************
ERROR ...
----------------------------------------
wavefun2 ---> Invalid Wavelet type.
**************************************
Error using wavefun2 (line 41)
Invalid Input Argument.
```

因为 bior1.3 为非正交小波,所以运行结果出错。

6.5.6　wmaxlev 函数

在 MATLAB 中,提供了 wmaxlev 函数来实现小波分解最大尺度。函数的调用格式为:

L = wmaxlev(S,'wname'):S 为矩阵的大小,wname 为小波函数,返回值 L 为允许的最大分解尺度,一般取值小于此值。通常对于一维信号,尺度取值为 5;对于二维信号,尺度取值为 3。

【例 6-4】　利用 wmaxlev 函数计算信号或数值矩阵的最大小波分解尺度。

```
>> clear all;
s1 = 2^10;                                  %设置分解信号、数值向量、数值矩阵
s2 = [2^10,2^9];
s3 = [2^11,2^9;2^11,2^9];
w1 = 'db1';                                 %设置分解采用的小数
w2 = 'db7';
disp('一维信号 s1 采用 db1 的最大分解层数 L1')   %显示最大分解层数
L1 = wmaxlev(s1,w1)
disp('数值向量 s2 采用 db1 的最大分解层数 L2')   %显示最大分解层数
L2 = wmaxlev(s2,w1)
disp('数值矩阵 s3 采用 db1 的最大分解层数 L3')   %显示最大分解层数
```

```
L3 = wmaxlev(s3,w1)
disp('数值矩阵 s3 采用 db7 的最大分解层数 L4')      % 显示最大分解层数
L4 = wmaxlev(s3,w2)
```

运行程序,输出如下:

```
一维信号 s1 采用 db1 的最大分解层数 L1
L1 =
     10
数值向量 s2 采用 db1 的最大分解层数 L2
L2 =
      9
数值矩阵 s3 采用 db1 的最大分解层数 L3
L3 =
     11      9
数值矩阵 s3 采用 db7 的最大分解层数 L4
L4 =
      7      5
```

在程序中,首先设置待分解的信号 s1、数值向量 s2 和数值矩阵 s3 及选择小波函数 db1、db7,然后利用 wmaxlev 函数分别计算各自的最大分解层数,同时还比较了同一数值矩阵 s3 对不同小波最大分解层数的差异。用户可根据此实例体会不同类型数据小波分解层数之间的差异及不同小波对分解层数的影响。

第7章 图像阈值分割的算法分析与实现

图像分割就是把图像分成若干个特定的、具有独特性质的区域并提出感兴趣目标的技术和过程,它是由图像处理到图像分析的关键步骤。

一般的图像处理过程如图 7-1 所示。从图中可以看出,图像分割是从图像预处理到图像识别和分析理解的关键步骤,在图像处理中占据重要位置。一方面它是目标表达的基础,对特征测量有重要的影响;另一方面,图像分割以及基于分割的目标表达、特征提取和参数测量等将原始图像转化为更为抽象和紧凑的形式,使更高层的图像识别、分析和理解成为可能。

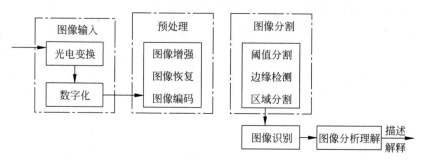

图 7-1　一般的图像处理过程

图像的分割法主要有阈值分割法、区域分割法、边缘分割法、运动分割法等,下面就这几种分割法展开介绍。

阈值分割法是一种基于图像分割技术的方法。其基本原理是通过设定不同的特征阈值,把图像的像素点分为若干类。常用的特征有:直接来自原始图像的灰度或彩色特征;由原始灰度或彩色值变换得到的特征。设原始图像为 $f(x,y)$,按照一定的准则在 $f(x,y)$ 中找到若干个特征值 $T_1,T_2,\cdots,T_N$,其中 $N \geqslant 1$,将图像分割为几部分,分割后的图像为:

$$g(x,y) = \begin{cases} L_N, & f(x,y) \geqslant T_N \\ L_{N-1}, & T_{N-1} \leqslant f(x,y) < T_N \\ \vdots & \vdots \\ L_1, & T_1 \leqslant f(x,y) < T_2 \\ L_0, & f(x,y) < T_1 \end{cases}$$

一般意义下,阈值运算可以看作对图像中某点的灰度、该点的某种局部特性以及该点在图像中的位置的一种函数,这种阈值函数可记作:

$$T(x,y,N(x,y),f(x,y))$$

其中,$f(x,y)$ 是点 (x,y) 的灰度值;$N(x,y)$ 是点 (x,y) 的局部邻域特性。根据对 T 的不同约束,可以得到 3 种不同类型的阈值。

(1) 全局阈值 $T=T(f(x,y))$,只与点的灰度值有关。

(2) 局部阈值 $T=T(N(x,y),f(x,y))$,与点的灰度值和该点的局部邻域特征有关。

(3) 动态阈值 $T(x,y,N(x,y),f(x,y))$,与点的位置、该点的灰度值和该点邻域特征有关。

7.1　灰度阈值分割

此处主要讨论的是利用像素的灰度值,通过取阈值进行分类的过程。这种分类技术是基于以下假设的:每个区域都是由许多灰度值相近的像素构成的,物体与背景之间或不同物体之间的灰度值有明显的差别,可以通过取阈值来区分。待分割图像的特性愈接近于这个假设,用这种方法分割的效果就愈好。其主要性质为:根据像素点的灰度不连续性进行分割,边缘微分算子就是利用该性质进行图像分割的;利用同一区域具有某种灰度特性(或相似的组织特性)进行分割,灰度阈值法就是利用这一特性进行分割的。

7.1.1　灰度图像二值化

灰度阈值法是一种常用的、最简单的分割方法。只要选取一个适当的灰度级阈值 T,然后将每个像素灰度与之进行比较,把灰度点超过阈值 T 的像素点重新分配为大灰度(如 255),低于阈值的分配为最小灰度(如 0),那么,就可以组成一个新的二值图像,这样可把目标从背景中分割开来。

图像阈值化处理实质是一种图像灰度级的非线性运算,阈值处理可用方程加以描述,并且随阈值的取值不同,可以得到具有不同特征的二值图像。

例如,如果原图像 $f(i,j)$ 的灰度值为 $[r_1,r_2]$,那么在 r_1,r_2 之间选择一个灰度值 T 作为阈值,就可以有两种方法来定义阈值化后的二值图像。

(1) 一种阈值化的图像为:

$$g(i,j)=\begin{cases}255, & f(i,j)\geqslant T \\ 0, & \text{其他}\end{cases} \tag{7-1}$$

(2) 另一种阈值化后的图像为:

$$g(i,j)=\begin{cases}255, & f(i,j)\leqslant T \\ 0, & \text{其他}\end{cases} \tag{7-2}$$

这两种变换函数的曲线如图 7-2 所示。

对式(7-1)和式(7-2)所定义的基本阈值分割有许多修正。一种是将图像分割为具有一个集合 D 内的灰度的区域,其他的区域作为背景,即:

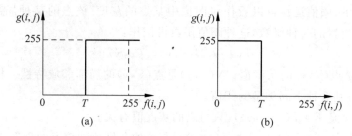

图 7-2　两种变换函数曲线

$$g(i,j) = \begin{cases} 255, & f(i,j) \in D \\ 0, & \text{其他} \end{cases}$$

还有一种分割,其定义为:

$$g(i,j) = \begin{cases} f(i,j), & f(i,j) \geqslant T \\ 0, & \text{其他} \end{cases}$$

这种分割称为半阈值化,这样的分割的目的是屏蔽图像背景,留下物体部分的灰度信息。

【例 7-1】　利用图像分割测试图像中的微小结构。

```
>> clear all;
I = imread('cell.tif');                  % 读入原始图像 I
subplot(221);imshow(I);
title('原始图像');
Ic = imcomplement(I);                    % 对图像求反色
BW = im2bw(Ic,graythresh(Ic));           % 转换为二值图像来阈值分割
subplot(222);imshow(BW);
title('阈值截取分割后图像');
se = strel('disk',7);                    % 创建一个半径为 7 个像素的圆盘形结构元素
BW2 = imclose(BW,se);                    % 闭运算
BW3 = imopen(BW2,se);                    % 开运算
subplot(223);imshow(BW3);
title('对小图像进行删除后的图像');
mask = BW & BW3;                         % 对两幅图像进行逻辑"与"运算
subplot(224);imshow(mask);
title('检测的结果');
```

运行程序,效果如图 7-3 所示。

7.1.2　灰度图像多区域阈值分割

在灰度图像中分离出有意义区域最基本的方法是设置阈值的分割方法。假设图像中存在背景 S_0 和 n 不同意义的部分 $S_1, S_2, \cdots, S_n$,如图 7-4 所示。

或者说图像由 $(n+1)$ 个区域组成,各个区域内的灰度值相近,但各区域之间的灰度特性存在明显差异。设背景的灰度值最小,则可根据各区域的灰度差异设置 n 个阈值 $T_0, T_1, T_2, \cdots, T_{n-1}$($T_0 < T_1 < T_2 \cdots < T_{n-1}$),并进行如下分割处理:

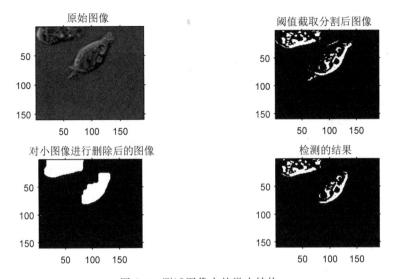

图 7-3　测试图像中的微小结构

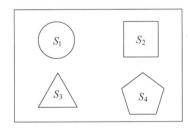

图 7-4　图像中的区域($n=4$)

$$g(i,j) = \begin{cases} g_0, & f(i,j) \leqslant T_0 \\ g_1, & T_0 < f(i,j) \leqslant T_1 \\ \vdots, & \vdots \\ g_{n-1}, & T_{n-2} < f(i,j) \leqslant T_{n-1} \\ g_n, & f(i,j) > T_{n-1} \end{cases}$$

其中，$f(i,j)$ 为原图像像素的灰度值；$g(i,j)$ 为区域分割处理后图像上像素的输出结果；$g_0, g_1, g_2 \cdots, g_n$ 分别为处理后背景 S_0，区域 S_1，区域 S_2，$\cdots$，区域 S_n 中像素的输出值或某种标记。含有多目标图像的直方图如图 7-5 所示。

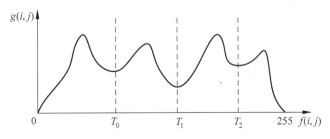

图 7-5　含有多目标图像的直方图

【例 7-2】 利用灰度图像分割法分割图像。

```
>> clear all;
I = imread('lean.jpg');
figure,
subplot(131);imshow(I),
title('原始图像');
C = histc(I,0:255);              % histc 是一个内部函数
n = sum(C');                     % n(k)表示灰度值为 k 的像素的个数
N = sum(n);                      % 求出图像像素总数
t = n/N;                         % t(k)表示第 k 个灰度级出现的概率
subplot(132); bar(0:255,t);
title('直方图 ');
hold off;
axis([0,255,0,0.03]);
% 开始利用阈值法分割图像
[p,threshold] = min(t(120:150));
% 寻找阈值 threshold = threshold + 120;
tt = find(I > threshold);
I(tt) = 255;
tt = find(I <= threshold);
I(tt) = 0;
subplot(133); imshow(I);
title('阈值分割图像');
```

运行程序,效果如图 7-6 所示。

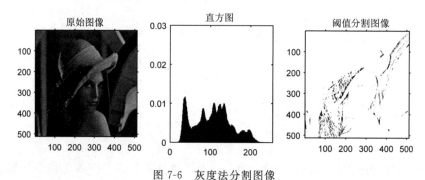

图 7-6 灰度法分割图像

7.2 直方图阈值分割

7.2.1 直方图阈值双峰法

如果灰度图像的灰度级为 $i=0,1,\cdots,L-1$,当灰度级为 k 时的像素数为 n_k,则一幅图像的总像素 N 为:

$$N = \sum_{i=0}^{L-1} n_i = n_0 + n_1 + \cdots + n_{L-1}$$

灰度级 i 出现的概率为:

$$p_i = \frac{n_i}{N} = \frac{n_i}{n_0 + n_1 + \cdots + n_{L-1}}$$

当灰度图像中画面比较简单且对象物的灰度分布比较有规律时,背景和对象物在图像的灰度直方图上将各自形成一个波峰,由于每两个波峰间形成一个低谷,因而选择双峰间低谷处所对应的灰度值为阈值,即可将两个区域分离。

把这种通过选取直方图阈值来分割目标和背景的方法称为直方图阈值双峰法。如图 7-7 所示,在灰度级 t_1 和 t_2 两处有明显的峰值,而在 t 处是一个谷点。

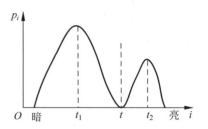

图 7-7   直方图的双峰与阈值

具体实现的方法是:先做出图像 $f(x,y)$ 的灰度直方图,如果只出现背景和目标物两区域部分所对应的直方图呈双峰且有明显的谷底的情况,则可以将谷底点所对应的灰度值作为阈值,然后根据该阈值进行分割,就可以将目标从图像中分割出来。这种方法适用于目标和背景的灰度差较大,并且直方图有明显谷底的情况。

【例 7-3】   用直方图双峰法阈值分割图像。

```
>> clear all;
I = imread('pout.tif');
subplot(131);imshow(I);
title('原始图像');
subplot(132);imhist(I);              % 显示原始图像的直方图
title('原始图像的直方图');
% 根据上面直方图选择阈值120,划分图像的前景和背景
newI = im2bw(I,120/255);
subplot(133);imshow(newI);
title('双峰法分割图像');
```

运行程序,效果如图 7-8 所示。由图 7-8 可知,根据直方图设置一个阈值,就能完成分割处理,并形成只有两种灰度的二值图像。

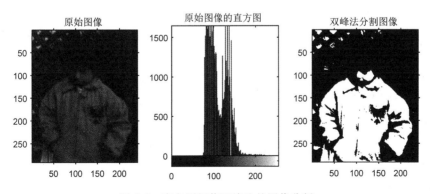

图 7-8   直方图阈值双峰法的图像分割

双峰法比较简单,在可能的情况下常常作为首选的阈值确定方法,但是图像的灰度直方图的形状随着对象、图像输入系统、输入环境等因素的不同而千差万别,当在波峰间

的波谷平坦、各区域直方图的波形重叠等情况下,用直方图阈值法就难以确定阈值,则必须寻求其他方法来选择适宜的阈值。

7.2.2 动态阈值法

虽然人工法可以选出令人满意的阈值,但在无人介入的情况下自动选取阈值是大部分应用的基本要求,自动阈值法通常使用灰度直方图来分析图像中灰度值的分布,结合特定的应用领域知识来选取最合适的阈值。

1. 迭代式阈值选择

迭代式阈值选择方法的基本思想是:开始时选择一个阈值作为初始估计值,然后再按某种策略不断地改进这一估计值,直到满足给定的准则为止。在迭代过程中,关键之处在于选择什么样的阈值改进策略。好的阈值改进策略应该具备两个特征:一是能够快速收敛;二是在每一个迭代过程中,新产生阈值优于上一次的阈值。下面介绍一种迭代式阈值选择方法,其具体步骤如下:

(1) 选择图像灰度中值作为初始阈值 T_0。

(2) 利用阈值 T 把图像分割成两个区域——R_1 和 R_2,用下式计算区域 R_1 和 R_2 的灰度均值 μ_1 和 μ_2:

$$\mu_1 = \frac{\sum_{i=0}^{T_i} i n_i}{\sum_{i=0}^{T_i} n_i}, \quad \mu_2 = \frac{\sum_{i=T_i}^{L-1} i n_i}{\sum_{i=T_i}^{L-1} n_i}$$

(3) 计算出 μ_1 和 μ_2 后,用下式计算出新的阈值 T_{i+1}:

$$T_{i+1} = \frac{1}{2}(\mu_1 + \mu_2)$$

(4) 重复步骤(2)和步骤(3),直到 T_{i+1} 与 T_i 的差小于某个给定值。

【例 7-4】 利用迭代式阈值选择方法对图像实现分割。

```
>> clear all;
I = imread('eight.tif');
ZMAX = max(max(I));              % 取出最大灰度值
ZMIN = min(min(I));              % 取出最小灰度值
TK = (ZMAX + ZMIN)/2;
BCal = 1;
iSize = size(I);                % 图像的大小
while (BCal)
    % 定义前景和背景数
    iForeground = 0;
    iBackground = 0;
    % 定义前景和背景灰度总和
    ForegroundSum = 0;
    BackgroundSum = 0;
```

```
for i = 1:iSize(1)
    for j = 1:iSize(2)
        tmp = I(i,j);
        if(tmp > = TK)
            %前景灰度值
            iForeground = iForeground + 1;
            ForegroundSum = ForegroundSum + double(tmp);
        else
            iBackground = iBackground + 1;
            BackgroundSum = BackgroundSum + double(tmp);
        end
    end
end
%计算前景和背景的平均值
ZO = ForegroundSum/iForeground;
ZB = BackgroundSum/iBackground;
TKTmp = uint8((ZO + ZB)/2);
if(TKTmp == TK)
    BCal = 0;
else
    TK = TKTmp;
end
%当阈值不再变化的时候,说明迭代结束
end

disp(strcat('迭代后的阈值:',num2str(TK)));
newI = im2bw(I,double(TK)/255);
subplot(1,2,1);imshow(I);
title('原始图像');
subplot(1,2,2);imshow(newI);
title ('迭代式阈值选择方法分割效果图');
```

运行程序,输出如下,效果如图 7-9 所示。

迭代后的阈值:165

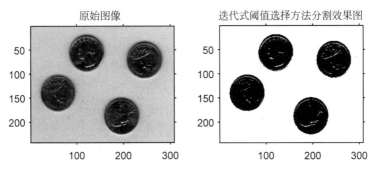

图 7-9 用迭代式阈值选择方法分割图像

2. Otsu 法阈值选择

Otsu 法是一种使类间方差最大的自动阈值方法,该方法具有简单、处理速度快的特点,是一种常用的阈值选取方法。其基本思想如下:设图像像素数为 N,灰度值为 $[0, L-1]$,对应灰度级 i 的像素数为 N_i,概率为:

$$p_i = \frac{n_i}{N}, \quad i = 0, 1, 2, \cdots, L-1$$

$$\sum_{i=0}^{L-1} p_i = 1$$

把图像中像素按灰度值用阈值 T 分成两类 C_0 和 C_1,C_0 由灰度值在 $[0, T]$ 中的像素组成,C_1 由灰度值在 $[T+1, L-1]$ 中的像素组成,对于灰度分布概率,整幅图像的均值为:

$$u_T = \sum_{i=0}^{L-1} i p_i$$

则 C_0 的均值为 $\displaystyle\sum_{i=0}^{L-1} \frac{i p_i}{\widetilde{\omega}_0}$,$C_1$ 的均值为 $\displaystyle\sum_{i=T+1}^{L-1} \frac{i p_i}{\widetilde{\omega}_1}$。其中:

$$\widetilde{\omega}_0 = \sum_{i=0}^{T} p_i$$

$$\widetilde{\omega}_1 = \sum_{i=T+1}^{L-1} p_i = 1 - \widetilde{\omega}_0$$

由上面式子可得:

$$u_T = \widetilde{\omega}_0 u_0 + \widetilde{\omega}_1 u_1$$

类间方差的定义为:

$$
\begin{aligned}
\sigma_B^2 &= \widetilde{\omega}_0 (u_0 - u_T)^2 + \widetilde{\omega}_1 (u_1 - u_T)^2 \\
&= \widetilde{\omega}_0 (u_0 - u_T)^2 + u_T^2 (\widetilde{\omega}_0 + \widetilde{\omega}_1) - 2(\widetilde{\omega}_0 u_0 + \widetilde{\omega}_1 u_1) u_T \\
&= \widetilde{\omega}_0 u_0^2 + \widetilde{\omega}_1 u_1^2 - u_T^2 \\
&= \widetilde{\omega}_0 u_0^2 + \widetilde{\omega}_1 u_1^2 - (\widetilde{\omega}_0 u_0 + \widetilde{\omega}_1 u_1)^2 \\
&= \widetilde{\omega}_0 u_0^2 (1 - \widetilde{\omega}_0) + \widetilde{\omega}_1 u_1^2 (1 - \widetilde{\omega}_1) - 2\widetilde{\omega}_0 \widetilde{\omega}_1 u_0 u_1 \\
&= \widetilde{\omega}_1 \widetilde{\omega}_0 (u_0 - u_1)^2
\end{aligned}
$$

让 T 在 $[0, L-1]$ 中依次取值,使 σ_B^2 最大的 T 值即为 Otsu 法的最佳阈值。在 MATLAB 图像处理工具箱中,graythresh 函数求取阈值的方法采用的就是 Otsu 法。graythresh 函数的调用格式为:

level = graythresh(I):计算图像 I 的全局阈值 level。level 为标准化灰度值,其值为 $[0, 1]$。

[level EM] = graythresh(I):计算图像 I 的全局阈值 level。输出参量 EM 表示有效性度量(表明输入图像 I 的全局阈值的有效性),其值为 $[0, 1]$。

【例 7-5】 用 Otsu 法对图像进行分割。

```
>> clear all;
```

```
I = imread('coins.png');
subplot(121), imshow(I)
title('原始图像')
bw = im2bw(I, graythresh(getimage));
subplot(122), imshow(bw)
title ('Otsu 方法二值化图像')
bw2 = imfill(bw,'holes');
s = regionprops(bw2, 'centroid');
centroids = cat(1, s.Centroid);
imtool(I)
hold(imgca,'on')
plot(imgca,centroids(:,1), centroids(:,2), 'r + ')
hold(imgca,'off')
```

运行程序,效果如图 7-10 和图 7-11 所示。

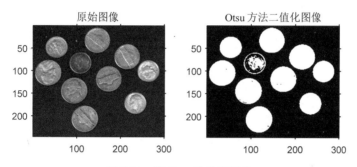

图 7-10　用 Otsu 法分割图像

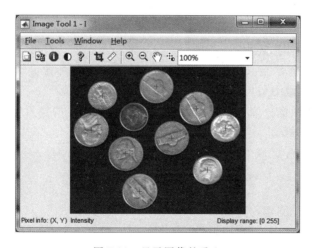

图 7-11　显示图像的重心

7.3　最大熵阈值分割

图像最大熵阈值分割方法是应用信息论中熵的概念与图像阈值化技术,使选择的阈值分割图像目标区域、背景区域两部分灰度统计的信息量为最大。

设分割阈值为 t，P_i 为灰度 i 出现的概率，$i \in \{0,1,2,\cdots,L-1\}$，$\sum\limits_{i=0}^{L-1} P_i = 1$。

对数字图像阈值分割的图像灰度直方图，灰度级低于 t 的像素点构成目标区域 O，灰度级高于 t 的像素点构成背景区域 B，由此得到目标区域 O 的概率分布和背景区域 B 的概率分布。

目标区域 O 的概率灰度分布为：

$$P_O = P_i/P_t, \quad i = 0,1,\cdots,t$$

背景区域 B 的概率灰度分布为：

$$P_B = P_i/(1-P_i), \quad i = t+1,t+2,\cdots,L-1$$

其中：

$$P_t = \sum_{i=0}^{t} P_i$$

由此得到数字图像的目标区域和背景区域熵的定义为：

$$H_O(t) = -\sum_{i=0}^{t} P_O \log_2 P_O, \quad i = 0,1,\cdots,t$$

$$H_B(t) = -\sum_{i=t+1}^{L-1} P_B \log_2 P_B, \quad i = t+1,t+2,\cdots,L-1$$

由目标区域和背景区域熵 $H_O(t)$ 和 $H_B(t)$ 得到熵函数 $\phi(t)$ 定义为：

$$\phi(t) = H_O + H_B$$

当熵函数 $\phi(t)$ 取得最大值时，对应的灰度值 t^* 即为所求的最佳阈值：

$$t^* = \max_{0 < t < L-1} \left[\phi(t)\right]$$

【例 7-6】 信息熵图像分割设计。

信息熵算法的具体描述为：

（1）根据信息熵算法定义，求出原始图像信息熵 H_0，为阈值 T 选择一个初始估计值阈值 T_0，将其取为图像中最大和最小灰度的中间值。

（2）根据 T_0 将图像分为 G_1 和 G_2 两部分，灰度大于 T_0 的像素组成区域 G_1，灰度小于 T_0 的像素组成区域 G_2。

（3）计算 G_1 和 G_2 区域中像素的各自平均灰度值 M_1 和 M_2。更新的阈值为：

$$T_2 = \frac{M_1 + M_2}{2}$$

（4）根据 T_2 分割图像，分别求出对象与背景的信息熵 H_d 和 H_b，比较原始图像信息熵 H_0 与 $H_d + H_b$ 的大小关系，如果 H_0 与 $H_d + H_b$ 相等或相差在规定的范围内，或达到规定的迭代次数，则可将 T_2 作为最终阈值结果，否则将 T_2 赋给 T_0，将 $H_d + H_b$ 赋给 H_0，重复步骤（2）～步骤（4）的操作，直到满足要求为止。

```
>> clear all;
I = imread('cameraman.tif');
subplot(121);imshow(I);
title('原始彩色图像');
if length(size(I)) == 3          % 如果彩色图像转换为灰度图像
    I = rgb2gray(I);             % RGB 图像转换为灰度图像
```

```
end
[X,Y] = size(I);
V_max = max(max(I));
V_min = min(min(I));
T0 = (V_max + V_min)/2;                    % 初始分割阈值
h = imhist(I);                             % 计算图像的直方图
grayp = imhist(I)/numel(I);                % 求图像像素概率
I = double(I);
H0 = − sum(grayp(find(grayp(1:end)> 0)). ∗ log(grayp(find(grayp(1:end)> 0))));
cout = 100;                                % 设置迭代次数为 100 次
while(cout > 0)
    Tmax = 0;                              % 初始化
    grayPd = 0;    grayPb = 0;
    Hd = 0;       Hb = 0;
    T1 = T0;
    A1 = 0;       A2 = 0;
    B1 = 0;       B2 = 0;
    for i = 1:X                            % 计算灰度平均值
        for j = 1:Y
            if(I(i,j)< = T1)
                A1 = A1 + 1;
                B1 = B1 + I(i,j);
            else
                A2 = A2 + 1;
                B2 = B2 + I(i,j);
            end
        end
    end
    M1 = B1/A1;
    M2 = B2/A2;
    T2 = (M1 + M2)/2;
    TT = round(T2);
    grayPd = sum(grayp(1:TT));             % 计算分割区域 G1 的概率和
    if grayPd == 0
        grayPd = eps;
    end
    grayPb = 1 − grayPd;
    if grayPb == 0
        grayPb = eps;
    end
Hd = − sum((grayp(find(grayp(1:TT)> 0))/grayPd). ∗ log((grayp(find(grayp(1:TT)> 0))/
grayPd)));                                 % 计算分割后区域 G1 的信息熵
Hb = − sum(grayp(TT + (find(grayp(TT + 1:end)> 0)))/grayPb. ∗ log(grayp(TT + (find(grayp(TT
 + 1:end)> 0)))/grayPb));                  % 计算分割后区域 G2 的信息熵
    H1 = Hd + Hb;
    cout = cout − 1;
    if(abs(H0 − H1)< 0.0001)|(cout == 0)
        Tmax = T2;
        break;
    else
        T0 = T2;
```

```
            H0 = H1;
        end
    end
Tmax
cout
for i = 1:X                                    %根据所求阈值 Tmax 转换图像
    for j = 1:Y
        if(I(i,j)< = Tmax)
            I(i,j) = 0;
        else
            I(i,j) = 1;
        end
    end
end
subplot(122);imshow(I);
title('图像处理分割后的效果');
```

运行程序,输出如下,效果如图 7-12 所示。

```
Tmax =
    810.5388
cout =
    95
```

最大信息熵算法通过编程可以迅速得到计算结果,但对于不同尺寸的图像,运行速度会受到影响。总的来看,经过最大信息熵图像分割处理,照片画面清晰,图像信息也得到最大程度的保留。

图 7-12　最大信息熵图像分割效果

7.4　分水岭法

许多情况下,图像中目标区域与背景区域的灰度或平均灰度是不同的,而目标区域和背景区域内部灰度相关性很强,这时可将灰度的均一性作为依据进行分割。

这里主要介绍一种最简单的灰度分割方法——灰度门限法,它是基于灰度阈值的分割方法,也是基于区域的分割方法。其实现方法主要是将高于某一灰度的像素划分到一个区域中,将低于某一灰度的像素划分到另一个区域中。

灰度阈值的选择直接影响分割效果,下面介绍分水岭法。

分水岭法(watershed)是一种借鉴了形态学理论的分割方法,在该方法中,将一幅图像看作一个拓扑地形图,其中灰度值 $f(x,y)$ 对应地形高度值。高灰度值对应着山峰,低灰度值对应着山谷。水总是朝地势低的地方流动,直到某一局部低洼处才停下来,这个低洼处被称为吸水盆地。最终所有的水会分聚在不同的吸水盆地,吸水盆地之间的山脊被称为分水岭。水从分水岭流下时,它朝不同的吸水盆地流去的可能性是相等的。将这种现象应用于图像分割,就是要在灰度图像中找出不同的吸水盆地和分水岭,由这些不同的吸水引盆地和分水岭组成的区域即为要分割的目标。

分水岭阈值选择算法可以看作一种自适应的多阈值分割算法,在图像梯度图上进行阈值选择时,经常遇到的问题是如何恰当地选择阈值。阈值若选得太高,则许多边缘会丢失或边缘出现破碎现象;阈值若选得太低,则容易产生虚假边缘,而且边缘变厚也会导致定位不精确。分水岭阈值选择算法可避免这个问题。分水岭形成示意图如图 7-13 所示,两个低洼处为吸水盆地,阴影部分为积水,水平面的高度相当于阈值,随着阈值的升高,吸水盆地的水位也跟着上升,当阈值升至 T_3 时,两个吸水盆地的水都升到分水岭处,此时,若再升高阈值,则两个吸水盆地的水会溢出分水岭合为一体。因此,通过阈值 T_3 可以准确地分割出两个由吸水盆地和分水岭组成的区域。其中,分水岭对应于原始图像中的边缘。

图 7-13 分水岭形成示意图

在 MATLAB 中,提供了 watershed 对图像进行分水岭分割。函数的调用格式为:

L = watershed(A):其中,输入参数 A 为待分割的图像,实际上,watershed 函数不仅适用于图像分割,也可用于对任意维区域的分割,A 是对这个区域的描述,可以是任意维的数组,每一个元素可以是任意实数。返回参数 A 与 A 维数相同的非负整数矩阵,标记分割结果,矩阵元素值为对应位置上像素点所属的区域编号,0 元素表示该对应像素点是分水岭,不属于任何一个区域。

L = watershed(A, conn):指定算法中使用的元素的连通方式,对图像分割问题,conn 有两种取值,当 conn=4 时,表示为 4 连通;当 conn=8 时,表示为 8 连通。

分水岭阈值选择算法具有运算简单、性能优良、能够较好地提取对象轮廓、准确得到物体边界的优点。但由于分割时需要梯度信息,原始信号中噪声的影响会在梯度图中造成许多虚假的局部极小值,由此产生过分割现象。

【例 7-7】 用改进的 watershed 算法分割图像。

```
>> clear;
I = imread('cameraman.tif');
subplot(221);imshow(I);
title('原始图像')
% 计算梯度图
```

```
I = double(I);
hv = fspecial('prewitt');
hh = hv.';
gv = abs(imfilter(I,hv,'replicate'));
gh = abs(imfilter(I,hh,'replicate'));
g = sqrt(gv.^2 + gh.^2);
%计算距离函数
df = bwdist(I);
%计算外部约束
L = watershed(df);
em = L == 0;
%计算内部约束
im = imextendedmax(I,20);
subplot(222);imshow(im);
title('标记内约束')
%重构梯度图
g2 = imimposemin(g,im|em);
subplot(223);imshow(g2);
title('重构梯度图')
%watershed算法分割
L2 = watershed(g2);
wr2 = L2 == 0;
I(wr2) = 255;
subplot(224);imshow(uint8(I));
title('分割结果')
```

运行程序,效果如图 7-14 所示。

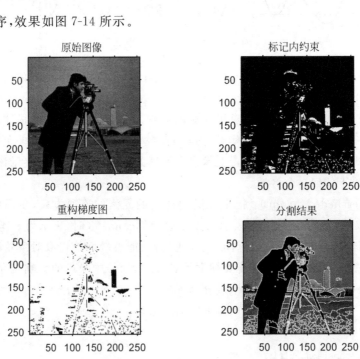

图 7-14　图像的分水岭分割

8.1 图像裁剪

实际应用时,经常需要对图像进行裁剪操作。图像裁剪就是在原图像或者大图像中裁剪出图像块来,这个图像块一般是多边形形状的。图像裁剪是图像处理中的基本操作之一。

在 MATLAB 中,提供了 imcrop 函数实现图像的裁剪。函数的调用格式为:

I2 = imcrop:程序运行时,用鼠标选定矩形区域进行剪切。

I2 = imcrop(I) 或 X2 = imcrop(X, map):分别对灰度图像、索引图像进行剪切操作。

I2 = imcrop(I, rect) 或 X2 = imcrop(X, map, rect):非交互地指定裁剪矩阵,按指定的矩阵框 rect 剪切图像,rect 为四元素向量 [xmin, ymin, width, height],分别表示矩形的左下角和长度及宽度,这些值在空间坐标中指定。

[⋯] = imcrop(x, y, ⋯):在指定坐标系 (x, y) 中剪切图像。

[I2 rect] = imcrop(⋯) 或 [X, Y, I2, rect] = imcrop(⋯):在用户交互剪切图像的同时返回剪切框的参数 rect。

【例 8-1】 利用 imcrop 函数实现图像的裁剪。

```
>> clear all;
I = imread('cat.jpg');
I2 = imcrop(I,[50 80 80 112]);
figure;imshow(I),
title('原始图像');
figure; imshow(I2)
title('剪切图像')
```

运行程序,效果如图 8-1 所示。

除此之外,也可以利用手动形式裁剪图像。

原始图像

剪切图像

图 8-1　图像的裁剪效果

【例 8-2】　用手动形式来实现图像的剪切。

```
>> clear all;
[I, map] = imread('cat.jpg');
figure; imshow(I, map);
I2 = imcrop(I, map);
figure; imshow(I2);
```

运行程序,得到原始图像,用鼠标剪切出所需要的部分,如图 8-2(a)所示,双击,得到如图 8-2(b)所示效果。

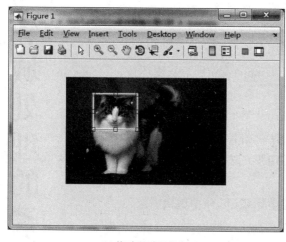

(a) 拖动所需要部分

(b) 剪切内容

图 8-2　手动剪切图像

8.2　图像错切变换

图像的错切变换实际上是平面景物在投影平面上的非垂直投影。错切使图像中的图形产生扭变,这种扭变只在一个方向上产生,即称为水平方向错切或垂直方向错切。下面分别对其进行简要介绍。

(1) 水平方向错切。

根据图像错切定义,在水平方向上的错切是指图形在水平方向上发生了扭变。错切效果图如图8-3(a)所示,当图8-3(a)中图形上方发生了水平方向的错切之后,下方矩形水平方向上的边扭变成斜边,而垂直方向上的边不变。图像在水平方向上错切的数学表达式为:

$$\begin{cases} x' = x + by \\ y' = y \end{cases} \tag{8-1}$$

其中,(x,y)为原图像的坐标;(x',y')为错切后的图像坐标。

根据式(8-1),错切时图形的列坐标不变,行坐标随原坐标(x,y)和系数b作线性变化,$b = \tan(\theta)$。若$b > 0$,图形沿x轴正方向作错切;若$b < 0$,图形沿x轴负方向作错切。

(2) 垂直方向错切。

图像在垂直方向上的错切,是指图形在垂直方向上的扭变。错切效果如图8-3(b)所示,当图8-3(b)中左边图形发生了垂直方向的错切之后,右边矩形水平方向上的边不变,垂直方向上的边扭变成斜边。图像在垂直方向上错切的数学表达式为:

$$\begin{cases} x' = x \\ y' = y + dx \end{cases} \tag{8-2}$$

其中,(x,y)为原图像的坐标;(x',y')为错切后的图像坐标。

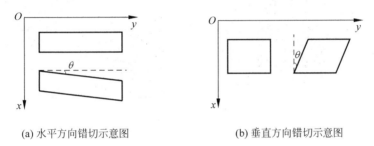

(a) 水平方向错切示意图   (b) 垂直方向错切示意图

图8-3 错切效果图

根据式(8-2),错切时图形的行坐标不变,列坐标随原坐标(x,y)和系数d作线性变化,$d = \tan(\theta)$。若$d > 0$,图形沿y轴正方向作错切;若$d < 0$,图形沿y轴负方向作错切。

(3) 利用错切实现图像的旋转。

利用三角函数的性质,可以利用错切来实现图像的旋转。因为:

$$\begin{bmatrix} 1 & -\tan\frac{\theta}{2} \\ 0 & 1 \end{bmatrix} \begin{bmatrix} 1 & 0 \\ \sin\theta & 1 \end{bmatrix} \begin{bmatrix} 1 & -\tan\frac{\theta}{2} \\ \sin\theta & 1 \end{bmatrix} = \begin{bmatrix} \cos\theta & -\sin\theta \\ \sin\theta & \cos\theta \end{bmatrix} \tag{8-3}$$

图像旋转θ角度用矩阵形式表示为:

$$\begin{bmatrix} x' \\ y' \end{bmatrix} = \begin{bmatrix} \cos\theta & \sin\theta \\ \sin\theta & \cos\theta \end{bmatrix} \begin{bmatrix} x \\ y \end{bmatrix} \tag{8-4}$$

在x方向上和y方向上的错切用矩阵形式表示为:

$$\begin{bmatrix} x' \\ y' \end{bmatrix} = \begin{bmatrix} 1 & b \\ 0 & 1 \end{bmatrix} \begin{bmatrix} x \\ y \end{bmatrix}, \quad \begin{bmatrix} x' \\ y' \end{bmatrix} = \begin{bmatrix} 1 & 0 \\ d & 1 \end{bmatrix} \begin{bmatrix} x \\ y \end{bmatrix} \tag{8-5}$$

所以,图像旋转可以通过分解成3次图像的错切来实现。

【例 8-3】 在 MATLAB 中实现图像的错切效果。

```
>> clear all;
I = imread('flower.jpg');
subplot(121);imshow(I);
title('错切前')
[m,n] = size(I);
J(1:m + 0.5 * n,1:n) = 0;
for x = 1:m
    for y = 1:n
        J(fix(x + 0.5 * y),y) = double(I(x,y));
    end
end
subplot(122);imshow(uint8(J))
title('错切后')
```

运行程序,效果如图 8-4 所示。

错切前

错切后

图 8-4　图像错切效果

8.3　图像镜像变换

图像的镜像变换不改变图像的形状。图像的镜像变换分为 3 种:水平镜像、垂直镜像和对角镜像。

1. 图像水平镜像

图像的水平镜像操作是将图像左半部分和右半部分以图像垂直中轴线为中心进行镜像对换。设点 $P_0(x_0,y_0)$ 进行镜像后的对应点为 $P(x,y)$,图像高度为 f_H,宽度为 f_W,原图像中 $P_0(x_0,y_0)$ 经过水平镜像后坐标将变为 (f_W-x_0,y_0),其代数表达式为:

$$\begin{cases} x = f_W - x_0 \\ y = y_0 \end{cases} \tag{8-6}$$

矩阵表达式为:

$$\begin{bmatrix} x \\ y \\ 1 \end{bmatrix} = \begin{bmatrix} -1 & 0 & f_W \\ 0 & 1 & 0 \\ 0 & 0 & 1 \end{bmatrix} \begin{bmatrix} x_0 \\ y_0 \\ 1 \end{bmatrix} \tag{8-7}$$

设原图像的矩阵为：

$$F = \begin{bmatrix} f_{11} & f_{12} & f_{13} & f_{14} & f_{15} \\ f_{21} & f_{22} & f_{23} & f_{24} & f_{25} \\ f_{31} & f_{32} & f_{33} & f_{34} & f_{35} \\ f_{41} & f_{42} & f_{43} & f_{44} & f_{45} \\ f_{51} & f_{52} & f_{53} & f_{54} & f_{55} \end{bmatrix} \tag{8-8}$$

经过水平镜像的图像，行的排列顺序保持不变，将原来的列排列 $j = 1, 2, 3, 4, 5$ 转换成 $j = 5, 4, 3, 2, 1$，即：

$$F = \begin{bmatrix} f_{15} & f_{14} & f_{13} & f_{12} & f_{11} \\ f_{25} & f_{24} & f_{23} & f_{22} & f_{21} \\ f_{35} & f_{34} & f_{33} & f_{32} & f_{31} \\ f_{45} & f_{44} & f_{43} & f_{42} & f_{41} \\ f_{55} & f_{54} & f_{53} & f_{52} & f_{51} \end{bmatrix} \tag{8-9}$$

2. 图像垂直镜像

图像的垂直镜像操作是以图像水平中轴线为中心将图像上半部分和下半部分进行镜像对换。设点 $P_0(x_0, y_0)$ 进行镜像后的对应点为 $P(x, y)$，图像高度为 f_H，宽度为 f_W，原图像中 $P_0(x_0, y_0)$ 经过垂直镜像后坐标将变为 $(x_0, f_H - y_0)$，其代数表达式为：

$$\begin{cases} x = x_0 \\ y = f_H - y_0 \end{cases} \tag{8-10}$$

矩阵表达式为：

$$\begin{bmatrix} x \\ y \\ 1 \end{bmatrix} = \begin{bmatrix} 1 & 0 & 0 \\ 0 & -1 & f_H \\ 0 & 0 & 1 \end{bmatrix} \begin{bmatrix} x_0 \\ y_0 \\ 1 \end{bmatrix} \tag{8-11}$$

设原图像的矩阵如式(8-8)所示，经过垂直镜像的图像，列的排列顺序保持不变，将原来的排列 $i = 1, 2, 3, 4, 5$ 转换成 $i = 5, 4, 3, 2, 1$，即：

$$H = \begin{bmatrix} f_{51} & f_{52} & f_{53} & f_{54} & f_{55} \\ f_{41} & f_{42} & f_{43} & f_{44} & f_{45} \\ f_{31} & f_{32} & f_{33} & f_{34} & f_{35} \\ f_{21} & f_{22} & f_{23} & f_{24} & f_{25} \\ f_{11} & f_{12} & f_{13} & f_{14} & f_{15} \end{bmatrix}$$

3. 图像对角镜像

图像的对角镜像操作是以图像水平中轴线和垂直中轴线的交点为中心进行镜像对换。相当于将图像先后进行水平镜像和垂直镜像。设点 $P_0(x_0, y_0)$ 进行镜像后的对应点为 $P(x, y)$，图像高度为 f_H，宽度为 f_W，原图像中 $P_0(x_0, y_0)$ 经过对角镜像后坐标将变为 $(f_W - x_0, f_H - y_0)$，其代数表达式为：

$$\begin{cases} x = f_W - x_0 \\ y = f_H - y_0 \end{cases} \tag{8-12}$$

矩阵表达式为:

$$\begin{bmatrix} x \\ y \\ 1 \end{bmatrix} = \begin{bmatrix} -1 & 0 & f_W \\ 0 & -1 & f_H \\ 0 & 0 & 1 \end{bmatrix} \begin{bmatrix} x_0 \\ y_0 \\ 1 \end{bmatrix} \tag{8-13}$$

设原图像的矩阵如式(8-8)所示,经过对角镜像的图像,将原来的排列 $i=1,2,3,4,5$ 转换成 $i=5,4,3,2,1$,将原来的列排列 $j=1,2,3,4,5$ 转换成 $j=5,4,3,2,1$,即:

$$H = \begin{bmatrix} f_{55} & f_{54} & f_{53} & f_{52} & f_{51} \\ f_{45} & f_{44} & f_{43} & f_{42} & f_{41} \\ f_{35} & f_{34} & f_{33} & f_{32} & f_{31} \\ f_{25} & f_{24} & f_{23} & f_{24} & f_{21} \\ f_{15} & f_{14} & f_{13} & f_{12} & f_{11} \end{bmatrix}$$

【例 8-4】 利用 MATLAB 实现图像的水平、垂直及对角镜像变换。

```
>> clear all;
I1 = imread('xixiash.jpg');
I1 = double(I1);
subplot(2,2,1);imshow(uint8(I1));
title('原始图像');
H = size(I1);
I2(1:H(1),1:H(2),1:H(3)) = I1(H(1):-1:1,1:H(2),1:H(3));      %垂直镜像
subplot(2,2,2);imshow(uint8(I2));
title('垂直镜像');
I3(1:H(1),1:H(2),1:H(3)) = I1(1:H(1),H(2):-1:1,1:H(3));      %水平镜像
subplot(2,2,3);imshow(uint8(I3));
title('水平镜像');
I4(1:H(1),1:H(2),1:H(3)) = I1(H(1):-1:1,H(2):-1:1,1:H(3));   % 对角镜像
subplot(2,2,4);imshow(uint8(I4));
title('对角镜像');
```

运行程序,效果如图 8-5 所示。

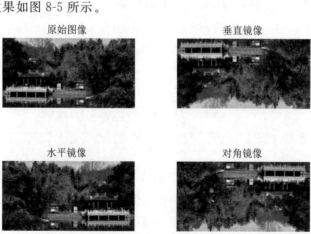

图 8-5　图像镜像变换

8.4 图像复合变换

利用齐次坐标,对给定的图像依次按一定顺序连续施行若干次基本变换,其变换的矩阵仍然可以用 3×3 阶的矩阵表示,而且从数学上可以证明,复合变换的矩阵等于基本变换的矩阵按顺序依次相乘得到的组合矩阵。设对给定的图像依次进行了基本变换 F_1, $F_2, \cdots, F_N$,它们的变换矩阵分别为 $T_1, T_2, \cdots, T_N$,则图像复合变换的矩阵 T 可以表示为 $T = T_N T_{N-1}, \cdots, T_1$。

1. 复合平移

设某个图像先平移到新的位置 $P_1(x_1, y_1)$ 后,再将图像平移到 $P_2(x_2, y_2)$ 的位置,则复合平移矩阵为:

$$T = T_1 T_2 = \begin{bmatrix} 1 & 0 & x_1 \\ 0 & 1 & y_1 \\ 0 & 0 & 1 \end{bmatrix} \begin{bmatrix} 1 & 0 & x_2 \\ 0 & 1 & y_2 \\ 0 & 0 & 1 \end{bmatrix} = \begin{bmatrix} 1 & 0 & x_1 + x_2 \\ 0 & 1 & y_1 + y_2 \\ 0 & 0 & 1 \end{bmatrix} \tag{8-14}$$

由此可见,尽管一些顺序的平移会用到矩阵的乘法,但最后合成的平移矩阵,只需对平移常量作加法运算。

2. 复合比例

同样,对某个图像连续进行比例变换,最后合成的复合比例矩阵,只要对比例常量做乘法运算即可。复合比例矩阵如下:

$$T = T_1 T_2 = \begin{bmatrix} a_1 & 0 & 0 \\ 0 & d_1 & 0 \\ 0 & 0 & 1 \end{bmatrix} \begin{bmatrix} a_2 & 0 & 0 \\ 0 & d_2 & 0 \\ 0 & 0 & 1 \end{bmatrix} = \begin{bmatrix} a_1 a_2 & 0 & 0 \\ 0 & d_1 d_2 & 0 \\ 0 & 0 & 1 \end{bmatrix} \tag{8-15}$$

3. 复合旋转

类似地,对图像连续进行多次旋转变换,最后合成的旋转变换矩阵等于各次旋转角度之和。以包含两次旋转变换的复合旋转变换为例,其最后的变换矩阵如下:

$$T = T_1 T_2 = \begin{bmatrix} \cos\theta_1 & \sin\theta_1 & 0 \\ -\sin\theta_1 & \cos\theta_1 & 0 \\ 0 & 0 & 1 \end{bmatrix} \begin{bmatrix} \cos\theta_2 & \sin\theta_2 & 0 \\ -\sin\theta_2 & \cos\theta_2 & 0 \\ 0 & 0 & 1 \end{bmatrix}$$

$$= \begin{bmatrix} \cos(\theta_1 + \theta_2) & \sin(\theta_1 + \theta_2) & 0 \\ -\sin(\theta_1 + \theta_2) & \cos(\theta_1 + \theta_2) & 0 \\ 0 & 0 & 1 \end{bmatrix} \tag{8-16}$$

以上均为相对于原点(图像中心)做比例、旋转等复合变换,如果要相对其他参考点进行以上变换,则要先进行平移,然后再进行其他基本变换,最后形成图像的复合变换。不同的复合变换,所包含的基本变换的数量和次序各不相同,但是无论其变换过程多么复杂,都可以分解成若干基本变换组成,都可以采用齐次坐标来表示,且图像复合变换矩阵是由一系列基本变换矩阵依次相乘而得到。

【例 8-5】 将载入的图像向下、向右平移,并用白色填充空白部分,再对其进行垂直镜像,然后旋转 30°,再缩小为原来的四分之一。

```
>> clear all;
I = imread('peppers.png');
I = rgb2gray(I);
subplot(121);imshow(I);
title('原图像');
I = double(I);
B = zeros(size(I)) + 255;
H = size(I);
B(50 + 1:H(1),50 + 1:H(2)) = I(1:H(1) - 50,1:H(2) - 50);      % 右下平移变换
C(1:H(1),1:H(2)) = B(H(1): - 1:1,1:H(2));                      % 垂直镜像变换
D = imrotate(C,30,'nearest');                                  % 旋转变换
E = imresize(D,0.25,'nearest');                                % 比例变换
subplot(122);imshow(uint8(E));
title('复合变换');
```

运行程序,效果如图 8-6 所示。

图 8-6　图像复合效果

8.5　邻域处理

在对图像各像素进行处理时,不仅要输入该像素本身的灰度,还要输入以该像素为中心的某局部区域(即邻域)中的一些像素的灰度进行运算的方式,称为邻域运算。邻域运算能将像素周围邻域内的像素状态反映在处理结果中,因而便于实现多种复杂图像的处理。

1. 滑动邻域处理

滑动邻域操作每次在一个像素上进行。输出图像的每个像素值都是输入图像在这个像素的邻域内进行指定的运算得到的像素值。邻域是一个矩形块,在图像矩阵中从一个像素移到另一个像素的时候,邻域块向同一个方向滑动。

图 8-7 显示了一个 2×3 的邻域块在一个 6×5 的矩阵中滑动的情况,中心像素用黑点标出。

中心像素是输入图像中要处理的像素。如果邻域的行数和列数都为奇数,则中心像

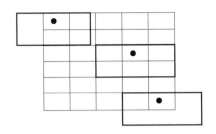

图 8-7　在 6×5 矩阵中 2×3 的邻域块的滑动情况

素位于邻域的中心。如果邻域的行数和列数中有一个不为奇数,则中心像素为邻域中心偏左上的像素。

对于任何一个邻域矩阵,其中心像素的坐标是 $\text{Floor}(([m,n]+1)/2)$,如对于一个 2×2 的邻域,其中心像素为左上角的像素。

滑动邻域操作的一般算法为:

(1) 选择一个像素;

(2) 确定这个像素的邻域;

(3) 对邻域的像素值应用指定的函数进行计算,该函数要返回标量;

(4) 返回输出图像的像素值,其位置为输入图像邻域中的中心位置;

(5) 对图像中的每个像素重复上面 4 个操作。

其中指定的函数可以是求取像素平均值的操作,首先将邻域内图像的像素值加起来,然后再除以邻域内像素的个数,最后将返回的值作为输出图像的值。

当中心像素位于图像边缘的时候,则对应邻域有可能包含部分不属于图像的像素,这时通常用多个 0 来填充图像边界。

在 MATLAB 中,提供了 nlfilter 函数来进行滑动邻域操作。函数的调用格式为:

B = nlfilter(A,[m n], fun):表示对图像 A 进行操作得到图像 B,其中,[m,n]表示滑动邻域的大小为 m×n,参数 fun 为作用于图像邻域上的处理函数。函数 fun 输入的大小为 m×n 矩阵,返回值为一个标量。假定 x 表示某一个图像邻域矩阵,c 表示函数 fun 的返回值,则有表达式 c=fun(x),c 表示对应图像邻域 x 的中心像素的输出值。

B = nlfilter(A, 'indexed',…):把图像 A 作为索引色图像素处理,如果图像数据是 double 类型,则对其图像邻域进行填补(padding)时,对图像以外的区域补 1;而当图像数据为 uint8 类型时,用 0 填补空白区域。

【例 8-6】　利用 nlfilter 函数实现滑动邻域操作。

```
>> clear all;
A = imread('cameraman.tif');
A = im2double(A);
fun = @(x) median(x(:));
B = nlfilter(A,[3 3],fun);
subplot(121);imshow(A);
title('原始图像');
subplot(122); imshow(B);
title('邻域操作')
```

运行程序,效果如图 8-8 所示。

原始图像　　　　　　　　　　　　　邻域操作

图 8-8　滑动邻域操作效果

2. 分离块操作

在分离块操作中,把一个图像矩阵分成 $m \times n$ 块,这些分离块从图像的左上角无重叠地开始覆盖图像矩阵。如果这些分离块不能精确地匹配图像,那么图像矩阵将被 0 填充。

图 8-9 显示了一个 15×30 的图像矩阵被分成了 4×8 块,因此矩阵的最后一行和最后两列要被 0 填充,则图像矩阵的大小变为 16×32。

在 MATLAB 中,提供了 blkproc 函数对图像进行分离块操作。函数的调用格式为:

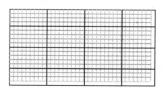

图 8-9　图像的分块处理

B=blkproc(A,[m,n],fun):对图像 A 的每个不同 $m \times n$ 块应用函数 fun 进行处理,必要时补 0。fun 为运算函数,其形式为 y=fun(x),可以是一个包含函数名的字符串或表达式的字符串。另外,还可以将用户函数指定为一个嵌入式函数(即 inline 函数)。在这种情况下,出现在 blkproc 函数中的嵌入式函数不能带有任何引用标记。

B=blkproc(A,[m,n],[mborder,nborder],fun):指定图像的扩展边界 mborder 和 nborder,实际图像块大小为(m+2×mbroder)×(n+2×nbroder)。允许进行图像块操作时,各图像块之间有重叠。也就是说,在每个图像块进行操作时,可以为图像增加额外的行和列。当图像块有重叠时,blkproc 把扩展的图像块传递给自定义函数。

B=blkproc(A,'indexed',…):用对索引图像的块操作。

【**例 8-7**】　利用 blkproc 函数实现不同的块操作。

```
>> clear all;
I = imread('tire.tif');
fun = inline('std2(x) * ones(size(x))');
I1 = blkproc(I,[2,2],[2,2],fun);
subplot(2,2,1);imshow(I);
title('原始图像');
subplot(2,2,2);imshow(I1);
title('指定扩展边界图像');
```

```
I2 = blkproc(I,[2,2],fun);
subplot(2,2,3);imshow(I2);
title('不指定扩展边界图像');
I3 = blkproc(I,[5,5],fun);
subplot(2,2,4);imshow(I3);
title('划分为 5×5 块');
```

运行程序,效果如图 8-10 所示。

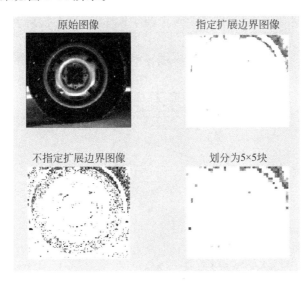

图 8-10　图像的块操作

3. 快速邻域操作

当进行滑动邻域操作时,可以使用列处理的方法来加快处理的速度。例如,在进行块操作计算每块的均值时,将这些块设置为列后,再进行计算,这样会使处理速度加快。这是因为可以直接调用 mean 函数来计算这一列的均值,而不用多次调用 mean 函数来计算每一块的均值。

在 MATLAB 中,进行列处理的函数为 colfilt,函数可以实现以下操作。

(1)将一个图像的滑动块或者分离块转化为一个临时矩阵的列。

(2)使用指定的函数对临时矩阵进行操作。

(3)把结果矩阵变为原来的形状。

在滑动邻域块操作中,colfilt 函数创建一个矩阵,矩阵的每一列对应于原始矩阵中的一个像素。

图 8-11 显示了滑动邻域操作创建临时矩阵的示意图,其中,要处理的图像矩阵大小为 6×5,分块大小为 2×3,因此临时矩阵中总共有 30 列,每一列都有 6 个像素。

在分离块操作中,colfilt 函数通过把图像中的每一块转化为一列来创建临时矩阵,图 8-12 显示了分离块操作创建临时矩阵的示意图,其中要进行操作的图像矩阵大小为 6×16,分块大小为 4×6,因为总共分成 6 块,所以临时矩阵中有 6 列,而每一列都有 24 个像素。

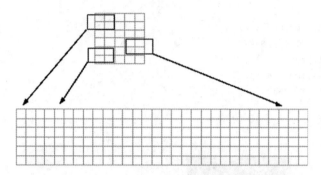

图 8-11　滑动邻域操作创建临时矩阵

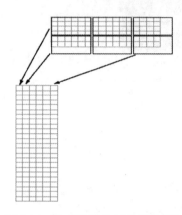

图 8-12　分离块操作创建临时矩阵

colfilt 函数的调用格式为：

B ＝ colfilt(A,[m n],block_type,fun)：实现快速邻域操作,图像块的尺寸为 m×n,block_type 为指定块的移动方式,即当为'distinct'时,图像不重叠；当为'sliding'时,图像块滑动。fun 参数为运算函数,其形式为 y＝fun(x)。

B ＝ colfilt(A,[m n],[mblock nblock],block_type,fun)：为节省内存,需按mblock×nblock 的图像块对图像 A 进行块操作。

B ＝ colfilt(A,'indexed',…)：将 A 作为索引图像处理,如果 A 的数据类型为 uint8或 uint16,就用 0 填充；如果 A 的数据类型为 double 或 single,就用 1 填充。

【例 8-8】　利用 colfilt 函数对图像进行分离块操作。

```
>> clear all;
I = im2double(imread('tire.tif'));
f1 = @(x) ones(64,1) * mean(x);
f2 = @(x) ones(64,1) * max(x);
f3 = @(x) ones(64,1) * min(x);
I1 = colfilt(I,[8 8],'distinct',f1);
I2 = colfilt(I,[8 8],'distinct',f2);
I3 = colfilt(I,[8 8],'distinct',f3);
subplot(2,2,1);imshow(I);
title('原始图像');
subplot(2,2,2);imshow(I1);
```

```
title('处理函数为 mean');
subplot(2,2,3);imshow(I2);
title('处理函数为 max');
subplot(2,2,4);imshow(I3);
title('处理函数为 min');
```

运行程序,效果如图 8-13 所示。

原始图像

处理函数为mean

处理函数为max

处理函数为min

图 8-13　图像的分离块操作

第9章 图像复原方法的MATLAB实现

9.1 最小约束二乘复原法

无约束复原是除了使准则函数 $J(\hat{f}) = \| g - H\hat{f} \|^2$ 最小外,再没有其他的约束条件。因此,只需要了解退化系统的传递函数或点扩展函数 H,就可进行复原。但是由于传递函数 H 的奇异性问题,复原只能局限在靠近原点的有限区域内进行,这就使得无约束图像复原方法具有较大的局限性。

最小二乘类约束复原是指除了要求了解关于退化系统的传递函数 H 之外,还需要知道某些噪声的统计特性或噪声与图像的某些相关情况。根据所了解的噪声先验知识的不同,应采用不同的约束条件,从而得到不同的图像复原技术。

在最小二乘约束复原中,复原问题表现为:在满足 $\| n \|^2 = \| g - H\hat{f} \|^2$ 的约束条件下,要设法寻找一个最优估计 $\hat{f}$,使得形式为 $\| Q\hat{f} \|^2 = \| n \|^2$ 的函数最小化。对于这类问题的有约束最小化问题,通常采用拉格朗日乘数法进行处理,即寻找一个 $\hat{f}$,使得如下准则函数最小。

$$J(\hat{f}) = \| Q\hat{f} \|^2 + \lambda(\| g - H\hat{f} \|^2 - \| n \|^2) \qquad (9\text{-}1)$$

其中,Q 为 $\hat{f}$ 的线性算子,λ 为常数(称为拉格朗日乘子)。对式(9-1)求导,可得:

$$\frac{\partial}{\partial \hat{f}} J(\hat{f}) = 2Q^{\mathrm{T}}\hat{f} - 2\lambda H^{\mathrm{T}}(g - H\hat{f}) = 0 \qquad (9\text{-}2)$$

$$\hat{f} = \left(H^{\mathrm{T}}H + \frac{1}{\lambda}Q^{\mathrm{T}}Q \right)^{-1} H^{\mathrm{T}}g \qquad (9\text{-}3)$$

令 $\gamma = 1/\lambda$,得:

$$\hat{f} = (H^{\mathrm{T}}H + \gamma Q^{\mathrm{T}}Q)^{-1} H^{\mathrm{T}}g \qquad (9\text{-}4)$$

常数 λ 必须反复迭代齐整,直到满足约束条件 $\| n \|^2 =$

$\|g - H\hat{f}\|^2$。求解式(9-4)的关键就是如何选用一个合适的变换矩阵 Q。

相对于无约束问题，有约束条件的图像复原更符合图像退化的实际情况，因此其适应面更加广泛。对式(9-4)，若选择不同形式的矩阵 Q，则可得到不同类型的有约束最小二乘法图像复原方法。如果采用图像 f 和噪声的自相关矩阵 R_f、R_n 来表示 Q，就可以得到维纳滤波复原方法。若采用拉普拉斯算子形式，即使某个函数的二阶导数最小，那么也可推导出有约束最小平方复原方法。

在 MATLAB 中，提供了 deconvreg 函数用于约束最小二乘法复原图像。函数的调用格式为：

J = deconvreg(I，PSF)：复原可能的加性噪声和 PSF 相关退化的图像 I。在保持图像平滑的情况下，算法是估计图像和实际图像间最小二乘法误差最佳约束。

J = deconvreg(I，PSF，NOISEPOWER)：参数 NOISEPOWER 为加性噪声功率，默认值为 0。

J = deconvreg(I，PSF，NOISEPOWER，LRANGE)：参数 LRANGE 向量是寻找最佳解决定义值范围。运算法则就是在 LRANGE 范围内找到一个最佳的拉格朗日乘数。如果 LRANGE 为标量，算法的 LAGRA 假定给定并等于 LRANGE；NP 值被忽略。默认的范围为[1e-9,1e9]。

J = deconvreg(I，PSF，NOISEPOWER，LRANGE，REGOP)：参数 REGOP 为约束自相关的规则化算子。保持图像平滑度的默认规则化算子是 Laplacian 算子。REGOP 数组的维数不能超过图像的维数，任何非单独维与 PSF 的非单独维相对应。

[J，LAGRA] = deconvreg(I，PSF，…)：输出拉格朗日乘数值 LAGRA，并且复原图像。

注意：输出图像 J 能够展示算法中的离散傅里叶变换而产生的振铃。在处理图像调用 deconvwnr 前，先调用 edgetaper 函数，可以减少振铃。例如：I=edgetaper(I,PSF)。

【例 9-1】　利用约束最小二乘复原法对图像进行复原。

```
>> clear all;
I = imread('tissue.png');
I = I(125 + [1:256],1:256,:);
subplot(231);imshow(I);
title('Original image')
PSF = fspecial('gaussian',7,10);
V = .01;
BlurredNoisy = imnoise(imfilter(I,PSF),'gaussian',0,V);
NOISEPOWER = V * prod(size(I));
[J LAGRA] = deconvreg(BlurredNoisy,PSF,NOISEPOWER);
subplot(232); imshow(BlurredNoisy);
title('A = Blurred and Noisy');
subplot(233); imshow(J);
title('[J LAGRA] = deconvreg(A,PSF,NP)');
subplot(234); imshow(deconvreg(BlurredNoisy,PSF,[],LAGRA/10));
title('deconvreg(A,PSF,[],0.1 * LAGRA)');
subplot(235); imshow(deconvreg(BlurredNoisy,PSF,[],LAGRA * 10));
title('deconvreg(A,PSF,[],10 * LAGRA)');
```

运行程序,效果如图 9-1 所示。

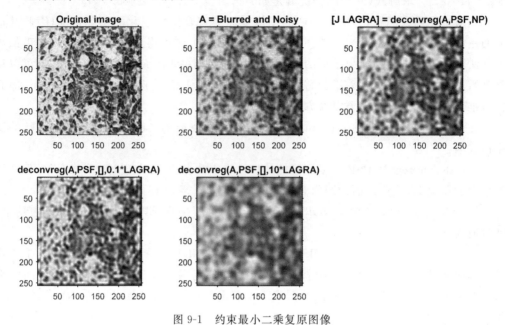

图 9-1　约束最小二乘复原图像

9.2　Lucy-Richardson 复原法

Lucy-Richardson 滤波器方法假设噪声服从泊松分布,基于贝叶斯理论使产生图像的似然性达到最大。一般来说,在抑制噪声放大与保留图像边缘信息方面,非线性类算法较线性类算法来说具有优势,但非线性算法的计算复杂程度较高,并且还存在局部收敛问题和算法稳定性问题。

在许多情况下,图像需要用 Poisson 随机场来建模,如用斑纹干涉获得的短曝光天文图像,它是许多光子时间的结果;医学上透视、CT 图像也是如此。照相底片用银粒的密度来表示光学强度,其光学强度也具有 Poisson 分布的性质。在这些情况下,随机变量只在一个整数集合中取值。一个随机变量 X 具有 Poisson 分布,是指它取整值的概率可以表达为:

$$P(X = k) = \frac{\lambda^k e^{-\lambda}}{k!}, \quad 0 \leqslant k < \infty$$

为了简化起见,对图像使用一维描述。用 f 和 g 表示整个图像,而 x_n 和 y_n 表示单个像素。图像的退化模型为:

$$g_n = \sum_i h_{n-i} f_i + \xi_n$$

考虑在给定原图像 f 条件下观测图像 g 的分布函数 $P(y|x)$。f 给定,即有:

$$a_n = \sum_i h_{n-i} f_i$$

如果各像素之间独立,即有:

$$P(y \mid x) = \prod_n \frac{a_n^{g_n} e^{-a_n}}{g_n!}$$

根据联合分布,可以利用 MLE 方法对 g 进行估计,对上式取对数可得:

$$\frac{\partial}{\partial f_k} \ln P(y \mid x) = \sum_n \left(g_n \frac{h_{n-k}}{\sum\limits_i h_{n-i} f_i} - h_{n-k} \right) = 0$$

或

$$\sum_n g_n \frac{h_{n-k}}{\sum\limits_i h_{n-i} f_i} - 1 = 0, \quad k = 0, 1, \cdots, N-1$$

为了便于求 f,Meinel 建议使用乘法迭代算法。公式为:

$$f_k^{j+1} = f_k^j \left(\sum_n g_n \frac{h_{n-k}}{\sum\limits_i h_{n-i} f_i} \right)^p, \quad k = 0, 1, \cdots, N-1$$

当 $p=1$ 时,就为 Lucy-Richardson 算法。

当处理噪声为 Poisson 噪声时,Lucy-Richardson 算法比较有效,该算法不会出现负值。

在 MATLAB 中,提供了 deconvlucy 函数用于 Lucy-Richardson 复原法复原图像。函数的调用格式为:

J = deconvlucy(I, PSF):使用 Lucy-Richardson 方法对图像 I 进行复原。参数 PSF 为矩阵,表示点扩展函数。

J = deconvlucy(I, PSF, NUMIT):使用 Lucy-Richardson 方法对图像 I 进行复原。参数 NUMIT 为迭代次数,默认值为 10。

J = deconvlucy(I, PSF, NUMIT, DAMPAR):使用 Lucy-Richardson 方法对图像 I 进行复原。参数 DAMPAR 表示输出图像与输入图像的偏离阈值。deconvlucy 对于超过阈值的像素,不再进行迭代计算,这既抑制了像素上的噪声,又保存了必要的图像细节。

J = deconvlucy(I, PSF, NUMIT, DAMPAR, WEIGHT):使用 Lucy-Richardson 方法对图像 I 进行复原。参数 WEIGHT 为矩阵,其元素为图像每个像素的权值,默认值与输入图像相同的单位矩阵。

J = deconvlucy(I, PSF, NUMIT, DAMPAR, WEIGHT, READOUT):使用 Lucy-Richardson 方法对图像 I 进行复原。参数 READOUT 为指定噪声类型,默认值为 0。

J = deconvlucy(I, PSF, NUMIT, DAMPAR, WEIGHT, READOUT, SUBSMPL):使用 Lucy-Richardson 方法对图像 I 进行复原。参数 SUBSMPL 为指定采样数据不足时的比例,默认值为 1。

【例 9-2】 利用 Lucy-Richardson 方法复原图像。

```
>> clear all;
I = checkerboard(8);
subplot(231);imshow(I);
title('Original image')
PSF = fspecial('gaussian',7,10);
V = .0001;
```

```
BlurredNoisy = imnoise(imfilter(I,PSF),'gaussian',0,V);
WT = zeros(size(I));
WT(5:end-4,5:end-4) = 1;
J1 = deconvlucy(BlurredNoisy,PSF);
J2 = deconvlucy(BlurredNoisy,PSF,20,sqrt(V));
J3 = deconvlucy(BlurredNoisy,PSF,20,sqrt(V),WT);
subplot(232);imshow(BlurredNoisy);
title('A = Blurred and Noisy');
subplot(233);imshow(J1);
title('deconvlucy(A,PSF)');
subplot(234);imshow(J2);
title('deconvlucy(A,PSF,NI,DP)');
subplot(235);imshow(J3);
title('deconvlucy(A,PSF,NI,DP,WT)');
```

运行程序,效果如图 9-2 所示。

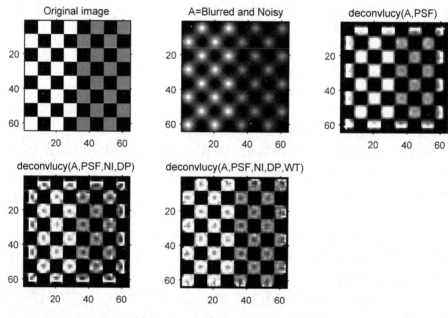

图 9-2　Lucy-Richardson 法复原图像

9.3　盲卷积复原法

逆滤波法具有局限性,很可能出现因为奇点而使解丢失和噪声被可观地放大的情况,而且需要明确知道图像的模糊原因(也即点扩展函数)。但在实际过程中,点扩展函数不可能被精确地知道,因此就需要对图像进行盲卷积。

盲卷积图像复原就是在未知点扩展函数的前提下,从模糊图像中最大程度地恢复出原图像的过程。

有:

$$n(x,y) = g(x,y) - f(x,y) * h(x,y)$$

令 $E\left(\int n^2 \mathrm{d}x\right) = \sigma^2$，$E(x)$ 为随机变量的期望，则有：

$$\| h \times f - g \|^2 = E\left[\int (h \times f - g)^2 \mathrm{d}x\right] = E\left(\int n^2 \mathrm{d}x\right) = \sigma^2 E(x)$$

因此，图像复原问题可归结为下面的最小约束问题：

$$\min[\alpha_1 r(f) + \alpha_2 r(h)]$$

其中，$r(g)$ 为惩罚函数，α_1 为大于 0 的加权系数。与之对应的 Lagrange 形式为：

$$\min L(f,h) = \min\left[\| h \times f - g \|^2 + \alpha_1 r(f) + \alpha_2 r(h)\right] \tag{9-5}$$

这里的 α_1 综合了 Lagrange 乘子之后的系数。图像复原的问题在于如何定义惩罚项 $r(g)$，这里有 H_1 规则和 TV 规则：

$$H_1(u) = \int |\nabla u|^2 \mathrm{d}x\mathrm{d}y, \quad TV(u) = \int |\nabla u| \mathrm{d}x\mathrm{d}y$$

即 2 范数准则为 1 范数准则，其中 ∇ 为梯度算子。取 H_1 规则，则(9-5)转化为：

$$\min L(f,h) = \min\left[\| h \times f - g \|^2 + \alpha_1 \int |\nabla f|^2 \mathrm{d}x\mathrm{d}y + \alpha_2 \int |\nabla h|^2 \mathrm{d}x\mathrm{d}y\right]$$

$$= \min\left[\int (h \times f - g)^2 \mathrm{d}x\mathrm{d}y + \alpha_1 \int |\nabla f|^2 \mathrm{d}x\mathrm{d}y + \alpha_2 \int |\nabla h|^2 \mathrm{d}x\mathrm{d}y\right]$$

$$= \int \min\left[(h \times f - g)^2 + \alpha_1 \int |\nabla f|^2 + \alpha_2 \int |\nabla h|^2\right] \mathrm{d}x\mathrm{d}y$$

$$= \int \min Z \mathrm{d}x\mathrm{d}y$$

用 Z 分别对 f 和 h 求偏导，并令其为 0，即有：

$$\begin{cases} \dfrac{\partial Z}{\partial f} = h(-x,-y) \times (h \times f - g) - 2\alpha_1 \Delta f = 0 \\[3mm] \dfrac{\partial Z}{\partial h} = f(-x,-y) \times (h \times f - g) - 2\alpha_2 \Delta h = 0 \end{cases} \tag{9-6}$$

对于二维形式，$g = Hf + n$，其中，H 是由 h 决定的分块循环矩阵：

$$H = \begin{bmatrix} H_0 & H_{M-1} & \cdots & H_1 \\ H_1 & H_0 & \cdots & H_2 \\ \vdots & \vdots & \ddots & \vdots \\ H_{M-1} & H_{M-2} & \cdots & H_0 \end{bmatrix}$$

其中，H_i 为：

$$H_i = \begin{bmatrix} h(i,0) & h(i,N-1) & \cdots & h(i,1) \\ h(i,1) & h(i,0) & \cdots & h(i,2) \\ \vdots & \vdots & \ddots & \vdots \\ h(i,N-1) & h(i,N-2) & \cdots & h(i,0) \end{bmatrix}$$

对应的公式(9-6)变为：

$$[H \times H + \alpha_1(-\Delta)]f = H \times g$$

$$[F \times F + \alpha_2(-\Delta)]h = F \times g$$

对应的频域形式为：

$$F(u,v) = \frac{H \times (u,v)G(u,v)}{|H(u,v)|^2 + \alpha_1 R(u,v)}$$

$$H(u,v) = \frac{F \times (u,v)G(u,v)}{|F(u,v)|^2 + \alpha_2 R(u,v)}$$

即相应的 R 经验公式为:

$$R(u,v) = 4 - 2\cos\left(\frac{2\pi u}{M}\right) - 2\cos\left(\frac{2\pi v}{N}\right)$$

其中,M 与 N 表示 R 的大小。

在 MATLAB 中,提供了 deconvblind 函数用于盲卷积法复原图像。函数的调用格式为:

[J,PSF] = deconvblind(I, INITPSF):使用盲卷积算法对图像 I 进行复原,得到复原后图像 J 和重建点扩散函数矩阵 PSF。参数 INITPSF 为矩阵,表示重建点扩展函数矩阵的初始值。

[J,PSF] = deconvblind(I, INITPSF, NUMIT):使用盲卷积算法对图像 I 进行复原。参数 NUMIT 为迭代次数,其默认值为 10。

[J,PSF] = deconvblind(I, INITPSF, NUMIT, DAMPAR):使用盲卷积算法对图像 I 进行复原。参数 DAMPAR 为输出图像与输入图像的偏离阈值。deconvblind 对于超过阈值的像素,不再进行迭代计算,这既抑制了像素上的噪声,又保存了必要的图像细节。

[J,PSF] = deconvblind(I, INITPSF, NUMIT, DAMPAR, WEIGHT):用盲卷积算法对图像 I 进行复原。参数 WEIGHT 为矩阵,其元素为图像每个像素的权值,默认值为与输入图像有相同维数的单位矩阵。

[J,PSF] = deconvblind(I, INITPSF, NUMIT, DAMPAR, WEIGHT, READOUT):用盲卷积算法对图像进行复原。参数 READOUT 指定噪声类型,其默认值为 10。

【例 9-3】 利用盲卷积法复原图像。

```
>> clear all;
I = checkerboard(8);
subplot(231);imshow(I);
title('Original image')
PSF = fspecial('gaussian',7,10);
V = .0001;                                              %高斯加性噪声的标准差
BlurredNoisy = imnoise(imfilter(I,PSF),'gaussian',0,V);  %加入高斯噪声
WT = zeros(size(I));                                    %产生权重矩阵
WT(5:end-4,5:end-4) = 1;
INITPSF = ones(size(PSF));                              %初始化最初的点扩散函数
[J P] = deconvblind(BlurredNoisy,INITPSF,20,10*sqrt(V),WT);  %盲卷积
subplot(232);imshow(BlurredNoisy);
title('A = Blurred and Noisy');
subplot(233);imshow(PSF,[]);
title('True PSF');
subplot(234);imshow(J);
title('Deblurred Image');
subplot(235);imshow(P,[]);
title('Recovered PSF');
```

运行程序,效果如图 9-3 所示。

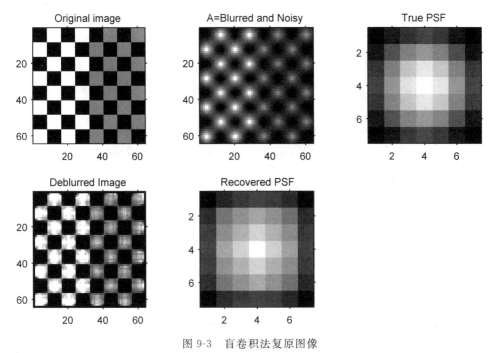

图 9-3 盲卷积法复原图像

9.4 图像复原的其他相关函数

1. edgetaper 函数

该函数用于对图像边缘进行模糊处理。函数的调用格式为:

J = edgetaper(I,PSF):使用点扩散函数矩阵 PSF 对输入图像 I 的边缘进行模糊处理。PSF 的大小不能超过图像任意维大小的一半。

【例 9-4】 对图像的边缘进行模糊处理。

```
>> clear all;
original = imread('cameraman.tif');
PSF = fspecial('gaussian',60,10);
edgesTapered = edgetaper(original,PSF);
subplot(121); imshow(original,[]);
title('原始图像');
subplot(122); imshow(edgesTapered,[]);
title('模糊图像边缘');
```

运行程序,效果如图 9-4 所示。

2. otf2psf 函数

在 MATLAB 中,提供了 otf2psf 函数用于将光学转换函数转换成点扩散函数。函数

原始图像

模糊图像边缘

图 9-4　模糊图像边缘

的调用格式为：

PSF = otf2psf(OTF)：对光学转换函数矩阵 OTF 进行快速傅里叶逆变换（IFFT），得到点扩散函数矩阵 PSF。其中，otf2psf 是以原点为中心点进行计算。在默认情况下，PSF 和 OTF 的维数相同。

PSF = otf2psf(OTF, OUTSIZE)：转换 OFT 矩阵为 PSF。参数 OUTSIZE 为二元向量，其元素分别表示输出点扩散函数矩阵的行数和列数。其中，OUTSIZE 中的两元素分别不能超过 OTF 矩阵的行数和列数。

3. psf2otf 函数

在 MATLAB 中，提供了 psf2otf 函数将点扩散函数转换成光学转换函数。函数的调用格式为：

OTF = psf2otf(PSF)：对点扩散函数矩阵 PSF 进行快速傅里叶变换（FFT），得到光学转换函数矩阵 OTF。在默认情况下，OTF 和 PSF 的维数相同。

OTF = psf2otf(PSF, OUTSIZE)：转换 PSF 矩阵为 OTF 矩阵。参数 OUTSIZE 为二元向量，其元素分别表示输出光学转换函数矩阵的行数和列数。其中，OUTSIZE 中的两元素分别不能超过 PSF 矩阵的行数和列数。

【例 9-5】　将光学转换函数转换为点扩散函数。

```
>> clear all;
PSF  = fspecial('gaussian',13,1);                    % 添加高斯噪声
OTF  = psf2otf(PSF,[31 31]); % PSF --> OTF
PSF2 = otf2psf(OTF,size(PSF)); % OTF --> PSF2
subplot(1,2,1); surf(abs(OTF));
title('|OTF|');
axis square; axis tight
subplot(1,2,2); surf(PSF2);
title('Corresponding PSF');
axis square; axis tight
```

运行程序，效果如图 9-5 所示。

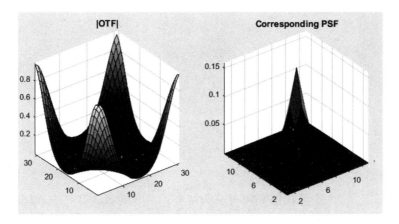

图 9-5　光学转换函数

第10章 图像编码算法的MATLAB实现

图像压缩编码可分为两类：一类压缩是可逆的，即根据压缩后的数据可以完全恢复原来的图像，信息没有损失，称为无损压缩编码；另一类压缩是不可逆的，即根据压缩后的数据无法完全恢复原来的图像，信息有一定的损失，称为有损压缩编码。

10.1 变换编码

变换编码的基本概念是将原来在空间域上描述的图像等信号，通过一种数学变换（常用二维正交变换，如傅里叶变换、离散余弦变换、沃尔什变换等），将其变换到变换域中进行描述，达到改变能量分布的目的，即将图像能量在空间域的分散分布变为在变换域的能量相对集中分布，达到去除相关的目的，再经过适当的方式量化编码，进一步压缩图像。

信息论的研究表明，正交变换不会改变信源的熵值，变换前后的图像的信息量并无损失，即完全可以通过逆变换得到原来的图像值。据统计分析表明，图像经过正交变换后，把原来分散在原空间的图像数据集中到新的坐标空间中。对于大多数图像，大多数的变换系数很小，只要删除接近于 0 的系数，并且对较小的系数进行粗量化，而保留包含图像主要信息的系数，以此来进行压缩编码。在重建图像进行解码（逆变换）时，所损失的将是一些不重要的信息，几乎不会引起图像的失真，图像的变换编码就是这些来压缩图像的，使用这种方法可得到很大的压缩比。

变换编码、解码的基本流程如图 10-1 所示，图像数据经过某种变换、量化和编码（通常为变长编码）后由信道传输到接收端，接收端进行相反处理，即编码、反量化以及逆变换，然后输出原图像数据。

图像数据经过正交变换后，空域中的总能量在变换域中得到保持，但能量将会被重新分布，并集中在变换域中少数的变换系数上，以达到压缩数据的目的。

根据图像变换编码的原理以及编码、解码流程，实现变换编码一般包含以下步骤。

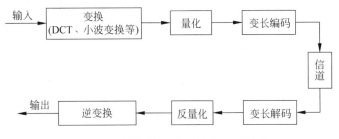

图 10-1　变换编码、解码的基本流程图

（1）原始图像分块。

根据编码的具体要求，将图像划分为若干 $N \times N$ 的子块，即：

$$X = \begin{bmatrix} x_{00} & x_{01} & \cdots & x_{0N-1} \\ x_{10} & x_{11} & \cdots & x_{1N-1} \\ x_{20} & x_{21} & \cdots & x_{2N-1} \\ \vdots & \vdots & \ddots & \vdots \\ x_{N-10} & x_{N-11} & \cdots & x_{N-1N-1} \end{bmatrix}$$

通常情况下 N 取值为 8 或 16。图像分块之后，应同时根据编码的性能要求，综合考虑相关要素，选择变换矩阵 A 对各图像子块进行相应的正交变换。

设 Y 表示变换域中的图像数据，则可表示为：

$$Y = AX$$

（2）变换域采样。

根据一定的准则，对变换域中的系数进行合理的取舍。

（3）系数量化。

变换之后的系数是不相关的，因此具有更大的独立性和有序性，利用量化使图像数据得到压缩。量化是产生有损压缩的原因，因此应选择合适的量化方法，会使量化失真最小。均方误差是衡量各种变换编码效能的一个重要准则，该准则可在较大的压缩比和一定的允许失真度之间寻求一个较为理想的、可用的变换编码方式。

均方误差定义为：

$$e = E\left[\sum_{i=0}^{N-1} \sum_{j=0}^{M-1} (y_{ij} - \hat{y}_{ij})^2 \right]$$

其中，$\hat{y}_{ij}$ 为 y_{ij} 的量化值。

20 世纪 50 年代，Panter、Dire 和 Max 研究了能使单个系数均方误差极小化的量化方案。研究发现，如果 y_{ij} 的概率密度函数是均匀的，那么具有均匀间隔输出的量化器是最佳的。对于其他的分布，使用非均匀量化器则能够起到减小均方差的作用。

（4）解码与逆变换。

在变换编码系统的接收端对所接收的比特流进行解码，分离出各变换系数 $\hat{y}_{ij}$，并进行系数的舍入，被舍弃的系数均以 0 代替，再进行逆变换运算，从而恢复各图像子块及整幅图像。

【例 10-1】 对图像实现离散余弦变换编码。

```
>> clear all;
I = imread('coins.png');
I = im2double(I);                             % 图像存储类型转换
T = dctmtx(8);                                % 离散余弦变换
B = blkproc(I,[8 8],'P1 * x * P2',T,T');
mask = [1 1 1 1 0 0 0 0;1 1 1 0 0 0 0 0;...
        1 1 0 0 0 0 0 0;1 0 0 0 0 0 0 0;...
        0 0 0 0 0 0 0 0;0 0 0 0 0 0 0 0;...
        0 0 0 0 0 0 0 0;0 0 0 0 0 0 0 0];
  B2 = blkproc(B,[8 8],'P1. * x',mask);
  I2 = blkproc(B2,[8 8],'P1 * x * P2',T',T);
  subplot(1,2,1);imshow(I);
title('原始图像');
  subplot(1,2,2);imshow(I2);
title('压缩后的图像');
```

运行程序,效果如图 10-2 所示。

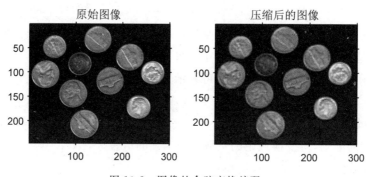

图 10-2　图像的余弦变换编码

10.2　行程编程

行程编码也称游程编码,常用 RLE(Run-Length Encoding)表示,是一种利用空间冗余度来压缩图像的方法。对某些相同灰度级成片连续出现的图形,行程编码也是一种高效的编码方法,特别是对二值图像,效果尤为显著。该压缩编码技术相当直观和经济,运算也十分简单,因此解压缩速度很快。RLE 压缩编码尤其适用于计算机生成的图形图像,对减少存储容量具有明显效果。

10.2.1　基本原理

设 $x_1, x_2, \cdots, x_N$ 为图像中某一行像素,其行程编码图如图 10-3 所示,每一行图像都由 k 段长度为 l_k、灰度值为 g_i 的片段组成,其中,$1 \leqslant i \leqslant k$,那么该行图像可由偶对 (g_i, l_i)(其中,$1 \leqslant i \leqslant k$)来表示。

$$x_1, x_2, \cdots, x_N \rightarrow (g_1, l_1), (g_2, l_2), \cdots, (g_k, l_k) \tag{10-1}$$

将每一个偶对 (g_i, l_i) 称为灰度级行程。如果灰度级行程较大,则表达式(10-1)可认为是对原像素行的一种压缩表示;如果图像为二值图像,则压缩效果将更为显著。假设从二值图像的白像素开始,则对二值图像,式(10-1)可以改写为:

$$x_1, x_2, \cdots, x_N \rightarrow l_1, l_2, \cdots, l_k \qquad (10\text{-}2)$$

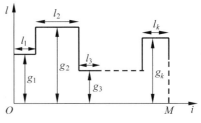

由此得到的编码是一维的。行程编码常用于二值图像的压缩,这种方法已经被 CCITT 制定为标准方法,并归入了第三组编码方法,主要用于在公用电话网上传真二值图像。

图 10-3　一行图像的行程编码图

10.2.2　自身特点

行程编码所能获得的压缩比的大小主要取决于图像本身的特点。如果图像中具有相同颜色的图像块越大,图像块数目越少,获得的压缩比就越高。反之,行程编码对颜色丰富的自然图像就显得力不从心,在同一行上具有相同颜色的连续像素往往很少,而连续几行都具有相同颜色值的连续行数就更少。如果仍然使用行程编码方法,不仅不能压缩图像数据,反而可能会使原来的图像数据变得更大。因此,具体实现时需要和其他的压缩编码技术联合应用。

10.2.3　算法局限性

行程编程数据压缩中,只有当重复的字节数大于 3 时才可以起到压缩作用,并且还需要一个特殊的字符用作标志位,因此在采用 RLE 压缩方法时,必须处理以下 3 个制约压缩比的问题。

(1) 在原始图像数据中,除部分背景图像的像素值相同外,没有更多连续相同的像素,因此如何提高图像中相同的数据值是提高数据压缩比的关键。

(2) 如何寻找一个特殊的字符,使它在处理的图像中不使用或很少使用。

(3) 在有重复字节的情况下,如何提高重复字节数(最多为 255)的最高限值。

行程编程的方法与赫夫曼编码、算术编码等方法相比,算法实现相对简单。

【例 10-2】　利用行程编码对二值图像进行编解码。

```
>> clear all;                           % 清除工作空间所有变量
I1 = imread('lena.bmp');                % 读入图像
I2 = I1(:);                             % 将原始图像写成一维的数据并设为 I2
I2length = length(I2);                  % 计算 I2 的长度
I3 = im2bw(I1,0.5);                     % 将原图转换为二值图像,阈值为 0.5
% 以下程序为对原图像进行行程编码,压缩
X = I3(:);                              % 令 X 为新建的二值图像的一维数据组
L = length(X);
j = 1;
I4(1) = 1;
```

```
for z = 1:1:(length(X) - 1)                    % 行程编码程序段
if   X(z) == X(z + 1)
I4(j) = I4(j) + 1;
else
data(j) = X(z);                                % data(j)代表相应的像素数据
j = j + 1;
I4(j) = 1;
end
end
data(j) = X(length(X));                        % 最后一个像素数据赋给 data
I4length = length(I4);                         % 计算行程编码后的所占字节数,记为 I4length
CR = I2length/I4length;                        % 比较压缩前于压缩后的大小
% 下面程序是行程编码解压
l = 1;
for m = 1:I4length
    for n = 1:1:I4(m);
        decode_image1(l) = data(m);
        l = l + 1;
    end
end
decode_image = reshape(decode_image1,512,512);    % 重建二维图像数组
x = 1:1:length(X);
subplot(131),plot(x,X(x));
title('行程编码之前的图像数据');
y = 1:1:I4length ;
subplot(132),plot(y,I4(y));
title('编码后数据信息');
u = 1:1:length(decode_image1);
subplot(133),plot(u,decode_image1(u));
title('解压后的图像数据');
figure;
subplot(121);imshow(I3);
title('原图的二值图像');
subplot(122),imshow(decode_image);
title('解压恢复后的图像');
disp('压缩比: ')
disp(CR);
disp('原图像数据的长度: ')
disp(L);
disp('压缩后图像数据的长度: ')
disp(I4length);
disp('解压后图像数据的长度: ')
disp(length(decode_image1));
```

运行程序,输出如下,效果如图 10-4 和图 10-5 所示。

```
压缩比:
   29.5673
原图像数据的长度:
   262144
```

压缩后图像数据的长度：
8866
解压后图像数据的长度：
262144

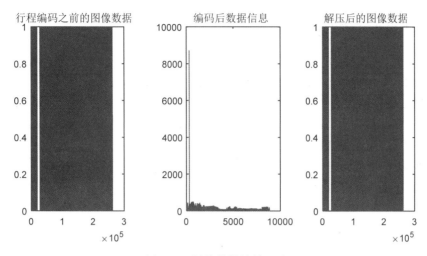

图 10-4 图像数据效果显示

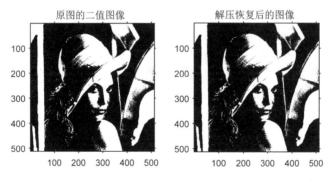

图 10-5 行程编解码图像效果

10.3 预测编码

预测编码是建立在信号（语音、图像等）数据的相关性之上，根据某一模型利用以往的样本值对新样本进行预测，减少数据在时间和空间上的相关性，以达到压缩数据的目的。但实际利用预测器时，并不是利用数据源的某种确定型数学模型，而是基于估计理论、现代统计学理论来设计预测器。这是因为数据源的数学模型的建立是十分困难的，有时无法得到其数学模型。例如，时变随机系统中，预测器对样本的预测，通常是利用样值的线性或非线性函数关系中预测现时的系统输出，由于非线性的复杂性，大部分预测器均采用线性预测函数。

预测方法有多种，其中差分脉冲编码调制（Differential Pulse Code Modulation，DPCM），是一种具有代表性的编码方法。本节将着重介绍 DPCM 的基本原理、最佳线性预测及其自适应编码法。

10.3.1 DPCM 编码

1. 差值图像的统计特性

由图像的统计特性可知,相邻像素之间有较强的相差性,即相邻像素的灰度值相同或相近,因此,某像素的值可根据以前已知的几个像素值来估计、猜测。正是由于像素间的相关性,才使预测成为可能。

图像在扫描行方向(或称水平方向)相邻两像素的相关性是指:如果某像素的灰度值为 h,则相邻它的上一个像素的灰度值可能性最大的也为 h 或 $h+\Delta$,Δ 为一个很小的值(如灰度级为 256 时,$\Delta=1$)。一般来说,相邻两像素灰度值突变的概率小,水平方向如此,在图像的垂直方向也是如此。如果取一幅图像第 i 行第 j 列像素的亮度离散值为 $f(i,j)$,则:

$$\begin{cases} \Delta_{水平} = f(i,j) - f(i,j-1) \\ \Delta_{垂直} = f(i,j) - f(i-1,j) \end{cases}$$

其中,Δ 为差值信号。

从对大量的自然景物、人物图像的统计分析看出,低亮度层次的像素有较大的概率,如图 10-6 所示。经过对大量图像的差值信号统计,其概率分布如图 10-7 所示。幅度差值愈大的差值信号出现的概率愈小,而零值或接近零值的差值信号出现的概率最大,这表现在一幅图像中都含有大面积的亮度值恒定或变化很小的区域,从而使差值信号的 80%～90%落在 16～18 个量化层中(量化层总数为 256 时)。因此,利用图像水平方向(或垂直方向)两个像素真实的离散幅度相减而得到它们的差值,然后对差值进行编码、传送就能达到压缩图像数据的目的,预测法的图像压缩编码就是在此基础上发展起来的。

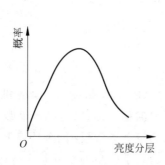

图 10-6 自然景物及人物图像的直方图

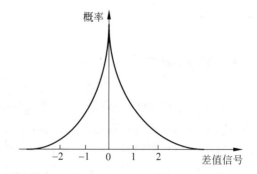

图 10-7 图像差分信号的概率分布

2. 基本原理

图 10-8 是 DPCM 的系统原理框图,为便于分析,把像素按某种次序排成一维序列(如按电视扫描次序)表示某个像素的灰度值。

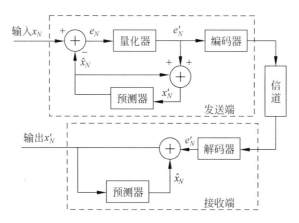

图 10-8　DPCM 系统原理框图

DPCM 系统的工作过程为：

（1）x_N 与发端预测器产生的预测值 $\hat{x}_N$ 相减得到预测差 e_N。

（2）e_N 经量化后变为 e'_N，同时引入量化误差。

（3）e'_N 再经过编码器编成码字（如 Huffman 码）发送，同时又将 e'_N 加上 $\hat{x}_N$ 恢复输入信号。因存在量化误差，$x_N \neq \hat{x}_N$，但相当接近。发端的预测器及其环路作为发端本地解码器。

（4）发端预测器带有存储器，将 $\hat{x}_{N-1}$，$\cdots\hat{x}_{N-m}$ 存储起来以供对 x_N 进行预测得到 $\hat{x}_N$。

（5）继续输入下一个像素，即 $N = N+1$，重复上述过程。

接收端和发送端的本地解码部分动作完全一样。如果不存在传输误码，则接收端的环路工作和发送端的"小环"完全相同。

预测器的设计是 DPCM 的关键，预测愈准，σ_m^2 愈小，压缩倍数愈高。预测器可以是固定的，也可以是自适应的；可以是线性的，也可以是非线性的。

由于 DPCM 带有量化环节，是个带反馈的非线性系统，因此对它进行严格分析是相当困难的。实际中常用简化的分析方法对预测器和量化器进行分析，得到局部最优解。

在线性预测中，预测值 $\hat{x}_N$ 是 $\hat{x}_{N-1}$，$\cdots\hat{x}_{N-m}$ 的线性组合，即：

$$\hat{x}(N) = \sum_{k=1}^{m} a_k x(N-k)$$

其中，a_k 为预测系数，m 为预测阶数。分析可知，必须选择适当的 a_k 使得预测误差最小。这是一个求取最佳线性预测的问题。

不失一般性，设 $x(N)$ 是期望 $e(x(N)) = 0$ 的广义平稳随机过程，即：

$$\sigma_m^2 = e\{E_N^2\} = e\left\{\left[x(N) - \sum_{k=1}^{m} a x(N-k)\right]\right\}$$

为了使 σ_m^2 最小，必须有 $\dfrac{\sigma_m^2}{\partial\alpha_i} = 0$。

设 $x(N)$ 的自相关函数为 $R(k) = e\{x(N)x(N-k)\}$，且 $R(-k) = R(k)$。将其代入上式，即有：

$$\begin{bmatrix} R(0) & R(1) & \cdots & R(m-1) \\ R(1) & R(0) & \cdots & R(m-2) \\ \vdots & \vdots & \ddots & \vdots \\ R(m-1) & R(m-2) & \cdots & R(0) \end{bmatrix} \begin{bmatrix} a_1 \\ a_2 \\ \vdots \\ a_m \end{bmatrix} = \begin{bmatrix} R(1) \\ R(2) \\ \vdots \\ R(m) \end{bmatrix}$$

上式左边的矩阵是 $x(N)$ 的相关矩阵,为 Toeplitz 矩阵,因此用 Levinson 算法可解出各 a_k,从而得到在均方差最小意义下的最优线性预测,以最小熵为准则进行预测也是常用的方法。

线性预测可以减小方差:

$$\sigma_m^2 = R(0) - \sum_{k=1}^{m} a_k R(k)$$

由于 $E(x(N))=0$,$R(0)$ 即 $x(N)$ 的方差,可见 $\sigma_m^2 < \sigma_{xN}^2$,所以,传递差值比直接传递原始信号更有利于压缩数据。$R(k)$ 愈大,即 $x(N)$ 的相关性越大,则 σ_m^2 越小,所能达到的压缩比就愈大;当 $R(k)=0(k>0)$,即相邻点不相关时,$\sigma_m^2 = \sigma_{xN}^2$,此时预测并不能提高压缩比。

二维线性预测的情况与一维完全类似。设原始图像用 $f(m,n)$ 来表示,则二维线性预测公式为:

$$f(m,n) = \sum_{k,j \in Z} \sum a_{kj} f(m-k, N-l)$$

其中,a_{kj} 为二维预测系数,Z 定义了预测区域,一般取为 (m,n) 点的邻域,但不包括 (m,n) 点本身。与一维情况完全类似,系数 a_{kj} 的求取由相关矩阵运算获得,则:

$$R(i,j) - \sum_{k,j \in Z} \sum a_{kj} R(k-i, l-j) = 0$$

预测差的方差为:

$$\begin{aligned} \sigma_{emm}^2 &= e\left\{ \left[f(m,n) - \sum_{k,j \in Z} \sum a_{kj} R(k-i, l-j) = 0 \right]^2 \right\} \\ &= e\left\{ f(m,n) \left[f(m,n) - \sum_{k,j \in Z} \sum a_{kj} R(k-i, l-j) = 0 \right] \right\} \\ &= R(0,0) - \sum_{k,j \in Z} \sum a_{kj} R(k,l) \end{aligned}$$

这与一维一样,如果 $R(k,l)$ 大,即原图各像素间相关性大,则预测差的方差较小,压缩比可达到很高。同样,如果预测域达到某个范围以后,各预测差已不相关,即:

$$e\{ E(m,n) E(m+i, m+j) \} = 0, \quad i,j \neq 0$$

那么,再加大预测区域也不会使预测差的方差下降。

【例 10-3】 利用预测编码实现图像的编解码。

```
>> clear all;
I = imread('lena.bmp');
I2 = I;
I = double(I);
fid = fopen( 'mydata.dat','w');
[m,n] = size(I);
J = ones(m,n);
J(1:m,1) = I(1:m,1);
J(1,1:n) = I(1,1:n);
```

```
J(1:m,n) = I(1:m,n);
J(m,1:n) = I(m,1:n);
for k = 2:m - 1
    for L = 2:n - 1
        J(k,L) = I(k,L) - (I(k,L - 1)/2 + I(k - 1,L)/2);
    end
end
J = round(J)
cont = fwrite(fid,J,'int8');
cc = fclose(fid);
fid = fopen('mydata.dat','r');
I1 = fread(fid,cont,'int8');
tt = 1;
for L = 1:n
    for k = 1:m
        I(k,L) = I1(tt);
        tt = tt + 1;
    end
end
I = double(I);
J = ones(m,n);
J(1:m,1) = I(1:m,1);
J(1,1:n) = I(1,1:n);
J(1:m,n) = I(1:m,n);
J(m,1:n) = I(m,1:n);
for k = 2:m - 1
    for L = 2:n - 1
        J(k,L) = I(k,L) + ((J(k,L - 1))/2 + (J(k - 1,L))/2);
    end
end
cc = fclose(fid);
J = uint8(J);
subplot(1,2,1),imshow(I2);title('原图');
subplot(1,2,2),imshow(J);title('解码图像');
for k = 1:m
    for l = 1:n
        A(k,l) = J(k,l) - I2(k,l);
    end
end
for k = 1:m
    for l = 1:n
        A(k,l) = A(k,l) * A(k,l);
    end
end
b = sum(A(:));
s = b/(m * n)                          % 两幅图的方差
```

运行程序,输出如下,效果如图 10-9 所示。

```
s =
    5.1956
```

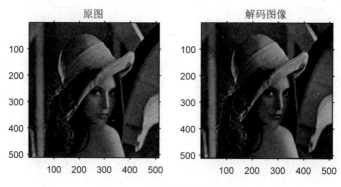

图 10-9　图像的预测编解码

10.3.2　最佳线性预测编码法

最佳线性预测编码法就是按照均方误差最小准则,选择式(10-3)中线性预测系数 a_i,使得预测的偏差值 $e_N = x_N - \hat{x}_N$ 为最小。

$$\hat{x}_N = \sum_{i=1}^{N-1} a_i x_i \tag{10-3}$$

假定二维图像信号 $x(t)$ 是一个均值为零、方差为 σ^2 的平稳随机过程,$x(t)$ 在 $t_1, t_2, \cdots,$ t_{N-1} 时刻的采样值集合为 $x_1, x_2, \cdots, x_{N-1}$。

由式(10-3)可以得到 t_N 时刻采样值的线性预测值为:

$$\hat{x}_N = \sum_{i=1}^{N-1} a_i x_i = a_1 x_1 + a_2 x_2 + \cdots + a_{N-1} x_{N-1}$$

其中,a_i 为预测系数。

根据线性预测定义,$\hat{x}_N$ 必须十分逼近 x_N,这就要求 $a_1, a_2, \cdots, a_{N-1}$ 为最佳系数。采用均方误差最小的准则,可得到最佳的 a_i。

设 x_N 的均方误差为:

$$\begin{aligned} E\{[e_N]^2\} &= E\{[x_N - \hat{x}_N]^2\} \\ &= E\{[x_N - (a_1 x_1 + a_2 x_2 + \cdots + a_{N-1} x_{N-1})]^2\} \end{aligned} \tag{10-4}$$

为使 $E\{[e_N]^2\}$ 最小,在式(10-4)中对 a_i 求微分,即:

$$\frac{\partial}{\partial a_i} E\{[e_N]^2\} = \frac{\partial}{\partial a_i} E\{[x_N - (a_1 x_1 + a_2 x_2 + \cdots + a_{N-1} x_{N-1})]^2\}$$

$$= -2E\{[x_N - (a_1 x_1 + a_2 x_2 + \cdots + a_{N-1} x_{N-1})]x_i\}, \quad i = 1, 2, \cdots, N-1$$

根据极值定义,得到 $N-1$ 个方程组成的方程组:

$$\begin{cases} E\{[x_N - (a_1 x_1 + a_2 x_2 + \cdots + a_{N-1} x_{N-1})]x_1\} = 0 \\ E\{[x_N - (a_1 x_1 + a_2 x_2 + \cdots + a_{N-1} x_{N-1})]x_2\} = 0 \\ \vdots \\ E\{[x_N - (a_1 x_1 + a_2 x_2 + \cdots + a_{N-1} x_{N-1})]x_{N-1}\} = 0 \end{cases}$$

简记为:

$$E\{[x_N - (a_1 x_1 + a_2 x_2 + \cdots + a_{N-1} x_{N-1})]x_i\} = 0$$

假设 x_i 和 x_j 的协方差为：

$$R_{ij} = E\{x_i, x_j\}, \quad i,j = 1,2,\cdots,N-1 \tag{10-5}$$

则式(10-5)可表示为：

$$R_{iN} = a_1 R_{i1} + a_2 R_{i2} + \cdots + a_{N-1} R_{i(N-1)}, \quad i = 1,2,\cdots,N-1$$

若所有的协方差 R_{ij} 已知，则在特定的算法下，即可解得 $N-1$ 个预测系数 a_i。

实际使用时对每幅图像都按公式计算 a_i，显得太麻烦，这时可参照前人已获得的数据选择使用。在静止图像的国际标准 JPEG 方案中，给出了静止图像的一个完整的二维预测器设计方案，它只考虑邻近三点 x_1, x_2, x_3，它们的位置关系如图 10-10 所示。第一行或第一列均采用同一行或同一列的前值预测，其他各点基本采用临近三点预测。对任意一点可采用下述预测公式之一：

$$x_1$$
$$x_2$$
$$x_3$$
$$x_1 + \left[(x_3 - x_2)/2\right]$$
$$x_3 + \left[(x_1 - x_2)/2\right]$$
$$x_1 + x_3 - x_2$$
$$(x_1 + x_3)/2$$

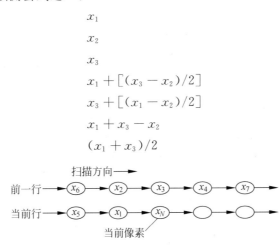

图 10-10　二维预测示意图

【**例 10-4**】　下面对大小为 512×512 像素、灰度级为 256 的标准 Lena 图像进行无损的一维预测编码（前值编码）。

```
>> clear all;
X = imread('lena.bmp');
subplot(2,3,1);imshow(X);
title('原始图像');
X = double(X);
Y = ycbm(X);
XX = ycjm(Y);
subplot(2,3,2);imshow(mat2gray(Y));
title('预测误差图像');
e = double(X) - double(XX);
[m,n] = size(e);
erms = sqrt(sum(e(:).^2)/(m * n))
subplot(2,3,4);histogram(X);
title('原图像直方图');
subplot(2,3,5);histogram(Y);
title('预测误差直方图');
XX = uint8(XX);
```

```
subplot(2,3,3);imshow(XX);
title('解码图像');
subplot(236);histogram(XX);
title('解码后图像的直方图');
disp('显示各图像的大小: ')
whos X XX Y
```

运行程序,输出如下,效果如图 10-11 所示。

```
erms =
     0
显示各图像的大小:
  Name        Size            Bytes   Class      Attributes
  X           512x512        2097152  double
  XX          512x512         262144  uint8
  Y           512x512        2097152  double
```

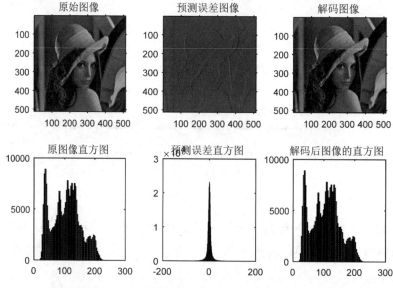

图 10-11　最佳线性预测图像的编解码效果

在以上程序中,利用到自定义编写的最佳线性预测编解码的函数,源代码为:

```
function Y = ycbm(x,f)
% 一维无损预测编码压缩图像
% x,f 为预测系数,如果 f 默认,则 f = 1,即为前值预测
error(nargchk(1,2,nargin))
if nargin < 2
    f = 1;
end
x = double(x);
[m,n] = size(x);
p = zeros(m,n);
xs = x;
zc = zeros(m,1);
for j = 1:length(f)
```

```
        xs = [zc, xs(:, 1:end - 1)];
        p = p + f(j) * xs;
    end
    Y = x - round(p);


function x = ycjm(Y, f)
% jm 为解码函数, 与编码程序用的是同一个预测器
error(nargchk(1, 2, nargin));
if nargin < 2
    f = 1;
end
f = f(end: -1:1);
[m, n] = size(Y);
odr = length(f);
f = repmat(f, m, 1);
x = zeros(m, n + odr);
for j = 1:n
    jj = j + odr;
    x(:, jj) = Y(:, j) + round(sum(f(:, odr: -1:1). * x(:, (jj - 1): -1:(jj - odr)), 2));
end
x = x(:, odr + 1:end);
```

10.3.3　增量调制编码

增量调制编码(Delta Modulation Encoding)是利用图像相邻像素值的相关性来压缩每个像素值的位数,以达到最终减少图像存储容量的目的。它是一种预测编码技术,是 PCM 编码的一种变形。PCM 是对每个采样信号的整个幅度进行量化的编码,因此它具有对任意波形进行编码的能力;DM 是对实际的采样信号与预测信号之差的极性进行编码,将极性变成 0 和 1 这两种可能的取值。如果实际的采样信号与预测的采样信号之差的极性为"正",则用 1 表示;反之则用 0 表示。由于 DM 编码只需用一位对话音信号进行编码,所以 DM 编码系统又称为"1 位系统"。

与 DPCM 比较,增量调制有如下特点:

- 在比特率较低时,增量调制的量化信噪比高于 DPCM;
- 增量调制抗误码性能好,可用于比特误码率为 $10^{-2} \sim 10^{-3}$ 的信道,而 DPCM 则要求 $10^{-4} \sim 10^{-6}$;
- 增量调制通常采用单纯的比较器和积分器作编译码器(预测器),其结构比 DPCM 简单。

在增量调制量化过程中存在斜率过载(量化)失真,主要是由输入信号的斜率较大,调制器跟踪不上而产生的。因为在增量调制中,每个采样间隔内只允许有一个量化电平的变化,所以,当输入信号的斜率比采样周期决定的固定斜率大时,量化阶数的大小便跟不上输入信号的变化,因而产生斜率过载失真的现象(或称为斜率过载噪声)。

第11章 基于形态学的图像处理技术

数学形态学是一门新兴的图像处理与分析学科,其基本理论与方法在文字识别、医学图像处理与分析、图像编码压缩、视觉检测、材料科学以及机器人视觉等诸多领域都得到了广泛的应用,已经成为图像工程技术人员必须掌握的基本知识之一。

形态学一般使用二值图像进行边界提取、骨架提取、孔洞填充、角点提取及图像重建。

11.1 数学形态学的概述

数学形态学是一门建立在集论基础上的学科,是几何形态学分析和描述的有力工具。数学形态学的历史可回溯到 19 世纪。1964 年法国的 Matheron 和 Serra 在积分几何的研究成果上,将数学形态学引入图像处理领域,并研制了基于数学形态学的图像处理系统。1982 年出版的专著 *Image Analysis and Mathematical Morphology* 是数学形态学发展的重要里程碑,表明数学形态学在理论上趋于完备及在应用上不断深入。数学形态学蓬勃发展,由于其并行快速,易于硬件实现的特点,而引起了人们的广泛关注。目前,数学形态学已在计算机视觉、信号处理与图像分析、模式识别、计算方法与数据处理等方面得到了极为广泛的应用。

数学形态学是由一组形态学的代数运算子组成的,它的基本运算有 4 个: 膨胀(或扩张)、腐蚀(或侵蚀)、开启和闭合,它们在二值图像和灰度图像中具有各自的特点。基于这些基本运算还可推导和组合成各种数学形态学实用算法,用它们可以进行图像形状和结构的分析及处理,包括图像分割、特征抽取、边界检测、图像滤波、图像增强和恢复等。数学形态学方法是利用一个称作结构元素的"探针"来收集图像信息。当探针在图像中不断移动时,便可考察图像各个部分之间的相互关系,从而了解图像的结构特征。数学形态学基于探测的思想,与人的 FOA(Focus Of Attention)的视觉特点有类似之处。作为探针的结构元素,可直接携带知识(形态、大小甚至加入灰度和色度信息)来探测、研究图像的结构特点。

数学形态学可以用来解决抑制噪声、特征提取、边缘检测、图像分割、形状识别、纹理分析、图像恢复与重建、图像压缩等图像处理问题。

在图 11-1 中给出一个二值图像 X 和一个圆形结构元素 S。结构元素放在两个不同的位置,其中一个位置可以很好地放入结构元素,而另一个位置则无法放入结构元素。通过对图像内适合放入结构元素的位置做标记,便可得到关于图像结构的信息。这些信息与结构元素的尺寸、形状都有关。因而,这些信息的性质取决于结构元素的选择。也就是说,结构元素的选择与从图像中抽取何种信息有密切的关系,构造不同的结构元素,便可完成不同的图像分析,从而得到不同的分析结果。

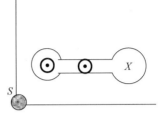

图 11-1　形态学基本运算

11.2　形态学的基本概念

数学形态学、数学基础和所用语言组成一个集合论,因此它具有完备的数学基础,这为形态学用于图像分析和处理、形态滤波器的特性分析和系统设计奠定了坚实的基础。

如果集合 A 的每个元素又是另一集合 B 的一个元素,则集合 A 称为集合 B 的子集,表示为:

$$A \subset B$$

两个集合 A 和 B 的并集为 C,则可记为 $C = A \bigcup B$。这个集合包含了集合 A 和 B 的所有元素。

两个集合 A 和 B 的交集为 C,则可记为 $C = A \bigcap B$。这个集合包含的元素同时属于集合 A 和 B。

如果两个集合 A 和 B 没有共同元素,则称二者是不相容的或互斥的。此时,$A \bigcap B = \phi$。

集合 A 的补集是不包含于集合 A 的所有元素组成的集合,记为 $A^c = \{w \mid w \notin A\}$。

集合 A 和 B 的差,表示为 $A - B$。它的定义为:

$$A - B = \{w \mid w \in A, w \notin B\} = A \bigcap B^c$$

以下两个集合的运算在通常的集合论基本概念中极少出现,但却广泛地应用在数学形态学的附加定义中。

集合 B 的反射表示为 $\hat{B}$,它的定义为:

$$\hat{B} = \{w \mid w = -b, b \in B\}$$

集合 A 平移到 $z = (z_1, z_2)$,表示 $(A)_z$,定义为:

$$(A)_z = \{c \mid c = a + z, a \in A\}$$

11.3　数学形态学的分类

根据不同的图像类型,数学形态学的形态也是不相同的。

11.3.1　二值形态学

数学形态学中二值图像的形态变换是一种针对集合的处理过程。其形态算子的实质是表达物体或形状的集合与结构元素间的相互作用,结构元素的形状就决定了这种运算所提取的信号的形状信息。形态学图像处理是在图像中移动一个结构元素,然后将结构元素与下面的二值图像进行交、并等集合运算。

在形态学中,结构元素是最重要、最基本的概念。结构元素在形态变换中的作用相当于信号处理中的"滤波窗口"的作用。用 $B(x)$ 代表结构元素,对工作空间 E 中的每一点 x,腐蚀和膨胀的定义为:

腐蚀:$X = E \otimes B = \{x : B(x) \subset E\}$;膨胀:$Y = E \oplus B = \{y : B(y) \cap E \neq \Phi\}$。

用 $B(x)$ 对 E 进行腐蚀的结果就是把结构元素 B 平移后,使 B 包含于 E 的所有点构成的集合。用 $B(x)$ 对 E 进行膨胀的结果就是把结构元素 B 平移后,使 B 与 E 的交集非空的点构成的集合。先腐蚀后膨胀的过程称为开运算,它具有消除细小物体,在纤细处分离物体和平滑较大物体边界的作用。先膨胀后腐蚀的过程称为闭运算,它具有填充物体内细小空洞,连接邻近物体和平滑边界的作用。

可见,二值形态膨胀与腐蚀可转化为集合的逻辑运算,算法简单,适用于并行处理,且易于硬件实现,适用于对二值图像进行图像分割、细化、抽取骨架、边缘提取、形状分析。但是,在不同的应用场合,结构元素的选择及其相应的处理算法是不一样的,对不同的目标图像需设计不同的结构元素和不同的处理算法。结构元素的大小、形状的选择合适与否,将直接影响图像的形态运算结果。因此,很多学者结合自己的实际应用,提出了一系列的改进算法。如梁勇提出的用多方位形态学结构元素进行边缘检测算法,既具有较好的边缘定位能力,又具有很好的噪声平滑能力;许超提出的是:以最短线段结构元素构造准圆结构元素,或序列结构元素生成准圆结构元素,两种方法相结合,应用于骨架的提取,可大大减少形态运算的计算量,同时可满足尺度、平移及旋转相容性,适用于对形状进行分析和描述。

11.3.2　灰度数学形态学

二值数学形态学可方便地推广到灰度图像空间。只是灰度数学形态学的运算对象不是集合,而是图像函数。以下设 $f(x, y)$ 是输入图像,$b(x, y)$ 是结构元素。用结构元素 b 对输入图像 y 进行膨胀和腐蚀运算,定义为:

$$\begin{cases} (f \oplus b)(s, t) = \max\{f(s - x, t - y) + b(x, y) \mid (s - x, t - y) \in D_f, (x, y) \in D_b\} \\ (f \otimes b)(s, t) = \min\{f(s + x, t + y) + b(x, y) \mid (s + x, t + y) \in D_f, (x, y) \in D_b\} \end{cases}$$

对灰度图像的膨胀(或腐蚀)操作有两类效果:

(1) 如果结构元素的值均为正,则输出图像会比输入图像亮(或暗);

(2) 根据输入图像中暗(或亮)细节的灰度值以及它们的形状相对于结构元素的关系,它们在运算中或被消减或被除掉。灰度数学形态学中,开启和闭合运算的定义与在二值数学形态学中的定义一致。用 b 对 f 进行开启和闭合运算的定义为：

$$\begin{cases} f \circ b = (f \otimes b) \oplus b \\ f \cdot b = (f \oplus b) \otimes b \end{cases}$$

11.3.3　模糊数学形态学

将模糊集合理论应用于数学形态学就形成了模糊形态学。模糊算子的定义不同，相应的模糊形态运算的定义也不相同。在此，选用 Shinba 的定义方法。模糊性由结构元素对原图像的适应程度来确定。用有界支撑的模糊结构元素对模糊图像的腐蚀和膨胀运算，按它们的隶属函数定义为：

$$\mu_{A \otimes B}(x) = \min_{y \in B} [\min[1, 1 + \mu_A(x+y) - \mu_B(y)]]$$
$$= \min[1, \min_{y \in B}[1 + \mu_A(x+y) - \mu_B(y)]]$$

$$\mu_{A \oplus B}(x) = \max_{y \in B}[\max[0, \mu_A(x-y) + \mu_B(y) - 1]]$$
$$= \max[0, \max_{y \in B}[\mu_A(x-y) + \mu_B(y) - 1]]$$

其中，$x, y \in Z^2$，代表空间坐标，μ_A, μ_B 分别代表图像和结构元素的隶属函数。由上式的结果可知，经模糊形态腐蚀膨胀运算后的隶属函数均落在 $[0, 1]$。模糊形态学是传统数学形态学从二值逻辑向模糊逻辑的推广，与传统数学形态学有相似的计算结果和相似的代数特性。模糊形态学重点研究 n 维空间目标物体的形状特征和形态变换，主要应用于图像处理领域，如模糊增强、模糊边缘检测、模糊分割等。

11.4　形态学的基本运算

膨胀与腐蚀是数学形态学的基本操作。数学形态学的很多操作都是以膨胀和腐蚀为基础推导的算法。

膨胀一般是给图像中的对象边界添加像素，而腐蚀则是删除对象边界的某些像素。在操作中，输出图像中所有给定像素的状态都是通过对输入图像的相应像素及其邻域使用一定的规则进行确定。在膨胀操作时，输出像素值是输入图像相应像素邻域内所有像素的最大值。在二进制图像中，如果任何像素值为 1，那么对应的输出像素值为 1。而在腐蚀操作中，输出像素值是输入图像相应像素邻域内所有像素的最小值。在二进制图像中，如果任何一个像素值为 0，那么对应的输出像素值为 0。

图 11-2 说明了一幅二进制图像的膨胀规则，而图 11-3 则说明了灰度图像的膨胀过程。

结构元素的原点定义在对输入图像感兴趣的位置。对于图像边缘的像素，由结构元素定义的邻域将会有一部分位于图像边界之外。为了有效地处理边界像素，进行形态学运算的函数通常都会给超出图像、未指定数值的像素指定一个数值，这样，就类似于函数给图像填充了额外的行和列。对于膨胀和腐蚀操作，它们对像素进行填充的值是不同的。

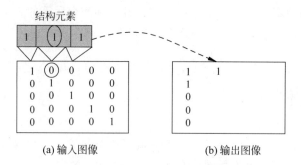

(a) 输入图像   (b) 输出图像

图 11-2   二进制图像的膨胀规则

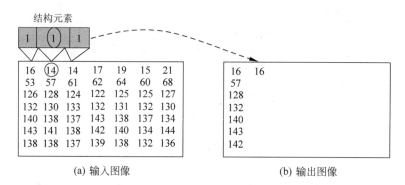

(a) 输入图像   (b) 输出图像

图 11-3   灰度图像的膨胀规则

11.4.1   边界像素

形态学操作函数把结构元素的中心对应于输入图像指定的像素值。对于图像边界上的像素,结构元素定义的部分邻域可以扩展到图像的边界以外。

为了处理图像边界的像素,形态学函数会给这些没有定义的像素指定一个值,就好像是函数已经用额外的行和列填充了图像一样。这些填充的像素值会因为膨胀或腐蚀有所不同,表 11-1 描述了对于二值图像和灰度图像的膨胀和腐蚀的填充规则。

表 11-1   膨胀和腐蚀运算填充图像的规则

运算	规 则
膨胀	图像边界外的像素值被指定为图像数据类型的最小值,对于二值图像,这些值设定为 0;对于 uint8 类型的灰度图像,这些值设定为 0
腐蚀	图像边界外的像素值被指定为图像数据类型的最大值,对于二值图像,这些值设定为 1;对于 uint8 类型的灰度图像,这些值设定为 255

通过在膨胀操作中使用最小值,在腐蚀操作中使用最大值,在图像处理中避免了边界效应。边界效应是指输出图像中边界像素的值的分布不如图像中其他部分那样均一。

例如,如果腐蚀操作中使用最小值填充边界,腐蚀图像将会在图像边界产生一个黑色的边框,因为这些边界的像素值为 0,也就是所谓的边界效应。

11.4.2 结构元素

膨胀和腐蚀操作的核心内容是结构元素。一般来说,结构元素是由元素值为 1 或 0 的矩阵组成。结构元素为 1 的区域定义了图像的邻域,邻域内的像素在进行膨胀和腐蚀等形态学操作时要进行考虑。

一般来说,二维或平面结构的结构元素要比处理的图像小得多。结构元素的中心像素,即结构元素的原点,与输入图像中感兴趣的像素值(要处理的像素值)相对应。

三维的结构元素使用 0 和 1 来定义 x-y 平面中结构元素的范围,使用高度值定义第三维。

1. 结构元素的原点

形态学操作中使用下面的公式来得到任意形状和维数的结构元素的原点坐标:

origin = floor((size(nhood) + 1)/2)

其中,nhood 是定义的结构元素的邻域,结构元素是 MATLAB 的对象,因此,在计算中不能使用 size(strel)来计算其维数大小,而要使用 size(nhood) 来计算。strel 为结构元素,nhood 是结构元素 strel 的邻域。

图 11-4 显示了钻石(菱形)结构元素。

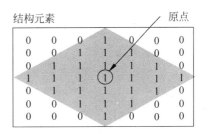

图 11-4　钻石(菱形)结构元素

2. 创建结构元素

在 MATLAB 中,采用 strel 函数创建任意大小和形状的 STREL 对象。函数 strel 支持常用的形状,例如线形(line)、矩形(rectangle)、方形(square)、球形(ball)、钻石形(diamond)和自定义的任意形(arbitrary)等。strel 函数的调用格式为:

SE = strel('diamond', R):创建一个平面的菱形结构元素,R 为非负整数,指定结构元素的原点到菱形结构的尖端的距离。

SE = strel('disk', R, N):创建一个平面的圆形结构元素,R 为半径,N 为 0、4、6、8,默认 N 为 4。

SE = strel('line', LEN, DEG):创建一个平面的线形结构元素,其中,LEN 指定长度,DEG 指定线条与水平轴成逆时针的角度。

SE = strel('octagon', R):创建一个八角形结构元素,其中 R 为结构元素与八角形水平和垂直边的距离。R 必须为 3 的倍数。

SE = strel('pair', OFFSET):创建由 2 个元素组成的平面结构元素,一个元素在原点,另一个元素由 OFFSET 指定,OFFSET 必须为一个二维的整数向量。

SE = strel('periodicline', P, V):创建一个包含($2 \times P + 1$)个元素的平面结构元素。V 是一个二维的整数向量,一个结构元素在原点,其他的元素在 $1 \times V$、$-1 \times V$、$2 \times V$、$-2 \times V$、$\cdots$、$P \times V$、$-P \times V$ 处。

SE = strel('rectangle', MN)：创建一个平面的矩形结构元素，NM 指定大小，MN 必须为二维的非负整数。第一个元素为行的数目，第二个元素为列的数目。

SE = strel('square', W)：创建一个正方形的结构元素，其宽度为 W，W 必须为非负整数。

用 strel 函数创建非平面的结构元素的调用格式为：

SE = strel('arbitrary', NHOOD) 或 SE = strel('arbitrary', NHOOD, HEIGHT)：其作用是创建一个非平面的结构元素，其中，NHOOD 指定邻域，HEIGHT 为与 NHOOD 同样大小的矩阵，为包含与 NHOOD 的非 0 元素相关的高度值。

SE = strel('ball', R, H, N)：其作用是创建一个非平面的球形结构元素（实际上为一个椭圆体）。在 x-y 平面上的半径为 R，高度为 H。注意，R 必须为一个非负整数，H 必须为一个实数，N 必须为非负的偶数。N 默认值为 8。

【例 11-1】 创建结构元素。

```
>> clear all;
>> sel = strel('diamond',3)        % 钻石形结构元素
sel =
Flat STREL object containing 25 neighbors.
Decomposition: 3 STREL objects containing a total of 13 neighbors
Neighborhood:
     0     0     0     1     0     0     0
     0     0     1     1     1     0     0
     0     1     1     1     1     1     0
     1     1     1     1     1     1     1
     0     1     1     1     1     1     0
     0     0     1     1     1     0     0
     0     0     0     1     0     0     0
>> se2 = strel('line',10,60)        % 线形结构元素，角度为 60°
 se2 =
Flat STREL object containing 9 neighbors.
Neighborhood:
     0     0     0     0     1
     0     0     0     0     1
     0     0     0     1     0
     0     0     0     1     0
     0     0     1     0     0
     0     1     0     0     0
     0     1     0     0     0
     1     0     0     0     0
     1     0     0     0     0
```

函数 strel 的返回值为 STREL 类型，可以利用这些结构元素对图像进行膨胀和腐蚀等操作。

3. 结构元素分解

为了增强函数的性能，strel 函数经常把结构元素分解成小块，这种技术称为结构元素的分解。例如，使用一个 11×11 的结构元素对目标进行膨胀，等同于先使用一个 1×

11 的结构元素进行膨胀,然后使用 11×1 的结构元素进行膨胀。这个方法理论上会使膨胀操作的速度提高 5.5 倍,但实际上提高的速度没有那么多。

对于'disk'或'ball'形状的结构元素,其分解的结果是近似的,对于其他形状的结构元素的分解结果是精确的。只有结构元素的邻域都是由 1 组成的平面结构时,才可以用于任意结构元素的分解。

使用 getsequence 函数可以查看结构元素分解后的序列。该函数返回一个结构元素数组,每个元素为分解后的结构元素,其调用格式为:

SEQ = getsequence(SE):SE 是指要分解的结构元素;SEQ 为分解后要返回的结构元素。

【例 11-2】 对结构元素进行分解。

```
>> sel = strel('diamond',4) %创建钻石形结构元素对象,其中邻域为 41 个像素
sel =
Flat STREL object containing 41 neighbors.
Decomposition: 3 STREL objects containing a total of 13 neighbors
Neighborhood:
     0    0    0    0    1    0    0    0    0
     0    0    0    1    1    1    0    0    0
     0    0    1    1    1    1    1    0    0
     0    1    1    1    1    1    1    1    0
     1    1    1    1    1    1    1    1    1
     0    1    1    1    1    1    1    1    0
     0    0    1    1    1    1    1    0    0
     0    0    0    1    1    1    0    0    0
     0    0    0    0    1    0    0    0    0
>> seq = getsequence(sel) %查看结构元素分解,分解为 3 个 strel 对象
seq =
3x1 array of STREL objects
>> seq(1)
ans =
Flat STREL object containing 5 neighbors.
Neighborhood:
     0    1    0
     1    1    1
     0    1    0
>> seq(2)
ans =
Flat STREL object containing 4 neighbors.
Neighborhood:
     0    1    0
     1    0    1
     0    1    0
>> seq(3)
ans =
Flat STREL object containing 4 neighbors.
Neighborhood:
```

0	0	1	0	0
0	0	0	0	0
1	0	0	0	1
0	0	0	0	0
0	0	1	0	0

从运行结果可看出,这个钻石形结构元素被分解成 3 个比较小的结构元素。

11.4.3　膨胀和腐蚀

膨胀和腐蚀是对图像中某区域(线和点是区域的特征)进行计算,形象地说,膨胀是使区域从四周向外扩大,而腐蚀是使区域从四周向内缩小。

对于任意图像子集 S,膨胀是不断地把 $\bar{S}$ 的边界点加入到 S 中,而腐蚀是不断地将 S 的边界点消除。对于二值图像来说,如果用 1 值的像素点表示 S,0 值的像素点表示 $\bar{S}$,则膨胀是将与 S 相邻的 0 值像素点变成 1 值像素点,而腐蚀是不断地将 S 的边界点变成 0 值像素点。

1. 膨胀运算

膨胀(dilation)的运算符为 $\oplus$,用 B 对 A 进行膨胀可以记为 $A \oplus B$,其定义为:

$$A \oplus B = \{x \mid [(\hat{B})_x \cap A] \neq \phi\} \tag{11-1}$$

其中,$\hat{B}$ 表示集合 B 的反射,$(\hat{B})_x$ 表示对 B 的反射进行位移 x。因此,式(11-1)表明用 B 膨胀 A 的过程就是先对 B 做关于原点的映射,再将其平移 x,这里 A 与 B 的交集不能为空集。换言之,用 B 来膨胀 A 得到的集合是 $\hat{B}$ 的位移与 A 至少有一个非零元素相交时 B 的原点位置的集合。根据以上解释,式(11-1)也可写成:

$$A \oplus B = \{x \mid [(\hat{B})_x \cap A] \subseteq A\}$$

借助卷积的概念来理解膨胀操作是很有帮助的。如果将 B 看成一个卷积模板,膨胀就是先对 B 做关于原点的映射,再将映射连续地在 A 上移动来实现。

在 MATLAB 中,提供了 imdilate 函数实现图像的膨胀操作。函数的调用格式为:

IM2 = imdilate(IM,SE):使用结构元素矩阵 SE 对图像数据矩阵 IM 执行膨胀操作,得到图像 IM2。IM 可以是灰度图像或二值图像,即分别为灰度膨胀或二值膨胀。如果 SE 为多重元素对象序列,则 imdilate 执行多重膨胀。

IM2 = imdilate(IM,NHOOD):膨胀图像 IM,这里 NHOOD 为定义结构元素邻域 0 和 1 的矩阵,等价于 imdilate(IM,strel(NHOOD))。imdilate 函数由指令 floor((size(NHOOD)+1)/2)决定邻域的中心元素。

IM2 = imdilate(__,PACKOPT):用来识别 IM 是否为 packed 二值图像。其中,PACKOPT 取值为 ispacked 或 notpacked。

IM2 = imdilate(__,SHAPE):用来决定输出图像的大小。SHAPE 可以取值为 same 或 full。当 SHAPE 值为 same 时,可以使得输出图像与输入图像大小相同。如果 PACKOPT 取值为 ispacked,则 SHAPE 只能取值为 same。当 SHAPE 取值为 full 时,将对原图像进行全面的膨胀运算。

【**例 11-3**】 对二值图像进行膨胀操作。

```
>> clear all;
bw = imread('text.png');
se = strel('line',11,90);                % 生成线形的结构元素
bw2 = imdilate(bw,se);                   % 对图像进行膨胀操作
subplot(121);imshow(bw);
title('原始图像')
subplot(122); imshow(bw2);
title('图像膨胀');
```

运行程序,效果如图 11-5 所示。

由图 11-5 可看出,膨胀后的图像,其中垂直方向的字母因为膨胀连接起来,而水平方向的字母没有连接起来。

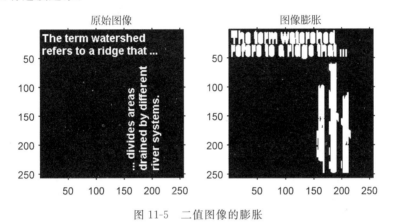

图 11-5　二值图像的膨胀

【**例 11-4**】 对灰度图像进行膨胀操作。

```
>> clear all;
I = imread('cameraman.tif');
I1 = 256 - I;                            % 对图像进行取反操作
se = strel('ball',5,5);                  % 生成球形的结构元素
I2 = imdilate(I,se);                     % 图像膨胀操作
I3 = imdilate(I1,se);                    % 取反进行膨胀
I4 = 256 - I3;                           % 对膨胀后的图像进行取反
subplot(221);imshow(I);
title('原始图像');
subplot(222);imshow(I1);
title('取反图像');
subplot(223); imshow(I2);
title('原始图像膨胀');
subplot(224); imshow(I3);
title('取反后的图像膨胀');
```

运行程序,效果如图 11-6 所示,由图可知,在图像膨胀中,要先区分要膨胀的目标元素,然后确定是否需要取反操作来达到膨胀的目的。

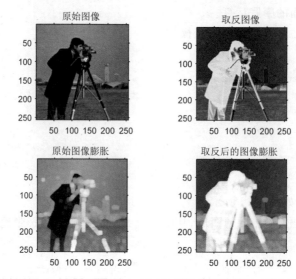

图 11-6　灰度图像的膨胀操作

2. 图像的腐蚀

腐蚀(erosion)的运算符为 $\otimes$，用 B 对 A 进行腐蚀可以记为 $A\Theta B$，其定义为：

$$A \otimes B = \{x \mid (B)_x \subseteq A\} \tag{11-2}$$

式(11-2)表明用 B 腐蚀的过程就是对 B 进行平移运算 x，结果是所有 x 的集合，即 B 平移 x 后仍在 A 中。换言之，用 B 腐蚀 A 得到的集合是 B 完全包括在 A 中时 B 的原点位置的集合，即平移后的 B 与 A 的背景并不叠加。根据以上解释，式(11-2)可写为：

$$A \otimes B = \{x \mid [(B)_x \bigcap A^c] \neq \phi\}$$

在 MATLAB 中，提供了 imerode 函数实现图像的腐蚀操作。函数的调用格式为：

IM2 = imerode(IM,SE)：对灰度图像或二值图像 IM 进行腐蚀操作，返回结果图像 IM2。SE 为由 strel 函数生成的结构元素对象。

IM2 = imerode(IM,NHOOD)：对灰度图像或二值图像 IM 进行腐蚀操作，返回结果图像 IM2。NHOOD 是一个由 0 和 1 组成的矩阵，指定邻域。

IM2 = imerode(___,PACKOPT,M)：用来识别 IM 是否为 packed 二值图像。其中，PACKOPT 取值为 ispacked 或 notpacked。

IM2 = imerode(___,SHAPE)：指定输出图像的大小。字符串参量 SHAPE 指定输出图像的大小，取值为 same(输出图像与输入图像大小相同)或 full(imdilate 对输入图像进行全腐蚀，输出图像比输入图像大)。

【例 11-5】　对二值图像进行腐蚀操作。

```
>> clear all;
originalBW = imread('circles.png');
se = strel('disk',11);
erodedBW = imerode(originalBW,se);
subplot(121);imshow(originalBW);
title('原始图像');
```

```
subplot(122);imshow(erodedBW);
title('腐蚀操作');
```

运行程序,效果如图 11-7 所示。由图可看到腐蚀后图像中的圆形目标变小,也就是说,腐蚀是指目标对象被"腐蚀",从而使目标对象变小,这与膨胀的效果正好相反。

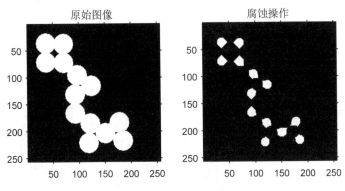

图 11-7　二值图像的腐蚀

【例 11-6】　对灰度图像进行腐蚀操作。

```
>> clear all;
originalI = imread('cameraman.tif');
se = strel('ball',5,5);
erodedI = imerode(originalI,se);
subplot(121);imshow(originalI);
title('原始图像');
subplot(122); imshow(erodedI);
title('图像腐蚀');
```

运行程序,效果如图 11-8 所示。

图 11-8　灰度图像的腐蚀操作

【例 11-7】　对二值图像进行腐蚀和膨胀操作。

```
>> clear all;
se = strel('rectangle', [40, 30]);
bw1 = imread('circbw.tif');
bw2 = imerode(bw1, se);
```

```
bw3 = imdilate(bw2, se);
figure;
subplot(131); imshow(bw1);
title('原始图像');
subplot(132); imshow(bw2);
title('图像的腐蚀');
subplot(133); imshow(bw3);
title('图像的膨胀');
```

运行程序，效果如图 11-9 所示。

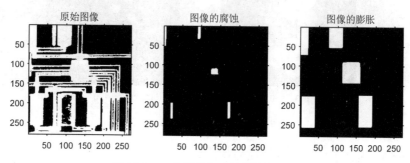

图 11-9　二值图像的腐蚀与膨胀操作

11.4.4　开运算与闭运算

膨胀和腐蚀操作经常被一起使用，来对图像进行处理。例如，形态学的开运算就是先对一幅图像进行膨胀，然后再使用相同的结构元素进行腐蚀操作。而闭运算恰恰相反，闭运算是先对一幅图像进行腐蚀，然后再使用相同的结构元素对图像进行膨胀操作。

1. 开运算

用 B 对 A 进行形态学开操作可以记为 $A \circ B$，它的定义为：

$$A \circ B = (A \Theta B) \oplus B$$

根据膨胀和腐蚀的定义，开运算也可以表示为：

$$A \circ B = \bigcup \{(B)_z \mid (B)_z \subseteq A\}$$

其中，$\bigcup\{\cdot\}$ 表示并集，$\subseteq$ 表示子集。上式的简单几何解释为：$A \circ B$ 是 B 在 A 内完全匹配的平移并集。

2. 闭运算

用 B 对 A 进行形态学闭运算可以记为 $A \cdot B$，它的定义为：

$$A \cdot B = (A \oplus B) \Theta B$$

类似于开运算，闭运算也可以表示为：

$$A \cdot B = \{x \mid x \in (\hat{B}_z) \Rightarrow (\hat{B}_z) \bigcap A = \phi\}$$

上式表示，用结构元素 B 对 A 进行形态学闭运算的结果包括所有满足以下条件的点：当该点可被映射和位移的结构元素覆盖时，A 与经过映射和位移的 B 的交集不为零。从几何上讲，$A \cdot B$ 是所有不与 A 重叠的 B 的平移的并集。

3. 开运算与闭运算实现

在 MATLAB 中，提供了相对应的函数实现图像的开运算与闭运算。

（1）imopen 函数。

该函数用于对图像进行开运算。函数的调用格式为：

IM2 = imopen(IM, SE)：该函数对图像 IM 进行开运算，采用的结构元素为 SE，返回值 IM2 为开运算后得到的图像。SE 为由函数 strel 得到的结构元素。

IM2 = imopen(IM, NHOOD)：函数中参数 NHOOD 为由 0 和 1 组成的矩阵，在对图像 IM 进行开运算时采用的结构元素为 strel(NHOOD)。

（2）imclose 函数。

该函数用于对图像进行闭运算。函数的调用格式为：

IM2 = imclose(IM, SE)：对灰度图像或二值图像 IM 时行闭运算，返回闭运算结果图像 IM2。SE 为由 strel 函数生成的结构元素。

IM2 = imclose(IM, NHOOD)：参量 NHOOD 为一个由 0 和 1 组成的矩阵，用于指定邻域。

【例 11-8】 对灰度图像进行开、闭运算。

```
>> clear all;
bw = imread('lena.bmp');
subplot(231);imshow(bw);
title('原始图像');
bw1 = imnoise(bw,'salt & pepper',0.02);      %添加椒盐噪声
subplot(234);imshow(bw1);
title('带噪声的图像');
s = ones(2,2);
bw2 = imopen(bw1,s);                          %图像的开运算
subplot(232);imshow(bw2);
title('图像开运算1');
bw3 = imclose(bw1,s);                         %图像的闭运算
subplot(233);imshow(bw3);
title('图像闭运算1');
s1 = strel('diamond',2);                      %产生结构元素
bw4 = imopen(bw1,s1);                         %图像的开运算
subplot(235);imshow(bw4);
title('图像开运算2');
bw5 = imclose(bw1,s1);                        %图像的闭运算
subplot(236);imshow(bw5);
title('图像闭运算2');
```

运行程序，效果如图 11-10 所示。

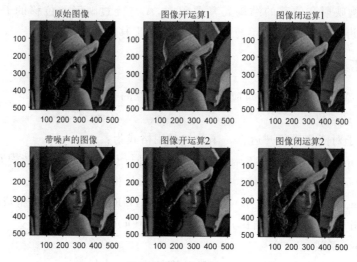

图 11-10　带噪声的灰度图像的开、闭运算

11.4.5　形态学重构

　　所谓形态学重构就是根据一幅图像(称为掩模图像)的特征对另一幅图像(称为标记图像)进行重复膨胀操作,直到该图像的像素值不再变化为止。形态学重构是图像形态处理中的重要操作之一,通常用来强调图像中与掩模图像指定对象相一致的部分,同时忽略图像中的其他对象。形态学重构有如下 3 个属性:

- 处理过程基于两幅图像——标记图像和掩模图像,而不是一幅图像和一个结构元素;
- 处理过程反复进行,直到处理结果稳定,例如图像不再变化;
- 处理过程是基于连通性的概念,而不是基于结构元素。

　　图 11-11 说明了一维图像形态学重构的过程。从图中可以看出,每一次连续的膨胀都被限制在掩模以下,当进一步迭代不再改变图像时,处理过程终止。

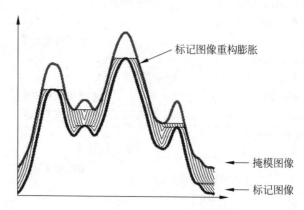

图 11-11　一维图像形态学重构过程

最后一次的膨胀结果就是被重构的图像,如图 11-12 所示。

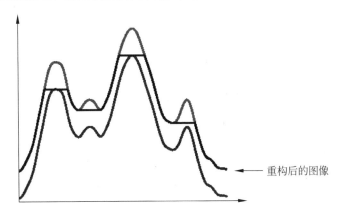

重构后的图像

图 11-12　一维图像形态学重构结果

【例 11-9】　下面是用重构做开运算的 MATLAB 实现及与开运算的比较。

```
>> clear all;
f = imread('baboon.jpg');            % 获取原始图像
subplot(131);imshow(f);
title('原始图像');
s = ones(3);                         % 定义结构元素
f1 = imerode(f,s);                   % 腐蚀
f2 = imreconstruct(f1,f);            % 由重构做开运算
subplot(132);imshow(f2);
title('重构开运算');
f3 = imopen(f,s);                    % 开运算
subplot(133);imshow(f3);
title('开运算');
```

运行程序,效果如图 11-13 所示。

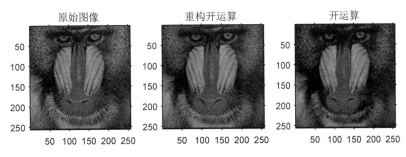

图 11-13　图像重构开运算及与开运算的比较

第12章 遥感图像与医学图像分析方法

图像是人类获取和交换信息的主要来源,因此,图像处理的应用领域必然涉及人类生活和工作的方方面面。随着人类活动范围的不断扩大,图像处理的应用领域也将随之扩大。

12.1 在遥感图像处理中的应用

遥感利用遥感器从空中来探测地面物体性质,它根据不同物体对滤谱产生不同响应的原理,来识别地面上各类地理事物,并经记录、传送、分析和判读来识别地理事物。本节主要讲述 MATLAB 遥感图像处理简介、遥感图像增强、图像融合、变换检测等几个方面的内容。通过本节的学习,我们将会对遥感有所了解,同时也能掌握一些基本的遥感图像处理方法。

12.1.1 概述

作为一门对地观测的综合性技术,遥感的出现和发展既满足了人们认识和探索自然界的客观需要,又具有其他技术手段与之无法比拟的特点。从字面上说,遥感就是从远处感觉事物,严格的定义是远远地去感觉某一特定对象的技术;而从广义上讲,遥感是不直接接触地收集关于某一特定对象的某种或某些特定的信息,从而了解这个对象的性质。遥感技术的特点归结起来主要有以下 3 个方面。

(1) 探测范围广、采集数据快。遥感探测能在较短的时间内,从空中乃至宇宙空间对大范围地区进行观测,并从中获取有价值的遥感数据。这些数据拓展了人们的视觉空间,为宏观地掌握地面事物的现状创造了极为有利的条件,同时也为宏观地研究自然现象和规律提供了宝贵的第一手资料。这种先进的技术手段与传统的手工业相比是不可替代的。

(2) 能动态反映地面事物的变化。遥感探测能周期性地、重复地对同一地区进行对地观测,这有助于人们通过所获取的遥感数据,进而发现并动态地跟踪地球上许多事物的变化,同时研究自然界的变化规律。尤其是在监视天气状况、自然灾害、环境污染和军事目标等方面,遥感的运用就显得格外重要。

（3）获取的数据具有综合性。遥感探测所获取的是同一时段、覆盖大范围地区的遥感数据,这些数据综合地展现了地球上许多自然与人文现象,宏观地反映了地球上各种事物的形态与分布,真实地体现了地质、地貌、土壤、植被、水文、人工构筑物等地理事物的特征,全面地提示了地物之间的关联性,并且这些数据在时间上具有相同的现势性。

现在世界各国都在利用陆地卫星所获取的图像进行资源调查（如森林调查、海洋泥沙和渔业调查、水资源调查等）,灾害检测（如病虫害检测、水火检测、环境污染检测等）,资源勘察（如石油勘查、矿产量探测、大型工程地理位置勘探分析等）,农业规划（如土壤营养、水分和农作物生长、产量的估算等）,城市规划（如地质结构、水源及环境分析等）。我国也陆续开展了以上各方面的一些实际应用,并获得了良好的效果。在气象预报和对太空其他星球研究方面,数字图像处理技术也发挥了相当大的作用。

MATLAB 作为一个灵活实用的编程软件,早已渗透到遥感图像的处理之中。利用MATLAB 可以对遥感图像进行图像增强、滤波、灰度变换、图像融合、统计分析等,对遥感图像处理的深入研究和广泛应用具有重要意义,起到了良好的推动作用。

MATLAB 在遥感图像中的应用主要包括:

- 军事侦察、定位、引导、指挥等应用;
- 多光谱卫星图像分析;
- 地形、地图、国土普查;
- 地质、矿藏勘探;
- 森林资源探查、分类、防火;
- 水利资源探查,洪水泛滥检测;
- 海洋、渔业方面,如温度、鱼群的检测、预报;
- 农业方面,如谷物估产、病虫害调查;
- 自然灾害、环境污染的检测;
- 气象、天气预报图的合成分析预报;
- 天文、天空星体的探测及分析;
- 交通、空中管理、铁路选线等。

12.1.2 遥感图像对直方图进行匹配处理

遥感系统记录地球表面物质的反射和发射辐射通量。理想情况下,某种物质的特定波长会反射大量的能量,而另一种物质在同样的波长下反射的能量可能要小得多,这使得遥感系统记录的两种地理事物之间存在对比度。然而不同地理事物经常在可见光、近红外和中红外反射相似的辐射通量,使获取的影像对比度较低。另外,除了这些生物物理特征造成的明显低对比度外,人为因素也会对它产生影响。另一个导致遥感影像对比度低的因素是传感器的灵敏度。为了方便遥感影像分析人员对图像进行判读解译,需要对其进行增强处理。

【**例 12-1**】 利用 MATLAB 对遥感图像进行直方图匹配处理。

图 12-1(a)显示了地球的一幅图像 f,图 12-1(b)显示了使用 imhist(f)函数得到的直方图。由于这幅图像中存在大片的较暗区域,所以直方图中的大部分像素都集中在灰度级的暗端。猛然一看,人们会认为利用直方图均衡化来增强图像是一种较好的方式,来使较暗区域中的细节更加明显。然而,使用命令 g=histeq(f, 256)可得到如图 12-1(c)所示的结果,表明利用直方图均衡化方法在此应用举例中并没有得到特别好的效果。对此,通过研究均衡化图像(图 12-1(d))可以看出其中的原因。这里,看到灰度级已经移动到了灰度级的上半部分,因此输出图像出现了褪色现象。灰度级移动的原因是原始直方图中的暗色分量过于集中在 1 附近,从而使得由该直方图得到的累计变换函数非常陡,因此才把在灰度级低端过于集中的像素映射到了灰度级的高端。

其实现的 MATLAB 代码为:

```
>> clear all;
f = imread('moon.tif');                        % 载入原始图像
subplot(2,2,1),imshow(f);                      % 原始图像
subplot(2,2,2),imhist(f);                      % 原始图像的直方图
% 对原始图像进行直方图均衡化
g = histeq(f,256);
subplot(2,2,3),imshow(g);
subplot(2,2,4),imhist(g);
```

运行程序,效果如图 12-1 所示。

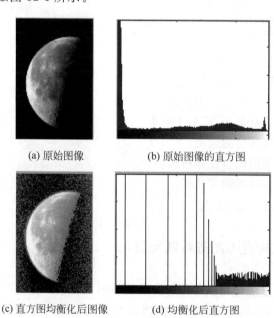

(a) 原始图像   (b) 原始图像的直方图

(c) 直方图均衡化后图像   (d) 均衡化后直方图

图 12-1 直方图均衡化

一种补偿这种现象的方法是使用直方图匹配,期望的直方图在灰度级低端应有较小的集中范围,并能够保留原图像直方图的大体形状。由图 12-1(b)可知,直方图主要有两个峰值,较大的峰值出现在原点处,较小的峰值出现在灰度级的高端,可使用多峰值高斯

函数来模拟这种类型的直方图。

由于直方图均衡化在这些举例中出现的问题主要是原始图像 0 级的灰度附近像素过于集中,因而较为合理的手段是修改该图像的直方图,使其不再有此性质。图 12-2 显示了一个函数的图形(利用如下程序得到,参数分别为 0.15,0.05,0.75,0.05,1,0.07,0.002),它不仅保留了原始直方图的大体形状,而且在图像的较暗区域中灰度级有较为平滑的过渡。

```
function p = manualhist
repeats = true;
quitnow = 'x';
p = twomodegauss(0.15,0.05,0.75,0.05,1,0.07,0.002);
while repeats
    s = input('Enter m1,sig1,m2,sig2,A1,A2,k,OR x to quit:','s');
    if s == quitnow
        break
    end
    v = str2num(s);
    if numel(v) ~ = 7;
        disp('Incorrect number of inputs')
        coninue;
    end
    p = twonodegauss(v(1),v(2),v(3),v(4),v(5),v(6),v(7));
    figure,plot(p);
    xlim([0 255]);
end
```

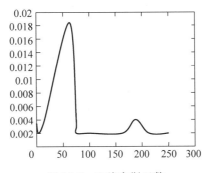

图 12-2　双峰高斯函数

子函数 p = twomodegauss(m1,sig1,m2,sig2,A1,A2,k)计算一个已经归一化到单位区域的双峰高斯函数,以便可以将它用作一个指定的直方图。

```
function p = twomodegauss(m1,sig1,m2,sig2,A1,A2,k)
c1 = A1 * (1/((2 * pi)^0.5) * sig1);
k1 = 2 * (sig1^2);
c2 = A2 * (1/((2 * pi)^0.5) * sig2);
k2 = 2 * (sig2^2);
z = linspace(0,1,256);
p = k + c1 * exp( - ((z - m1).^2)./k1) + c2 * exp( - ((z - m2).^2)./k2);
p = p./sum(p(:));
```

程序的输出 p 由该函数产生的 256 个等间隔点组成,它是所希望的指定直方图。利用命令 gg＝histeq(f,p)可以得到具有指定直方图的图像。程序代码如下所示:

```
>> clear all;
% 获取一个指定的函数
p = manualhist;
% 使结果图像的直方图与获取函数图像一致
gg = histeq(f,p);
figure,
subplot(1,2,1),imshow(gg);
subplot(1,2,2);imhist(gg)
```

运行程序,效果如图 12-3 所示。

 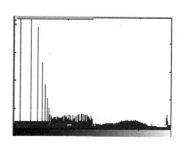

(a) 直方图匹配增强结果图　　　　(b) 期望图像直方图

图 12-3　直方图匹配增强

12.1.3　对遥感图像进行增强处理

遥感图像分为两种形式:照片胶片形式和数字形式。在场景中的特征变化表示为胶片上亮度的变化。场景的特殊部分反射更多能量则看上去比较明亮,而同样场景的另外部分反射较少能量则看上去相对较黑。像素强度用于描述在遥感场景之中相关区域的平均辐射率,这个区域的大小会影响场景中细节的再产生。

1. 数字卫星影像的数据格式

虽然对遥感数据的存储和传输没有固定的标准,但目前被广泛接受的标准是国际卫星对地观测委员会(CEOS)格式。

2. 失真与校正

传送到地球接收站的卫星图像与各种形式的失真联系在一起,并且对每种失真都有具体的校正策略,例如辐射校正和几何校正。

辐射失真是指来自太阳的辐射在地面像素上入射,然后将获得的反射传到传感器。目前大气中的氧气分子、二氧化碳分子、臭氧分子和水分子都能很强地衰减某些波长的辐射。这些大气粒子的散射是导致图像数据辐射失真的主要机理。当图像由传感器记录,传感器的作用包含当像素测量亮度值的错误时,执行辐射校正。这些误差指辐射误

差,可能的起因是:

- 记录这些数据所用的仪器;
- 大气影响。

辐射处理通过校正传感器故障或通过对大气退化调整补偿值来影响图像亮度值。在这种情况下可能产生辐射失真,在图像中指波段的亮度的相关分布与背景不同。有时,来自一个波段的单一像素的相关亮度到另一个波段与在背景的相应区域中的光谱发射特征比较时可能产生失真。以下是校正上述问题的方法。

(1)复制校正。

有时,由于异常探测器的存在,邻接像素集可能包含假强度值。在这种情况下,瑕疵线可以通过前一条线的复制进行替换。如果在位置(x,y)的假像素值为$f(x,y)$,那么它的规则变为$F(x,y)=f(x,y-1)$或$F(x,y)=f(x,y+1)$;甚至两条线的平均也能产生不错的结果,即$F(x,y)=\dfrac{[f(x,y-1)+f(x,y+1)]}{2}$。

(2)去条纹复原处理校正。

有时探测器在某一光谱段可能停止调整,这可能会导致图像的线模式产生或高或低的重复强度值,需要来自卫星图像的水平带模式进行校正。去条纹复原处理的校正既能提高图像的视觉质量,又能增强图像的客观信息内容。

(3)几何校正。

当捕捉地球表面的图像时,在扫描运动中需要考虑地球的曲度、平面运动和非线性,这将在卫星图像中产生几何失真。校正这些失真来生成校正图像。

在校正后,图像也许仍然缺乏对比度,那么在进一步处理中,可以使用图像增强技术从而得到更好的图像质量。

多光谱数据或者反射率数据生成的图像通常需要进行增强处理,以便适合视觉解释。

【例12-2】 利用多光谱色彩复合遥感图像增强。

```
>> clear all;
% 从多光谱图像中构建真彩色复合图像
truecolor = multibandread('paris.lan', [512, 512, 7], 'uint8 => uint8', ...
                          128, 'bil', 'ieee - le', {'Band','Direct',[3 2 1]});
% 真彩色复合图像的对比度非常低,其真彩色不均衡
figure;imshow(truecolor);                    % 效果如图 12-4 所示
title('Truecolor Composite (Un - enhanced)')
text(size(truecolor,2), size(truecolor,1) + 15,...
  'Image courtesy of Space Imaging, LLC','FontSize', 7, 'HorizontalAlignment', 'right');
% 使用直方图探测未增强的真彩色复合图像
figure
imhist(truecolor(:,:,1))                      % 效果如图 12-5 所示
title('Histogram of the Red Band (Band 3)');
% 使用相关性探测未增强的真彩色复合图像
r = truecolor(:,:,1);                         % 红色波段
g = truecolor(:,:,2);                         % 绿色波段
b = truecolor(:,:,3);                         % 蓝色波段
```

```
figure
plot3(r(:),g(:),b(:),'.')                              % 效果如图 12-6 所示
grid('on')
xlabel('Red (Band 3)')
ylabel('Green (Band 2)')
zlabel('Blue (Band 1)')
title('Scatterplot of the Visible Bands');
set(gcf,'color','w');
% 对真彩色复合图像进行对比度扩展增强处理
stretched_truecolor = imadjust(truecolor,stretchlim(truecolor));
figure
imshow(stretched_truecolor)                            % 效果如图 12-7 所示
title('Truecolor Composite after Contrast Stretch')
% 在对比度扩展图像增强后检测直方图变化
figure
imhist(stretched_truecolor(:,:,1))                     % 效果如图 12-8 所示
title('Histogram of Red Band (Band 3) after Contrast Stretch');
% 对真彩色图像进行去相关增强处理
decorrstretched_truecolor = decorrstretch(truecolor, 'Tol', 0.01);
figure
imshow(decorrstretched_truecolor)                      % 效果如图 12-9 所示
title('Truecolor Composite after Decorrelation Stretch')
% 去相关扩展图像处理后检测相关性变化
r = decorrstretched_truecolor(:,:,1);
g = decorrstretched_truecolor(:,:,2);
b = decorrstretched_truecolor(:,:,3);
figure
plot3(r(:),g(:),b(:),'.')                              % 效果如图 12-10 所示
grid('on')
xlabel('Red (Band 3)')
ylabel('Green (Band 2)')
zlabel('Blue (Band 1)')
title('Scatterplot of the Visible Bands after Decorrelation Stretch')
set(gcf,'color','w');
% 构建和增强一个 CIR 复合图像文件
CIR = multibandread('paris.lan', [512, 512, 7], 'uint8=>uint8', ...
                    128, 'bil', 'ieee-le', {'Band','Direct',[4 3 2]});
% 进行去相关图像增强处理
stretched_CIR = decorrstretch(CIR, 'Tol', 0.01);
figure
imshow(stretched_CIR)                                  % 效果如图 12-11 所示
title('CIR after Decorrelation Stretch')
```

运行程序,效果如图 12-4～图 12-11 所示。

如图 12-6 所示,红-绿-蓝数据三维散点的明显线性趋势显示出可见波段数据的高度相关性,这有助于解释未见增强的真彩色图像为什么显示的是单色图像。

图 12-4　原始真彩色复合图像

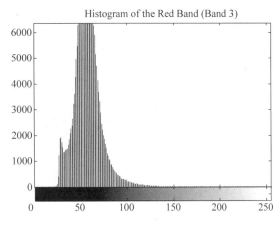

图 12-5　波段 1 直方图

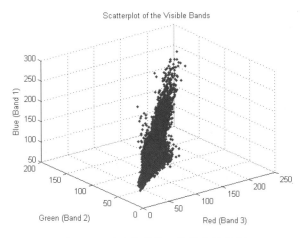

图 12-6　可见波段的三维散点效果图

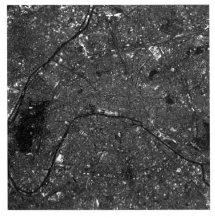

图 12-7　对比度扩展增强处理

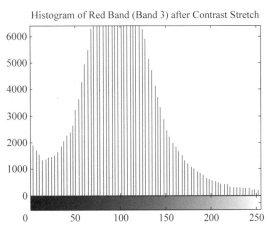

图 12-8　LoG 算子图像边缘检测

图 12-9 去相关扩展处理效果图

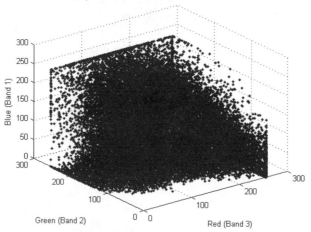

图 12-10 去相关性后的可见波段三维散点绘图效果

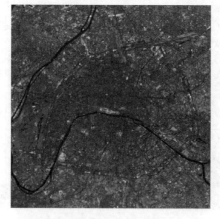

图 12-11 去相关处理的 CIR 图像

如图 12-8 所示,数据被扩展到更大范围内的可用动态范围。

如图 12-9 所示,地表特征的可识别度得到了很大提高,当然方法与前面的方法有所不同。画面中不同波段的不同之处被夸大了。比较明显的例子是左边的绿色区域,在对比度扩展处是呈现黑色的。绿色区域的名字是 Boisde Boulogne,是巴黎西边的一个巨大的公园。

如图 12-10 所示,和预期一样,去相关性处理后的散点图显示了非常明显的相关性减弱。

如图 12-11 所示,红外复合图像中红色区域代表了植被(叶绿素)密度。

12.1.4 对遥感图像进行融合处理

图像融合是一个对多遥感器的图像数据和其他信息的处理过程。它着重于把那些在空间和时空上冗余或互补的多源数据,按一定的规则(或算法)进行运算处理,获得比任何单一数据更精确、更丰富的信息,从而生成一幅具有新的空间、滤谱、时间特征的合成图像。它不仅是数据间的简单复合,同时还强调信息的优化,以突出有用的专题信息,消除或抑制无关的信息,改善目标识别的图像环境,从而增加解译的可靠性,减少模糊性(即多义性、不完全性、不确定性和误差),改善分类,扩大应用范围,增强效果。

基于 HIS 彩色变换的小波融合算法的基本思路是:将多光谱图像和高分辨率图像进行几何配准;然后对多光谱图像进行 HIS 变换,以提高多光谱彩色合成的解译能力;对 I(亮度)分量和高分辨率图像进行小波变换;然后保持多光谱图像亮度分量 I 的低频信息不变,将高分辨率图像小波分解后的高频信息叠加到多光谱图像亮度分量 I 的高频分量上,而后对同时具有低频信息和叠加后高频信息的亮度分量 I 进行小波逆变换,这样得出的 I 将会最大限度地保留原来多光谱图像的光谱信息,且能最大限度地提高其空间分辨率;最后将变换后的 H、I、S 分量在 RGB 三维空间进行级联,得到融合后的 RGB 空间图像。

需要注意的是,1991 年 Chavez 等提醒说,用来进行多分辨率数据融合的所有方法中,HIS 方法造成光谱特征的畸变最严重,因此使用该方法时要谨慎,特别是在需要对数据做详细的辐射分析时。

【例 12-3】 基于 HIS 彩色变换对图像进行融合处理。

```
clear all;
f1 = imread('yaogan1.jpg');
subplot(2,2,1),imshow(f1)
%利用插值将多光谱图像放大到与高分辨率图像一样大小
[M,N] = size(f1);
f2 = imread('yaogan2.jpg');
f2 = imresize(f2,[M,N],'bilinear');
subplot(2,2,2);imshow(f2);
%将 RGB 空间转换为 HIS
f1 = double(f1);
f2_hsi = rgb2hsv(f2);
f2_h = f2(:,:,1);
```

```
f2_s = f2(:,:,2);
f2_i = f2(:,:,3);
%进行小波分解
[c1 s1] = wavedec2(f1,1,'sym4');
f1 = im2double(f1);
[c2_h s2_h] = wavedec2(f2_h,1,'sym4');
[c2_s s2_s] = wavedec2(f2_s,1,'sym4');
[c2_i s2_i] = wavedec2(f2_i,1,'sym4');
%对系数进行融合
c_h = 0.5 * (c2_h + c1);
c_s = 0.5 * (c2_s + c1);
c_i = c1;
%分别对H分量、I分量、S分量进行直方图均衡化
f_h = waverec2(c_h,s1,'sym4');
f_h = histeq(f_h);
f_s = waverec2(c_s,s1,'sym4');
f_s = histeq(f_s);
f_i = waverec2(c_i,s1,'sym4');
f_i = histeq(f_i);
%显示融合后图像
g = cat(3,f_h,f_s,f_i);
subplot(2,2,3);imshow(g);
```

运行程序,效果如图 12-12 所示。采用的数据源为 SPOT 10m 分辨率多光谱图像和 SPOT 2.5m 高分辨率图像。从图 12-12 中可以看出(颜色以实际图形为准),SPOT 2.5m 高分辨率图像具有更多的道路网信息和大型建筑的边缘细节信息;而 SPOT 10m 分辨率多光谱图像则含有丰富的彩色信息,红色表示植被覆盖(波段合成为 SPOT 近红外波段、红波段、绿波段),灰绿色为水体,褐色为建筑物。注:图中颜色以实际运行效果图为准。

图像融合的具体目标是提高图像空间分辨率(图像锐化)、改善图像几何精度、增强特征显示能力、改善分类精度、提供变换检测能力、替代或修补图像数据的缺陷等。经过融合,得到如图 12-12(c)所示图像。可以看到,融合后图像不但有较好的空间特征和纹理特征,而且具有较好的多光谱保持能力。

  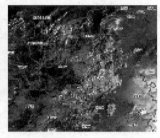

(a) 高分辨率图像　　　　　　　(b) 多光谱图像　　　　　　　(c) 融合后图像

图 12-12　遥感图像融合

第 10 章已经介绍了利用小波变换对图像进行融合的效果,下面用示例来演示通过小波变换对遥感图像进行融合。

【例 12-4】 利用小波变换对遥感图像进行融合。

```
>> clear all;
mul = imread('yaogan1.jpg');
hr = imread('yaogan2.jpg');
[m,n] = size(hr);
mul = imresize(mul,[m,n],'bilinear');
mul_r = mul(:,:,1);
mul_g = mul(:,:,2);
mul_b = mul(:,:,3);
[c_hr s_hr] = wavedec2(hr,1,'sym4');
[c_r s_r] = wavedec2(mul_r,1,'sym4');
[c_g s_g] = wavedec2(mul_g,1,'sym4');
[c_b s_b] = wavedec2(mul_b,1,'sym4');
c_r = 0.5 * (c_hr + c_r);
c_g = 0.5 * (c_hr + c_g);
c_b = 0.5 * (c_hr + c_b);
f_r = waverec2(c_r,hr,'sym4');
f_r = histeq(f_r);
f_g = waverec2(c_g,hr,'sym4');
f_g = histeq(f_g);
f_b = waverec2(c_b,hr,'sym4');
f_b = histeq(f_b);
fc = cat(3,f_r,f_g,f_b);
figure;imshow(g);
```

运行程序,高分辨率和多光谱图像如图 12-12(a)、图 12-12 (b)所示,得到的融合效果如图 12-13 所示。

图 12-13　小波变换融合后图像

与传统的数据融合算法(如 HIS 等)相比,小波融合模型不仅能够针对输入图像的不同特征来合理选择小波基以及小波变换的次数,而且在融合操作时又可以根据实际需要引入双方的细节信息,从而表现出更强的针对性和实用性,融合效果更好。另外,从实施过程的灵活性方面评价,HIS 变换只能而且必须同时对 3 个波段进行融合操作,PCA 分析的输入图像必须有 3 个或 3 个以上,而小波方法则能够完成对单一波段或多个波段的融合运算。

12.2　在医学图像处理中的应用

MATLAB凭借其强大的矩阵运算功能和直观的编程风格,在医学图像处理中得到了广泛的应用。本节主要介绍MATLAB医学图像处理概述、医学图像增强、灰度变换等内容。

12.2.1　概述

医学成像已经成为现代医疗不可缺少的一部分,其应用贯穿整个临床工作,不仅广泛应用于疾病诊断,还在外科手术和放射治疗等的计划设计、方案实施以及疗效评估方面发挥着重要的作用。目前,医学图像可以分为解剖图像和功能图像两个部分。解剖图像主要描述人体形态信息,包括X射线透射成像、CT、MRI、US以及各类内窥(如腹腔镜及喉镜)获取的序列图像等;另外,还有一些衍生而来的特殊技术,如从X射线成像衍生来的DSA,从MRI技术衍生来的MRA,从US成像衍生而来的多谱勒成像等。功能图像主要描述人体代谢信息,包括PET、SPECT、fMRI等;同时,也有一些广义的或者使用较少的功能成像方式,如EEG、MEG、pMRI(perfusion MRI)、fCT等。

在医学教学、科学研究以及临床工作中,往往要处理很多医学图像,此时借助MATLAB图像处理工具箱,可以大大提高工作效率。MATLAB在医学图像处理中的应用主要包括以下几点:

- 显微图像处理;
- DNA(脱氧核糖核酸)显示分析;
- 红、白细胞分析计数;
- 虫卵及组织切片的分析;
- 癌细胞识别;
- DSA(心血管数字减影)及其他减影技术;
- 内脏大小形态及异常检测;
- 微循环的分析判断;
- 心脏活动的动态分析;
- 热像分析和红外像分析;
- X光照片增强、冻结及伪色彩增强;
- CT、MRI、γ射线照相机、正电子和质子CT的应用;
- 专家系统,如手术PLANNING规划的应用;
- 生物进化的图像。

读者可以参阅相关专业书籍来查看这些方面的应用实例。这里从灰度变换、去除噪声等几个方面介绍MATLAB图像处理函数在医学图像处理中的应用。

12.2.2　医学图像的灰度变换

医学图像反映的是X线穿透路径上人体各生理组织部位对X线吸收量的累加值,而人体内生理组织是相互重叠的,一些组织结构由于与 X 线吸收量较大的组织重叠而无法在 X 线影像上清晰地显示。另外,CT 系统由于成像过程中图像板中的磷粒子的原因使 X 线存在散射,且扫描过程中激光扫描仪的激光在穿过图像板的深部时也存在着散射,从而使图像模糊,降低了图像分辨率。应用图像增强处理方法来凸显组织边缘和细节,成为医学图像处理中迫切需要的手段。

图像增强就是一种基本的图像处理技术,增强的目的是对图像进行加工,从而使医务工作者感觉视觉效果更"好"、更易于诊断的图像。图像增强根据图像的模糊情况采用了各种特殊的技术来突出图像整体或局部特征,常用的图像增强技术有灰度变换、直方图处理、平滑滤波(高斯平滑)、中值滤波、梯度增强、拉普拉斯增强以及频域的高通、低通滤波等,这些算法具有运算量大、算术复杂、开始难度大等缺点。针对这些问题,可以在MATLAB 环境中,利用 MATLAB 提供的功能强大的图像处理工具箱,简单快捷地得到统计数据,同时又可得到直观图示效果。

1. 巧妙地使用 imshow 函数改变图像对比度

大家应该记得 imshow 函数,下面就回忆一下它的用法。该函数用于显示常规的图像,调用格式如下:

```
imshow(f,G)
```

其中,f 是一个图像数组,G 是显示该图像的灰度级数。若将 G 省略,则默认的灰度级数是 256。该函数另一种调用格式如下:

```
imshow(f,[low,high])
```

它会将所有小于或等于 low 的值都显示为黑色,所有大于或等于 high 的值显示为白色。界于 low 和 high 之间的值将以默认的级数显示为中等亮度值。最后一种调用格式如下:

```
imshow(f,[ ])
```

可以将变量 low 设置为数组 f 的最小值,将变量 high 设置为数组 f 的最大值。imshow函数的这一形式在显示一幅动态范围较小的图像或既有正值又有负值的图像时非常有用。在医学图像中,由于一系列原因,获取的信号会较弱,应用该函数来对图像进行增强十分有效。

从图 12-14 可以看出,动态范围很小,图像很暗,对比度很低,没有明显的亮区,这样的图像很难用眼睛去观察它内部所包含的信息。如果将原始图像的亮度值扩展到显示设备的全部动态范围,效果就会更佳。使用 imshow 函数拉伸后,图像视觉效果明显得到改善,动态范围扩大。

【**例 12-5**】 使用 imshow 函数实现图像增强。

```
clc
clear
I = imread('ximage.jpg');
figure,imshow(I);
title('原始图像')
% 将原始图像进行增强操作
```

```
figure,imshow(I,[ ])
title('增强后图像')
```

运行程序,效果如图 12-14 所示。

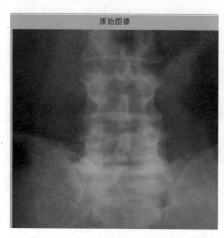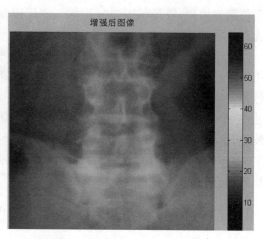

图 12-14　imshow 函数实现图像增强

2. 使用 imadjust 函数调整图像亮度

imadjust 函数是对灰度图像进行亮度变换的基本 IPT 工具。它的调用格式如下:

```
g = imadjust(f,[low_in high_in],[low_out high_out],gamma)
```

该函数将图像 f 中的亮度值映射到 g 中,即将 low_in 与 high_in 之间的值映射到 low_out 与 high_out 之间。low_in 以下的与 high_in 以上的值则被剪切掉了;换言之, low_in 以上的值映射为 low_out,high_in 以下的值映射为 high_out。输入图像应该为 uint8、uint16 或 double 型图像,输出图像与输入图像有着相同的类。除图像 f 外,不论图像 f 是什么类型,函数 imadjust 的所有输入参数均指定为[0　1]。若 f 是 uint8 型图像, 则函数 imadjust 将乘以 255 来确定应用中的实际值;若 f 是 uint16 型图像,则函数 imadjust 将乘以 65 535。[low_in high_in]或[low_out high_out]使用空矩阵([ ])会得到默认值[0 1]。若 high_out 小于 low_out,则输出亮度会反转。

参数 gamma 指定了曲线的形状,该曲线用来映射 f 的亮度值,以便生成图像 g。若 gamma 小于 1,映射被加权至更高(更亮)的输出值;若 gamma 大于 1,则映射被加权至 更低(更暗)的输出值。若省略了函数的参量,则 gamma 默认为 1(线性映射)。

【例 12-6】　将[0.5　0.75]的灰度级扩展到范围[0 1]。

```
clc
clear
f = imread('hand.jpg');
subplot(2,2,1);
imshow(f);
title('原始图像')
% 将原始图像灰度反转
```

```
g1 = imadjust(f,[0 1],[0 1]);
subplot(2,2,2);
imshow(g1)
title('灰度反转后图像')
% 将原始图像 0.5～0.75 的灰度级扩展到[0 1]
g2 = imadjust(f,[0.5 0.75],[0 1]);
subplot(2,2,3);
imshow(g2)
title('部分区域灰度变换')
% 将 gamma 值设置为 2
g3 = imadjust(f,[ ],[0 1]);
subplot(2,2,4);
imshow(g3)
title('gamma = 2')
```

运行程序,效果如图 12-15 所示。

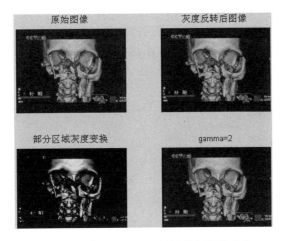

图 12-15　使用 imadjust 函数进行图像变换

3. 自定义函数 intrans

对图像的动态范围进行改变有很多方法,如对数、对比拉伸等。对数变换通过下式来实现:

$$g = c\lg(1 + \text{double}(f)) \tag{12-1}$$

其中,c 是一个常数。对数变换的一项主要应用是压缩动态范围。例如,傅里叶频谱的范围为 $[0,10^6]$ 或更高。当傅里叶频谱显示已线性缩放至 8 位监视器上时,高值部分占优,从而导致频谱中低亮度值的可视细节丢失。通过计算对数,10^6 左右的动态范围就会下降到可以接受、方便观察的范围,从而更利于处理。

下面的函数称为对比度拉伸函数:

$$s = T(r) = \frac{1}{1 + (m/r)^E} \tag{12-2}$$

其中,r 表示输入图像的亮度,s 是输出图像中的相应亮度值,E 是该函数的斜率。由于 $T(r)$ 的限制值为 1,所以在执行此类变换时,输出值也被缩放在范围 $[0,1]$。因为该函数

可以将输入值低于 m 的灰度级压缩在输出图像中较暗灰度级的较窄范围内；类似地，该函数可将输入值高于 m 的灰度级压缩在输出图像中较亮灰度级的较窄范围内，则输出的是一幅具有较高对比度的图像。

12.2.3 基于高频强调滤波和直方图均衡化的医学图像增强

高通滤波器削弱傅里叶变换的低频而保持了高频相对不变，这样会突出图像的边缘和细节，使得图像边缘更加清晰。但由于高通滤波器偏离了直流项，从而把图像的平均值降低到了零。一种补偿方法是给高通滤波器加上一个偏移量。若将偏移量与滤波器乘以一个大于1的常数结合起来，则这种方法就称为高频强调滤波，因为该常量乘数突出了高频部分。这个乘数同时增加了低频部分的幅度，但只要偏移量与乘数项比较小，对低频增强的影响就弱于高频的影响。高频强调滤波器的传递函数如式(12-3)所示。

$$H_{\text{hfe}}(u,v) = a + bH_{\text{hp}}(u,v) \tag{12-3}$$

其中，a 是偏移量，b 是乘数，$H_{\text{hp}}(u,v)$ 是高通滤波器的传递函数。

【例 12-7】 利用高频强调滤波和直方图均衡化对医学图像进行处理。

```
clear all
f = imread('lean.png');
subplot(2,2,1);imshow(f);
xlabel('(a)原始图像')
% 对图像进行填充
PQ = paddedsize(size(f));
% 高通滤波
D0 = 0.05 * PQ(1);
HBW = hpfilter('btw',PQ(1),PQ(2),D0,2);
gbw = dftfilt(f,HBW);
gbw = uint8(gbw);
subplot(2,2,2);imshow(gbw);
xlabel('(b) btw 滤波后图像')
% 高频强调滤波
H = 0.5 + 2 * HBW;
ghf = dftfilt(f,H);
ghf = uint8(ghf);
subplot(2,2,3);imshow(ghf)
xlabel('(c)高频强调滤波后图像')
% 对高频强调滤波后图像进行直方图均衡化
ghe = histeq(ghf,256);
ghe = uint8(ghe);
subplot(2,2,4);imshow(ghe)
xlabel('(d)直方图均衡化图像')
```

在图像识别中,需要有边缘鲜明的图像,即图像的锐化。图像锐化的目的是为了突出图像的边缘信息,加强图像的轮廓特征,以便于人眼观察和机器识别。然而边缘模糊是图像中常出现的质量问题,由此将造成轮廓不清晰、线条不鲜明的现象,使图像特征提取、识别和理解难以进行。增强图像边缘和线条,使图像边缘变得清晰的处理称为图像锐化。

从图像增强的目的来看,图像锐化是与图像平滑相反的一类处理。边缘和轮廓一般都位于灰度突变的地方,由此人们很自然地想起用灰度差分突出其变换。然而,由于边缘和轮廓在一幅图像中常常具有任意的方向,而一般的差分运算是有方向性的,因此,和差分方向一致的边缘、轮廓便检测不出来。为此,人们希望找到一些各向同性的检测算子,它们对任意方向的边缘、轮廓都有相同的检测能力。具有这种性质的锐化算子有梯度、拉普拉斯和其他一些相关运算。如果从数学的观点来看,图像模糊的实质就是图像受到平均或者积分运算的影响,因此对其进行逆运算(如微分运算),就可以使图像清晰。下面介绍常用的图像锐化运算。

13.1 空域高通滤波

实现图像的锐化可使图像的边缘或线条变得清晰,高通滤波可用空域高通滤波法来实现。本节将围绕空域高通滤波讨论图像锐化中常用的运算及方法,其中有梯度算子、各种锐化算子、拉普拉斯(Laplacian)算子、空间高通滤波法和掩模法等图像锐化技术。

13.1.1 梯度算子

图像锐化中最常用的方法是梯度法。对图像 $f(x,y)$,在其点(x,y)上的梯度是一个二维列向量,可定义为:

$$G[f(x,y)] = \begin{bmatrix} \dfrac{\partial f}{\partial x} \\ \dfrac{\partial f}{\partial y} \end{bmatrix} = [G_x \quad G_y]^{\mathrm{T}} = \begin{bmatrix} \dfrac{\partial f}{\partial x} & \dfrac{\partial f}{\partial y} \end{bmatrix}^{\mathrm{T}} \tag{13-1}$$

梯度的幅度（模值）$|G[f(x,y)]|$为：

$$|G[f(x,y)]| = \sqrt{G_x^2 + G_y^2} = \sqrt{\left(\frac{\partial f}{\partial x}\right)^2 + \left(\frac{\partial f}{\partial y}\right)^2} = \left[\left(\frac{\partial f}{\partial x}\right)^2 + \left(\frac{\partial f}{\partial y}\right)^2\right]^{1/2} \quad (13\text{-}2)$$

函数 $f(x,y)$ 沿梯度的方向在最大变化率方向上的方向角 θ 为：

$$\theta = \frac{G_y}{G_x} = \arctan\begin{bmatrix} \dfrac{\partial f}{\partial x} \\ \dfrac{\partial f}{\partial y} \end{bmatrix} \quad (13\text{-}3)$$

不难证明，梯度的幅度 $|G[f(x,y)]|$ 是一个各向同性的算子，并且是 $f(x,y)$ 沿 G 向量方向上的最大变化率。梯度幅度是一个标量，它用到了平方和开平方运算，具有非线性，并且总是正的。为了方便起见，以后把梯度幅度简称为梯度。

在实际计算中，为了降低图像的运算量，常用绝对值或最大值代替平方和平方根运算，所以近似求梯度模值（幅度）为：

$$|G[f(x,y)]| = \sqrt{G_x^2 + G_y^2} \approx |G_x| + |G_y| = \left|\frac{\partial f}{\partial x}\right| + \left|\frac{\partial f}{\partial y}\right| \quad (13\text{-}4)$$

$$|G[f(x,y)]| = \sqrt{G_x^2 + G_y^2} \approx \max\{|G_x|, |G_y|\} \quad (13\text{-}5)$$

但应记住式(13-1)与式(13-2)在概念上是不相同的，不要因称呼的简化而混淆。

对于数字图像处理，有两种二维离散梯度的计算方法。一种是典型梯度算法，它把微分 $\partial f/\partial y$ 和 $\partial f/\partial x$ 近似用差分 $\Delta_x f(i,j)$ 和 $\Delta_y f(i,j)$ 代替，沿 x 和 y 方向的一阶差分可写成式(13-6)，如图 13-1(a)所示。

$$\begin{cases} G_x = \Delta_x f(i,j) = f(i+1,j) - f(i,j) \\ G_y = \Delta_y f(i,j) = f(i,j+1) - f(i,j) \end{cases} \quad (13\text{-}6)$$

由此得到典型梯度算法为：

$$\begin{aligned} |G[f(i,j)]| &\approx |G_x| + |G_y| \\ &= |f(i+1,j) - f(i,j)| + |f(i,j+1) - f(i,j)| \end{aligned} \quad (13\text{-}7)$$

或者：

$$\begin{aligned} |G[f(i,j)]| &\approx \max\{|G_x|, |G_y|\} \\ &= \max\{|f(i+1,j) - f(i,j)|, |f(i,j+1) - f(i,j)|\} \end{aligned} \quad (13\text{-}8)$$

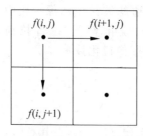 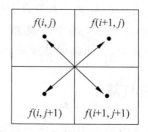

(a) 典型梯度算法(直接沿x和y方向的一阶差分方法)　(b) Roberts梯度算法(交叉差分方法)

图 13-1　两种二维离散梯度的计算方法

另一种方法是称为 Roberts 梯度的差分算法，如图 13-1(b)所示，采用交叉差分表示为：

$$\begin{cases} G_x = f(i+1,j+1) - f(i,j) \\ G_y = f(i,j+1) - f(i+1,j) \end{cases} \tag{13-9}$$

可得 Roberts 梯度为：

$$\begin{aligned} |G[f(i,j)]| &= \nabla f(i,j) \\ &\approx |f(i+1,j+1) - f(i,j)| + |f(i,j+1) - f(i+1,j)| \end{aligned} \tag{13-10}$$

或者：

$$\begin{aligned} |G[f(i,j)]| &= \nabla f(i,j) \\ &\approx \max\{|f(i+1,j+1) - f(i,j)|, |f(i,j+1) - f(i+1,j)|\} \end{aligned} \tag{13-11}$$

值得注意的是，对于 $M \times N$ 的图像，处在最后一行或最后一列的像素是无法直接求得梯度的，对于这个区域的像素来说，一种处理方法是：当 $x = M$ 或 $y = N$ 时，用前一行或前一列的各点梯度值代替。

从梯度公式中可以看出，其值是与相邻像素的灰度差值成正比的。在图像轮廓上，像素的灰度有陡然变化，梯度值很大；在图像灰度变化相对平缓的区域梯度值较小；而在等灰度区域，梯度值为零。由此可见，图像经过梯度运算后，留下了灰度值急剧变化的边沿处的点，这就是图像经过梯度运算后可使其细节清晰从而达到锐化目的的实质。

在实际应用中，常利用卷积运算来近似梯度，这时 G_x 和 G_y 是各自使用的一个模板（算子）。对模板的基本要求是：模板中心的系数为正，其余相邻系数为负，且所有的系数之和为零。例如上述的 Roberts 算子，其 G_x 和 G_y 模板如下所示。

$$G_x = \begin{bmatrix} 1 & 0 \\ 0 & -1 \end{bmatrix}, \quad G_y = \begin{bmatrix} 0 & 1 \\ -1 & 0 \end{bmatrix} \tag{13-12}$$

13.1.2 其他锐化算子

利用梯度与差分原理组成的锐化算子还有以下 3 种。

(1) Sobel 算子。

以待增强图像的任意像素 (i,j) 为中心，取 3×3 像素窗口，分别计算窗口中心像素在 x 和 y 方向的梯度：

$$\begin{aligned} S_x = &[f(i-1,j-1) + 2f(i,j-1) + f(i+1,j-1)] - [f(i-1,j+1) + \\ &2f(i,j+1) + f(i+1,j+1)] \end{aligned} \tag{13-13}$$

$$\begin{aligned} S_y = &[f(i+1,j-1) + 2f(i+1,j) + f(i+1,j+1)] - [f(i-1,j-1) + \\ &2f(i-1,j) + f(i-1,j+1)] \end{aligned} \tag{13-14}$$

增强后的图像在 (i,j) 处的灰度值为：

$$f'(i,j) = \sqrt{S_x^2 + S_y^2} \tag{13-15}$$

用模板表示为：

$$S_x = \begin{bmatrix} 1 & 0 & -1 \\ 2 & 0 & -2 \\ 1 & 0 & -1 \end{bmatrix}, \quad S_y = \begin{bmatrix} -1 & -2 & -1 \\ 0 & 0 & 0 \\ 1 & 2 & 1 \end{bmatrix} \tag{13-16}$$

（2）Prewitt算子。

$$f'(i,j) = (S_x^2 + S_y^2)^{\frac{1}{2}} = \sqrt{S_x^2 + S_y^2} \tag{13-17}$$

用模板表示为：

$$S_x = \begin{bmatrix} 1 & 0 & -1 \\ 1 & 0 & -1 \\ 1 & 0 & -1 \end{bmatrix}, \quad S_y = \begin{bmatrix} -1 & -1 & -1 \\ 0 & 0 & 0 \\ 1 & 1 & 1 \end{bmatrix} \tag{13-18}$$

（3）Isotropic算子。

$$f'(i,j) = (S_x^2 + S_y^2)^{\frac{1}{2}} = \sqrt{S_x^2 + S_y^2} \tag{13-19}$$

用模板表示为：

$$S_x = \begin{bmatrix} 1 & 0 & -1 \\ \sqrt{2} & 0 & -\sqrt{2} \\ 1 & 0 & -1 \end{bmatrix}, \quad S_y = \begin{bmatrix} -1 & -\sqrt{2} & -1 \\ 0 & 0 & 0 \\ 1 & \sqrt{2} & 1 \end{bmatrix} \tag{13-20}$$

13.2 频域高通滤波

由于图像中的边缘、线条等细节部分与图像频谱中的高频分量相对应，在频域中用高通滤波器处理，能够使图像的边缘或线条变得更清晰，从而使图像得到锐化。高通滤波器可衰减傅里叶变换中的低频分量，使傅里叶变换中的高频信息通过。

因此，采用高通滤波的方法让高频分量顺利通过，使低频分量受到抑制，就可以增强高频的成分。

在频域中实现高通滤波，滤波的数学表达式为：

$$G(u,v) = H(u,v) \cdot F(u,v) \tag{13-21}$$

其中，$F(u,v)$ 为原图像 $f(x,y)$ 的傅里叶频谱；$G(u,v)$ 为锐化后图像 $g(x,y)$ 的傅里叶频谱；$H(u,v)$ 为滤波器的转换函数（即频谱响应）。那么，对于高通滤波器而言，$H(u,v)$ 使高频分量通过，低频分量受抑制。常用的高通滤波器有如下 4 种。

（1）理想高通滤波器。

二维理想高通滤波器（IHPF）的传递函数定义为：

$$H(u,v) = \begin{cases} 1, & D(u,v) > D_0 \\ 0, & D(u,v) \leqslant D_0 \end{cases} \tag{13-22}$$

其中，D_0 为频率平面上从原点算起的截止距离，称为截止频率；$D(u,v) = \sqrt{u^2 + v^2}$ 是频率平面点 (u,v) 到频率平面原点 $(0,0)$ 的距离。

它在形状上与前面介绍的理想低通滤波器形状刚好相反，但同理想低通滤波器一样，这种理想高通滤波器也无法用实际的电子器件硬件来实现。

（2）巴特沃斯高通滤波器。

n 阶巴特沃斯高通滤波器（BHPF）的传递函数定义为：

$$H(u,v) = \frac{1}{1 + [D_0 / D(u,v)]^{2n}} \tag{13-23}$$

其中，D_0 为截止频率；$D(u,v) = \sqrt{u^2 + v^2}$ 为点 (u,v) 到频率平面原点的距离。当

$D(u,v) = D_0$ 时，$H(u,v)$ 下降至最大值的 $1/2$。

当选择截止频率 D_0，要求以使得该点处的 $H(u,v)$ 下降到最大值的 $1/\sqrt{2}$ 为条件时，可用下式实现：

$$H(u,v) = \frac{1}{1 + [\sqrt{2} - 1][D_0/D(u,v)]^{2n}} \tag{13-24}$$

（3）指数型高通滤波器。

指数型高通滤波器（EHPF）的传递函数定义为：

$$H(u,v) = e^{-[D_0/D(u,v)]^n} \tag{13-25}$$

其中，D_0 为截止频率；变量 n 控制着从原点算起的距离函数 $H(u,v)$ 的增长率。当 $D(u,v) = D_0$ 时，可采用下式：

$$H(u,v) = e^{\ln(1/\sqrt{2})[D_0/D(u,v)]^n} \tag{13-26}$$

它使 $H(u,v)$ 在截止频率 D_0 时等于最大值的 $1/\sqrt{2}$。

（4）梯形高通滤波器。

梯形高通滤波器（THPF）的传递函数定义为：

$$H(u,v) = \begin{cases} 0, & D(u,v) < D_1 \\ \dfrac{D(u,v) - D_1}{D_0 - D_1}, & D_1 \leqslant D(u,v) \leqslant D_0 \\ 1, & D(u,v) > D_0 \end{cases} \tag{13-27}$$

其中，D_0 为截止频率；D_1 为 0 截止频率，频率低于 D_1 的频率全部衰减。通常为了实现方便，D_0 并不是在半径上使 $H(u,v)$ 取最大值 $1/\sqrt{2}$。D_1 可以是任意的，只要它小于 D_0，满足 $D_0 > D_1$ 即可。

4 种频域高通滤波器传递函数 $H(u,v)$ 的剖面图如图 13-2 所示。

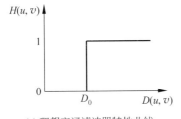
(a) 理想高通滤波器特性曲线

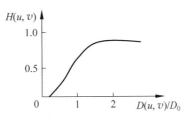
(b) 巴特沃斯高通滤波器特性曲线

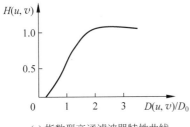
(c) 指数型高通滤波器特性曲线

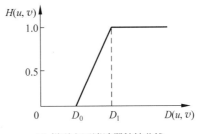
(d) 梯形高通滤波器特性曲线

图 13-2　4 种频域高通滤波器传递函数 $H(u,v)$ 的剖面图

13.3 同态滤波器图像增强的方法

一幅图像 $f(x,y)$ 能够用它的入射光分量和反射光分量来表示,其关系式如下:

$$f(x,y) = i(x,y) \cdot r(x,y) \tag{13-28}$$

另外,入射光分量 $i(x,y)$ 由照明源决定,即它与光源有关,通常用来表示慢的动态变化,可直接决定一幅图像中像素所能达到的动态范围。而反射光分量 $r(x,y)$ 则是由物体本身特性决定的,它表示灰度的急剧变化部分,如两个不同物体的交界部分、边缘部分及线等。入射光分量同傅里叶平面上的低频分量相关,而反射光分量则同其高频分量相关。因为两个函数乘积的傅里叶变换是不可分的,所以式(13-28)不能直接用来对照明光和反射频率分量进行变换,即:

$$F[f(x,y)] \neq F[i(x,y)] \cdot F[r(x,y)] \tag{13-29}$$

如果令:

$$z(x,y) = \ln[f(x,y)] = \ln[i(x,y)] + \ln(r(x,y)) \tag{13-30}$$

再对式(13-30)取傅里叶变换,由此可得:

$$F\{z(x,y)\} = F\{\ln[f(x,y)]\} = F\{\ln[i(x,y)]\} + F\{\ln[r(x,y)]\} \tag{13-31}$$

$$Z(u,v) = I(u,v) + R(u,v) \tag{13-32}$$

其中,$I(u,v)$ 和 $R(u,v)$ 分别为 $\ln[i(x,y)]$ 和 $\ln[r(x,y)]$ 的傅里叶变换。如果选用一个滤波函数 $H(u,v)$ 来处理 $Z(u,v)$,则有:

$$\begin{aligned} S(u,v) &= Z(u,v)H(u,v) \\ &= I(u,v)H(u,v) + R(u,v)H(u,v) \end{aligned} \tag{13-33}$$

其中,$S(u,v)$ 为滤波后的傅里叶变换。它的逆变换为:

$$\begin{aligned} s(x,y) &= F^{-1}\{S(u,v)\} \\ &= F^{-1}[I(u,v)H(u,v)] + F^{-1}[R(u,v)H(u,v)] \end{aligned} \tag{13-34}$$

如果令:

$$i'(x,y) = F^{-1}[I(u,v)H(u,v)] \tag{13-35}$$

$$r'(x,y) = F^{-1}[R(u,v)H(u,v)] \tag{13-36}$$

则式(13-34)可表示为:

$$s(x,y) = i'(x,y) + r'(x,y) \tag{13-37}$$

其中,$i'(x,y)$ 和 $r'(x,y)$ 分别是入射光和反射光取对数,为了得到所要求的增强图像 $g(x,y)$,必须进行反运算,即:

$$\begin{aligned} g(x,y) &= \exp\{s(x,y)\} \\ &= \exp\{i'(x,y) + r'(x,y)\} \\ &= \exp\{i'(x,y)\} \cdot \exp\{r'(x,y)\} \\ &= i_0(x,y) \cdot r_0(x,y) \end{aligned} \tag{13-38}$$

$$\begin{cases} i_0(x,y) = \exp\{i'(x,y)\} \\ r_0(x,y) = \exp\{r'(x,y)\} \end{cases} \tag{13-39}$$

其中,$i_0(x,y)$ 和 $r_0(x,y)$ 分别为输出图像的照明光和反射光分量。

同态滤波器图像增强方法如图 13-3 所示。此方法需要用同一个滤波器来实现对入射分量和反射分量的理想控制,其关键是选择合适的 $H(u,v)$。$H(u,v)$ 对图像中的低频和高频分量有不同的影响,因此把它称为同态滤波。如果 $G(u,v)$ 的特性如图 13-4 所示,$r_L < 1$,$r_H > 1$,则此滤波器将减少低频,增强高频,其结果是同时使灰度动态范围压缩和对比度增强。

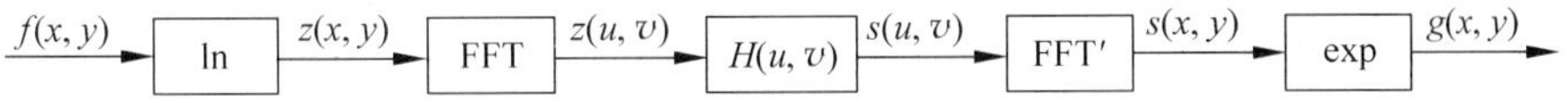

$$f(x,y) \rightarrow \boxed{\ln} \xrightarrow{z(x,y)} \boxed{\text{FFT}} \xrightarrow{z(u,v)} \boxed{H(u,v)} \xrightarrow{s(u,v)} \boxed{\text{FFT}'} \xrightarrow{s(x,y)} \boxed{\exp} \xrightarrow{g(x,y)}$$

图 13-3　同态滤波器图像增强的方法

必须指出的是,在傅里叶变换平面上用增强高频成分来突出边缘和线的同时,也降低了低频成分,从而使平滑的灰度变化区域出现模糊,其中平滑的灰度变化区基本相同。因此为了保存低频分量,通常在高通滤波器上加一个常量,但这样又会使高频成分增加,结果也不佳。这时经常会用后滤波处理来补偿它,即在高频处理之后,对一幅图像再进行直方图平坦化,使灰度值重新分配。这样处理的结果,会使图像得到很大的改善。

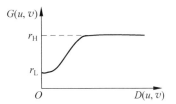

图 13-4　同态滤波器滤波函数的剖面

13.4　图像锐化的 MATLAB 实现

图像在传输和变换过程中会受到各种干扰而退化,比较典型的就是图像模糊。图像锐化的目的就是使边缘和轮廓线模糊的图像变得清晰,并使其细节清晰。锐化技术可以在空间域中进行,常用的方法是对图像进行微分处理,也可以在频域中运用高通滤波技术来处理。

13.4.1　空间域图像的锐化

1. 空域高通滤波法

【例 13-1】　利用空域高通滤波法对图像进行增强,其中,H_1、H_2 和 H_3 是高通滤波方阵模板。

$$H_1 = \begin{bmatrix} 0 & -1 & 0 \\ -1 & 5 & -1 \\ 0 & -1 & 0 \end{bmatrix}, \quad H_2 = \begin{bmatrix} -1 & -1 & -1 \\ -1 & 9 & -1 \\ -1 & -1 & -1 \end{bmatrix}, \quad H_3 = \begin{bmatrix} 1 & -2 & 1 \\ -2 & 5 & -2 \\ 1 & -2 & 1 \end{bmatrix}$$

图像锐化的程序代码如下:

```
I = imread('lena.bmp');
J = im2double(I);
subplot(2,2,1),imshow(J,[])
h1 = [0 -1 0, -1 5 -1,0 -1 0];
```

```
h2 = [-1 -1 -1, -1 9 -1, -1 -1 -1];
h3 = [1 -2 0, -2 5 -2, 1 -2 1];
A = conv2(J,h1,'same');
subplot(2,2,2), imshow(A,[])
B = conv2(J,h2,'same');
subplot(2,2,3),imshow(B,[])
C = conv2(J,h3,'same');
subplot(2,2,4),imshow(C,[])
```

运行程序,效果如图 13-5 所示。

(a) 原始图像　　　　　　　　(b) H_1算子

(c) H_2算子　　　　　　　　(d) H_3算子

图 13-5　空域高通滤波法示例

2. 梯度法图像锐化

采用梯度进行图像增强的方法有很多种,如下所述。

第一种方法是使其输出图像 $g(i,j)$ 的各点等于该点处的梯度幅度。即:

$$g(i,j) = G[f(i,j)] = \nabla f(i,j) \tag{13-40}$$

这种方法的缺点是输出图像在灰度变化比较小的区域中 $g(i,j)$ 很小,显示的是一片黑色。

第二种方法是使下式成立:

$$g(i,j) = \begin{cases} |G[f(i,j)]|, & |G[f(i,j)]| \geqslant T \\ f(i,j), & 其他 \end{cases} \tag{13-41}$$

当梯度值超过某阈值 T 的像素时,选用梯度值;而小于该阈值 T 时,选用原图像的像素点值,即适当选取 T,可以有效地增强边界而不影响比较平滑的背景。

第三种方法是使下式成立:

$$g(i,j) = \begin{cases} L_{\mathrm{G}}, & |G[f(i,j)]| \geqslant T \\ f(i,j), & \text{其他} \end{cases} \tag{13-42}$$

当梯度值超过某阈值 T 的像素时，选用固定灰度 L_{G} 来代替；而小于该阈值 T 时，仍选用原图像的像素点的值。这种方法可以使边界清晰，同时又不损害灰度变化比较平缓区域的图像特性。

第四种方法是使下式成立：

$$g(i,j) = \begin{cases} |G[f(i,j)]|, & |G[f(i,j)]| \geqslant T \\ L_{\mathrm{B}}, & \text{其他} \end{cases} \tag{13-43}$$

当梯度值超过某阈值 T 的像素时，选用梯度值；而小于该阈值 T 时，选用固定的灰度 L_{B}。这种方法将背景用一个固定的灰度级 L_{B} 来代替，可用于分析边缘灰度的变化。

第五种方法是使下式成立：

$$g(i,j) = \begin{cases} L_{\mathrm{G}}, & |G[f(i,j)]| \geqslant T \\ L_{\mathrm{B}}, & \text{其他} \end{cases} \tag{13-44}$$

当梯度值超过某阈值 T 的像素时，选用固定灰度 L_{G} 来代替；而小于该阈值 T 时，选用固定的灰度 L_{B}。根据阈值将图像分成边缘和背景，边缘和背景分别用两个不同的灰度级来表示，这种方法生成的是二值图像。

下面给出的是梯度法图像锐化的 MATLAB 程序，实现了前面所介绍的 5 种锐化方法，如图 13-6 所示。

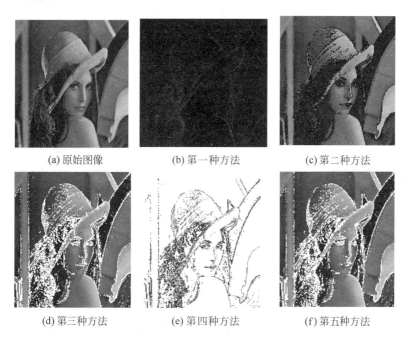

(a) 原始图像　　　　　　(b) 第一种方法　　　　　　(c) 第二种方法

(d) 第三种方法　　　　　　(e) 第四种方法　　　　　　(f) 第五种方法

图 13-6　梯度法图像锐化的 5 种方法比较示例

【**例 13-2**】　梯度法中 5 种图像锐化方法的 MATLAB 示例。

```
clear all;
```

```
[I,map] = imread('lena.bmp');
figure(1),imshow(I,map);
I = double(I);
[IX,IY] = gradient(I);
GM = sqrt(IX. * IX + IY. * IY);
meth1 = GM;
figure(2),imshow(meth 1,map);
meth 2 = I;
J = find(GM > 10);
meth 2(J) = GM(J);
figure(3),imshow(meth 2,map);
meth 3 = I;
J = find(GM > 10);
meth 3(J) = 255;
figure(4),imshow(meth 3,map);
meth 4 = I;
J = find(GM < 10);
meth 4(J) = 255;
figure(5),imshow(meth 4,map);
meth 5 = I;
J = find(GM > 10);
meth 5(J) = 255;
Q = find(GM < 10);
OUTS(Q) = 0;
figure(6),imshow(meth 5,map);
```

3. 利用 Laplacian 算子对图像滤波

【例 13-3】 对图像进行 Laplacian 算子锐化。

```
I = imread('cat.jpg');
h1 = [0, - 1,0; - 1,5, - 1;0, - 1,0];
h2 = [ - 1, - 1, - 1; - 1,9, - 1; - 1, - 1, - 1];
BW1 = imfilter(I,h1);
BW2 = imfilter(I,h2);
figure;
subplot(131);imshow(I);
subplot(132);imshow(BW1);
subplot(133);imshow(BW2);
```

运行程序,效果如图 13-7 所示。

(a) 原始图像   (b) 四邻域   (c) 八邻域

图 13-7 Laplacian 算子图像锐化

4. 利用 Sobel 算子对模糊图像进行增强

【例 13-4】 用 Sobel 算子对模糊图像进行增强。

```
clear;
I = imread('lena.bmp');
I1 = double(I);
h1 = fspecial('sobel');
I2 = filter2(h1,I);
figure;
subplot(121);imshow(I);
I3 = I1 - I2;
subplot(122);imshow(I3,[]);
```

运行程序,效果如图 13-8 所示。

(a) 原始图像　　　　　　(b) Sobel算子对图像锐化

图 13-8　Sobel 算子对图像锐化的结果

13.4.2　频域图像的锐化

【例 13-5】 用巴特沃斯低通滤波器去除图像中的椒盐噪声。

```
clear all;
% 实现巴特沃斯低通滤波器
I = imread('saturn.png');
J = imnoise(I,'salt & pepper',0.02);          % 给原始图像加入椒盐噪声
figure;
subplot(121);imshow(J);
J = double(J);
% 采用傅里叶变换
f = fft2(J);
% 数据矩阵平衡
g = fftshift(f);
[m,n] = size(f);
N = 3;
d0 = 20;
n1 = floor(m/2);
n2 = floor(n/2);
for i = 1:m
```

```
    for j = 1:n
        d = sqrt((i - n1)^2 + (j - n2)^2);
        h = 1/(1 + (d/d0)^(2 * N));
        g(i, j) = h * g(i, j);
    end
end
g = ifftshift(g);
g = uint8(real(ifft2(g)));
subplot(122); imshow(g);
```

运行程序，效果如图 13-9 所示。

(a) 加噪声的图像　　　　　　(b) 低通滤波器锐化效果

图 13-9　加噪声和经巴特沃斯低通滤波后的图像

【例 13-6】　用频域高通滤波法对图像进行增强。

```
clear all;
% 频域高通滤波法对图像进行增强
[I, map] = imread('lena.bmp');
noisy = imnoise(I, 'gaussian', 0.01);            % 原始图像中加入高斯噪声
[M N] = size(I);
F = fft2(noisy);
fftshift(F);
Dcut = 100;
D0 = 250;
D1 = 150;
for u = 1:M
    for v = 1:N
        D(u, v) = sqrt(u^2 + v^2);
% 巴特沃斯高通滤波器传递函数
BUTTERH(u, v) = 1/(1 + (sqrt(2) - 1)) * (Dcut/D(u, v))^2;
EXPOTH(u, v) = exp(log(1/sqrt(2)) * (Dcut/D(u, v))^2); % 指数高通滤波器传递函数
        if D(u, v) < D1                          % 梯形高通滤波器传递函数
            THFH(u, v) = 0;
        elseif D(u, v) <= D0
            THPFH(u, v) = (D(u, v) - D1)/(D0 - D1);
        else
            THPFH(u, v) = 1;
        end
    end
```

```
end
BUTTERG = BUTTERH. * F;
BUTTERfiltered = ifft2(BUTTERG);
EXPOTG = EXPOTH. * F;
EXPOTfiltered = ifft2(EXPOTG);
THPFG = THPFH. * F;
THPFfiltered = ifft2(THPFG);
subplot(2,2,1),imshow(noisy)                    % 显示加入高斯噪声的图像
subplot(2,2,2),imshow(BUTTERfiltered)           % 显示经过巴特沃高通滤波后的图像
subplot(2,2,3),imshow(EXPOTfiltered)            % 显示经过指数高通滤波后的图像
subplot(2,2,4),imshow(THPFfiltered);            % 显示经过梯形高通滤波后的图像
```

运行程序,效果如图 13-10 所示。

(a) 加入高斯噪声后的图像   (b) 巴特沃斯高通滤波后的图像

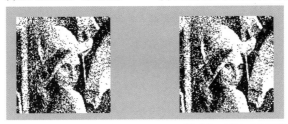

(c) 指数高通滤波后的图像   (d) 梯形高通滤波后的图像

图 13-10　频域高通滤波举例

13.4.3　同态滤波器的锐化

【例 13-7】　同态滤波器的增强效果。

```
J = imread('eight.tif');
figure;
subplot(121);imshow(J);
J = double(J);
f = fft2(J);                                     % 采用傅里叶变换
g = fftshift(f);                                 % 数据矩阵平衡
[m,n] = size(f);
d0 = 10;
r1 = 0.5;
rh = 2;
c = 4;
n1 = floor(m/2);
```

```
n2 = floor(n/2);
for i = 1:m;
    for j = 1:n
        d = sqrt((i - n1)^2 + (j - n2)^2);
        h = (rh - r1) * (1 - exp(- c * (d.^2/d0.^2))) + r1;
        g(i,j) = h * g(i,j);
    end
end
g = ifftshift(g);
g = uint8(real(ifft2(g)));
subplot(122);imshow(g);
```

运行程序,效果如图 13-11 所示。

(a) 原始图像   (b) H_1=0.5和H_2=2.0的同态滤波结果

图 13-11　同态滤波器的增强效果

小波变换是通过多分辨分析过程将一幅图像分解成近似和细节部分,细节对应的是小尺度的瞬间,它在本尺度内很稳定。因此将细节存储起来,对近似部分在下一个尺度上进行分解,重复该过程即可。在正交镜像滤波器算法中,近似与细节分别对应于高通和低通滤波器,这种通过尺度去掉相关性的变换方法,在图像压缩中被证明是有效的。由于小波变换后高频部分小波系数的绝对值较小,而低频部分小波系数的绝对值较大,这样,在图像编码处理中,可以对高频部分大多数系数分配较小的比特以达到压缩的目的。

小波分析是近年来发展起来的新兴学科,作为一种快速、高效、高精度的近似方法,它是傅里叶分析的一个突破性发展,给许多相关学科的研究领域带来了新的思想,为工程应用提供了一种新的分析工具。小波分析是目前国际上公认的图像/信号信息获取与处理领域的高新技术,是多学科共同关注的热点,是图像/信号处理的前沿课题。

近年来小波分析理论受到众多学科的共同关注。在静态图像压缩国际标准——JPEG2000 中,小波变换(DWT)已经正式取代离散余弦变换(DCT)成为标准的变换编码方法。本节在上述研究的基础上,提出了一种如何选择最优的小波基用于图像压缩的评价方法算法,并以仿真实验进行了实例算法研究。

14.1　图像的小波分解算法

分解算法实际上就是将一幅图像通过二维小波变换分解成一系列方向和空间局部变化的子带。一幅图像经小波分解后,可得到一系列不同分辨率的子图像。这是对图像进行各种处理的基础,尤其是在图像压缩方面。

设 $\{V_j\}_{j\in z}$ 是一个二维可分离的多分辨分析,$V_j = V_j^1 \otimes V_j^1$,其中,$\{V_j^1\}_{j\in z}$ 是 $L^2(R)$ 上的一个多分辨分析,其尺度函数为 ϕ,小波函数为 ψ,那么相应有二维的可分离的尺度函数 $\phi(x, y)$ 和三个可分离的方向敏感小波函数 $\psi^H(x, y)$、$\psi^V(x, y)$、$\psi^D(x, y)$,即:

$$\phi(x,y) = \phi(x)\phi(y) \tag{14-1}$$

$$\psi^H(x,y) = \psi(x)\phi(y) \tag{14-2}$$

$$\psi^V(x,y) = \phi(x)\psi(y) \tag{14-3}$$

$$\psi^D(x,y) = \psi(x)\psi(y) \tag{14-4}$$

沿着不同的方向,小波函数会有变化,ψ^H 沿着列变化(例如:水平边缘),ψ^V 沿着行变化(例如:垂直边缘),ψ^D 则对应于对角线方向。每个小波上的 H 表示水平方向,V 表示垂直方向,D 表示对角线方向。

由式(14-1)~式(14-4)给出的尺度函数和小波函数,可以定义一个伸缩和平移的基函数:

$$\phi_{j,m,n}(x,y) = 2^{j/2}\phi(2^j x - m, 2^j y - n) = \phi_{j,m}(x)\phi_{j,n}(y) \tag{14-5}$$

$$\psi_{j,m,n}^H(x,y) = 2^{j/2}\psi^H(2^j x - m, 2^j y - n) = \psi_{j,m}(x)\phi_{j,n}(y) \tag{14-6}$$

$$\psi_{j,m,n}^V(x,y) = 2^{j/2}\psi^V(2^j x - m, 2^j y - n) = \phi_{j,m}(x)\psi_{j,n}(y) \tag{14-7}$$

$$\psi_{j,m,n}^D(x,y) = 2^{j/2}\psi^D(2^j x - m, 2^j y - n) = \psi_{j,m}(x)\psi_{j,n}(y) \tag{14-8}$$

因为 $\{V_j\}_{j\in z}$ 是一个二维多分辨分析,有:

$$V_{k+1} = V_k + W_k$$

其中:

$$W_k = W_k^H + W_k^V + W_k^D$$

任意给定大小为 $M\times N$ 的图像 $f(x,y)\in L^2(R)$,$f_N(x,y)$ 是 f 在 V_N 中的投影。这时,对 $f_k(x,y)\in V_k$,$g_k(x,y)\in W_k$,有:

$$f_{k+1}(x,y) = f_k(x,y) + g_k(x,y)$$

其中,$g_k(x,y)$ 为:

$$g_k = g_k^H + g_k^V + g_k^D$$

设 $\{a_{l,j}\}$ 与 $\{b_{l,j}^I\}$($I=H,V,D$)是由两个一元分解序列生成的二元分解序列:

$$a_{l,j} = a_l a_j, \quad b_{l,j}^H = b_l a_j, \quad b_{l,j}^V = a_l b_j, \quad b_{l,j}^D = b_l b_j$$

因为 $f_k(x,y)\in V_k$,$g_k(x,y)\in W_k$,而 $\{\phi(2^k x-m,2^k y-n)\}$ 与 $\{\psi^I(2^k x-m,2^k y-n)\}$ 分别是空间 V_k 与 W_k 的 Riesz 基,故 $f_k(x,y)\in V_k$,$g_k(x,y)\in W_k$ 能写为:

$$\begin{cases} f_k(x,y) = \sum_{m,n} c_{k;n,m}\phi(2^k x - m, 2^k y - n) \\ g_k^I(x,y) = \sum_{m,n} d_{k;m,n}^I \psi^I(2^k x - m, 2^k y - n) \end{cases}$$

可得到分解算法:

$$\begin{cases} c_{k;m,n} = \sum_{l,j} a_{l-2m,j-2n} c_{k+1;m,n} \\ d_{k;m,n}^I = \sum_{l,j} b_{l-2m,j-2n}^I c_{k+1;m,n} \end{cases}$$

设 $\{p_{l,j}\}$,$\{q_{l,j}^I\}$($I=H,V,D$)是两个一元二尺度序列得到的二元二尺度序列(即重构序列),即:

$$p_{l,j} = p_l p_j, \quad q_{l,j}^H = q_l p_j, \quad q_{l,j}^V = p_l q_j, \quad q_{l,j}^D = q_l q_j$$

则重构算法为:

$$c_{k+1,m,n} = \sum_{l,j}\left(p_{m-2l,n-2j}c_{k;l,j} + \sum_{i=1}^{3}q^{i}_{m-2l,n-2j}d^{i}_{k;l,j}\right)$$

图像的小波编码过程首先是对原始图像进行二维小波变换,得到小波变换系数。由于小波变换能将原始图像的能量集中到少部分小波系数上,且分解后的小波系数在 3 个方向的细节分量有高度的局部相关性,这为进一步量化提供了有利条件。因此,应用小波编码可得到较高的压缩比,且压缩速度较快。

14.2　小波变换系数分析

如果采用正交小波变换,那么从理论上讲,小波变换前后的总能量是不变的,是一种能量守恒的变换,并且具有一种能量集中的特性,即将图像的能量集中在低频部分,而在各高频子图像中仅有很少比例的能量。将子图($M \times N$ 个像素)的能量定义为:

$$E = \frac{1}{MN}\sum_{j}\sum_{i}\left| x(i,j) \right|^{2}$$

如果采用双正交小波变换,尽量采用近似于正交的双正交小波基,使变换后能量尽量保持不变。在编码的量化阶段经常要用到图像的概率密度函数(PDF),小波变换后各子带概率密度函数可以通过统计方法逼近。仿真实验统计结果表明,在高频子带,小波变换系数更符合广义高斯分布,即对于 m,d 子带,PDF 可由如下函数逼近:

$$p_{m,d}(x) = a_{m,d}\exp(- \left| b_{m,d}x \right| r_{m,d})$$

其中,$r_{m,d}$ 是 PDF 形状控制参数。当 $r_{m,d} = 2$ 时,广义高斯分布就变成了高斯分布;当 $r_{m,d} = 1$ 时,广义高斯分布就变成了拉普拉斯分布。$r_{m,d}$ 越小,PDF 变化越陡。对于小波变换后的系数,除近似子图像 LL 外,$r_{m,d} = 0.7$ 时都能得到实际统计和逼近函数最接近的曲线。

14.3　实验结果与分析

不同于傅里叶分析,小波基不是唯一的,显然难点在于如何选用用于图像压缩的最优的小波基,一般情况下需要考虑以下 5 个因素:

(1) 小波基的正则性和消失矩;

(2) 小波基的线性相位;

(3) 所处理图像与小波基的相似性;

(4) 小波函数的能量集中性;

(5) 综合考虑压缩效率和计算复杂度。

正则性是函数光滑性的一种描述,也反映了函数频域能量集中的程度。正则性对图像压缩效果有一定的影响,如果图像大部分是光滑的,一般选择正则性好的小波。如 Haar 小波是不连续的(即不光滑的),会造成复原图像中出现方块效应,而采用其他的小波基则方块效应会消失。

现选择 bior3.7 正交小波对图像进行分解,如图 14-1 所示。原图像大小为 524 288B;第一次压缩后图像的大小为 131 072B;第二次压缩后图像的大小为 32 768B。

  第一次压缩提取原始图像中小波分解第一层的低频信息,此时压缩效果较好,压缩比较小,约为 1/4;第二次压缩是提取第一层分解低频部分的低频部分,即第二低频部分,其压缩比较大,约为 1/16,压缩效果在视觉上也基本过得去。随着分解层数的增加,压缩比是递减的。

【例 14-1】 基于小波变换的图像压缩。

```matlab
% 装载并显示原始图像
load trees;
figure
image(X);
colormap(map);
title('(a)原始图像 ');
axis square;
disp('压缩前图像的大小: ');
whos('X')
% 对图像进行 7 层小波分解
[c,l] = wavedec2(X,2,'bior3.7');
% 提取小波分解结构中的第一层的低频系数和高频系数
cA1 = appcoef2(c,l,'bior3.7',1);
% 水平方向
cH1 = detcoef2('h',c,l,1);
% 斜线方向
cD1 = detcoef2('d',c,l,1);
% 垂直方向
cV1 = detcoef2('v',c,l,1);
% 重构第一层系数
A1 = wrcoef2('a',c,l,'bior3.7',1);
H1 = wrcoef2('h',c,l,'bior3.7',1);
D1 = wrcoef2('d',c,l,'bior3.7',1);
V1 = wrcoef2('v',c,l,'bior3.7',1);
c1 = [A1 H1;V1 D1];
% 显示第一层频率信息
figure
image(c1);
title('(b)分解后的低频和高频信息');
% 对图像进行压缩:保留第一层低频信息并对其进行量化编码
ca1 = wcodemat(cA1,440,'mat',0);
% 改变图像高度并显示
ca1 = 0.1 * ca1;
figure
image(ca1);
colormap(map);
title('(c)第一次压缩后图像');
axis square;
disp('第一次压缩后图像的大小: ');
whos('ca1')
% 压缩图像:保留第二层低频信息并对其进行量化编码
cA2 = appcoef2(c,l,'bior3.7',2);
ca2 = wcodemat(cA2,440,'mat',0);
```

```
ca2 = 0.1 * ca2;
figure
image(ca2);
colormap(map);
title('(d)第二次压缩后图像');
disp('第二次压缩后图像大小: ');
whos('ca2')
```

运行程序,效果如图 14-1 所示。

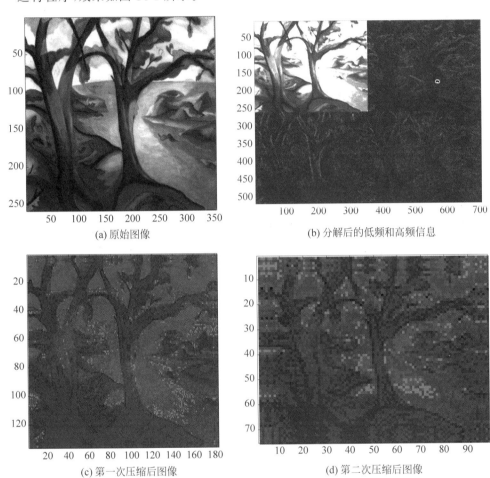

(a) 原始图像

(b) 分解后的低频和高频信息

(c) 第一次压缩后图像

(d) 第二次压缩后图像

图 14-1　基于小波变换的图像压缩结果

　　保留原始图像中低频信息的压缩方法只是一种最简单的压缩方法。它不需要经过其他处理即可获得较好的压缩效果。当然,对于上面的实例还可以提取小波分解的更高层的低频信息。从理论上说,可以获得任意压缩比的压缩图像。只不过在对压缩比和图像质量都有较高要求时,就不如其他压缩方法了。

　　【例 14-2】　采用 sym8 正交小波对 cameraman.tif 图像进行 3 次分解。

```
gray = imread('cameraman.tif');
[X, map] = gray2ind(gray);
nbcol = size(map, 1);
```

```
figure(14);
image(X);colormap(map);
[c,s] = wavedec2(X,3,'sym8');
A1 = wrcoef2('a',c,s,'sym8',1);
H1 = wrcoef2('h',c,s,'sym8',1);
V1 = wrcoef2('v',c,s,'sym8',1);
D1 = wrcoef2('d',c,s,'sym8',1);
A2 = wrcoef2('a',c,s,'sym8',2);
H2 = wrcoef2('h',c,s,'sym8',2);
V2 = wrcoef2('v',c,s,'sym8',2);
D2 = wrcoef2('d',c,s,'sym8',2);
A3 = wrcoef2('a',c,s,'sym8',3);
H3 = wrcoef2('h',c,s,'sym8',3);
V3 = wrcoef2('v',c,s,'sym8',3);
D3 = wrcoef2('d',c,s,'sym8',3);
figure(1)
image(wcodemat(A1,nbcol));colormap(map);
title('(a) 尺度为 1 时的低频图像');
figure(2)
image(wcodemat(H1,nbcol));colormap(map);
title('(b) 尺度为 1 时的水平高频图像');
figure(3)
image(wcodemat(V1 * 90,nbcol));colormap(map);
title('(c) 尺度为 1 时的垂直高频图像');
figure(4)
image(wcodemat(D1 * 89,nbcol));colormap(map);
title('(d) 尺度为 1 时的对角高频图像');
figure(5)
image(wcodemat(A2,nbcol));colormap(map);
title('(e) 尺度为 2 时的低频图像');
figure(6)
image(wcodemat(H2,nbcol));colormap(map);
title('(f) 尺度为 2 时的水平高频图像');
figure(7)
image(wcodemat(V2,nbcol));colormap(map);
title('(g) 尺度为 2 时的垂直高频图像');
figure(8)
image(wcodemat(D2,nbcol));colormap(map);
title('(h) 尺度为 2 时的对角高频图像');
figure(9)
image(wcodemat(A3,nbcol));colormap(map);
title('(i) 尺度为 3 时的低频图像');
figure(10)
image(wcodemat(H3,nbcol));colormap(map);
title('(j) 尺度为 3 时的水平高频图像');
figure(11)
image(wcodemat(V3,nbcol));colormap(map);
title('(k) 尺度为 3 时的垂直高频图像');
figure(12)
image(wcodemat(D3,nbcol));colormap(map);
title('(l) 尺度为 3 时的对角高频图像');
```

运行程序,效果如图 14-2 所示。

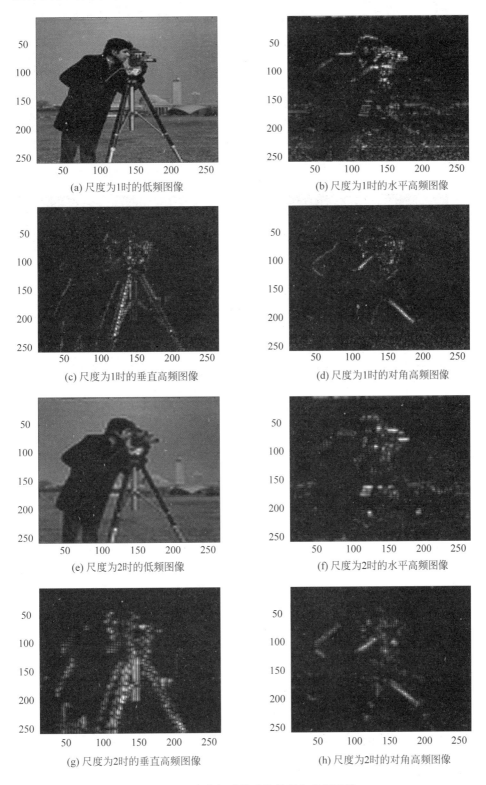

(a) 尺度为1时的低频图像

(b) 尺度为1时的水平高频图像

(c) 尺度为1时的垂直高频图像

(d) 尺度为1时的对角高频图像

(e) 尺度为2时的低频图像

(f) 尺度为2时的水平高频图像

(g) 尺度为2时的垂直高频图像

(h) 尺度为2时的对角高频图像

图 14-2　3次分解后得到的低频和高频图像

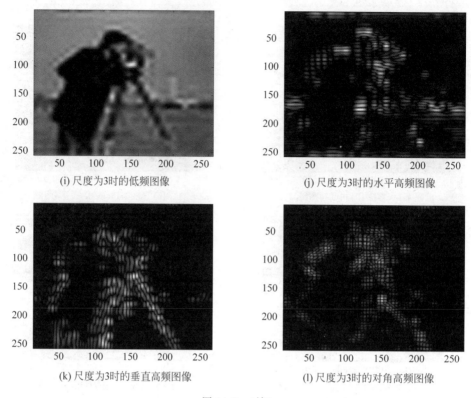

(i) 尺度为3时的低频图像

(j) 尺度为3时的水平高频图像

(k) 尺度为3时的垂直高频图像

(l) 尺度为3时的对角高频图像

图 14-2 （续）

【例 14-3】 验证小波系数分布理论。

```
Io = imread('cameraman.tif');
I = double(Io);
wname = 'sym8';
dwtmode('per');
% % 小波分解
[I11 IH1 IV1 ID1] = dwt2(I,wname);
[I21 IH2 IV2 ID2] = dwt2(I11,wname);
[I31 IH3 IV3 ID3] = dwt2(I21,wname);
window = [7 7];
Opname = 'std2';
% % 计算方差
sigmI11 = nlfilter(I11,window,Opname);
sigmIH1 = nlfilter(IH1,window,Opname);
sigmIV1 = nlfilter(IV1,window,Opname);
sigmID1 = nlfilter(ID1,window,Opname);
sigmI21 = nlfilter(I21,window,Opname);
sigmIH2 = nlfilter(IH2,window,Opname);
sigmIV2 = nlfilter(IV2,window,Opname);
sigmID2 = nlfilter(ID2,window,Opname);
sigmI31 = nlfilter(I31,window,Opname);
sigmIH3 = nlfilter(IH3,window,Opname);
sigmIV3 = nlfilter(IV3,window,Opname);
```

```
sigmID3 = nlfilter(ID3,window,Opname);
%%均值
Opname = 'mean2';
meanI11 = nlfilter(I11,window,Opname);
meanIH1 = nlfilter(IH1,window,Opname);
meanIV1 = nlfilter(IV1,window,Opname);
meanID1 = nlfilter(ID1,window,Opname);

meanI21 = nlfilter(I21,window,Opname);
meanIH2 = nlfilter(IH2,window,Opname);
meanIV2 = nlfilter(IV2,window,Opname);
meanID2 = nlfilter(ID2,window,Opname);

meanI31 = nlfilter(I31,window,Opname);
meanIH3 = nlfilter(IH3,window,Opname);
meanIV3 = nlfilter(IV3,window,Opname);
meanID3 = nlfilter(ID3,window,Opname);
IsI11 = I11./(sigmI11 + .1^10);
IsIH1 = IH1./(sigmIH1 + .1^10);
IsIV1 = IV1./(sigmIV1 + .1^10);
IsID1 = ID1./(sigmID1 + .1^10);

IsI21 = I21./(sigmI21 + .1^10);
IsIH2 = IH2./(sigmIH2 + .1^10);
IsIV2 = IV2./(sigmIV2 + .1^10);
IsID2 = ID2./(sigmID2 + .1^10);

IsI31 = I31./(sigmI31 + .1^10);
IsIH3 = IH3./(sigmIH3 + .1^10);
IsIV3 = IV3./(sigmIV3 + .1^10);
IsID3 = ID3./(sigmID3 + .1^10);
S1 = size(IsI11);
Iss1 = reshape(IsI11,S1(1)*S1(2),1);
Iss2 = reshape(IsIH1,S1(1)*S1(2),1);
Iss3 = reshape(IsIV1,S1(1)*S1(2),1);
Iss4 = reshape(IsID1,S1(1)*S1(2),1);
S2 = size(IsI21);
Iss21 = reshape(IsI21,S2(1)*S2(2),1);
Iss22 = reshape(IsIH2,S2(1)*S2(2),1);
Iss23 = reshape(IsIV2,S2(1)*S2(2),1);
Iss24 = reshape(IsID2,S2(1)*S2(2),1);
S3 = size(IsI31);
Iss31 = reshape(IsI31,S3(1)*S3(2),1);
Iss32 = reshape(IsIH3,S3(1)*S3(2),1);
Iss33 = reshape(IsIV3,S3(1)*S3(2),1);
Iss34 = reshape(IsID3,S3(1)*S3(2),1);
%%显示分布图
figure(1);
histfit(Iss1);
title('(a)尺度为1时低频系数分布');
figure(2);
```

```
histfit(Iss2);
title('(b) 尺度为 1 时水平高频系数分布');
figure(3);
histfit(Iss3);
title('(c) 尺度为 1 时垂直高频系数分布');
figure(4);
histfit(Iss4);
title('(d) 尺度为 1 时对角高频系数分布');
figure(5);
histfit(Iss21);
title('(e) 尺度为 2 时低频系数分布');
figure(6);
histfit(Iss22);
title('(f) 尺度为 2 时水平高频系数分布');
figure(7);
histfit(Iss23);
title('(g) 尺度为 2 时垂直高频系数分布');
figure(8);
histfit(Iss24);
title('(h) 尺度为 2 时对角高频系数分布');
figure(9);
histfit(Iss31);
title('(i) 尺度为 3 时低频系数分布');
figure(10);
histfit(Iss32);
title('(j) 尺度为 3 时水平高频系数分布');
figure(11);
histfit(Iss33);
title('(k) 尺度为 3 时垂直高频系数分布');
figure(12);
histfit(Iss34);
title('(l) 尺度为 3 时对角高频系数分布');
```

运行程序,效果如图 14-3 所示。

图 14-2 是采用 sym8 正交小波对原图像进行 3 次分解后得到的低频和高频图像。图 14-3 是图 14-2 所对应的小波系数的分布直方图。根据中心极限定律,在大样本的情况下,小波系数相对于局部的方差应该服从正态分布,小波系数的均值为零。图 14-3 是仿真程序的运行结果,显示了小波系数的直方图以及相应的近似正态分布曲线,是为了验证小波系数的能量分布情况。从图中可以看出,在尺度为 1 的情况下,低通小波系数不服从正态分布,而高通小波系数很好地拟合正态分布;在尺度为 2 和 3 的情况下,低通小波系数和高通小波系数都不服从正态分布,原因是第二层和第三层小波系数数目少,没有能够很好地拟合大数定理。

(1) 一般情况下,正则性阶数越高,对图像压缩效果越好,但在某些情况下也存在相反的情况,即正则性阶数小的小波基反而对图像的压缩效果好。这主要是由于所采用的小波函数与待压缩图像结构上存在一定的相似性。例如,由电视图像信号发生器产生的棋盘信号和方格信号,在相同码率下,用 Haar 小波基压缩的效果就好于用 Daubechies 小波($N > 2$)得到的效果,原因是 Haar 小波函数的基本图像与原图像的结构有一定的相似性。

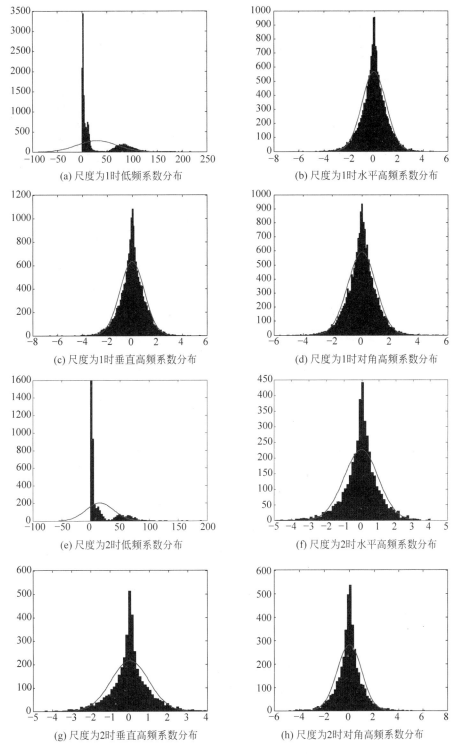

(a) 尺度为1时低频系数分布

(b) 尺度为1时水平高频系数分布

(c) 尺度为1时垂直高频系数分布

(d) 尺度为1时对角高频系数分布

(e) 尺度为2时低频系数分布

(f) 尺度为2时水平高频系数分布

(g) 尺度为2时垂直高频系数分布

(h) 尺度为2时对角高频系数分布

图 14-3　图像的三层系数分布

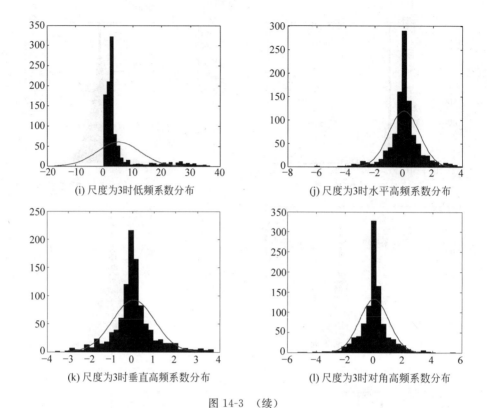

(i) 尺度为3时低频系数分布

(j) 尺度为3时水平高频系数分布

(k) 尺度为3时垂直高频系数分布

(l) 尺度为3时对角高频系数分布

图 14-3 （续）

（2）对图像做小波分解后,可得到一系列不同分辨率的子图像。而对于图像来说,表征它的最主要部分是低频部分,而高频部分中大部分点的数值均接近于 0,并且频率越高,这种现象越明显。因此,利用小波分解去掉图像的高频部分而仅保留图像的低频部分是一种最简单的图像压缩方法。

15.1 二维小波变换分解函数

15.1.1 dwt2 函数

该函数可用于二维单尺度的离散小波变换。函数的调用格式为：

$[cA,cH,cV,cD] = dwt2(X,'wname')$：用指定的小波函数 wname 对二维离散小波进行分解，近似系数矩阵 cA 和 3 个精确系数矩阵 cH、cV、cD（水平、垂直、对角线）分别返回低频系数向量和高频系数向量。

$[cA,cH,cV,cD] = dwt2(X,Lo\_D,Hi\_D)$：用指定的低通滤波器 Lo_D 和高通滤波器 Hi_D 对二维离散小波进行分解，并返回近似系数矩阵 cA 和 3 个精确系数矩阵 cH、cV、cD（水平、垂直、对角线）。

【例 15-1】 利用 dwt2 函数实现图像单层小波分解及显示。

```
>> clear all;
load woman;
wname = 'sym4';
[cA,cH,cV,cD] = dwt2(X,wname,'mode','per');
subplot(221)
imagesc(cA); title('近似系数 A1');
colormap gray;
subplot(222)
imagesc(cH); title('水平细节分量 H1');
subplot(223)
imagesc(cV); title('垂直细节分量 V1');
subplot(224)
imagesc(cD); title('对角细节分量 D1');
figure;                    % 显示原图和小波变换分量组合图像
subplot(121);imshow(X,map);
title('原始图像');
subplot(122);imshow([cA,cH;cV,cD]);
title('小波变换分量组合图像');
```

运行程序,效果如图 15-1 所示。

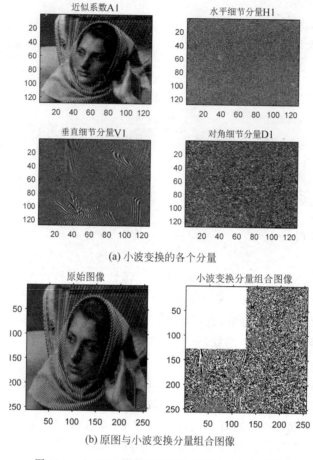

(a) 小波变换的各个分量

(b) 原图与小波变换分量组合图像

图 15-1   dwt2 函数实现图像的单层小波分解效果

从图 15-1 可看出,低频部分与原始图像是非常近似的;而高频部分,也可以认为是冗余的噪声部分,分解得到的 4 个分量大小是原图像大小的 1/4。

15.1.2   wavedec2 函数

在 MATLAB 中,提供了 wavedec2 函数实现多层二维离散小波分解。函数的调用格式为:

[C,S] = wavedec2(X,N,'wname'):用小波函数 wname 对信号 X 在尺度 N 上作二维分解,N 是严格的正整数;返回近似系数 C 和细节系数 L。

[C,S] = wavedec2(X,N,Lo_D,Hi_D):函数通过低通分解滤波器 Lo_D 和高通分解滤波器 Hi_D 进行二维分解。

【例 15-2】   利用 wavedec2 函数实现图像的多层小波分解及显示。

```
>> clear all;                    % 清空工作空间变量,清除工作空间所有变量
load woman;                      % 读取图像数据
```

```
nbcol = size(map,1);
[c,s] = wavedec2(X,2,'db2');              % 采用 db4 小波进行二层图像分解
siz = s(size(s,1),:);                     % 获取原图像矩阵 X 的大小
% 提取多层小波分解结构 C 和 S 的第一层小波变换的近似系数
ca2 = appcoef2(c,s,'db2',2);
% 利用多层小波分解结构 C 和 S 来提取图像第一层的细节系数的水平分量
chd2 = detcoef2('h',c,s,2);
% 利用多层小波分解结构 C 和 S 来提取图像第一层的细节系数的垂直分量
cvd2 = detcoef2('v',c,s,2);
% 利用多层小波分解结构 C 和 S 来提取图像第一层的细节系数的对角分量
cdd2 = detcoef2('d',c,s,2);
% 利用多层小波分解结构 C 和 S 来提取图像第一层的细节系数的水平分量
chd1 = detcoef2('h',c,s,1);
% 利用多层小波分解结构 C 和 S 来提取图像第一层的细节系数的垂直分量
cvd1 = detcoef2('v',c,s,1);
% 利用多层小波分解结构 C 和 S 来提取图像第一层的细节系数的对角分量
cdd1 = detcoef2('d',c,s,1);
ca11 = ca2 + chd2 + cvd2 + cdd2;          % 叠加重构近似图像
% 提取多层小波分解结构 C 和 S 的第一层小波变换的近似系数
ca1  = appcoef2(c,s,'db4',1);
set(0,'defaultFigurePosition',[100,100,1000,500]);  % 修改图形图像位置的默认设置
set(0,'defaultFigureColor',[1 1 1])      % 修改图形背景颜色的设置
figure                                    % 显示图像结果
subplot(1,4,1); imshow(uint8(wcodemat(ca2,nbcol)));
title('近似系数');
subplot(1,4,2); imshow(uint8(wcodemat(chd2,nbcol)));
title('水平细节分量 H2');
subplot(1,4,3); imshow(uint8(wcodemat(cvd2,nbcol)));
title('垂直细节分量 V2');
subplot(1,4,4); imshow(uint8(wcodemat(cdd2,nbcol)));
title('对角细节分量 D2');
figure
subplot(1,4,1); imshow(uint8(wcodemat(ca11,nbcol)));
title('重构近似系数 A1');
subplot(1,4,2); imshow(uint8(wcodemat(chd1,nbcol)));
title('水平细节分量 H1');
subplot(1,4,3); imshow(uint8(wcodemat(cvd1,nbcol)));
title('垂直细节分量 V1')
subplot(1,4,4); imshow(uint8(wcodemat(cdd1,nbcol)));
title('对角细节分量 D1');
disp('小波二层分解的近似系数矩阵 ca2 的大小：')   % 显示小波分解系数矩阵的大小
ca2_size = s(1,:)
disp('小波二层分解的细节系数矩阵 cd2 的大小：')
cd2_size = s(2,:)
disp('小波一层分解的细节系数矩阵 cd1 的大小：')
cd1_size = s(3,:)
disp('原图像大小：')
X_size = s(4,:)
```

```
disp('小波分解系数分量矩阵c的长度：')
c_size = length(c)
```

运行程序,输出如下,效果如图 15-2 所示。

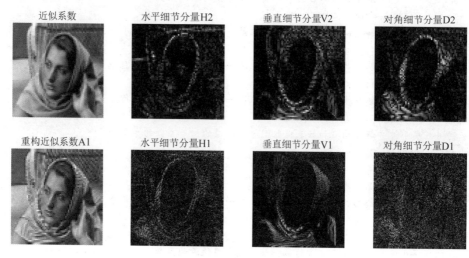

近似系数　　　水平细节分量H2　　　垂直细节分量V2　　　对角细节分量D2

重构近似系数A1　　水平细节分量H1　　垂直细节分量V1　　对角细节分量D1

图 15-2　图像的多层小波分解效果

小波二层分解的近似系数矩阵ca2的大小：
ca2_size =
    66 66
小波二层分解的细节系数矩阵cd2的大小：
cd2_size =
    66 66
小波一层分解的细节系数矩阵cd1的大小：
cd1_size =
   129 129
原图像大小：
X_size =
   256 256
小波分解系数分量矩阵c的长度：
c_size =
     67347

15.2　二维小波变换重构函数

前面已经介绍了两个比较重要的分解函数,下面对几个常用的重构函数进行介绍。

15.2.1　idwt2 函数

在 MATLAB 中,提供了 idwt2 函数用于重构二维小波(单层二维离散小波逆变换函数）。函数的调用格式为：

X = idwt2(cA,cH,cV,cD,'wname')：根据近似系数矩阵 cA 和 3 个精确系数矩阵 cH、cV、cD,用指定的 wname 小波函数对小波进行重构。返回向量 X 为单尺度重构后信号的低频系数。

X = idwt2(cA,cH,cV,cD,Lo_R,Hi_R)：根据近似系数矩阵 cA 和 3 个精确系数矩阵 cH、cV、cD,用指定的低通滤波器 Lo_R 和高通滤波器 Hi_R 对小波进行重构。如果 size(cA) = size(cH) = size(cV) = size(cD)且滤波器的长度为 lf,则 X 的长度为 size(X)=2 * size(cA)−lf+2。

X = idwt2(cA,cH,cV,cD,'wname',S)或 X = idwt2(cA,cH,cV,cD,Lo_R,Hi_R,S)：S 用于指定信号重构后的中间长度部分,其必须满足 S<2 * size(cA)−lf+2。

X = idwt2(…,'mode',MODE)：用指定的拓展模式 MODE 进行小波重构。

X = idwt2(cA,[],[],[],…)：在给定的近似系数 cA 的基础上返回单尺度近似系数矩阵 X。

X = idwt2([],cH,[],[],…)：在给定的近似系数 cA 的基础上返回单尺度细节系数矩阵 X。

【例 15-3】 利用 idwt2 函数实现图像的重构效果。

```
>> clear all;                                   % 清空工作空间变量,清除工作空间所有变量
load woman;                                     % 读取待处理图像数据
nbcol = size(map,1);                            % 获取颜色映射表的列数
[cA1,cH1,cV1,cD1] = dwt2(X,'db1');              % 对图像数据 X 利用 db1 小波,进行单层图像分解
sX = size(X);                                    % 获取原图像大小
A0 = idwt2(cA1,cH1,cV1,cD1,'db4',sX);           % 用小波分解的第一层系数进行重构
set(0,'defaultFigurePosition',[100,100,1000,500]);  % 修改图形图像位置的默认设置
set(0,'defaultFigureColor',[1 1 1])             % 修改图形背景颜色的设置
subplot(131),imshow(uint8(X));
title('原始图像');
subplot(132),imshow(uint8(A0));
title('重构图像');
subplot(133),imshow(uint8(X - A0));
title('差异图像');
```

运行程序,效果如图 15-3 所示。

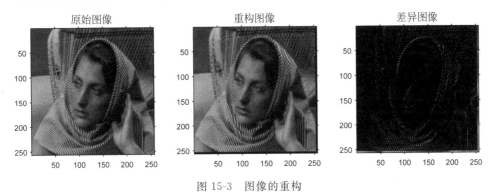

图 15-3　图像的重构

15.2.2 wavedec2 函数

在 MATLAB 中,提供了 wavedec2 函数用于多层二维离散小波逆变换(又叫重构函数)。函数的调用格式为:

[C,S] = wavedec2(X,N,'wname'):用小波函数 wname 对信号 X 在尺度 N 上进行二维分解,N 是严格的正整数;返回近似系数 C 和细节系数 S。

[C,S] = wavedec2(X,N,Lo_D,Hi_D):函数通过低通分解滤波器 Lo_D 和高通分解滤波器 Hi_D 进行二维分解。

【例 15-4】 利用 wavedec2 函数实现图像的多层小波分解效果。

```
>> clear all;                       % 清空工作空间变量,清除工作空间所有变量
load woman;                         % 读取图像数据
nbcol = size(map,1);
[c,s] = wavedec2(X,2,'db2');        % 采用 db4 小波进行二层图像分解
siz = s(size(s,1),:);               % 获取原图像矩阵 X 的大小
ca2 = appcoef2(c,s,'db2',2);        % 提取多层小波分解结构 C 和 S 的第一层小波变换的近似系数
chd2 = detcoef2('h',c,s,2);         % 利用多层小波分解结构 C 和 S 来提取图像第一层的细节系数
                                    % 的水平分量
cvd2 = detcoef2('v',c,s,2);         % 利用多层小波分解结构 C 和 S 来提取图像第一层的细节系数
                                    % 的垂直分量
cdd2 = detcoef2('d',c,s,2);         % 利用多层小波分解结构 C 和 S 来提取图像第一层的细节系数
                                    % 的对角分量
chd1 = detcoef2('h',c,s,1);         % 利用多层小波分解结构 C 和 S 来提取图像第一层的细节系数
                                    % 的水平分量
cvd1 = detcoef2('v',c,s,1);         % 利用多层小波分解结构 C 和 S 来提取图像第一层的细节系数
                                    % 的垂直分量
cdd1 = detcoef2('d',c,s,1);         % 利用多层小波分解结构 C 和 S 来提取图像第一层的细节系数
                                    % 的对角分量
ca11 = ca2 + chd2 + cvd2 + cdd2;    % 叠加重构近似图像
ca1 = appcoef2(c,s,'db4',1);        % 提取多层小波分解结构 C 和 S 的第一层小波变换的近似系数
set(0,'defaultFigurePosition',[100,100,1000,500]);   % 修改图形图像位置的默认设置
set(0,'defaultFigureColor',[1 1 1])                  % 修改图形背景颜色的设置
figure                              % 显示图像结果
subplot(2,4,1); imshow(uint8(wcodemat(ca2,nbcol)));
title('近似系数 A2');
subplot(2,4,2); imshow(uint8(wcodemat(chd2,nbcol)));
title('水平细节分量 H2');
subplot(2,4,3); imshow(uint8(wcodemat(cvd2,nbcol)));
title('垂直细节分量 V2');
subplot(2,4,4); imshow(uint8(wcodemat(cdd2,nbcol)));
title('对角细节分量 D2');
subplot(2,4,5); imshow(uint8(wcodemat(ca11,nbcol)));
title('重构近似系数 A1');
subplot(2,4,6); imshow(uint8(wcodemat(chd1,nbcol)));
title('水平细节分量 H1');
subplot(2,4,7); imshow(uint8(wcodemat(cvd1,nbcol)));
title('垂直细节分量 V1');
```

```
subplot(2,4,8); imshow(uint8(wcodemat(cdd1,nbcol)));
title('对角细节分量 D1');
disp('小波二层分解的近似系数矩阵 ca2 的大小：')        %显示小波分解系数矩阵的大小
ca2_size = s(1,:)
disp('小波二层分解的细节系数矩阵 cd2 的大小：')
cd2_size = s(2,:)
disp('小波一层分解的细节系数矩阵 cd1 的大小：')
cd1_size = s(3,:)
disp('原图像大小：')
X_size = s(4,:)
disp('小波分解系数分量矩阵 c 的长度：')
c_size = length(c)
```

运行程序，输出如下，效果如图 15-4 所示。

```
小波二层分解的近似系数矩阵 ca2 的大小：
ca2_size =
    66   66
小波二层分解的细节系数矩阵 cd2 的大小：
cd2_size =
    66   66
小波一层分解的细节系数矩阵 cd1 的大小：
cd1_size =
   129  129
原图像大小：
X_size =
   256  256
小波分解系数分量矩阵 c 的长度：
c_size =
      67347
```

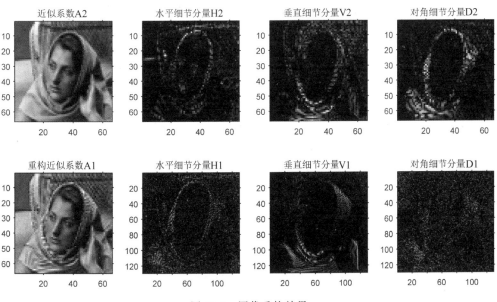

图 15-4　图像重构效果

15.2.3 wrcoef2 函数

在 MATLAB 中,提供了 wrcoef2 函数对指定某一层进行二维离散小波逆变换(也叫重构函数)。函数的调用格式为:

X = wrcoef2('type',C,S,'wname',N)或 X = wrcoef2('type',C,S,'wname'):对二维信号的分解结构[C,S]用指定的小波函数 wname 进行重构。当 type=a 时,即对信号的低频部分进行重构,此时 N 可以为 0;当 type=h(或 v、d)时,对信号水平(或垂直、对角线(或斜线))的高频部分进行重构。N 为正整数,且有:

- 当 type=a 时,$0 \leqslant N \leqslant size(S,1)-2$;
- 当 type=h、v 或 d 时,$1 \leqslant N \leqslant size(S,1)-2$。

X = wrcoef2('type',C,S,Lo_R,Hi_R,N)或 X = wrcoef2('type',C,S,Lo_R,Hi_R):指定重构滤波器进行重构,Lo_R 为低频滤波器,Hi_R 为高频滤波器。

【例 15-5】 利用 wrcoef2 函数对图像进行单支重构。

```
>> clear all;
% 载入图像
load woman;
subplot(231);image(X);colormap(map);
title('原始图像');
% 尺度2,利用 sym5 小波分解图像
[c,s] = wavedec2(X,2,'sym5');
% 对小波分解结构[c,s]的低频系数分别进行尺度1和尺度2上的重构
a1 = wrcoef2('a',c,s,'sym5',1);
subplot(232);image(a1);colormap(map);
title('尺度1低频图像');
a2 = wrcoef2('a',c,s,'sym5',2);
subplot(233);image(a1);colormap(map);
title('尺度2低频图像');
% 对小波分解结构[c,s]的高频系数分别进行尺度2上的重构
hd2 = wrcoef2('h',c,s,'sym5',2);
subplot(234);image(hd2);colormap(map);
title('尺度2水平高频图像');
vd2 = wrcoef2('v',c,s,'sym5',2);
subplot(235);image(vd2);colormap(map);
title('尺度2垂直高频图像');
dd2 = wrcoef2('d',c,s,'sym5',2);
subplot(236);image(dd2);colormap(map);
title('尺度2对角高频图像');
% 检查重构图像的大小
disp('原始图像大小为：')
sX = size(X)
disp('尺度1低频图像大小为：')
```

```
sa1 = size(a1)
disp('尺度 2 高频水平图像大小为: ')
shd2 = size(hd2)
```

运行程序,输出如下,效果如图 15-5 所示。

```
原始图像大小为:
sX =
    256    256
尺度 1 低频图像大小为:
sa1 =
    256    256
尺度 2 高频水平图像大小为:
shd2 =
    256    256
```

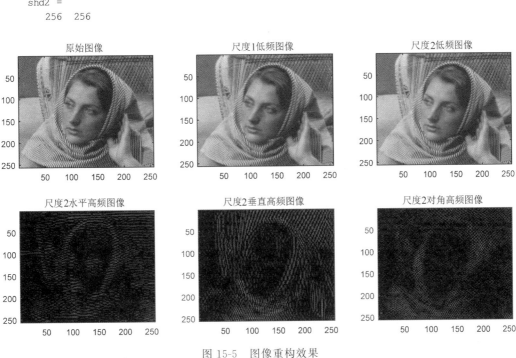

图 15-5   图像重构效果

15.2.4   upcoef2 函数

在 MATLAB 中,提供了 upcoef2 函数用于直接进行二维离散小波逆变换(也叫重构函数)。函数的调用格式为:

Y = upcoef2(O,X,'wname',N,S):对向量 X 进行重构并返回中间长度为 S 的部分。参数 N 为正整数,为尺度。如果 O='a',则是对低频系数进行重构;如果 O='h'(或'v'或'd'),则对水平方向(垂直方向或对角线方法)的高频系数进行重构。

Y = upcoef2(O,X,Lo_R,Hi_R,N,S):指定低通滤波器 Lo_R 和高通滤波器 Hi_R 对 X 进行重构。

Y = upcoef2(O,X,'wname',N)或 Y = upcoef2(O,X,Lo_R,Hi_R,N):对 N 层的

小波分解系数进行重构。

【例 15-6】 利用 upcoef2 函数实现图像多层小波重构效果。

```
>> clear all;                    % 清空工作空间变量
X = imread('flower.jpg');        % 读取图像进行灰度转换
X = rgb2gray(X);
[c,s] = wavedec2(X,2,'db4');     % 对图像进行小波二层分解
siz = s(size(s,1),:);            % 提取第二层小波分解系数矩阵大小
ca2 = appcoef2(c,s,'db4',2);     % 提取第一层小波分解的近似系数
chd2 = detcoef2('h',c,s,2);      % 提取第一层小波分解的细节系数水平分量
cvd2 = detcoef2('v',c,s,2);      % 提取第一层小波分解的细节系数垂直分量
cdd2 = detcoef2('d',c,s,2);      % 提取第一层小波分解的细节系数对角分量
a2 = upcoef2('a',ca2,'db4',2,siz); % 利用函数 upcoef2 对提取二层小波系数进行重构
hd2 = upcoef2('h',chd2,'db4',2,siz);
vd2 = upcoef2('v',cvd2,'db4',2,siz);
dd2 = upcoef2('d',cdd2,'db4',2,siz);
A1 = a2 + hd2 + vd2 + dd2;
[ca1,ch1,cv1,cd1] = dwt2(X,'db4'); % 对图像进行小波单层分解
a1 = upcoef2('a',ca1,'db4',1,siz); % 利用函数 upcoef2 对提取一层小波分解系数进行重构
hd1 = upcoef2('h',cd1,'db4',1,siz);
vd1 = upcoef2('v',cv1,'db4',1,siz);
dd1 = upcoef2('d',cd1,'db4',1,siz);
A0 = a1 + hd1 + vd1 + dd1;
set(0,'defaultFigurePosition',[100,100,1000,500]); % 修改图形图像位置的默认设置
set(0,'defaultFigureColor',[1 1 1])                % 修改图形背景颜色的设置
figure                           % 显示相关滤波器
subplot(241);imshow(uint8(a2));
title('重构的 a2');
subplot(242);imshow(hd2);
title('重构的 hd2');
subplot(243);imshow(vd2);
title('重构的 vd2');
subplot(244);imshow(dd2);
title('重构的 dd2');
subplot(245);imshow(uint8(a1));
title('重构的 a1');
subplot(246);imshow(hd1);
title('重构的 hd1');
subplot(247);imshow(vd1);
title('重构的 vd1');
subplot(248);imshow(dd1);
title('重构的 dd1');
figure;
subplot(131);imshow(X);
title('原始图像');
subplot(132);imshow(uint8(A1));
title('近似图像 A0');
subplot(133);imshow(uint8(A0));
title('近似图像 A1');
```

运行程序,效果如图 15-6 和图 15-7 所示。

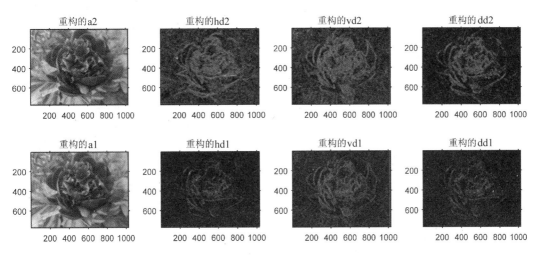

图 15-6　图像的重构效果

图 15-7　图像的近似效果

在程序中,先读入图像数据 X 并进行图像类型转换,然后利用函数 wavedec2 进行二层小波分解,并利用函数 appcoef2 和 detcoef2 提取第二层小波分解系数,再利用 upcoef2 函数对提取的二层小波系数 ca2、ch2、cv2、cd2 进行重构得到 a2、hd2、vd2、dd2;按照相同的方法,先利用 dwt2 函数对图像进行单层分解,得到小波分解第一层分解系数 ca1、ch1、cv1、cd1,再利用 upcoef2 函数重构 a1、hd1、vd1、dd1,最后将利用两种方法重构的图像的低频和高频分量合成近似图像 A1 和 A0。

15.2.5　upwlev2 函数

在 MATLAB 中,提供了 upwlev2 函数用于实现二维小波变换的单层重构。函数的调用格式为:

[NC,NS,cA] = upwlev2(C,S,'wname'):对小波分解结构[C,S]进行单尺度重构,即对分解结构[C,S]的第 n 步进行重构,返回一个新的分解[NC,NS](第 n−1 步的分解结构),并提取最后一尺度的低频系数矩阵,即如果[C,S]为尺度 n 的一个分解结构,则[NC,NS]为尺度 n−1 的一个分解结构,cA 为尺度 n 的低频系数矩阵,C 为原始的小波分解向量,S 为相应的记录矩阵。

[NC,NS,cA] = upwlev2(C,S,Lo_R,Hi_R):用低通滤波器 Lo_R 和高通滤波器

Hi_R 对图像进行重构。

【例 15-7】 利用 upwlev2 函数实现二维变换的单层重构。

```
>> clear all;                %清除工作空间中的变量
%载入图像
load woman;
%尺度 2,利用 db1 小波分解图像
[c,s] = wavedec2(X,2,'db1');
disp('分解后图像大小为：')
sc = size(c)
val_s = s
%直接利用分解系数重构图像
[nc,ns] = upwlev2(c,s,'db1');
disp('重构图像的大小为：')
snc = size(nc)
val_ns = ns
```

运行程序,输出如下：

```
分解后图像大小为：
sc =
          1       65536
val_s =
      64      64
      64      64
     128     128
     256     256
重构图像的大小为：
snc =
          1       65536
val_ns =
     128     128
     128     128
     256     256
```

15.3 提取二维小波变换系数的函数

15.3.1 detcoef2 函数

在 MATLAB 中,提供了 detcoef2 函数用于提取二维小波变换的细节系数。函数的调用格式为：

D = detcoef2(O,C,S,N)：O 为提取系数的类型,其取值有 3 种,当 O='h'时,表示提取水平系数；当 O='v'时,表示提取垂直系数；当 O='d'时,表示提取对角线系数。[C,S]为分解结构,N 为尺度数,N 必须为一个正整数且 $1 \leqslant N \leqslant \text{size}(S,1)-2$。

15.3.2 appcoef2 函数

在 MATLAB 中,提供了 appcoef2 函数用于提取二维小波变换的近似系数。函数的调用格式为:

A = appcoef2(C,S,'wname',N):计算尺度为 N(N 必须为一个正整数且 $0 \leqslant N \leqslant \text{length}(S) - 2$),小波函数为 wname,分解结构为[C,S]时的二维分解低频系数。

A = appcoef2(C,S,'wname'):用于提取最后一尺度($N = \text{length}(S) - 2$)的小波变换低频系数。

A = appcoef2(C,S,Lo_R,Hi_R)或 A= appcoef2(C,S,Lo_R,Hi_R,N):用重构滤波器 Lo_R 和 Hi_R 进行信号低频系数的提取。

【例 15-8】 利用 appcoef2 提取图像分解低频系数。

```
>> clear all;
% 载入信号
load woman;
subplot(131);image(X);colormap(map);
title('原始图像');
% 尺度为 2,利用 db1 小波系数分解图像
[c,s] = wavedec2(X,2,'db1');
disp('原始图像的大小为: ')
sizex = size(X)
disp('分解图像后的大小为: ')
sizec = size(c)
val_s = s
% 提取尺度为 2 图像中的低频信号
ca2 = appcoef2(c,s,'db1',2);
subplot(132);image(ca2);colormap(map);
title('尺度为 2 的低频图像');
disp('尺度为 2 低频信号的大小为: ')
sizeca2 = size(ca2)
% 提取尺度为 1 图像中的低频信号
ca1 = appcoef2(c,s,'db1',1);
subplot(133);image(ca1);colormap(map);
title('尺度为 1 的低频图像');
disp('尺度为 1 低频信号的大小为: ')
sizeca1 = size(ca1)
```

运行程序,输出如下,效果如图 15-8 所示。

```
原始图像的大小为:
sizex =
   256   256
分解图像后的大小为:
sizec =
        1     65536
val_s =
    64    64
```

```
      64      64
     128     128
     256     256
```
尺度为2低频信号的大小为:
```
sizeca2 =
      64      64
```
尺度为1低频信号的大小为:
```
sizeca1 =
     128     128
```

原始图像   尺度为2的低频图像   尺度为1的低频图像

 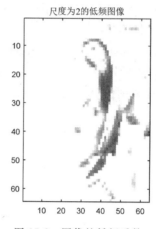 

图 15-8　图像的低频系数

16.1　图像的统计特性

在 MATLAB 中,灰度图像是一个二维矩阵,RGB 彩色图像是三维矩阵。图像作为矩阵,可以计算其均值、标准差和相关等统计特征。

16.1.1　图像的均值

在 MATLAB 中,采用 mean2 函数计算矩阵的均值。对于灰度图像,图像数据是二维矩阵,可以通过函数 mean2 计算图像的平均灰度值。对于 RGB 彩色图像数据 I,mean2(I)得到所有颜色值的平均值。如果要计算 RGB 彩色图像每种颜色的平均值,例如红色的平均值,可以采用 mean2(I(:,:,I))。

【例 16-1】　通过 mean2 函数计算灰度和彩色图像的平均值。

```
>> clear all;
I = imread('onion.png');
J = rgb2gray(I);              % RGB 转换为灰度图像
gray = mean2(J);             % 灰度图像的均值
rgb = mean2(I);              % RGB 图像的均值
r = mean2(I(:,:,1))          % 红色
g = mean2(I(:,:,2))          % 绿色
b = mean2(I(:,:,3))          % 蓝色
subplot(121);imshow(uint8(I));
title('原始图像');
subplot(122);imshow(uint8(J));
title('灰度图像');
```

运行程序,输出如下,效果如图 16-1 所示。

```
r =
   137.3282
g =
    92.7850
b =
    45.2651
```

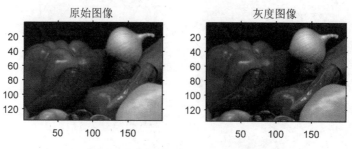

图 16-1　RGB 原始图像和灰度图像的平均值

在原始的彩色图像中,红色的平均值为 137.3282,绿色的平均值为 92.7850,蓝色的平均值为 45.2651,这些数据和实际的图像完全相符,红色和绿色成分比较多,蓝色成分比较少。

16.1.2　图像的标准差

对于向量 x_i,其中 $i=1,2,\cdots,n$,其标准差为:

$$s = \sqrt{\frac{1}{n-1}\sum_{i=1}^{n}(x_i - x)^2}$$

其中 $x = \frac{1}{n}\sum_{i=1}^{n}x_i$,该向量的长度为 n。

在 MATLAB 中,提供了 std 函数计算向量的标准差,通过 std2 函数计算矩阵的标准差。灰度图像的像素为二维矩阵 A,则该图像的标准差为 std(A)。

【例 16-2】　计算灰度图像的标准差。

```
>> clear all;
I = imread('liftingbody.png');;
s1 = std2(I)                    %计算标准差
J = histeq(I);                  %直方图均衡化
s2 = std2(J)                    %计算直方图均衡化标准差
```

运行程序,输出如下:

```
s1 =
    31.6897
s2 =
    74.8417
```

16.1.3　图像的相关系数

灰度图像的像素为二维矩阵。两个大小相等的二维矩阵,可以计算其相关系数,公式为:

$$r = \frac{\sum_m \sum_n (A_{mn} - \overline{A})(B_{mn} - \overline{B})}{\sqrt{\left(\sum_m \sum_n (A_{mn} - \overline{A})^2\right)\left(\sum_m \sum_n (B_{mn} - \overline{B})^2\right)}}$$

其中，A_{mn} 和 B_{mn} 为 m 行 n 列的灰度图像，$\overline{A}$ 为 mean2(A)，$\overline{B}$ 为 mean2(B)。

在 MATLAB 中，提供了 corr2 函数计算两个灰度图像的相关系数。函数的调用格式为：

r = corr2(A,B)：A 和 B 为大小相等的二维矩阵，r 为两个矩阵的相关系数。

【例 16-3】 计算两个灰度图像的相关系数。

```
>> clear all;
I = imread('pout.tif');
J = medfilt2(I);              %中值滤波器
R = corr2(I,J)               %计算相关系数
subplot(121);imshow(I);
title('原始图像');
subplot(122);imshow(J);
title('中值滤波');
```

运行程序，输出如下，效果如图 16-2 所示。

```
R =
    0.9959
```

在图 16-2 中，左图为原始图像，右图为二维中值滤波后得到的图像。这两幅图像的相关系数为 0.9959，相似度非常高。

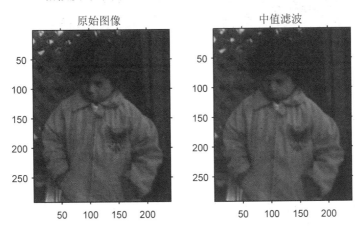

图 16-2 计算两幅图像的相关系数

16.1.4 图像的等高线

在 MATLAB 图像处理工具箱中，提供了 imcontour 函数来显示灰度图像中数据的轮廓图，imcontour 函数能够自动设置坐标轴，使输出图像在其方向和纵横比上能够与显示的图像吻合。

imcontour(I)：提取灰度图像的轮廓图。

imcontour(I,n)：提高设置 n 条的灰度图像轮廓图。

imcontour(I,v)：绘制灰度图像的轮廓图，并指定 v 为一个向量值。

imcontour(x,y,…)：x,y 代表 X 和 Y 轴的取值。

imcontour(…,LineSpec)：设置灰度图像的轮廓图的颜色。

[C,handle] = imcontour(…)：除了返回灰度图像的轮廓图句柄值外,还返回其轮廓矩阵。

【例 16-4】 通过 imcontour 函数计算灰度图像的等高线。

```
>> clear all;
I = imread('onion.png');
J = rgb2gray(I);              % RGB 转换为灰度图像
subplot(121);imshow(J);
title('原始图像');
subplot(122);imcontour(J,3);  % 显示等高线
title('等高线');
```

运行程序,效果如图 16-3 所示。

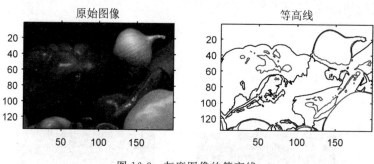

图 16-3　灰度图像的等高线

16.2　空间域滤波

数字图像中往往存在各种各样的噪声,噪声是获得的图像像素值,不能反映真实场景亮度的误差。根据图像的获取方法不同,有很多引入图像噪声的方法。

(1) 如果图像是通过扫描照片得到的,则照片上的灰尘是噪声源,另外,照片损坏和扫描的过程本身都会引入噪声。

(2) 如果图像直接由数字设备得到,则获取图像数据的设备会引入噪声。

(3) 图像数据的传输会引入噪声。

16.2.1　图像中加入噪声

为了模拟不同方法的去噪效果,MATLAB 中提供了 imnoise 函数对一幅图像加入不同类型的噪声。下面通过一个例子来演示在图像中加入噪声的操作。

【例 16-5】 在图像中加入不同的噪声。

```
>> clear all;
I = imread('eight.tif');
```

```
subplot(231);imshow(I);
title('原始图像');
J1 = imnoise(I,'gaussian',0.15);          %添加高斯噪声
subplot(232);imshow(J1);
title('添加 Gaussian 噪声');
J2 = imnoise(I,'salt & pepper',0.15);     %添加椒盐噪声
subplot(233);imshow(J2);
title('添加 salt & pepper 噪声');
J3 = imnoise(I,'poisson');                %添加泊松噪声
subplot(234);imshow(J3);
title('添加 poission 噪声');
J4 = imnoise(I,'speckle',0.15);           %加入乘法噪声
subplot(235);imshow(J4);
title('添加 speckle 噪声')
```

运行程序,效果如图 16-4 所示。

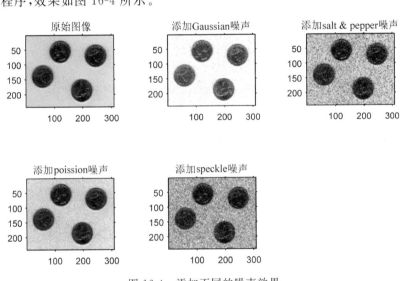

图 16-4　添加不同的噪声效果

16.2.2　中值滤波器

中值滤波器是一种去除噪声的非线性处理方法,是由 Turky 在 1971 年提出的。其基本原理是把数字图像或数字序列中一点的值用该点的一个邻域中各点值的中值代替。中值的定义如下:一组数字 $x_1,x_2,\cdots,x_n$,把 n 个数按值的大小顺序排列,如下所示,其中,$x_{i1}\leqslant x_{i2}\leqslant\cdots\leqslant x_{in}$。

$$y = \text{Med}\{x_1,x_2,\cdots,x_n\} = \begin{cases} x_{i(\frac{n+1}{2})}, & n \text{ 为奇数} \\ \dfrac{1}{2}\left[x_{i(\frac{n}{2})} + x_{i(\frac{n}{2}+1)}\right], & n \text{ 为偶数} \end{cases}$$

y 称为序列 $x_1,x_2,\cdots,x_n$ 的中值。把一个点的特定长度或形状的邻域称作窗口。在一维情形下,中值滤波器是一个含有奇数个像素的滑动窗口,窗口正中间那个像素的值用窗

口内各像素值的中值代替。设输入序列为$\{x_i, i \in I\}$，I为自然数集合或子集，窗口长度为n，则滤波器输出为：

$$y_i = \mathrm{Med}\{x_i\} = \mathrm{Med}\{x_{i-u}, \cdots, x_i, \cdots, x_{i+u}\}$$

其中，$i \in I$，$u = \dfrac{(n-1)}{2}$。

中值滤波器的概念很容易推广到二维，此时可以利用某种形式的二维窗口。设$\{x_{ij},(i,j) \in I^2\}$表示数字图像各点的灰度值，滤波窗口为A的二维中值滤波可定义为：

$$y_i = \mathrm{Med}_A\{x_{ij}\} = \mathrm{Med}\{x_{i+r,j+s},(r,s) \in A(i,j) \in I^2\}$$

二维中值滤波器可以取方形，也可以取近似圆形或十字形，如图16-5所示。

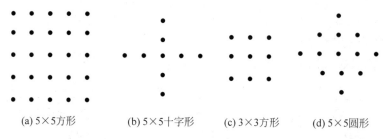

(a) 5×5方形　　　(b) 5×5十字形　　　(c) 3×3方形　　　(d) 5×5圆形

图16-5　常用中值滤波器窗口

中值滤波器是非线性运算，因此对于随机性质的噪声输入，数学分析是相当复杂的。由大量实验可得，对于零均值正态分布的噪声输入，中值滤波器输出与输入噪声的密度分布有关，输出噪声方差与输入噪声密度函数的平方成反比。

对随机噪声的抑制能力，中值滤波性能要比平均值滤波差些。但对于脉冲干扰来讲，特别是脉冲宽度较小、相距较远的窄脉冲，中值滤波是很有效的。

在MATLAB中，提供了medfilt2函数用于实现图像的中值滤波处理。函数的调用格式为：

B = medfilt2(A,[m n])：A为待滤波的图像的数据矩阵，B为滤波后的数据矩阵，参数[m n]为中值滤波的邻域块的大小，默认为3×3。

B = medfilt2(A)：使用默认的邻域块对图像A进行中值滤波。

B = medfilt2(A,'indexed',…)：参数'indexed'表明操作对象为索引图像。

【例16-6】　利用medfilt2函数对图像进行中值滤波操作。

```
>> clear all;
I = imread('eight.tif');
figure;
subplot(211);imshow(I);
title('原始图像');
J = imnoise(I,'salt & pepper',0.02);        % 为图像添加椒盐噪声
K = medfilt2(J);                            % 图像的中值滤波操作
subplot(212);imshowpair(J,K,'montage');
title('中值滤波效果');
```

运行程序，效果如图16-6所示。

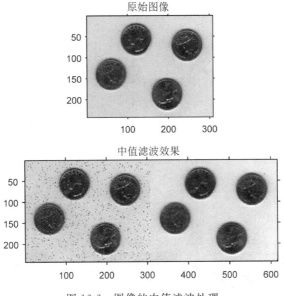

图 16-6　图像的中值滤波处理

16.2.3　自适应滤波器

在 MATLAB 中,利用 wiener2 函数可以实现对图像噪声的自适应滤除。wiener2 函数根据图像的局部方差来调整滤波器的输出。当局部方差大时,滤波器的平滑效果较弱,滤波器的平滑效果强。

wiener2 函数采用的算法是首先估计出像素的局部矩阵和方差:

$$\begin{cases} \mu = \dfrac{1}{MN} \sum_{n_1,n_2 \in \eta} a(n_1,n_2) \\ \sigma^2 = \dfrac{1}{MN} \sum_{n_1,n_2 \in \eta} a^2(n_1,n_2) - \mu^2 \end{cases}$$

其中,η 是图像中每个像素的 $M \times N$ 的邻域。然后,对每一个像素利用 wiener2 滤波器估计出其灰度值:

$$b(n_1,n_2) = \mu + \frac{\sigma^2 - v^2}{\sigma^2}(a(n_1,n_2) - \mu)$$

其中,v^2 是图像中噪声的方差。

使用 wiener2 函数进行滤波会产生比线性滤波更好的效果,因为自适应滤波器保留了图像的边界和图像的高频成分,但花时间更多。函数的调用格式为:

J = wiener2(I,[m n],noise):使用自适应滤波对图像 I 进行滤降噪处理。参数 m 与 n 为标量,指定 m×m 邻域来估计图像均值与方差,默认区域大小为 3×3。参数 noise 为矩阵,表示指定噪声。

[J,noise] = wiener2(I,[m n]):使用自适应滤波对图像 I 进行降噪处理,并返回函数的估计噪声 noise。

【**例 16-7**】 利用 wiener2 函数对图像进行自适应滤波处理。

```
>> clear all;
RGB = imread('saturn.png');
subplot(131);imshow(RGB);
title('原始图像');
I = rgb2gray(RGB);                    %将彩色图像转换为灰度图像
J = imnoise(I,'gaussian',0,0.025);    %添加高斯噪声
subplot(132);imshow(J);
title('带高斯噪声的图像');
K = wiener2(J,[5 5]);
subplot(133), imshow(K);
title('自适应滤波');
```

运行程序,效果如图 16-7 所示。

图 16-7　图像的自适应滤波效果

16.2.4　排序滤波

　　线性滤波是通过对邻域像素的线性组合得到输出图像的像素值的一种线性处理方法。线性滤波在图像去噪方面具有局限性,要么牺牲图像的细节,换得信噪比的提高;要么以信噪比的下降为代价,而保护图像的边缘,这两者往往不能同时兼顾。在此将介绍的排序滤波是一种非线性处理方法,它在保护图像细节方面具有很大的优势,而且信噪比损失不大,在图像处理中得到了广泛的应用。

　　排序滤波通过对邻域像素的升序排序,取第 r 个像素值作为输出图像的像素值。排序滤波也有对应的滤波窗口,滤波窗口超出图像边界时需要考虑边界的处理,可以用 0 填充或是最近邻边界填充等。在 MATLAB 中利用函数 ordfilt2 对图像作排序滤波,函数的调用格式为:

　　B = ordfilt2(A, order, domain):对图像 X 作顺序统计滤波,order 为滤波器输出的顺序值,domain 为滤波窗口。

　　B = ordfilt2(A, order, domain, S):S 是与 domain 大小相同的矩阵,它是对应 domain 中非零值位置的输出偏置,这在图形形态学中是很有用的。例如:

- Y=ordfilt2(X,5,ones(3,3)),相当于 3×3 的中值滤波;
- Y=ordfilt2(X,1,ones(3,3)),相当于 3×3 的最小值滤波;

- Y＝ordfilt2(X,9,ones(3,3)),相当于 3×3 的最大值滤波;
- Y＝ordfilt2(X,1,[0 1 0;1 0 1;0 1 0]),输出的是每个像素的东、西、南、北 4 个方向相邻像素灰度的最小值。

【例 16-8】 利用 ordfilt2 函数对图像进行排序滤波。

```
>> clear all;
I = imread('circuit.tif');
subplot(221);imshow(I);
title('原始图像');
B = ordfilt2(I,25,true(5));
subplot(222), imshow(B);
title('排序滤波');
J = imnoise(I,'gaussian',0,0.025);      %添加高斯噪声
subplot(223), imshow(J);
title('排序滤波');
C = ordfilt2(J,25,true(5));
subplot(224), imshow(C);
title('含噪排序滤波');
```

运行程序,效果如图 16-8 所示。

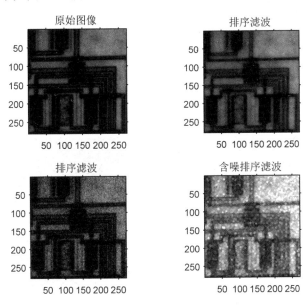

图 16-8 图像的排序滤波处理

16.2.5 锐化滤波

从数学上看,图像模糊的实质就是图像受到了平均或积分运算的影响,因此对其进行逆运算即可使图像清晰。

1. 线性锐化滤波

线性高通滤波器是最常用的线性锐化滤波器。这种滤波器必须满足滤波器的中心

系数为正数,其他系数为负数的条件。线性高通滤波器 3×3 模板的典型系数如图 16-9 所示。

−1	−1	−1
−1	−8	−1
−1	−1	−1

图 16-9　线性高通滤波器
3×3 模板

事实上这是拉普拉斯算子,所有系数的和为 0。当这样的模板放在图像中灰度值是常数或变化很小的区域时,其输出为 0 或很小。有时会导致输出图像的灰度值为负数,而图像处理中一般仅考虑正灰度值,所以在这种情况下还需要再进行灰度变换,使像素的灰度值保持在正整数范围内。

【例 16-9】 用线性锐化滤波对图像进行锐化滤波处理。

```
>> clear all;
% 下面利用拉普拉斯算子对模糊图像进行增强
I = imread('lean.png');
subplot(1,2,1);imshow(I);
xlabel('(a)原始图像');
I = double(I);                          % 转换数据类型为 double 双精度型
H = [0 1 0,1 − 4 1,0 1 0];               % 拉普拉斯算子
J = conv2(I,H,'same');                  % 用拉普拉斯算子对图像进行二维卷积运算
% 增强的图像为原始图像减去拉普拉斯算子滤波的图像
K = I − J;
subplot(1,2,2),imshow(K,[])
xlabel('(b)锐化滤波处理')
```

运行程序,效果如图 16-10 所示。由图可见,图像模糊的部分得到了锐化,边缘部分得到了增强,边界更加明显。但图像显示清楚的地方,经滤波后发生了失真,这也是拉普拉斯算子增强的一大缺点。

(a)原始图像　　　　　　　　　　　(b)锐化滤波处理

图 16-10　拉普拉斯算子对模糊图像进行增强

下面介绍两种常用的图像锐化算子。

(1)拉普拉斯算子。

拉普拉斯(Laplacian)算子法比较适用于改善由于光线的漫反射而造成的图像模糊。拉普拉斯算子是常用的边缘增强处理算子,它是各向同性的二阶导数,一个连续的二元函数 $f(x,y)$,它在位置 (x,y) 处的拉普拉斯运算定义为:

$$\nabla^2 f(x,y) = \frac{\partial^2 f}{\partial x^2} + \frac{\partial^2 f}{\partial y^2} \qquad (16\text{-}1)$$

其中，$\nabla^2 f(x,y)$ 称为拉普拉斯算子。对数字图像可写出图像 $f(i,j)$ 的一阶偏导为：

$$\frac{\partial f(i,j)}{\partial x} = \Delta_x f(i,j) \qquad \frac{\partial f(i,j)}{\partial y} = \Delta_y f(i,j) \tag{16-2}$$

二阶偏导为：

$$\frac{\partial^2 f(i,j)}{\partial x^2} = \Delta_x f(i+1,j) - \Delta_x f(i,j) \tag{16-3}$$

$$\frac{\partial^2 f(i,j)}{\partial y^2} = \Delta_y f(i,j+1) - \Delta_y f(i,j) \tag{16-4}$$

根据式(16-1)经整理可得：

$$g(i,j) = \nabla^2 f(i,j) = \frac{\partial^2 f(i,j)}{\partial x^2} + \frac{\partial^2 f(i,j)}{\partial y^2}$$

$$= f(i+1,j) + f(i-1,j) + f(i,j+1) + f(i,j-1) - 4f(i,j) \tag{16-5}$$

对于式(16-5)也可由拉普拉斯算子模板来表示：

$$H_1 = \begin{bmatrix} 0 & 1 & 0 \\ 1 & -4 & 1 \\ 0 & 1 & 0 \end{bmatrix} \qquad H_2 = \begin{bmatrix} 1 & 1 & 1 \\ 1 & -8 & 1 \\ 1 & 1 & 1 \end{bmatrix} \tag{16-6}$$

空间域锐化滤波用卷积形式表示为：

$$g(i,j) = \nabla^2 f(x,y) = \sum_{r=-k}^{k} \sum_{s=-l}^{l} f(i-r,j-s) H(r,s) \tag{16-7}$$

其中，$H(r,s)$ 除了可取式(16-6)的拉普拉斯算子模板外，只要适当地选择滤波因子(权函数)$H(r,s)$，就可以组成不同性能的高通滤波器，从而使边缘锐化突出细节。

几种常用的归一化高通滤波的模板如下：

$$H_1 = \begin{bmatrix} 0 & -1 & 0 \\ -1 & 5 & -1 \\ 0 & -1 & 0 \end{bmatrix} \qquad H_2 = \begin{bmatrix} -1 & -1 & -1 \\ -1 & 9 & -1 \\ -1 & -1 & -1 \end{bmatrix} \qquad H_3 = \begin{bmatrix} 1 & -2 & 1 \\ -2 & 5 & -2 \\ 1 & -2 & 1 \end{bmatrix}$$

这些已经归一化的模板可以避免处理后的图像出现亮度偏移的现象。其中，H_1 等效于用拉普拉斯算子增强图像。如果要增强具有方向性的边缘和线条，则应采用方向滤波，这时模板算子可由方向模板组成。

【例 16-10】 对图像进行拉普拉斯算子锐化。

```
>> clear all;
I = imread('cristal.jpg');
h1 = [0 -1 0;-1 5 -1;0 -1 0];
h2 = [-1 -1 -1;-1 9 -1;-1 -1 -1];
BW1 = imfilter(I,h1);
BW2 = imfilter(I,h2);
subplot(131);imshow(I);
title('原始图像');
subplot(132);imshow(uint8(BW1));
title('四邻域');
subplot(133);imshow(uint8(BW2));
title('八邻域');
```

运行程序，效果如图 16-11 所示。

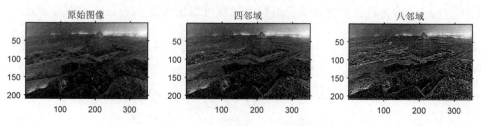

图 16-11　拉普拉斯算子图像锐化

从图 16-11 可看出,图像经过拉普拉斯算子运算后边界变得清晰了许多,而且八邻域模板的滤波效果明显要好于四邻域模板,图像的边界更加清晰了。

（2）Wallis 算子。

Wallis 根据拉普拉斯算子的特点,提出了一种改进的拉普拉斯算子,这是一个自适应算子。设 $f(i,j)_{M \times N}$ 为原始图像,它的局部均值和局部标准偏差分别记为 $\bar{f}(i,j)$ 和 $\sigma(i,j)$,即:

$$
\begin{cases}
\bar{f}(i,j) = \dfrac{1}{M} \sum_{(m,n) \in D_{ij}} f(m,n) \\
\sigma^2(i,j) = \dfrac{1}{M} \sum_{(m,n) \in D_{ij}} \left[f(m,n) - \bar{f}(i,j) \right]^2
\end{cases}
$$

其中,D_{ij} 为像素 (i,j) 的邻域,M 为 D_{ij} 的个数。增强后的图像 $g(i,j)_{M \times N}$ 像素点 (i,j) 的灰度为:

$$
g(i,j) = \left[\alpha m_d + (1-\alpha) \bar{f}(i,j) \right] + \left[f(i,j) - \bar{f}(i,j) \right] \frac{A\sigma_d}{A\sigma(i,j) + \sigma_d}
$$

其中,m_d 和 σ_d 表示设计的平均值和标准偏差,A 为增益系数,α 为控制增强图像中边缘和背景组成的比例常数。

【例 16-11】　对图像进行 Wallis 算子锐化。

```
>> clear all;
I = imread('lean.jpg');
subplot(131);imshow(I);
title('原始图像');
I = im2double(I);
[height width R] = size(I);
for i = 2:height - 1
    for j = 2:width - 1 II(i,j) = log10(I(i,j) + 1) - 0.25 * (log10(I(i-1,j) + 1) + log10(I(i
+ 1,j) + 1) + log10(I(i,j - 1) + 1) + log10(I(i,j + 1) + 1));
    end
end
min1 = min(II);
min2 = min(min1);
for i = 2:height - 1
    for j = 2:width - 1
        II(i,j) = 46 * II(i,j) - min2 + 0.4;
    end
end
```

```
subplot(132);imshow(II,[]);
title('四邻域');
for i = 1:height－1
    for j = 1:width－1
        if (II(i,j)<－0.035)
            II(i,j) = 0;
        else II(i,j) = 1;
        end
    end
end
subplot(133);imshow(II,[]);
title('八邻域');
```

运行程序,效果如图 16-12 所示。

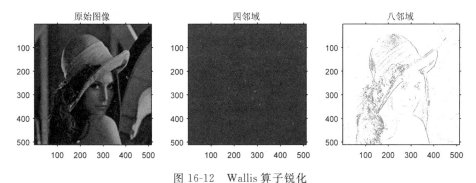

图 16-12　Wallis 算子锐化

2. 非线性锐化

邻域平均可以模糊图像,因为平均对应积分,所以可以利用微分来锐化图像。非线性锐化滤波器就是应用微分对图像进行处理,其中最常用的就是利用梯度,即图像沿某个方向上的灰度变化率。对于一个连续函数 $f(x,y)$,梯度定义如下:

$$\text{grad}\big[f(x,y)\big] = \left[\frac{\partial f}{\partial x},\frac{\partial f}{\partial y}\right] \overset{\text{def}}{=\!=} \Delta f$$

梯度是一个向量,需要用两个模板分别沿 x 和 y 方向计算。梯度的模(以 2 为模,对应欧氏距离)为:

$$\begin{cases} |\Delta f| = \left[\left(\dfrac{\partial f}{\partial x}\right)^2 + \left(\dfrac{\partial f}{\partial y}\right)^2\right]^{\frac{1}{2}} \\ |\Delta f| = \left[(\Delta_x f)^2 + (\Delta_y f)^2\right]^{\frac{1}{2}} \end{cases}$$

其中:

$$\begin{cases} \Delta_x = \dfrac{\Delta f}{\Delta x} = f(x+1,y) - f(x,y) \\ \Delta_y = \dfrac{\Delta f}{\Delta y} = f(x,y+1) - f(x,y) \end{cases}$$

常用的空域非线性锐化滤波微分算子有 Sobel 算子、Prewitt 算子、LoG 算子(高斯-拉普拉斯算子)等。

【例 16-12】 梯度法锐化图像。

```
    clear all;
[I,map] = imread('lean.png');
subplot(2,2,1);imshow(I);
xlabel('(a)原始图像');
I = double(I);                        % 数据类型转换
[IX,IY] = gradient(I);                % 梯度
gm = sqrt(IX. * IX + IY. * IY);
out1 = gm;
subplot(2,2,2);imshow(out1,map);
xlabel('(b)梯度值');
out2 = I;
J = find(gm  = 15);                   % 阈值处理
out2(J) = gm(J);
subplot(2,2,3);imshow(out2,map);
xlabel('(c)加阈值梯度值');
out3 = I;
J = find(gm  = 20);                   % 阈值黑白化
out3(J) = 255;                        % 设置为白色
K = find(gm  20);                     % 阈值黑白化
out3(K) = 0;                          % 设置为黑色
subplot(2,2,4);imshow(out3,map);      % 二值化
xlabel('二值化')
```

运行程序,效果如图 16-13 所示。由图可看出,几种输出方法的效果是不一样的。直接梯度输出背景和图像目标不是很清楚,阈值梯度输出可以消除背景的影响,而二值图像输出强化的是边缘的效果。

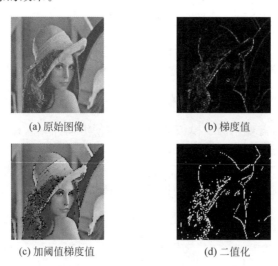

(a) 原始图像　　　　　　　　(b) 梯度值

(c) 加阈值梯度值　　　　　　(d) 二值化

图 16-13　梯度法锐化图像效果

图像运算是图像处理中常用的处理方法,它以图像为单位进行操作,运算的结果是一幅新的图像,常常用于图像高级处理(如图像分割、目标的检测和识别等)的前期处理。具体的图像运算包括点运算、代数运算、几何运算以及邻域运算。点运算常用于改变图像的灰度范围及分布,从而改善图像的效果;代数运算常用于医学图像的处理和图像误差检测;几何运算在图像配准、校正等方面有重要用途;邻域运算主要用在图像滤波和形态学运算方面。

在 MATLAB 中,数字图像数据是以矩阵(离散)形式存放的,矩阵的每一个元素值都对应着一个像素点的像素值。这样一来,对图像的运算就相当于是对数据矩阵的运算。

17.1 图像点运算

在图像处理中,点运算是一种简单而又很重要的技术。对于一幅输入图像,如果输出图像的每个像素的灰度值都由输入像素来决定,则将这样的图像变换称为图像的点运算(Point Operation),即该点像素灰度的输出值仅是本身灰度的单一函数。点运算的结果由灰度变换函数(Gray-Scale Transformation,GST)确定,即:

$$B(x,y) = f[A(x,y)]$$

其中,$A(x,y)$是运算前的图像像素值,$B(x,y)$是点运算后的图像像素值,f是对$A(x,y)$的一种映射函数,即 GST 函数。根据映射方式不同,点运算可分为线性点运算、分段线性点运算、非线性点运算和直方图修正。

17.1.1 线性点运算

在线性点运算中,灰度变换函数在数学上就是线性函数,如图 17-1 所示。

当 $a>1$ 时,输出图像对比度增大;当 $a<1$ 时,输出图像对比度降低;当 $a=1,b\neq0$ 时,仅使输出图像的灰度值上移或下移,其效果是使

整个图像更亮或更暗。线性点运算的典型应用是灰度分布标准化。

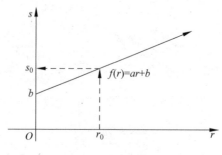

图 17-1 线性函数

给定灰度图像 $D[W][H]$，其中 W 和 H 为宽度和高度，它的平均灰度和方差按如下计算得到：

$$\begin{cases} \bar{\mu} = \dfrac{1}{W-H} \displaystyle\sum_{i=0}^{W-1}\sum_{j=0}^{H-1} D[i][j] \\[4mm] \sigma^2 = \dfrac{1}{W-H} \displaystyle\sum_{i=0}^{W-1}\sum_{j=0}^{H-1} (D[i][j]-\bar{\mu})^2 \end{cases}$$

将像素点变换成具有相同均值和方差的变换函数：

$$\hat{D}[i][j] = \frac{\sigma_0}{\sigma}(D[i][j]-\bar{\mu}) + \mu_0, \quad 0 \leqslant i \leqslant W, 0 \leqslant j \leqslant H$$

【例 17-1】 对原始 cameraman 图像进行上述线性变换。

```
>> clear all;
a = imread('cameraman.tif');        % 读入 cameraman 图像
subplot(231);imshow(a);
title('原始图像');
b1 = a + 45;                        % b1 = a + 45 图像灰度值增加 45
subplot(232);imshow(b1);
title('灰度值增加')
b2 = 1.35 * a;                      % b = 1.35 * a 图像对比度增大
subplot(233);imshow(b2)
title('对比度增大')
b3 = 0.55 * a;                      % b = 0.55 * a 图像对比度减少
subplot(234);imshow(b3);
title('对比度减少')
b4 = - double(a) + 255;             % b4 = - 1 * a + 255,图像求补,注意把 a 的类型转换为 double
subplot(235);imshow(uint8(b4));     % 再把 double 类型转换为 unit8
title('双精度类型')
```

运行程序，效果如图 17-2 所示。

17.1.2 分段线性点运算

为了突出图像中感兴趣的目标或灰度区间，可采用分段线性法，将需要的图像细节

原始图像 灰度值增加 对比度增大

对比度减少 双精度类型

图 17-2　经过不同的线性点运算效果图

灰度拉伸,同时增强对比度。3 段线性变换法运算的数学表达式为:

$$
g(x,y) = \begin{cases} (c/a)f(x,y), & 0 < f(x,y) < a \\ [(d-c)/(b-a)]f(x,y)+c, & a \leqslant f(x,y) \leqslant b \\ [(G_{\max}-d)/(F_{\max}-d)][f(x,y)-b+d], & b < f(x,y) \leqslant F_{\max} \end{cases}
$$

【**例 17-2**】　对图像进行分段线性点运算。

```
>> clear all;
R = imread('peppers.png');          % 读入原图像,赋值给 R
J = rgb2gray(R);                     % 将彩色图像数据 R 转换为灰度图像数据 J
[M, N] = size(J);                    % 将灰度图像数据的行列数赋值给 M, N
x = 1; y = 1;                        % 定义行索引变量 x,列索引变量 y
for x = 1:M
    for y = N
        if(J(x, y)< = 35);           % 对灰度图像 J 进行分段处理
            H(x, y) = J(x, y) * 10;
        elseif(J(x, y)> 35&J(x, y)< = 75);
            H(x, y) = (10/7) * [J(x, y) - 5] + 55;
        else(J(x, y)> 75);
            H(x, y) = (105/180) * [J(x, y) - 75] + 150;
        end
    end
end
figure;
subplot(1, 2, 1); imshow(J);
title('原始图像');
subplot(1, 2, 2); imshow(H);
title('变换后图像');
```

运行程序,效果如图 17-3 所示。

原始图像   变换后图像

图 17-3   分段线性点运算

17.1.3   非线性变换

当输出图像的像素点灰度值和输入图像的像素点灰度值不满足线性关系时,这种灰度变换都称为非线性灰度变换。基于对数变换的非线性灰度变换,其运算的数学表达式为:

$$g(x,y) = a + \frac{\ln[f(x,y)+1]}{b\ln c}$$

其中,a、b、c 是为了调整曲线的位置和形状而引入的参数。图像通过对数变换可扩展低值灰度,压缩高值灰度。

【例 17-3】   对图像进行分段式灰度变换。

```
>> clear all;
R = imread('peppers.png');          % 读入图像
G = rgb2gray(R);                     % 将图像转换为灰度图像
J = double(G);                       % 数据类型转换为双精度
H = (log(J + 1))/10;                 % 进行基于常用对数的非线性灰度变换
subplot(121);imshow(G);
title('灰度图像');
subplot(122);imshow(H);
title('非线性变换图像');
```

运行程序,效果如图 17-4 所示。

灰度图像   非线性变换图像

图 17-4   图像的非线性灰度变换

此外，在 MATLAB 中，提供了 imadjust 函数用于进行图像的灰度调整。函数的调用格式为：

J = imadjust(I)：调整图像 I 的灰度值，增加图像的对比度。

J = imadjust(I,[low_in,high_in],[low_out,high_out])：调整图像 I 的灰度值。[low_in,high_in] 为指定原始图像中要变换的灰度范围，[low_out,high_out] 为指定变换后的灰度范围。

J = imadjust(I,[low_in,high_in],[low_out,high_out],gamma)：调整图像 I 的灰度值。参数 gamma 为标量，表示校正量。其他参数含义同上。

newmap = imadjust(map,[low_in,high_in],[low_out,high_out],gamma)：调整索引图像的颜色表 map。其他参数含义同上。

RGB2 = imadjust(RGB1,…)：对 RGB 图像 RGB1 的 R、G、B 分量进行调整。

【例 17-4】 利用 imadjust 函数调整图像的灰度与亮度。

```
>> clear all;
I = imread('pout.tif');
subplot(221);imshow(I);                    %原始图像
title('原始图像');
J = imadjust(I);                           %调整灰度
subplot(222);imshow(J)
title('原始图像灰度调整')                    %调整亮度
K = imadjust(I,[0.3,0.7],[]);
subplot(223);imshow(K)
title('图像变亮');
G = imadjust(I,[0.3,0.7],[0,1],4);         %调整亮度
subplot(224);imshow(G);
title('图像变暗')
```

运行程序，效果如图 17-5 所示。

原始图像

原始图像灰度调整

图像变亮

图像变暗

图 17-5　调整图像的灰度与亮度

通过函数 imadust 调整灰度图像的灰度范围。灰度图像 pout. tif 的灰度值为 $0\sim$ 255,将小于 255×0.3 的灰度值设置为默认值,将大于 255×0.7 的灰度值设置为 255。同时将 255×0.3 到 255×0.7 的灰度值调整为 $0\sim255$,并且通过 gamma 调整图像的亮度。当 gamma 值大于 1 时,图像变暗;小于 1 时,图像变亮,默认值小于 1。

17.2　直方图修正

点运算包括灰度变换和直方图修正。那么,什么是灰度级的直方图呢?简单来说,灰度级的直方图就是反映一幅图像中的灰度级与出现这种灰度概率之间关系的图形。修改直方图的方法是增强图像实用性和有效性的处理方法之一。

17.2.1　直方图概述

图像的直方图是图像的重要统计特征,是表征数字图像中每一灰度级与该灰度级出现的频数(该灰度像素的数目)间的统计关系。用横坐标表示灰度级,纵坐标表示频数(也有用相对频数即概率表示的)。按照直方图的定义可表示为:

$$P(r_k) = \frac{n_k}{N}, \quad k = 0,1,2,\cdots,L-1$$

其中,N 为一幅图像的总像素数,n_k 为第 k 级灰度的像素数,r_k 为第 k 个灰度级,L 为灰度级数,$P(r_k)$ 为该灰度级出现的相对频数。

换言之,每个灰度值,将求出图像中该灰度值的像素数的图形称为灰度值直方图(Gray Level Histogram),简称直方图。直方图用横轴代表灰度值,纵轴代表像素数(产生概率、对整个画面上的像素数的比率)。

在 MATLAB 中,提供了 imhist 函数计算和显示图像的直方图。函数的调用格式为:

imhist(I, n):绘制灰度图像的直方图。

imhist(X, map):绘制索引色图像的直方图。

[counts, x]=imhist(…):其中,I 代表灰度图像,n 为指定的灰度级数目,默认值为 256,counts 和 x 分别为返回直方图数据向量和相应的色彩值向量。

【例 17-5】　利用 imhist 函数计算和显示灰度图像的直方图。

```
>> clear all;
I = imread('pout.tif');
subplot(121);imshow(I);
title('原始图像');
subplot(122);imhist(I);
title('灰度直方图');
```

运行程序,效果如图 17-6 所示。

17.2.2　直方图均衡化

直方图均衡化是一种利用灰度变换来自动调节图像对比度质量的方式,其基本思想

原始图像

灰度直方图

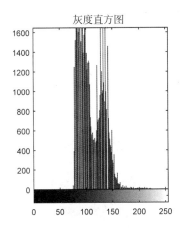

图 17-6　灰度图像的直方图

是通过灰度级的概率密度函数求出灰度变换函数，它是一种以累计分布函数变换法为基础的直方图修正法。变换函数 $T(r)$ 与原图像概率密度函数 $p_r(r)$ 之间的关系为：

$$s = T(r) = \int_0^r p_r(r)\mathrm{d}r, \quad 0 \leqslant r \leqslant 1$$

其中，$T(r)$ 要满足 $0 \leqslant T(r) \leqslant 1$。

以上是以连续随机变量为基础的，应用于数字图像处理中的离散形式为：

$$s_k = T(r_k) = \sum_{i=0}^k \frac{n!}{N} = \sum_{i=0}^k p_r(r_j), \quad 0 \leqslant r_j \leqslant 1; k = 0,1,2,\cdots,L-1$$

直方图均衡化处理的步骤为：

（1）求出给定待处理图的直方图 $p_r(r)$；

（2）利用累计分布函数对原图像的统计直方图做变换，得到新的图像灰度；

（3）进行近似处理，将新灰度代替旧灰度，同时将灰度值相等或近似的每个灰度直方图合并在一起，从而得到 $p_s(s)$。

在 MATLAB 中，提供了 histeq 函数进行直方图均衡化处理。函数的调用格式为：

J = histeq(I, n)：直方图均衡化，指定均衡化后的灰度级数 n，n 的默认值为 64。

[J, T] = histeq(I,⋯)：返回能将图像 I 的直方图转换为图像 J 的直方图的变换矩阵 T。

newmap = histeq(X, map)：先将索引图像 X 的直方图转换为用户指定的向量 hgram，再对转化后的图像进行直方图均衡化。

[newmap, T] = histeq(X,⋯)：返回能将索引图像 X 的颜色表直方图转换为 newmap 颜色表直方图的变换矩阵 T。

【例 17-6】　利用 histeq 函数对灰度图像进行直方图均衡化。

```
>> clear all;
I = imread('tire.tif');
J = histeq(I);
subplot(221);imshow(I);
title('原始图像');
subplot(222);imshow(J)
```

```
title('图像均衡化');
subplot(223); imhist(I,64);
title('原图像的直方图');
subplot(224); imhist(J,64);
title('图像均衡化的直方图');
```

运行程序,效果如图 17-7 所示。

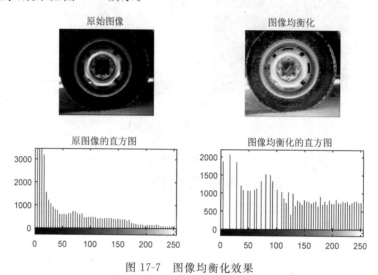

图 17-7　图像均衡化效果

17.2.3　直方图规定化

直方图均衡化所产生的直方图是近似均匀的,但有时为了对图像中某些灰度级加以增强,从而得到具有特定性质的直方图图像,因此采用直方图规定化来处理。直方图规定化是对图像的直方图进行处理的一种方法,从而使得处理后的图像直方图的形状逼近用户希望的直方图。通过一个指定的函数或用交互方式产生一个特定的直方图,根据这个直方图确定一个灰度级变换 $T(r)$,使由 T 所产生的新图像的直方图符合指定的直方图。其基本思路是:设 $\{r_k\}$ 是原图像的灰度,$\{z_k\}$ 是符合指定直方图结果图像的灰度,直方图规定化的目的是找到一个灰度级变换 H,有 $z=H(r)$。直方图规定化的基本步骤为:

(1) 对 $\{r_k\}$ 和 $\{z_k\}$ 分别做直方图均衡化:$s=T(r),v=G(z)$。

(2) 求 G 变换的逆变换:$z=G^{-1}(v)$;

(3) 因 s 和 v 的直方图都是常量,用 s 替代 v 进行上述逆变换:$z=G^{-1}(s)$;

(4) 通过 T 和 G^{-1} 求出符合的变换 H;

(5) 用 H 对图像做灰度级变换。

MATLAB 中提供的 histeq 函数还可以进行直方图规定化处理。函数的调用格式为:

J = histeq(I, hgram):该函数中 I 为输入的原始图像;hgram 为一个整数向量,表示用户希望的直方图形状,该向量的长度与最近规定的效果有密切关系,向量越短,最后得到的直方图越接近用户希望的直方图；J 为进行直方图规定化后得到的灰度图像。

newmap = histeq(X，map，hgram)：对索引图像 X 进行直方图规定化。参数 map 为列数为 3 的矩阵，表示色图。

【例 17-7】 通过 histeq 函数对图像进行规定化处理。

```
>> clear all;
I = imread('tire.tif');
hgram = ones(1,256);
J = histeq(I,hgram);                  %直方图规定化
subplot(121);imshow(uint8(I));
title('原始图像');
subplot(122);imhist(J)
```

运行程序，效果如图 17-8 所示。

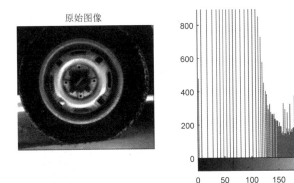

图 17-8   图像的直方图规定化

17.3   图像的代数运算

图像的代数运算是基本代数运算在图像上的实现，最简单的方法是直接使用 MATLAB 的代数运算符来实现图像代数运算，但在这样做之前必须先将图像转换为与基本代数运算符类型相容的双精度浮点类型，而 MATLAB 的图像处理工具包则为用户提供了适合所有非稀疏数值类型的代数运算的函数集合。

17.3.1   图像加法运算

图像相加可以得到图像的叠加效果，也可以把同一景物的多重影像加起来求平均，以便减少图像的随机噪声，这在遥感图像中经常被采用。

对于两个图像 $f(x,y)$ 和 $h(x,y)$ 的均值有：

$$g(x,y) = \frac{1}{2}f(x,y) + \frac{1}{2}h(x,y)$$

公式推广为：

$$g(x,y) = \alpha f(x,y) + \beta h(x,y)$$

这样就可得到各种图像合成的效果,也可以用于两张图片的衔接。

在 MATLAB 中,提供了 imadd 函数实现图像的加法运算。函数的调用格式为:

Z = imadd(X,Y):对 X 和 Y 数组中对应元素相加,返回值 Z 和 X、Y 大小一致,如果 Y 为标量,则对 X 数组中每个元素相加这个变量。类似矩阵的加法运算,但要注意类型的处理。

【例 17-8】 利用 imadd 函数实现两幅图像的叠加。

```
>> clear all;
I = imread('rice.png');
J = imread('cameraman.tif');
K = imadd(I,J,'uint16');
subplot(131);imshow(I);
title('原始图像 rice');
subplot(132);imshow(J);
title('原始图像 cameraman');
subplot(133);imshow(K,[])
title('两幅图像叠加');
```

运行程序,效果如图 17-9 所示。

原始图像rice   原始图像cameraman   两幅图像叠加

图 17-9　两幅图像的叠加

此外,在 MATLAB 中,提供了 imnoise 函数用于为图像添加噪声。函数的调用格式为:

J = imnoise(I,type):按照指定类型在图像 I 上添加噪声。字符串参量 type 表示噪声类型,当 type='gaussian'时,即为高斯白噪声,参数 m、v 分别表示均值和方差;当 type='localvar'时,即为 0 均值高斯白噪声,参数 v 表示局部方差;当 type='poisson'时,即为泊松噪声;当 type='salt & pepper'时,即为盐椒噪声,参数 d 表示噪声密度;当 type='speckle'时,即为乘法噪声。

J = imnoise(I,type,parameters):根据不同的噪声类型,添加不同的噪声参数 parameters。所有噪声参数都被规格化,与图像灰度值均为 0～1 的图像相匹配。

J = imnoise(I,'gaussian',m,v):在图像 I 上添加高斯白噪声,均值为 m,方差为 v。默认均值为 0,方差为 0.01。

J = imnoise(I,'localvar',V):在图像 I 上添加均值为 0 的高斯白噪声。参量 V 与 I 维数相同,表示局部方差。

J = imnoise(I,'localvar',image_intensity,var):在图像矩阵 I 上添加高斯白噪声。参量 image_intensity 为规格化的灰度值矩阵,数值为 0～1。image_intensity 和 var 为同

维向量,函数 plot(image_intensity,var)可用于绘制噪声变量和图像灰度间的关系。

J = imnoise(I,'poisson'):在图像 I 上添加泊松噪声。

J = imnoise(I,'salt & pepper',d):在图像 I 上添加椒盐噪声。d 为噪声密度,其默认值为 0.05。

J = imnoise(I,'speckle',v):在图像 I 上添加乘法噪声,即 J=I+n×1,其中,n 表示均值为 0、方差为 v 的均匀分布随机噪声,v 的默认值为 0.04。

【例 17-9】 利用 imnoise 函数为图像添加椒盐噪声。

```
>> clear all;
I = imread('eight.tif');
J = imnoise(I,'salt & pepper',0.04);
subplot(121);imshow(I)
title('原始图像');
subplot(122); imshow(J);
title('添加椒盐噪声的图像')
```

运行程序,效果如图 17-10 所示。

原始图像

添加椒盐噪声的图像

 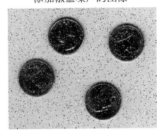

图 17-10 为图像添加噪声

对于原图像 $f(x,y)$,假设有一个噪声图像集:

$$\{g_i(x,y)\}, \quad i = 1,2,\cdots,N$$

其中:

$$g_i(x,y) = f(x,y) + h_i(x,y)$$

h 表示噪声。一般地,如果噪声满足零期望,并且相互独立(实际中这样的假设一般都是成立的),则有:

$$g(x,y) = E(g_i(x,y)) = E(f(x,y)) + E(h_i(x,y)) = f(x,y) + 0 = f(x,y)$$

如果用均值来估计噪声分布的期望,则有:

$$g(x,y) = f(x,y) + \frac{1}{2}\sum_{i=1}^{N} h_i(x,y)$$

$$= \frac{1}{N}\sum_{i=1}^{N} g_i(x,y)$$

也就是说,通过多图像的平均可以降低图像的噪声。

【例 17-10】 利用 imadd 函数对加噪的图像进行噪声抑制。

```
>> clear all;
```

```
I = imread('eight.tif');
J1 = imnoise(I,'gaussian',0,0.006);        % 对原始图像添加高斯噪声
J2 = imnoise(I,'gaussian',0,0.006);
J3 = imnoise(I,'gaussian',0,0.006);
J4 = imnoise(I,'gaussian',0,0.006);
K = imlincomb(0.3,J1,0.3,J2,0.3,J3,0.3,J4);    % 线性组合
figure;
subplot(131);imshow(I)
title('原始图像');
subplot(132); imshow(J1);
title('添加高斯噪声的图像')
subplot(133); imshow(K,[]);
title('抑制高斯噪声的图像')
```

运行程序,效果如图 17-11 所示。

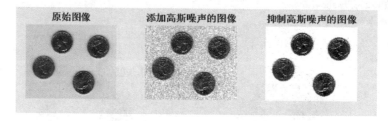

图 17-11　抑制噪声的效果

17.3.2　图像减法运算

图像减法常用于检测变化及运动的物体,图像减法运算又称为图像差分运算。差分方法可以分为可控制环境下的简单差分方法和基于背景模型的差分方法。在可控制环境下,或在很短的时间间隔内,可认为背景是固定不变的,可以直接使用差分运算来检测变化或运动物体。

1. 消除背景法

在有些情况下,背景对图像中的被研究物体具有不利影响,这时背景就成为了噪声,在这种情况下,有必要消除图像中的背景噪声。

$Z = \mathrm{imsubtract}(X,Y)$:$Z$ 为输入图像 X 与输入图像 Y 相减的结果。减法操作有时会导致某些像素值变为一个负数,此时该函数自动将这些负数截取为 0。为了避免差值产生负值及像素值运算结果之间产生差异,可以调用 imabsdiff 函数,该函数将计算两幅图像相应像素差值的绝对值。

【例 17-11】　利用 imsubtract 函数去除图像的背景。

```
>> clear all;
I = imread('rice.png');
background = imopen(I,strel('disk',15));
Ip = imsubtract(I,background);
```

```
figure;
subplot(131);imshow(I)
title('原始图像');
subplot(132); imshow(background);
title('背景图')
subplot(133); imshow(Ip,[])
title('去除背景的图像')
```

运行程序，效果如图 17-12 所示。

原始图像　　　　　　背景图　　　　　　去除背景的图像

图 17-12　去除背景图

2. 差影法

所谓差影法，实际上就是图像的减法运算（又称减影技术），是指将同一景物在不同时间拍摄的图像或同一景物在不同波段的图像相减。差值图像提供了图像间的差异信息，可用于指导动态监测、运动目标的检测和跟踪、图像背景的消除及目标识别等。

差影法在自动现场监测等领域具有广泛的运用。例如，可以应用于监控系统，在银行金库内，摄像头每隔固定时间（如 10s）拍摄一幅图像，并与上一幅图像进行差影运算，如果图像差别超过了预先设置的阈值，则表明可能有异常情况发生，应自动或以某种方式报警。差影法也可用于检测变化目标及遥感图像的动态监测；利用差值图像可以发现森林火灾、洪水泛滥，监测灾情变化等情况，同时可以估计损失等；也可用于监测河口、海岸的泥沙淤积及监视江河、湖泊、海岸等污染情况。利用差值图像还能鉴别出耕地及不同的作物覆盖情况。

差影法还可用于消除图像背景。例如，该技术可用于诊断印刷线路板及集成电路掩模的缺陷，特别是用于血管造影技术中，例如，肾动脉造影术在对诊断肾脏中注入造影剂后，虽然能够看出肾动脉血管的形状及分布，但由于肾脏周围血管受到脊椎及其他组织影像重叠的影响，难以得到理想的游离血管图像。对此，可摄制出肾动脉造影前后的两幅图像，相减后就能把脊椎及其他组织的影像去掉，而仅保留血管图像。此外，电影特技中应用的"蓝幕"技术也包含差影法的基本原理。

图像在进行差影法运算时必须使两幅相减的图像的对应点位于空间同一目标点上；否则，必须先做几何校正与配准。当将一个场景中系列图像相减用来检测运动或其他变化时，难以保证准确对准，这时就需要更进一步分析。例如，设差图像由下式给定：

$$C(x,y) = A(x,y) - A(x+\Delta x,y) \tag{17-1}$$

如果 Δx 很小，那么式（17-2）可以近似为：

$$C(x,y) \approx \frac{\partial}{\partial x}A(x,y)\Delta x \tag{17-2}$$

由于 $\frac{\partial}{\partial x}A(x,y)$ 本身也是一幅图像,其直方图以 $H'(D)$ 表示,因此,式(17-2)表示的位移差图像的直方图为如下形式:

$$H_c(D) \approx \frac{1}{\Delta x}H'_A\left(\frac{D}{\Delta x}\right) \tag{17-3}$$

此式表明,减去稍微有些对不准的原图像的复制图像,可以得到偏导数图像,偏导数的方向即为图像位移方向。

3. 求梯度幅度

在一幅图像中,灰度变化大的区域梯度值大,一般认为此区域是图像内物体的边界(别的地方也可能会出现灰度值变化很大的情况,但图像处理时通常认为是比较关心的边界问题)。因此,求图像的梯度能获得图像的物体边界。

图像的减法运算也可应用于求图像梯度函数。梯度是数学与场论中的概念,它是向量函数,其定义形式如下:

$$\nabla f(x,y) = i\frac{\partial f}{\partial x} + j\frac{\partial f}{\partial y}$$

梯度幅度可由下式表示:

$$|\nabla f(x,y)| = \sqrt{\left(\frac{\partial f}{\partial x}\right)^2 + \left(\frac{\partial f}{\partial y}\right)^2}$$

考虑到运算的方便性,梯度幅度可由下式近似计算:

$$|\nabla f(x,y)| = \max\left[|f(x,y)-f(x+1,y)| - |f(x,y)-f(x,y+1)|\right]$$

也就是说,梯度可近似取值为水平方向相邻像素之差的绝对值和垂直方向相邻像素之差的绝对值中的较大者。

在 MATLAB 中,提供了 imabsdiff 函数用于求两幅图像差的绝对值。函数的调用格式为:

$Z = \text{imabsdiff}(X,Y)$:将相同类型、相同长度的数组 X 和 Y 的对应位分别做减法,返回的结果是每一位差的绝对值,即返回的数组 Z 应该和 X、Y 的类型相同。如果 X、Y 为整数数组,那么结果中超过整数类型范围的部分将被截去;如果 X、Y 为浮点数组,用户也可以使用基本运算 abs(X−Y)来代替这个函数。

【例 17-12】 利用 imabsdiff 函数进行图像减法运算。

```
>> clear all;
I = imread('cameraman.tif');
J = uint8(filter2(fspecial('gaussian'), I));
K = imabsdiff(I,J);
subplot(131);imshow(I)
title('原始图像');
subplot(132); imshow(I);
title('含噪图像')
subplot(133); imshow(K,[])
title('两幅图像相减')
```

运行程序,效果如图 17-13 所示。

原始图像   含噪图像   两幅图像相减

图 17-13　两幅图像相减的绝对值效果

17.3.3　图像乘法运算

乘法运算可用来遮住图像的某些部分,其典型运用是用来获得掩模图像。对于需要保留下来的区域,掩模图像的位置为 1;而在需要被抑制掉的区域,掩模图像的位置为 0,原图像乘上掩模图像,可抹去图像的某些部分,使该部分为 0。然后可利用一个互补的掩模来抹去第二幅图像中的另一些区域,而这些区域在第一幅图像中被完整地保留下来。将两幅经过掩模的图像相加,即可得最终结果。

一般情况下,利用计算机图像处理软件生成掩模图像的步骤为:

(1) 新建一个与原始图像大小相同的图层,图层文件一般保存为二值图像文件;

(2) 用户在新建图层上人工勾绘出所需要保留的区域,区域的确定也可以由其他二值图像文件导入或由计算机图形文件(向量)经转换生成;

(3) 确定局部区域后,将整个图层保存为二值图像,选定区域内的像素点值为 1,非选定区域的像素点值为 0;

(4) 将原始图像与步骤(3)中形成的二值图像进行乘法运算,即可将原始图像选定区域外像素点的灰度值置 0,使选定区域内像素的灰度值保持不变,从而得到与原始图像分离的局部图像,即掩模图像。

在 MATLAB 中,提供了 immultiply 函数实现两幅图像的相乘运算。函数的调用格式为:

$Z = immultiply(X, Y)$:将矩阵 X 中每一个元素乘以矩阵 Y 中对应元素,返回值为 Z。如果 X 和 Y 的维数或数据类型相同,则 Z 与 X、Y 也具有相同的维数或数据类型;如果 X(Y)为一个数值型矩阵,而 Y(X)为一个整型变量,则 Z 的维数或数据类型与 X(Y)相同。如果 X 为整型矩阵,运算的结果可能超出图像数据类型所支持的范围,则 MATLAB 自动将数据截取为数据类型所支持的范围。

【例 17-13】　对图像进行自乘和与一个常数相乘。

```
>> clear all;
I = imread('flower.jpg');
subplot(221);imshow(I);
title('原始图像');
I16 = uint16(I);
```

```
J = immultiply(I16,I16);
subplot(222), imshow(J);
title('图像自相乘效果');
J2 = immultiply(I,0.65);
subplot(2,2,3), imshow(J2)
title('图像与常数相乘')
```

运行程序,效果如图 17-14 所示。

原始图像　　　　　　　　　　　图像自相乘效果

图像与常数相乘

图 17-14　图像乘法运算效果

17.3.4　图像除法运算

除法运算可用于校正成像设备的非线性影响,这在特殊形态的图像(如断层扫描等医学图像)处理中会经常用到。图像除法也可以用来检测两幅图像的区别,但是除法操作给出的是相应像素值的变换比率,而不是每个像素的绝对差异,因而图像除法操作也称为比率变换。

在 MATLAB 中,提供了 imdivide 函数用于实现图像除法。其调用格式为:

$Z = \mathrm{imdivide}(X,Y)$:将矩阵 X 中每一个元素除以矩阵 Y 中对应元素,返回值为 Z。如果 X 和 Y 的维数或数据类型相同,或者 Y 为一个数值型常量,则 Z 的维数与数据类型与 X 相同。如果 X 和 Y 为整型矩阵,运算的结果可能超出图像数据类型所支持的范围,则 MATLAB 自动将数据截短为数据类型所支持的范围。

【例 17-14】　利用 imdivide 函数对图像进行除法运算。

```
>> clear all;
I = imread('office_1.jpg');
J = imread('office_2.jpg');
Ip = imdivide(J,I);                    % 两幅图像相除
K = imdivide(J,0.45);                  % 图像跟一个常数相除
subplot(221);imshow(I)
```

```
title('office1 图像');
subplot(222); imshow(J);
title('office2 图像');
subplot(223); imshow(Ip)
title('两幅图像相除')
subplot(224); imshow(K)
title('图像与常数相除')
```

运行程序,效果如图 17-15 所示。

office1图像   office2图像

两幅图像相除   图像与常数相除

图 17-15 图像除法运算效果

注意:两幅图像的像素值进行代数运算时所产生的结果,很可能超过图像数据类型所支持的最大值,尤其对于 uint8 类型的图像,溢出情况最为常见。当数据值发生溢出时,MATLAB 将数据截取为数据类型所支持的最大值,这种截取效果称为饱和。为了避免出现饱和的情况,在进行代数计算前,最好先将图像转换为一种数据范围较宽的数据类型,例如,在加法操作前将 uint8 图像转换为 double 类型。

第18章 Fan-Beam 与 Hough 变换的 MATLAB 实现

18.1 Fan-Beam 变换

Fan-Beam 变换用来计算一个图像矩阵沿特定方向的投影。二维函数的投影是一组线积分。Fan-Beam 变换用来计算沿着单一放射源形成的扇形路径的线积分。在图像处理中，Fan-Beam 变换从不同的角度旋转图像的中心源来进行多个方向的投影。图 18-1 中的图像显示了在一个特定的角度单一放射源的扇形投影。

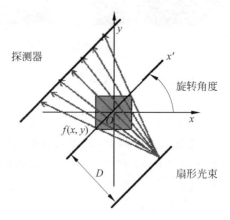

图 18-1　单一放射源形成的扇形投影

1. Fan-Beam 投影变换

在使用 fanbeam 函数计算图像 Fan-Beam 投影时，需要指定一些参数，如图像 Fan-Beam 投影光束源点和旋转中心（图像中心像素点）。射线数量由 fanbeam 函数根据图像大小和给定的一些参数来设定。在默认情况下，扇形束在离旋转中心距离 D 处，沿着探测器弧度的间隔分配发散光束。参数 FanSensorSpacing 指定每个光束的不同角度（弧形，如果探测器是直线单位则为像素）；参数 FanSensorGenometry 指定扇形光束投影的探测器是直线还是弧形，如图 18-2 所示。

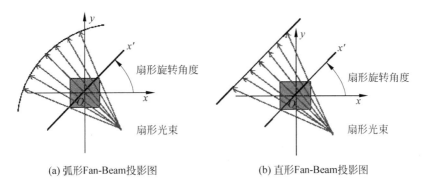

(a) 弧形Fan-Beam投影图   (b) 直形Fan-Beam投影图

图 18-2   Fan-Beam 投影图

2. Fan-Beam 变换实现

在 MATLAB 中,计算 Fan-Beam 变换要使用 fanbeam 函数。函数的调用格式为:

F = fanbeam(I,D):由图像 I 创建扇形光束映射数据 F。D 为向量,表示每个扇形光束向量到获得投影线的旋转中心的距离。

F = fanbeam(…, param1, val1, param1, val2,…):指定变换中的参数 paramN 的值 valN。参量 param 和 val 的取值为 FanRotationIncrement(扇形光束投影角度增量,为标量,其默认值为 1)或 FanSensorGeometry(传感器的排列方式,取值为 arc 和 line,默认值为 arc)。

[F, fan_sensor_positions, fan_rotation_angles] = fanbeam(…):返回扇形光束传感器的位置 fan_sensor_positions 和旋转角度 fan_rotation_angles。

为了从 Fan-Beam 投影数据重构图像,MATLAB 中,提供了 ifanbeam 函数。这个函数的输入参数之一为投影数据,另一个参数为图像边界顶点和图像中心的距离。函数的调用格式为:

I = ifanbeam(F,D):从矩阵 F 中的投影映射数据计算 Fan-Beam 逆变换值,重建图像 I 参数 F 的每一行包含一个旋转角度的 Fan-Beam 投影映射数据。D 为向量,表示每个扇形光束向量到旋转中心的距离。Fan-Beam 逆变换假设旋转中心为投影中心点。

I = ifanbeam(…,param1,val1,param2,val2,…):param1,val1,param2,val2,…表示输入的一些参数。

[I,H] = ifanbeam(…):H 为返回的频率响应滤波器。

【**例 18-1**】 对创建的大脑图像实现 Fan-Beam 变换与重构。

```
>> clear all;
P = phantom(256);
figure(1)
subplot(2,2,1);imshow(P)
title('原始大脑图')
D = 250;
%指定光源与图像中心像素点的距离
dsensor1 = 2;
F1 = fanbeam(P,D,'FanSensorSpacing',dsensor1);
dsensor2 = 1;
```

```
F2 = fanbeam(P,D,'FanSensorSpacing',dsensor2);
dsensor3 = 0.25;
[F3, sensor_pos3, fan_rot_angles3] = fanbeam(P,D,...
                                'FanSensorSpacing',dsensor3);
% 分别指定 3 种不同的光束间距(投影到探测器上的间距)
figure(2), imagesc(fan_rot_angles3, sensor_pos3, F3)
colormap(hot)
colorbar
xlabel('扇形旋转角度(degrees)')
ylabel('扇形传感器位置(degrees)')
% 指定 OutputSize 大小,使得重构图像与原始图像大小相同
output_size = max(size(P))
% 重构图像
Ifan1 = ifanbeam(F1,D,'FanSensorSpacing',dsensor1,'OutputSize',output_size);
figure(1)
subplot(2,2,2); imshow(Ifan1)
title('用 F1 重构图像')
Ifan2 = ifanbeam(F2,D,'FanSensorSpacing',dsensor2,'OutputSize',output_size);
subplot(2,2,3); imshow(Ifan2)
title('用 F2 重构图像')
Ifan3 = ifanbeam(F3,D,'FanSensorSpacing',dsensor3,'OutputSize',output_size);
subplot(2,2,4); imshow(Ifan3)
title('用 F3 重构图像')
```

运行程序,首先生成头骨图像,如图 18-3 的左上图所示。接着对这幅图像使用 Fan-Beam 变换,得到投影数据,其中使用了 3 个不同的参数,FanSensorSpacing 的大小分别为 2、1、0.25,对应的计算结果即投影数据分别为 F1、F2 和 F3,由于 F3 使用的间距较小,因此 F3 的维数大于 F1 和 F2。第三个参数下的投影数据如图 18-4 所示,可以看到投影数据左右对称。使用 ifanbeam 函数对上述 3 个参数下的投影数据进行逆变换,得到的结果如图 18-3 的右上图、左上图、右下图所示。可以看到图 18-3 中右下图的图像重构的结果最清晰,这是因为右下的图像使用的间距最小,投影数据 F3 包含的信息比 F1 和 F2 大很多。

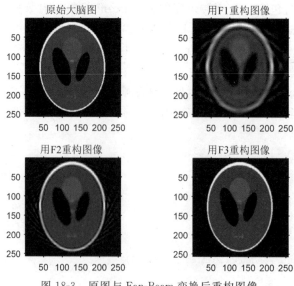

图 18-3　原图与 Fan-Beam 变换后重构图像

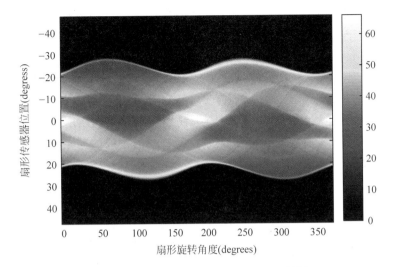

图 18-4　第三组 Fan-Beam 变换的投影数据

18.2　Hough 变换的基本原理

霍夫(Hough)变换是图像处理中的一种特征提取技术,它是通过一种投票算法来检测具有特定形状的物体。该过程是在一个参数空间中通过计算累计结果的局部最大值得到一个符合该特定形状的集合来作为霍夫变换结果。Hough 变换于 1962 年由 Paul Hough 首次提出,后于 1972 年由 Richard Duda 和 Peter Hart 推广使用,经典 Hough 变换用来检测图像中的直线,后来 Hough 变换扩展到任意形状物体的识别,多为圆形和椭圆形。

利用 Hough 变换法提取直线的基本原理是:把直线上点的坐标变换到过点的直线系数域,通过利用共线和直线相交的关系,使直线的提取问题转化为计数问题。Hough 变换提取直线的主要优点是受直线中间隔和噪声的影响较小。

从图像中提取特征时,最简单也最有用的莫过于简单形状的检测了,比如直线检测、圆检测、椭圆检测以及其他类似的形状等。为了达到这个目的,必须能够检测到这样一组像素点,使它们位于拟定形状的边沿上。这就是 Hough 变换所要解决的问题。

最简单的 Hough 变换就是线性变换。为了说明问题,先假设在某个图像上存在一条直线,其表达式为 $y=kx+b$。显然,最能表示这条直线特征的就是其斜率 k 和截距 b,因此,这条直线在参数空间内可用(k,b)来表示,如图 18-5 所示。

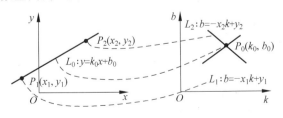

图 18-5　对偶变换

从图 18-5 中可以看出，x-y 坐标和 k-b 坐标由点线"----"构成对偶关系。x-y 坐标中的点 P_1、P_2 对应于 k-b 坐标中的 L_1 和 L_2；而 k-b 坐标中的点 P_0 对应于 x-y 坐标中的 L_0。

这样只要观测 (k,b) 空间内点的叠加程度就可判断原始图像的共线情况了。由于 k 和 b 都是无界的，因此，运用 (k,b) 表示直线可能会使问题变得病态。比如，当直线和 x 轴垂直时，其斜率无穷大。因此，为了从计算上避免这个问题，往往把它转为式 (r,θ) 这样的形式，其中 r 为原点到直线的距离，θ 为原点到直线的垂线的向量角。这样，直线的表达式可以转化为：

$$y = \left(-\frac{\cos\theta}{\sin\theta}\right)x + \left(\frac{r}{\sin\theta}\right)$$

整理得：

$$r = x \cdot \cos\theta + y \cdot \sin\theta$$

在极坐标 (r,θ) 中变为一条正弦曲线，$\theta\in[0,\pi]$。可以证明，直角坐标 x-y 中直线上的点经过 Hough 变换后，它们的正弦曲线在极坐标 (r,θ) 有一个公共交点。

也就是说，极坐标 (r,θ) 上的一点 (r,θ)，对应于直角坐标 x-y 中的一条直线，并且它们是一一对应的。

为了检测出直角坐标 x-y 中由点所构成的直线，可以将极坐标 (r,θ) 量化成许多小格。根据直角坐标中每个点的坐标 (x,y)，在 $\theta\in[0,\pi]$ 内以小格的步长计算各个 r 值，所得值落在某个小格内，使该小格的累加计数器加 1。当直角坐标中全部的点变换后，对小格进行检验，计数值最大的小格的 (r,θ) 值对应于直角坐标中的所求直线。

18.3 Hough 变换的 MATLAB 实现

1. Hough 变换检测直线

用 Hough 变换提取检测直线。通常将 x-y 称为图像平面，ρ-θ 称为参数平面。

利用点与线的对偶性，将图像空间的线条变为参数空间的聚集点，从而检测给定图像是否存在给定性质的曲线。

在 MATLAB 中，提供了 hough 函数用于根据 Hough 变换检测直线。函数的调用格式为：

[H, theta, rho] = hough(BW)：该函数对二值图像 BW 进行 Hough 变换，返回值 H 为 Hough 变换矩阵，theta 为变换角度 θ，rho 为变换半径 r。

[H, theta, rho] = hough(BW, ParameterName, ParameterValue)：该函数中将参数 ParameterName 设置为 ParameterValue。

【例 18-2】 对图像进行 Hough 变换。

```
>> clear all;
RGB = imread('gantrycrane.png');
% 将彩色图像转换为灰度图像
I = rgb2gray(RGB);
```

```
% 边缘检测
BW = edge(I,'canny');
[H,T,R] = hough(BW,'RhoResolution',0.5,'Theta', - 90:0.5:89.5);
subplot(2,1,1);imshow(RGB);                        % 显示原始图像
title('原始图像');
subplot(2,1,2);imshow(imadjust(mat2gray(H)),'XData',T,'YData',R,...
       'InitialMagnification','fit');
title('Hough 变换检测图像');
xlabel('\theta'), ylabel('\rho');
axis on, axis normal, hold on;
colormap(hot);
```

运行程序,效果如图 18-6 所示。

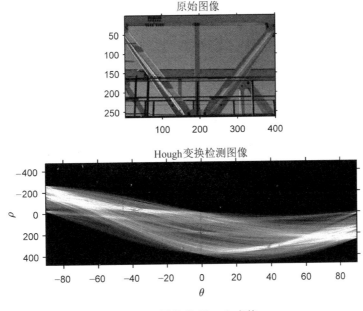

图 18-6　图像的 Hough 变换

2. Hough 变换提取线段

在 MATLAB 中,提供了 houghlines 函数根据 Hough 变换提取线段。函数的调用格式为:

lines = houghlines(BW, theta, rho, peaks):根据 Hough 变换的结果提取图像 BW 中的线段。参量 theta 和 rho 由函数 hough 的输出得到,peaks 表示 Hough 变换峰值,由函数 houghpeaks 的输出得到(houghpeaks 函数用于计算 Hough 变换峰值)。输出参量 lines 为结构矩阵,矩阵长度为提取出的线段的数目,矩阵中的每个元素表示一条线段的相关信息。

lines = houghlines(…, param1, val1, param2, val2):根据 Hough 变换的结果提取图像 BW 中的线段。参量 param1、val1、param2 和 val2 用于指定是否合并或保留

线段。

【例 18-3】 在图像中寻找直线段,并标出最长的直线段。

```
>> clear all;
I = imread('circuit.tif');
rotI = imrotate(I,33,'crop');
BW = edge(rotI,'canny');
[H,T,R] = hough(BW);
imshow(H,[],'XData',T,'YData',R,...
            'InitialMagnification','fit');
xlabel('\theta'), ylabel('\rho');
title('Hough 变换矩阵')
axis on, axis normal, hold on;
P = houghpeaks(H,5,'threshold',ceil(0.3 * max(H(:))));
x = T(P(:,2)); y = R(P(:,1));
plot(x,y,'s','color','white');
% 检测图像中的直线段
lines = houghlines(BW,T,R,P,'FillGap',5,'MinLength',7);
figure, imshow(rotI), hold on
title('原始图像');
% 检测直线段
max_len = 0;
for k = 1:length(lines)
   xy = [lines(k).point1; lines(k).point2];
   plot(xy(:,1),xy(:,2),'LineWidth',2,'Color','green');
     % 标注直线段的端点
   plot(xy(1,1),xy(1,2),'x','LineWidth',2,'Color','yellow');
   plot(xy(2,1),xy(2,2),'x','LineWidth',2,'Color','red');
     % 检测最长的直线段的端点
   len = norm(lines(k).point1 - lines(k).point2);
   if ( len > max_len)
      max_len = len;
      xy_long = xy;
   end
end
% 标注最长的直线段
plot(xy_long(:,1),xy_long(:,2),'LineWidth',2,'Color','blue');
```

运行程序,效果如图 18-7 所示。

3. 计算 Hough 变换的峰值

在 MATLAB 中,提供了 houghpeaks 函数用于在 Hough 变换后的矩阵中寻找最佳值,该最值可以用于定位直线段。houghlines 函数用于绘制找到的直线段。函数的调用格式为:

peaks = houghpeaks(H, numpeaks):提取 Hough 变换后参数平面的峰值点。参量 H 为 Hough 变换矩阵,由 hough 函数生成。numpeaks 指定要提取的峰值数目,默认值为 1。返回值 peaks 为一个 Q×2 矩阵,包含峰值的行坐标和列坐标,Q 为提取的峰值数目。

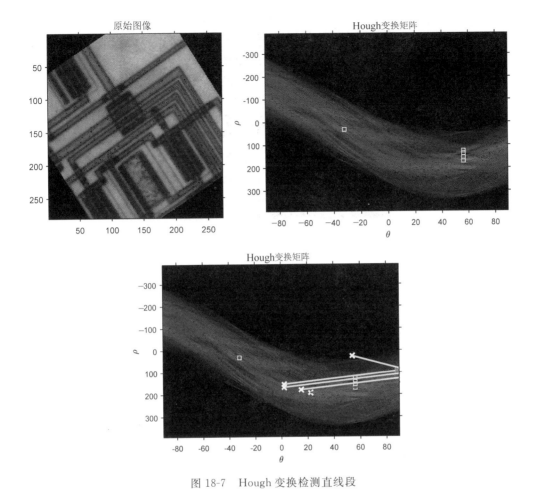

图 18-7　Hough 变换检测直线段

peaks = houghpeaks(…, param1，val1，param2，val2)：提取 Hough 变换后参数平面的峰值点。参量 param1、val1、param2 和 val2 指定寻找峰值的门限或峰值对周围像点的抑制范围。

【例 18-4】　利用 Hough 变换计算图像的峰值。

```
>> clear all;
RGB = imread('gantrycrane.png');
I = rgb2gray(RGB);
BW = edge(I,'canny');
[H,T,R] = hough(BW, 'Theta', 44:0.5:46);
figure
imshow(imadjust(mat2gray(H)),'XData',T,'YData',R,...
    'InitialMagnification','fit');
title('Hough 变换标出峰值');
xlabel('\theta'), ylabel('\rho');
axis on, axis normal;
colormap(hot);
```

运行程序，效果如图 18-8 所示。

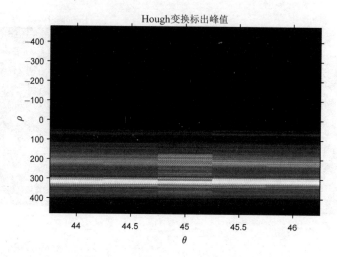

图 18-8　计算 Hough 变换的峰值

19.1　形态学的应用

通过对前面介绍的腐蚀、膨胀、开闭运算及一些性质的组合,可以得到一系列二值形态学和灰度值形态学的实用算法。本节主要介绍形态学滤波、骨架抽取等重要算法。

19.1.1　形态学滤波

在形态学中的滤波主要包括高帽滤波和低帽滤波。

图像的形态学高帽滤波(top-hat filtering)定义为:

$$H = A - (A \circ B)$$

其中,A 为输入图像,B 为采用的结构元素,即从图像中减去形态学开操作后的图像。通过高帽滤波可以增强图像的对比度。

图像的形态学低帽滤波(bottom-hat filtering)定义为:

$$H = A - (A \bullet B)$$

其中,A 为输入图像,B 为采用的结构元素,即从图像中减去形态学闭操作后的图像。通过低帽滤波可以获取图像的边缘。

在 MATLAB 中,提供了 imtophat 函数对二值图像或灰度图像进行高帽滤波,提供了 imbothat 函数进行低帽滤波。函数的调用格式为:

IM2 = imtophat(IM,SE):函数对图像 IM 进行高帽滤波操作,采用的结构元素为 SE,返回值 IM2 为高帽滤波后得到的图像。结构元素 SE 由函数 strel 创建。

IM2 = imtophat(IM,NHOOD):函数在进行高帽滤波时采用的结构元素为 strel(NHOOD),其中,NHOOD 为只包含元素 0 和 1 组成的矩阵。等价于 IM2=imtophat(IM,strel(NHOOD))。

imbothat 函数的调用格式与 imtophat 函数的调用格式相同,参数说明也相同。

【例 19-1】 对灰度图像进行形态学的高帽滤波。

```
>> clear all;
original = imread('rice.png');
subplot(221), imshow(original);
se = strel('disk',12);                      %获取结构元素
tophatFiltered = imtophat(original,se);     %高帽滤波
subplot(222), imshow(tophatFiltered);
title('图像高帽滤波');
Adjusted = imadjust(original);              %原始图像灰度调节
subplot(223);imshow(Adjusted);
title('原始图像的灰度调节');
contrastAdjusted = imadjust(tophatFiltered);  %高帽滤波后图像灰度调节
subplot(224), imshow(contrastAdjusted);
title('高帽滤波后图像灰度调节');
```

运行程序,效果如图 19-1 所示。

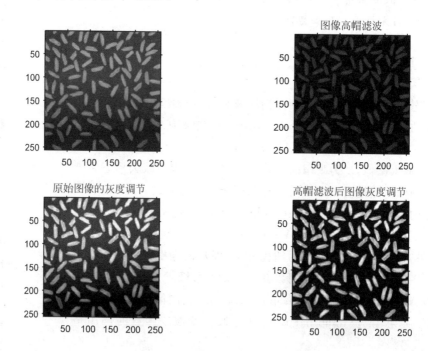

图 19-1　灰度图像的高帽滤波

由图 19-1 可看出,图像高帽滤波后再进行灰度调节使图像的对比度明显增强,图像变得更加清晰。

【例 19-2】 通过高帽滤波和低帽滤波增强图像的对比度。

```
>> clear all;
I = imread('pout.tif');
subplot(121);imshow(I);
title('原始图像');
```

```
se = strel('disk',3);                                    % 结构元素
J = imsubtract(imadd(I,imtophat(I,se)), imbothat(I,se)); % 高帽滤波和低帽滤波增强
subplot(122), imshow(J);
title('高低帽滤波');
```

运行程序,效果如图 19-2 所示。

图 19-2　通过高帽滤波和低帽滤波增强对比度

19.1.2　骨架提取

集合 A 使用结构元素进行细化用 $A \odot B$ 表示。细化过程可以根据击中或击不中变换定义为:

$$A \odot B = A - (A \otimes B) = A \bigcap (A \otimes B)^{\mathrm{c}}$$

细化可以用两步来实现。第一步是正常的腐蚀,但它是有条件的。也就是说,那些被标为去除的像素点并不立即消去。第二步中,只将那些消除后并不破坏连通性的点消除,否则保留。以上每一步都是一个 3×3 的邻域运算。细化是将一个曲线形物体细化为一条单像素宽的线,从而图像化地显示出其拓扑性质。

集合 A 的骨架可用腐蚀和开操作表达,其表达式可表示为:

$$S(A) = \bigcup_{k=0}^{K} S_k(A)$$

而

$$S_k(A) = (A \otimes kB) - (A \otimes kB) \circ B$$

其中,B 为一个结构元素,$A \otimes kB$ 表示对 A 的连续 k 次腐蚀,第 k 次是被腐蚀为空集合前进行的最后一次迭代。

在 MATLAB 中,提供 bwmorph 函数提取图像中目标的骨架。函数的调用格式为:

$\mathrm{BW2} = \mathrm{bwmorph}(\mathrm{BW},\mathrm{operation})$:应用指定的形态学运算处理二值图像 BW。

$\mathrm{BW2} = \mathrm{bwmorph}(\mathrm{BW},\mathrm{operation},n)$:应用运算 n 次,n 可以无穷大,直到处理图像不再变化。

参数 operation 的对应可选值如表 19-1 所示。

表 19-1 bwmorph 函数的 operation 参数取值

参 数 值	说明及举例
'bothat'	执行形态学的底帽(bottomhat)运算,先执行闭运算,再减去原图像
'branchpoints'	查找骨架分支点
'bridge'	为未连接的像素搭桥,即如果一个 0 像素的两边有两个非 0 像素,则设此 0 像素为 1
'clean'	移除孤立点
'close'	形态闭运算
'diag'	用对角线填充消除 8 连通的背景
'dilate'	用结构元素 ones(3)来执行膨胀运算
'endpoints'	查找骨架终点
'erode'	用结构元素 ones(3)来执行腐蚀运算
'fill'	填充内部孤立像素点
'hbreak'	移除 H 连通的像素点
'majority'	如果某像素点在 3×3 的邻域中有 5 个以上像素值为 1,则该像素点设为 1
'open'	开运算
'remove'	移除内部像素,如果某像素点的 4 连通邻域都为 1,则该像素点设为 0
'shrink'	N 无穷大,反复做收缩运算
'skel'	N 无穷大,反复移除目标像素的边界像素,提取图像骨架
'spur'	消除尖刺
'thicken'	N 无穷大,反复对图像进行粗化
'thin'	N 无穷大,反复对图像进行细化
'tophat'	对图像进行高帽(tophat)操作

【例 19-3】 对图像进行骨架提取。

```
>> clear all;
BW = imread('circles.png');
subplot(131);imshow(BW);
title('原始图像');
% 对图像进行 remove 形态学运算,移除内部像素
BW2 = bwmorph(BW,'remove');
subplot(132), imshow(BW2);
title('remove 形态学');
% 对图像进行 skel 形态学运算,移除目标边缘的像素点但不分裂目标
BW3 = bwmorph(BW,'skel',Inf);
subplot(133), imshow(BW3);
title('skel 形态学');
```

运行程序,效果如图 19-3 所示。

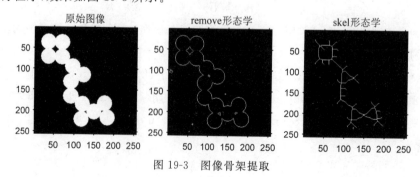

图 19-3 图像骨架提取

19.1.3 边界提取

集合 A 的边界表示为 $\beta(A)$，它可以通过先由 B 对 A 进行腐蚀，然后用 A 减去腐蚀后的图像得到边缘，即：

$$\beta(A) = A - (A \otimes B)$$

其中，B 为一个适当的结构元素。类似地，也可以先由 B 对 A 进行膨胀，然后用膨胀后的图像减去 A 得到边缘，即：

$$\beta(A) = (A \oplus B) - A$$

在 MATLAB 图像处理工具箱中提供了 bwperim 函数用于对图像实现边界提取。其调用格式为：

BW2 = bwperim(BW1)：返回仅包含输入图像 BW1 中目标像素边界的二值图像 BW2。其中，一个像素确定为边界像素的条件是其值非 0，且它的邻域中至少有一个像素值为 0。

BW2 = bwperim(BW1，conn)：返回仅包含输入图像 BW1 中目标像素边界的二值图像 BW2。参数 conn 为连通数，可以为 4、8、6、18 或 26。当 n 取 4 或 8 时分别表示二维图像中采用的 4 连通和 8 连通；当 n 取 6、18 或 26 时分别表示三维图像中采用的 6-连通、18 连通和 26 连通。

【例 19-4】 对图像进行边界提取。

```
>> clear all;
BW1 = imread('circbw.tif');
BW2 = bwmorph(BW1,'skel',Inf);
subplot(221);imshow(BW1)
title('二值图像')
subplot(222); imshow(BW2)
title('二值图像的骨架')
BW3 = bwperim(BW1);
subplot(223);imshow(BW1)
title('二值图像')
subplot(224), imshow(BW3)
title('二值图像边界')
```

运行程序，效果如图 19-4 所示。

19.1.4 击中或击不中

通常，能够识别像素的特定形状是很有用的，例如孤立的前景像素或线段的端点像素。击中或击不中变换可以同时探测图像的内部和外部，而不仅仅局限于单一的探测图像的内部或图像的外部。在研究图像中的目标物体与图像背景之间的关系上，击中或击不中变换能够取得很好的效果，所以，常被用于解决目标图像识别等形态学模式识别问题。

A 被 B 击中或击不中变换用符号 $A \otimes B$ 表示。其中，B 是结构元素对，即 $B = (B_1,$

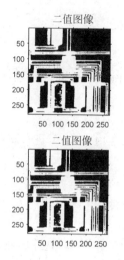

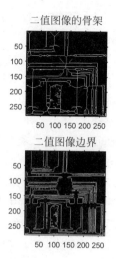

图 19-4　边界提取

B_2），而不是单个元素。击中或击不中变换的定义为：

$$A \otimes B = (A \otimes B_1) \bigcap (A^c \otimes B_2)$$

这两个结构元素(B_1, B_2)，一个用于探测图像内部，另一个用于探测图像外部。

在 MATLAB 中，提供了 bwhitmiss 函数实现击中或击不中操作。函数的调用格式为：

BW2 = bwhitmiss(BW1,SE1,SE2)：执行由结构元素 SE1 和 SE2 的击中或击不中操作。击中或击不中操作保存匹配 SE1 形状而不匹配 SE2 形状邻域的像素点。bwhitmiss(BW1,SE1,SE2)等价于 imerode(BW1,SE1)&imerode(~BW1,SE2)。

BW2 = bwhitmiss(BW1,INTERVAL)：执行定义为一定间隔数组的击中或击不中操作。INTERVAL 数组的元素值为 1、0 或 -1。1 值元素组成 SE1 范围，-1 值组成 SE2 范围，0 值将被忽略。bwhitmiss（INTERVAL）等价于 bwhitmiss（BW1，INTERVAL==1，INTERVAL==-1）。

【例 19-5】 对二值图像实现击中或击不中操作。

```
>> clear all;
BW = imread('circbw.tif');
subplot(1,2,1);imshow(BW);
title('原始图像');
interval = [0 -1 -1;   1 1 -1;   0 1 0];
BW2 = bwhitmiss(BW,interval);
subplot(1,2,2), imshow(BW2)
title('击中或击不中')
```

运行程序，效果如图 19-5 所示。

数学形态学中的击中或击不中变换常应用于目标图像模式的识别，但是标准击中或击不中变换在实际应用中存在算法时间复杂度高、算法有效性低的缺陷。当击中或击不中结构元素较小时，计算击中或击不中变换的快速方法之一是使用查找表（LUT）。LUT法预先计算出每个可能邻域像素的像素值，然后把这些值存储到一个表中，以备使用。

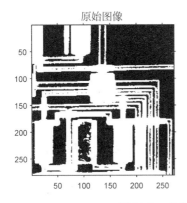
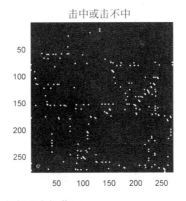

原始图像　　　　　　　　　击中或击不中

图 19-5　击中或击不中操作

19.1.5　图像填充操作

区域填充以集合的膨胀、求补和交集为基础。设 A 表示一个包含子集的集合,其子集的元素均为区域的 8 连通边界点。区域填充的目的是从边界内的一个点开始,用 1 填充整个区域。按照惯例,所有非边界(背景)点标记为 0,则以将 1 赋给 p 时开始。下列过程将整个区域用 1 填充。

$$X_k = (X_{k-1} \oplus B) \bigcap A^{\mathrm{c}}, \quad k = 1, 2, \cdots$$

其中,$X_0 = p$,采用 3×3 的"十"字形结构元素。如果 $X_k = X_{k-1}$,则算法在迭代的第 k 步结束。X_k 和 A 的并集包含被填充的集合和它的边界。

在 MATLAB 中,提供了 imfill 函数对二值图像或灰度图像进行填充操作。函数的调用格式为:

BW2 = imfill(BW):对二值图像进行填充。

[BW2,locations] = imfill(BW):对二值图像进行填充,同时返回执行二值图像区域填充的起始点位置 locations。

BW2 = imfill(BW,locations):给定二值图像区域填充的起始位置 locations。

BW2 = imfill(BW,locations,conn):conn 为连通类型,默认为 4 连通。

BW2 = imfill(BW,'holes'):对二值图像 BW 中的目标孔进行填充。

I2 = imfill(I):对灰度图像 I 中的目标孔进行填充,此时,将目标孔定义为被亮灰度值包围的暗灰度值区域。

【例 19-6】　对二值图像及灰度图像进行填充。

```
clear all;
BW4 = im2bw(imread('coins.png'));
BW5 = imfill(BW4,'holes');
subplot(221);imshow(BW4);
title('原始二值图像');
subplot(222); imshow(BW5);
title('二值图像的填充');
I = imread('tire.tif');
```

```
I2 = imfill(I,'holes');
subplot(223), imshow(I);
title('原始灰度图像');
subplot(224); imshow(I2);
title('灰度图像的填充');
```

运行程序,效果如图 19-6 所示。

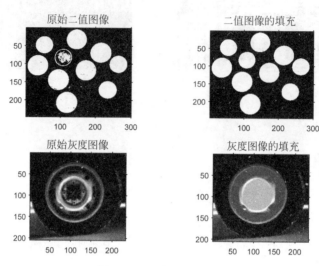

图 19-6　图像的填充效果

19.1.6　最大值和最小值

灰度图像可以认为是三维的,x 轴和 y 轴代表像素的位置,z 轴代表像素值的强度。在这种理解中,像素值的强度就像地形图上的海拔一样,在图像中,像素值大和像素值小的区域,就像地形图上的山峰和山谷一样,是很重要的形态学特征,因为它们经常表示相关的图像对象。

例如,在一个包含有几个球形对象的图像中,像素值大的点可能代表对象的顶部。在做形态学处理时,用这些最大值可以识别图像中的对象。

1. 什么是最大值和最小值

常用的最大值和最小值术语如表 19-2 所示。

表 19-2　最大值和最小值术语

术　语	定　义
局部极大值	在这个像素的周围区域,像素值都比这个像素值要小
局部极小值	在这个像素的周围区域,像素值都比这个像素值要大
全局最大值	在所有局部极大值中的最大值
全局最小值	在所有局部极小值中的最小值

图 19-7 显示了一维情况下各个极值的概念。

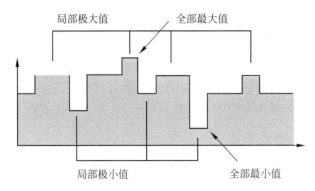

图 19-7 一维情况下各个极值的概念

在 MATLAB 工具箱中,用 imregionalmax 和 imregionalmin 函数指定所有的局部极大值和局部极小值,用 imextendedmax 和 imextendedmin 函数指定阈值设定的局部极大值和局部极小值。这些函数的输入图像为灰度图像,而输出图像为二值图像。在输出的二值图像中,局部极小值或局部极大值设定为 1,其他像素值设定为 0。例如,对于灰度图像 A,包含 2 个主要的局部极大值区域(值为 13 和 45)和一些较小的局部极小值区域(值为 11)。代码如下所示:

```
>> A = 10 * ones(10,10);
A(2:4,2:4) = 13;
A(6:8,6:8) = 18;
A(2,7) = 44;
A(3,8) = 45;
A(4,9) = 44;
A =
    10   10   10   10   10   10   10   10   10   10
    10   13   13   13   10   10   44   10   10   10
    10   13   13   13   10   10   10   45   10   10
    10   13   13   13   10   10   10   10   44   10
    10   10   10   10   10   10   10   10   10   10
    10   10   10   10   10   18   18   18   10   10
    10   10   10   10   10   18   18   18   10   10
    10   10   10   10   10   18   18   18   10   10
    10   10   10   10   10   10   10   10   10   10
    10   10   10   10   10   10   10   10   10   10
```

调用 imregionalmax 函数,返回的二值图像查明了这些区域的极大值。

```
>> regmax = imregionalmax(A)
regmax =
    0    0    0    0    0    0    0    0    0    0
    0    1    1    1    0    0    0    0    0    0
    0    1    1    1    0    0    0    1    0    0
    0    1    1    1    0    0    0    0    0    0
    0    0    0    0    0    0    0    0    0    0
    0    0    0    0    0    1    1    1    0    0
```

```
0  0  0  0  0  1  1  1  0  0
0  0  0  0  0  1  1  1  0  0
0  0  0  0  0  0  0  0  0  0
0  0  0  0  0  0  0  0  0  0
```

如果只是想确定图像中那些像素值变化比较大的区域，也就是说，像素值的差异大于或小于某个阈值，可以使用 imextendedmax 函数。对于上面的矩阵，如果加入阈值 2，其返回矩阵中只有两个极大值区域。

```
>> B = imextendedmax(A,2)
B =
    0  0  0  0  0  0  0  0  0  0
    0  1  1  1  0  0  1  0  0  0
    0  1  1  1  0  0  0  1  0  0
    0  1  1  1  0  0  0  0  1  0
    0  0  0  0  0  0  0  0  0  0
    0  0  0  0  0  1  1  1  0  0
    0  0  0  0  0  1  1  1  0  0
    0  0  0  0  0  1  1  1  0  0
    0  0  0  0  0  0  0  0  0  0
    0  0  0  0  0  0  0  0  0  0
```

下面通过一个例子来显示一个图像及其局部极小值。

【例 19-7】 确定图像的局部极小值。

```
>> clear all;
mask = imread('glass.png');
subplot(131);imshow(mask)
title('原始图像');
% 创建标记图
marker = false(size(mask));
marker(65:70,65:70) = true;
% 选择区域
J = mask;
J(marker) = 255;
subplot(132), imshow(J);
title('标记图像上叠加');
% 抑制极小值
K = imimposemin(mask,marker);
subplot(133), imshow(K);
title('抑制极小值')
```

运行程序，效果如图 19-8 所示。

2. 抑制极大值、极小值

在一幅图像中，每一个小灰度波动都代表了一个局部极大值或局部极小值。但在大多数情况下，可能仅对某些具有重要意义的极大值或极小值感兴趣，而需要忽略由于背景纹理导致的较小的极大值或极小值。因此，在应用中，要消除这些小的极大值和极小值，同时又要保证重要的极大值和极小值不会改变。

对于以上问题，在 MATLAB 中，可使用 imhmax 或 imhmin 函数来解决（imhmin 函

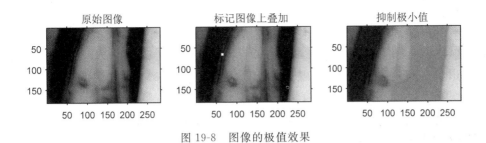

图 19-8　图像的极值效果

数的用法与 imhmax 函数相同）。在使用这些函数时，需要指定一个固定的标准或阈值 h，从而压制所有其他灰度值大于 h 的极大值或小于 h 的极小值。下面显示了一幅简单的图像，该图像包含两个局部极小值，为了有效删除这两个主要极大值以外的其他所有局部极大值，可使用函数 imhmax，并指定阈值为 2。

```
B = imhmax(A,2)
B =
    10   10   10   10   10   10   10   10   10   10
    10   11   11   11   10   10   43   10   10   10
    10   11   11   11   10   10   10   43   10   10
    10   11   11   11   10   10   10   10   43   10
    10   10   10   10   10   10   10   10   10   10
    10   10   10   10   10   16   16   16   10   10
    10   10   10   10   10   16   16   16   10   10
    10   10   10   10   10   16   16   16   10   10
    10   10   10   10   10   10   10   10   10   10
    10   10   10   10   10   10   10   10   10   10
```

需要注意的是，imhmax 仅对极大值产生影响，而对其他像素值不起作用。从以上所得的结果中可以看出，两个重要的极大值尽管数值减小了，但还是被很好地保留了下来。

需要说明的是，imregionalmin、imextendedmin 和 imextendedmax 函数还会返回另外一幅标记了图像局部极小值和极大值的二进制图像，而 imhmax 和 imhmin 函数只返回一幅直接在原始图像上进行修改后的图像。

图 19-9 表示了用 imhmax 函数对图 19-7 第二行的操作过程：极大值都减小，极小值保持不变，从而得到图像。

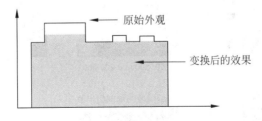

图 19-9　图 19-7 第二行的操作过程

3. 强调最小值

可以使用 MATLAB 中提供的 imimposemin 函数来强调专门的极小值。函数的调用格式为：

I2 = imimposemin(I,BW)：使用重建的方法修改图像 I 的灰度值，使图像 I 中对应二值图像 BW 非零区域的值最小，即为图像的谷点。其中，I 和 BW 的维数相同。默认情况下，imimposemin 采用 8 连通邻域（二维图像）或 26 连通邻域（三维图像）。对于高维图像，连通矩阵为 conndef(ndims(I),'minimum')。

I2 = imimposemin(I,BW,conn)：突出图像 I 的最小值，参量 conn 表示连通数。

【例 19-8】 检测图像的谷点。

```
>> clear all;
mask = imread('glass.png');               % 掩模图像
subplot(231);imshow(mask);
title('原始图像');
% 创建一个与掩模图像大小一致的二值图像,设置图像中某小区域为1,其余为0
marker = false(size(mask));
marker(65:70,65:70) = true;
% 二值图像叠加到掩模图像中
J = mask;
J(marker) = 255;
subplot(232), imshow(J);
title('值图像叠加到掩模图像');
% w 使用 imimposemin 函数突出掩模图像中的最小值
K = imimposemin(mask,marker);
subplot(233), imshow(K);
title('突出图像的最小值');
% 突出最小值之外的所有极小值,分别计算原始图像与处理后图像的局部极小值区域
BW = imregionalmin(mask);
subplot(234), imshow(BW);
title('原图像局部极小值');
BW2 = imregionalmin(K);
subplot(235), imshow(BW2);
title('处理后图像的局部极小值');
```

运行程序，效果如图 19-10 所示。

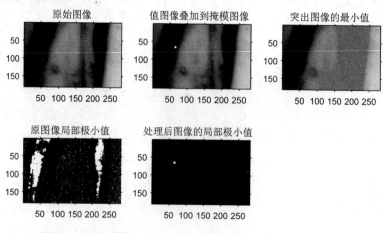

图 19-10　强调图像极小值效果

19.2 距离变换

距离变换是二值图像处理与操作中的常用手段,在骨架提取、图像窄化中常被应用。距离变换的结果是得到一张与输入图像类似的灰度图像,但是灰度值只出现在前景区域,并且越远离背景边缘的像素灰度值越大。

根据度量距离的方法不同,距离变换有几种不同的方法,假设像素点为 $p_1(x_1, x_2)$, $p_2(x_2, y_2)$,计算距离常见的方法有:

- 欧几里得距离:Distance $= \sqrt{(x_1 - x_2)^2 + (y_1 - y_2)^2}$,后简称欧氏距离;
- 曼哈顿距离:Distance $= |x_1 - x_2| + |(y_1 - y_2)|$;
- 棋盘距离:Distance $= \max(|x_1 - x_2|, |(y_1 - y_2)|)$。
- 准欧氏距离:Distance $= |x_1 - x_2| + (\sqrt{2} - 1)|y_1 - y_2|$。

一旦距离度量公式选择,就可以在二值图像的距离变换中使用。一个最常见的距离变换算法就是通过连续的腐蚀操作来实现,腐蚀操作的停止条件是所有前景像素都被完全腐蚀。这样根据腐蚀的先后顺序,就得到各个前景像素点到前景中心骨架像素点的距离。根据各个像素点的距离值,设置为不同的灰度值。这样就完成了二值图像的距离变换。

在 MATLAB 中,提供了 bwdist 函数用于实现图像的距离变换。函数的调用格式为:

D = bwdist(BW):对二值图像 BW 计算欧几里得距离变换。对 BW 中每个像素,距离变换指定像素点与 BW 最近非零像素的距离。bwdist 函数默认使用欧几里得距离。参量 BW 可以为任意维数,参量 D 的大小和 BW 一致。

[D,L] = bwdist(BW):计算最近邻域变换和返回标注数组 L,并具有 BW 和 D 相同的大小。L 中的每个元素包含了 BW 最近非零像素的线性索引。

[D,L] = bwdist(BW,method):计算距离变换,参量 method 的取值为 chessboard、cityblock、euclidean、quasi-euclidea 中的一个。

【例 19-9】 对图像实现不同的距离变换。

```
>> clear all;
Imgori = imread('flow.jpg');
I = rgb2gray(Imgori);
subplot(2,3,1);imshow(I);
title('原始图像');
Threshold = 100;
F = I > Threshold;
subplot(2,3,4);imshow(F,[]);
title('二值图像');
T = bwdist(F,'chessboard');
subplot(2,3,2);imshow(T,[]);
title('曼哈顿距离')
T = bwdist(F,'cityblock');
subplot(2,3,3);imshow(T,[]);
```

```
title('棋盘距离')
T = bwdist(F,'euclidean');
subplot(2,3,5);imshow(T,[]);
title('欧氏距离变换')
T = bwdist(F,'quasi - euclidean');
subplot(2,3,6);imshow(T,[]);
title('准欧氏距离变换')
```

运行程序,效果如图19-11所示。

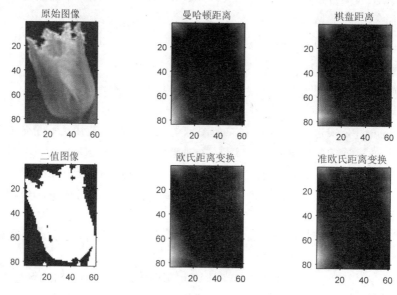

图19-11 图像的距离变换

【例19-10】 二维情况下使用不同的距离函数求距离。

```
>> clear all;
bw  = zeros(200,200); bw(50,50) = 1;
bw(50,150) = 1;bw(150,100) = 1;
D1  = bwdist(bw,'euclidean');              % 欧氏距离
D2  = bwdist(bw,'cityblock');              % 曼哈顿距离
D3  = bwdist(bw,'chessboard');             % 棋盘距离
D4  = bwdist(bw,'quasi - euclidean');      % 准欧氏距离
figure
subplot(2,2,1), subimage(mat2gray(D1)),
title('欧氏距离')
hold on, imcontour(D1)
subplot(2,2,2), subimage(mat2gray(D2));
title('曼哈顿距离')
hold on, imcontour(D2)
subplot(2,2,3), subimage(mat2gray(D3));
title('棋盘距离')
hold on, imcontour(D3)
```

```
subplot(2,2,4), subimage(mat2gray(D4));
title('准欧氏距离')
hold on, imcontour(D4)
```

运行程序,效果如图 19-12 所示。

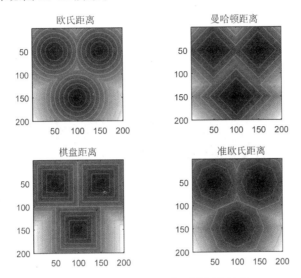

欧氏距离   曼哈顿距离

棋盘距离   准欧氏距离

图 19-12　二维情况下的不同距离效果

【例 19-11】 三维情况下使用不同的距离函数求距离。

```
>> clear all;
bw = zeros(50,50,50); bw(25,25,25) = 1;
D1 = bwdist(bw);
D2 = bwdist(bw,'cityblock');
D3 = bwdist(bw,'chessboard');
D4 = bwdist(bw,'quasi - euclidean');
subplot(2,2,1), isosurface(D1,15),
axis equal, view(3)
camlight, lighting gouraud,
title('欧氏距离')
subplot(2,2,2), isosurface(D2,15),
axis equal, view(3)
camlight, lighting gouraud,
title('曼哈顿距离')
subplot(2,2,3), isosurface(D3,15),
axis equal, view(3)
camlight, lighting gouraud,
title('棋盘距离')
subplot(2,2,4), isosurface(D4,15),
axis equal, view(3)
camlight, lighting gouraud,
title('准欧氏距离')
set(gcf,'color','w');                    % 将图像背景设置为白色
```

运行程序,效果如图 19-13 所示。

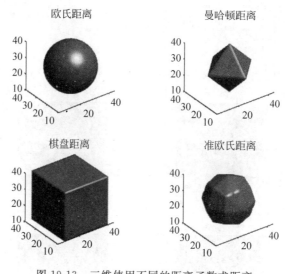

图 19-13　三维使用不同的距离函数求距离

20.1　概述

根据 Haar 函数定义,可得出当 $N=2$ 时,哈尔(Haar)正规化变换矩阵为 $\dfrac{1}{\sqrt{2}}\begin{bmatrix} 1 & 1 \\ 1 & -1 \end{bmatrix}$,这是正交矩阵,具有分离变换性质,对于二维的像素矩阵,可连续两次运用一维的 Haar 小波变换来实现,称为标准分解,如果交替地对每一行和第一列像素值进行变换,则称为非标准分解。

利用矩阵形式的优点,对 $1\times N$ 的像素矩阵分解成若干个 1×2 的矩阵,与上述 $N=2$ 的 Haar 正规化变换矩阵作一维 Haar 小波变换,减少计算量,实现 Harr 小波分解。由于正规化的 Haar 变换矩阵为对称变换矩阵,其逆变换矩阵和正变换相同,因此,只要把原来每次变换后得到的矩阵数值再一次变换,就可以实现重构。

Haar 小波在时域上是不连续的,因此分析性能并不是很好,但计算简单。以下示例中将采用非标准分解方法,在变换矩阵中,第一列变换得到图像像素均值,为图像像素低频分量;第二列变换得到图像像素差值,为高频分量,原像素值第 i 对像素分解的低频和高频分量值分别存在矩阵的 i 和 $N/2+i$ 处。重构时取回这两个数据,再与逆变换矩阵相乘存回原处,则实现重构。

小波变换对图像压缩可以分为以下几个主要步骤:

(1) 利用离散小波变换将图像分解为低频分量、高频的水平边缘分量、垂直边缘分量和对角边缘分量;

(2) 对低频和高频的图像根据人类的视觉生理和心理特点作不同的量化和编码处理,进行压缩;

(3) 利用小波逆变换还原出原来的图像。

其中,量化工作有很多方式,这里采用阈值的设置,对采用不同小波变换后得到的低频和高频图像,设置不同的阈值后得到的分解图像中含有"0"的数目及重构产生的不同图像文件大小作分析,即为本次阈值测试的目的。程序用 MATLAB 中的小波函数分解图像,设置阈值后再重构保存图像,比较不同的阈值设置的测试结果。

此外,由于并不要求对分解图像作进一步的量化及编码处理后压缩存放,而是重构后存放,所以并不能对不同小波的压缩率的好坏作出结论,只能根据测试结果及小波定义作一些概括性的分析。由于 MATLAB 中保存的 TIF 格式的图像文件,与其他程序保存的 TIF 文件存在偏差,故为保证对比的一致性,对真彩色图像先用 MATLAB 对图像文件读入后保存,再作测试,保证原始图像与重构图像存放条件的一致性;对索引图像,因其读入图像矩阵数值并不是图像颜色值,致使对其作测试后重构的图像失真严重,不具有实际意义,最终还是转换为真彩色图像进行比较。

20.2　实例说明

(1) 本实例对原始图像进行 3 级非标准小波分解与重构,编写的主要处理程序有:
- 多级非标准 Haar 小波分解子程序 nstdhaardec2.m;
- 多级非标准 Haar 小波重构子程序 nstdhaarrec2.m;
- 多级非标准小波分解子程序 mydwt2.m,既可以用于 Haar 小波,也可以用于 db9 小波,只需要修改对应的参数即可;
- 多级非标准小波重构子程序 myidwt2.m,既可以用于 Haar 小波,也可以用于 db9 小波。

(2) 此外,源程序中还给出了 Haar 小波 3 级非标准规格化分解和重构过程子程序 nstdhaardemo.m。

(3) 在本示例程序中,需要对输入图像进行处理,输出不同格式的图像,下面对示例中使用的图像格式处理作一定的说明。

如果输入的是彩色真彩图片,则载入的图像数值矩阵 X 为三维矩阵,有 R、G、B 三个分量的二维数值,在进行小波分解与重构时,必须分别对每一维的数据都作分解与重构,然后再转换为 uint8 数据类型,并显示其彩色图像。如果输入的是黑白图片,即输入的数据矩阵 X 为二维矩阵,则只对其作分解与重构即可。

(4) 使用小波变换在不同阈值下压缩图像的测试程序为 thresholdtestdemo.m。

(5) 对不同小波在不同分解模式下进行 3 级分解与重图像的子程序是 modetest.m。

20.3　输出结果与分析

在本例中,应用 Haar 小波对原始图像 cameraman.tif 进行 3 级非标准规格化分解和重构,其图像分解过程如图 20-1(a)所示,图像重构过程如图 20-1(b)所示。

此外,本例中还应用小波变换子程序 thresholdtestdemo.m 在不同阈值下对图像进行压缩测试,图 20-2 和图 20-3 分别说明了应用 Haar 小波、db9 小波分别在阈值为 0、5、10、20 情况下的 1 级分解测试结果,同时也给出了在阈值为 0、20、40、80 情况下的 3 级分解测试结果。

Haar小波3级非标准规格化分解过程

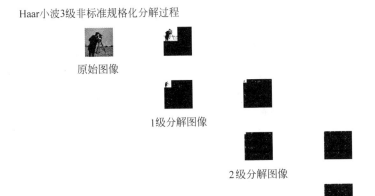

原始图像

1级分解图像

2级分解图像

Haar小波3级非标准规格化分解图像

(a) Haar小波3级非标准规格化图像分解(JPG)

Haar小波3级非标准规格化分解重构过程

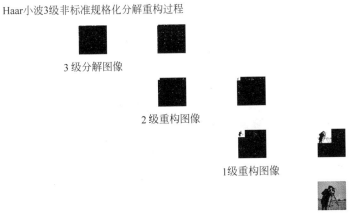

3级分解图像

2级重构图像

1级重构图像

Haar小波3级非标准分解后重构图像

(b) Haar小波3级非标准规格化图像重构过程(JPG)

图 20-1　Haar 小波 3 级非标准规格化图像分解与重构过程(JPG)

（1）Haar 小波变换测试结果。

（2）db9 小波变换测试结果。

从测试数据可知，阈值取得越大，分解设置阈值后的矩阵系数为"0"的数目就越多。分解级数越多，同一阈值下系数为"0"的数目也越多。但阈值取得越大，图像重构后的失真程度也越严重。如测试例子中 3 级分解后重构，在 T＝40 时可以看出失真情况，在 T＝80 的重构图像上明显看到图像的失真情况比较严重。

db9 与 Haar 小波相比较，阈值取得越大，Haar 小波变换后设置阈值重构存放的文件大小越小，而 db9 小波，阈值的取值对重构后存放文件大小的影响不如 Haar 小波变换明显，而且有比原文件还大的项（T＝50）。用其他图片试验过，结果依然如此，但当阈值取很大值以后，文件大小是相应减小的，不过这时图像已明显失真了。由此可以得出，阈值的设置，对于用 db9 小波分解重构后再用 PNG 格式进行压缩存放，是不具有线性意义

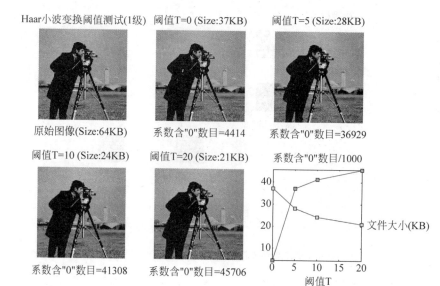

(a) 阈值T=(0、5、10、20)测试结果(1级分解)

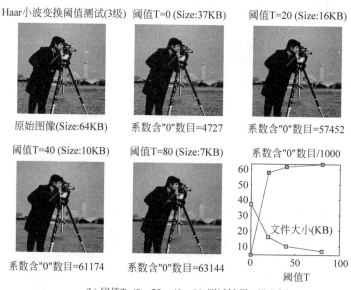

(b) 阈值T=(0、20、40、80)测试结果(3级分解)

图 20-2 Haar 小波变换测试结果

的。据分析,这与 Daubechies 滤波器本身的性质有关,分解与重构时构造的正规性滤波器是不对称的,不具有线性相位(正规性条件愈好,滤波器愈长),重构过程为高低频滤波器与各个矩阵卷积后再相加来恢复图像数据,本身"0"阈值重构时得到的就只是与原图像数据相似的数据,只有当四舍五入取整时二者才相等,这里用四舍五入处理后保存,与原来用 uint8()直接转换保存结果类似,最多相差 1Kb。阈值设置后重构改变了原文件本来具有的相邻相似性数据的数量,对采用基于词典编码思想的(LZ77 压缩算法)PNG格式图像压缩存放,是明显不利的,所以会有比原文件大小还大的情况出现,但具体要看

db9小波变换阈值测试(1级)　阈值T=0 (Size:37KB)　阈值T=5 (Size:35KB)

原始图像(Size:64KB)　　系数含"0"数目=0　　系数含"0"数目=40613

阈值T=10 (Size:34KB)　阈值T=20 (Size:35KB)　系数含"0"数目/1000

系数含"0"数目=46568　　系数含"0"数目=52148

(a) 阈值T=(0、5、10、20)测试结果(1级分解)

db9小波变换阈值测试(3级)　阈值T=0 (Size:37KB)　阈值T=20 (Size:33KB)

原始图像(Size:64KB)　　系数含"0"数目=0　　系数含"0"数目=70050

阈值T=40 (Size:31KB)　阈值T=80 (Size:29KB)　系数含"0"数目/1000

  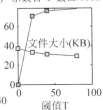

系数含"0"数目=75485　　系数含"0"数目=78040

(b) 阈值T=(0、20、40、80)测试结果(3级分解)

图 20-3　db9 小波变换测试结果

分解图像本身数据相互之间的相似程度,文件大小变大的情况不是在相同阈值的条件下出现的。Haar 小波滤波器是规格化正交基,长度较短、对称,滤波"0"阈值时能完整重构原图像,即使不作四舍五入,其误差也很小很小,可以忽略不计,所以即使加设阈值后,这一现象可能也不是很明显甚至不会出现。但如果是矩阵相邻相似性数据非常多的情况,就会有这种情况出现。但随着阈值的加大,把分解矩阵中的高频分量细节几乎全过滤掉了,重构得到的图像类似于平滑处理得到的图像,即让与周围像素值的相差比较大的像素改变成与周围像素值接近的值,就反而对 PNG 格式保存有利了,文件大小就明显比原文件小了。

　　从图像质量比较,db9 小波比 Haar 小波的分析性能要好,分解细致,即使在失真的情况下,也不会出现像 Haar 小波那样的马赛克状,只是模糊羽化状态。

　　另外,本实例也利用子程序 modetest.m 对图像进行不同模式下的 3 级 Haar 小波和 db9 小波分解与重构操作,应用的模式有 sym 模式和 per 模式,如图 20-4 和图 20-5 所示,分别利用 Haar 和 db9 小波在这两种模式下进行 3 级小波分解和重构的结果。

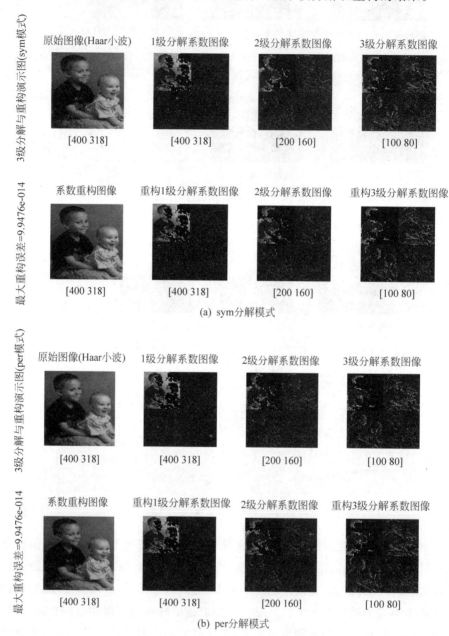

图 20-4　Haar 小波 3 级分解与重构图像

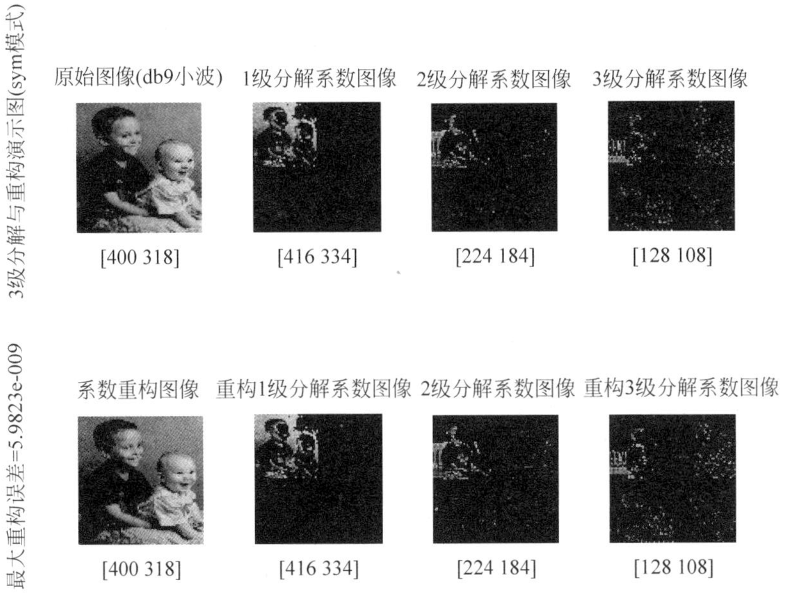

3级分解与重构演示图(sym模式)

最大重构误差=5.9823e-009

原始图像(db9小波)　1级分解系数图像　2级分解系数图像　3级分解系数图像

[400 318]　[416 334]　[224 184]　[128 108]

系数重构图像　重构1级分解系数图像　2级分解系数图像　重构3级分解系数图像

[400 318]　[416 334]　[224 184]　[128 108]

(a) sym分解模式

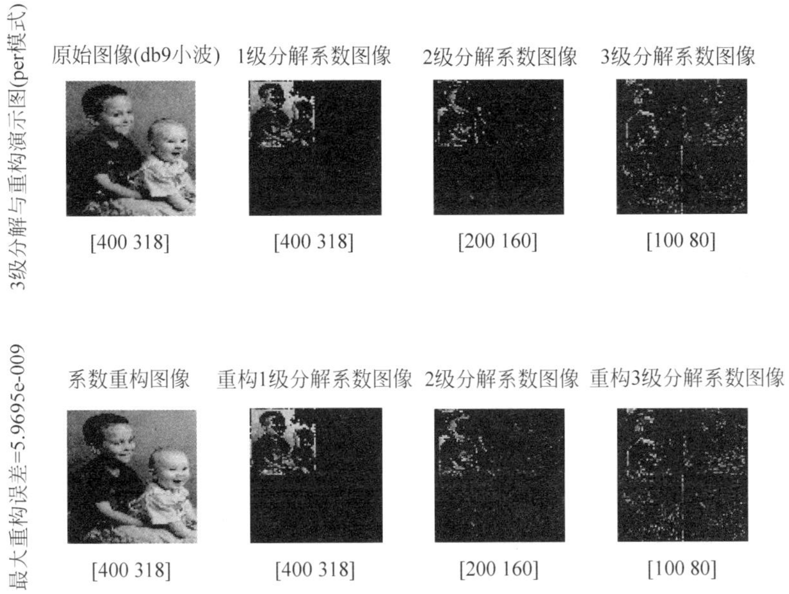

3级分解与重构演示图(per模式)

最大重构误差=5.9695e-009

原始图像(db9小波)　1级分解系数图像　2级分解系数图像　3级分解系数图像

[400 318]　[400 318]　[200 160]　[100 80]

系数重构图像　重构1级分解系数图像　2级分解系数图像　重构3级分解系数图像

[400 318]　[400 318]　[200 160]　[100 80]

(b) per分解模式

图 20-5　db9 小波 3 级分解与重构图像

20.4　源程序

1. nstdhaardemo.m

```
function nstdhaardemo(imgname)
% nstdhaardemo Haar 小波三级非标准规格化分解与重构演示程序
% nstdhaardemo(imgname)
```

```matlab
% 本程序作用:载入图像文件,显示图像3级非标准Haar小波规格化分解与重构过程
% 输入: imgname,要装载的图像名称(真彩色,灰度图,索引图)
% 默认图像为color256.png
if nargin == 0
imgname = 'color256.png';
end
% 读入的X中含有被装载的图像信号,map中含有被装载的color
[X, map] = imread(imgname);
if ndims(X) == 3
imgcolor = 1;
else
imgcolor = 0;
end
X = double(X);
h = size(X, 1);
% 画出原始图像
figure(1);
subplot(4, 4, 1); imshow(uint8(X), map);
title(' haar 小波3级非标准规格化分解过程');
xlabel('原始图像');
axis square
position = 2;
A = X;
% 依次序画出3级非标准规格化分解过程中对应的行变换,列变换图像
for i = 1:3
A011 = decompose(A, imgcolor, 1, 1, h);
subplot(4, 4, position); imshow(uint8(A011), map); axis square
A012 = decompose(A011, imgcolor, 1, 2, h);
subplot(4, 4, position + 4); imshow(uint8(A012), map); axis square
xlabel(strcat(int2str(i), '级分解图像'));
A = A012;
h = h/2;
position = position + 5;
end
xlabel('haar 小波3级非标准规格化分解图像');
% 画出3级分解图像
figure(2);
subplot(4, 4, 1); imshow(uint8(A), map);
title('haar 小波3级非标准规格化分解重构过程');
xlabel('3级分解图像');
axis square
position = 2;
% 依次序画出3级非标准规格化分解后重构过程中对应的行变换,列变换图像
if imgcolor
h = size(A(:, :, 1), 1)/4;
else
h = size(A, 1)/4;
end
for i = 1:3
RX11 = reconstruct(A, imgcolor, 1, 1, h);
subplot(4, 4, position); imshow(uint8(RX11), map); axis square
```

```
RX12 = reconstruct(RX11, imgcolor, 1, 2, h);
subplot(4, 4, position + 4); imshow(uint8(RX12), map); axis square
xlabel(strcat(int2str(3 - i), '级重构图像'));
A = RX12;
h = h * 2;
position = position + 5;
end
xlabel('haar 小波 3 级非标准分解后重构图像');
figure(1);
% --------------------------
% 内部程序
% --------------------------
function C = decompose(A, imgcolor, level, roworcol, h)
if imgcolor
Ar = A(:, :, 1);
Ag = A(:, :, 2);
Ab = A(:, :, 3);
Cr = nstdhaardec2(Ar, level, roworcol, h);
Cg = nstdhaardec2(Ag, level, roworcol, h);
Cb = nstdhaardec2(Ab, level, roworcol, h);
C(:, :, 1) = Cr;
C(:, :, 2) = Cg;
C(:, :, 3) = Cb;
else
C = nstdhaardec2(A, level, roworcol, h);
end
% --------------------------
% 内部程序
% --------------------------
function C = reconstruct(A, imgcolor, level, roworcol, h)
if imgcolor
Ar = A(:, :, 1);
Ag = A(:, :, 2);
Ab = A(:, :, 3);
Cr = nstdhaarrec2(Ar, level, roworcol, h);
Cg = nstdhaarrec2(Ag, level, roworcol, h);
Cb = nstdhaarrec2(Ab, level, roworcol, h);
C(:, :, 1) = Cr;
C(:, :, 2) = Cg;
C(:, :, 3) = Cb;
else
C = nstdhaarrec2(A, level, roworcol, h);
End
```

2. thresholdtestdemo. m

```
function thresholdtestdemo(imgname, wavename, level, deta)
% thresholdtestdemo 小波变换在不同阈值下重构的测试演示程序
% thresholdtestdemo(imgname, wavename, level, deta)
% 本程序作用:载入图像信号,使用小波变换,比较显示不同阈值下的重构图像及相关信息
```

```matlab
% 输入: imgname, 要装载的图像名称; wavename, 变换小波名称
% level, 小波分解级数; deta, 测试阈值增加值
% 默认时: 变换图像为 color256.png, 3 级 Haar 小波变换 deta = 5
if nargin == 0
imgname = 'color256.png';
wavename = 'haar';
level = 1;
deta = 90;
else
if nargin == 1
wavename = 'haar';
level = 3;
deta = 5;
else
if nargin == 2
level = 3;
deta = 5;
else
if nargin == 3
deta = 5;
end
end
end
end
% 读入的 X 中含有被装载的图像信号, map 中含有被装载的 color
[X, map] = imread(imgname);
% 检测图像格式
% 输入矩阵 X 为 3 维时为真彩色图像, RGB 3 个分量需分别分解与重构
% 输入图像为索引图像时(map 不为空), 转换为 RGB 真彩色图像, 再作分解与重构, 因为索引图每
% 个像素的颜色值不是矩阵的数值, 真正应该显示的颜色为读入的矩阵 X 上的值通过颜色表 map
% 变换得到的, 如果直接用来作变换, 有可能会发生失真情况
if isempty(map)
emp = 1;
else
X = ind2rgb(X, map) * 255;
emp = 0;
end
if ndims(X) == 3
imgcolor = 1;
Xr = X(:, :, 1);
Xg = X(:, :, 2);
Xb = X(:, :, 3);
else
imgcolor = 0;
end
info = imfinfo(imgname);
ss = round((info(1).FileSize)/1024);
sname = size(imgname);
orgname = imgname(1:sname(2) - 4);
nfile = struct('name', '');
X = double(X);
```

```
% 画出原始图像
figure(1);
subplot(2,3,1);
imshow(uint8(X));colormap(map);
title(strcat(wavename,'小波变换阈值测试(',mat2str(level),'级)'));
xlabel(strcat('原始图像(Size: ',mat2str(ss),'KB)'));
axis square
% 小波分解
if imgcolor
[Cr,Sr] = wavedec2(Xr,level,wavename);
[Cg,Sg] = wavedec2(Xg,level,wavename);
[Cb,Sb] = wavedec2(Xb,level,wavename);
C(1,:) = Cr;
C(2,:) = Cg;
C(3,:) = Cb;
else
[C,S] = wavedec2(X,level,wavename);
end
% 在不同阈值下测试
T(1) = 0;
for i = 1:4
% 用 0 置换矩阵中绝对值小于阈值的数值
if T(i)> 0
C(find(abs(C)<= T(i))) = 0;
% C = wthresh(C,'h',T(i));
end
% 计算零的个数
zeronum(i) = prod(size(find(C == 0)));
% 重构不同阈值下图像
if imgcolor
Cr = C(1,:);
Cg = C(2,:);
Cb = C(3,:);
Ar = waverec2(Cr,Sr,wavename);
Ag = waverec2(Cg,Sg,wavename);
Ab = waverec2(Cb,Sb,wavename);
A(:,:,1) = uint8(round(Ar));
A(:,:,2) = uint8(round(Ag));
A(:,:,3) = uint8(round(Ab));
else
A = waverec2(C,S,wavename);
A = uint8(round(A));
end
% 存储新图像,图像名为：原图像名 + 小波名 + 阈值大小
nfile(i).name = strcat(orgname,'_',wavename,'_',mat2str(T(i)),'.png');
imwrite(A,nfile(i).name,'png');
% 获取图像大小信息
info = imfinfo(nfile(i).name);
if info(1).FileSize > 1024
sfile(i) = round((info(1).FileSize)/1024);
sunit = 'KB';
```

```
else
sfile(i) = info(1).FileSize;
sunit = 'B';
end
% 画出重构图像
figure(1);
subplot(2,3,i+1);
imshow(uint8(A));
title(strcat('阈值 T = ',int2str(T(i)),'(Size:',int2str(sfile(i)),sunit,')'));
xlabel(strcat('系数含"0"数目 = ',int2str(zeronum(i))));
axis square
if i<3
T(i+1) = T(i) + deta;
else
if i == 3
T(i+1) = T(i) + 2 * deta;
end
end;
end
% 画出不同阈值对应的文件大小及系数为零的关系图
if and(or(min(zeronum)>1000,zeronum(1) == 0),zeronum(4)/1000 > sfile(4))
zeronum = zeronum/1000;
overth = 1;
else
overth = 0;
end;
subplot(2,3,6);
plot(T,zeronum,'- rs','LineWidth',1,...
'MarkerEdgeColor','k',...
'MarkerFaceColor','g',...
'MarkerSize',5);
hold on;
plot(T,sfile,'- bs','LineWidth',1,...
'MarkerEdgeColor','k',...
'MarkerFaceColor','y',...
'MarkerSize',5);
xlabel(' 阈值 T ');
axis([0 100 min(sfile(1),zeronum(1)) max(sfile(4),zeronum(4))]);
meant = (zeronum(4) - sfile(4))/8;
if overth
text(10,zeronum(4) + meant,'系数含"0"数目/1000');
else
text(10,zeronum(4) + meant,'系数含"0"数目');
end
text(15,sfile(4) + meant,strcat('文件大小(',sunit,')'));
axis square
```

3. modetest. m

```
function modetest()
% 不同小波在不同的分解模式下 3 级分解与重构图像
```

```
% 图像为 kids.tif,Haar 小波,per 分解模式
% 装载图像为黑白索引图像,X 中含有被装载的信号,map 中含有被装载的 color
imgname = 'kids.tif';                            % 输入: imgname 图像文件
wavename = 'haar';                               % wavename 小波名称
mode = 'per';
[X,map] = imread(imgname);
deccof = struct('cA',[],'cH',[],'cV',[],'cD',[]);
reccof = struct('RX',[]);
sX = size(X);
nbcol = size(map,1);
X = double(X);
% 画出原始图像
figure(1);
subplot(241);imshow(uint8(X));colormap(map);
title(strcat('原始图像(',wavename,'小波)'),'FontSize',7.5);
ylabel(strcat('3 级分解与重构演示图(',mode,'模式)'),'FontSize',7.5);
xlabel(mat2str(sX));
axis square
DX = X;
deccof(1).cA = X;
for i = 2:4
    % 用小波函数进行分解
    [deccof(i).cA,deccof(i).cH,deccof(i).cV,deccof(i).cD] = dwt2(DX,wavename,'mode',
mode);
    % 画出各分解系数对应的图像
    subplot(2,4,i);
    imshow([deccof(i).cA/255,deccof(i).cH/255;deccof(i).cV/255,deccof(i).cD/255;]);
    colormap(map);
    title(strcat(int2str(i-1),'级分解系数图像'),'FontSize',7.5);
    xlabel(mat2str(2 * size(deccof(i).cA)));
    axis square;
    DX = deccof(i).cA;
end
reccof(i).RX = deccof(i).cA;
i = i + 4;
for j = 4:-1:2
    % 画出每级重构的图像
    figure(1);
    subplot(2,4,i);
    imshow([reccof(j).RX/255,deccof(j).cH/255;deccof(j).cV/255,deccof(j).cD/255]);
    if j == 3
        title(strcat(int2str(j-1),'级分解系数图像'),'FontSize',7.5);
    else
        title(strcat('重构',int2str(j-1),'级分解系数图像'),'FontSize',7.5);
    end
    axis square;
    xlabel(mat2str(2 * size(reccof(j).RX)));
    % 利用分解系数进行直接重构
    reccof(j - 1).RX = idwt2(reccof(j).RX,deccof(j).cH,deccof(j).cV,deccof(j).cD,
wavename,size(deccof(j-1).cA),'mode',mode);
    i = i - 1;
```

```
end
% 检查重构精度
A0max1 = max(max(abs(X - reccof(1).RX)));
A0max2 = prod(size(find(abs((X - (reccof(1).RX))) ~ = 0)));
subplot(245);imshow(reccof(1).RX/255);colormap(map);
title('系数重构图像','FontSize',7.5);
axis square;
xlabel(mat2str(size(reccof(1).RX)));
ylabel(strcat('最大重构误差 = ',num2str(A0max1)),'FontSize',7.5);
```

4. nstdhaardec2.m

```
function [a,lt] = nstdhaardec2(x,level,rorc,h)
% 二维 Haar 小波非标准规格化分解程序(多级分解)
% 作用: 使用 Haar 小波对每一行和每一列像素值进行小波变换
% 输入:x 载入的二维图像像素值
a = double(x);        % 输出:a,分解后数值矩阵,大小与 x 相同
t = 1;                % 记录实际分解次数
sX = size(x);
level = 1;% 小波分解次(级)数设定值(如果设定值超过最高可分解次数,按最高分解次数分解)
h = sX(2);            % 分解的矩阵块大小,默认为整个 x 矩阵的变换
rorc = 0;             % 作行变换(1)或列变换(2),默认值为 0
lt = level;
while and(h > 1,t < = level)
    if rorc == 1;
        for row = 1:h
            a(row,:) = haardec(a(row,:):h);
        end
    else
        if rorc == 2
            for col = 1:h
                temp = haardec(a(:,col)',h);
                a(:,col) = temp';
            end
        else
            for row = 1:h
                a(row,:) = haardec(a(row,:),h);
            end
            for col = 1:h
                temp = haardec(a(:,col)',h);
                a(:,col) = temp';
            end
        end
    end
    h = h/2;
    t = t + 1;
end
if and(h < = 1,lt ~ = t - 1)
    lt = t - 1;
end
```

```
% ---------------------------------
function y = haardec(c, h)
% haardec 1 - D haar decompose program
% y = haardec(c, l)
y = c;
sqrt2 = sqrt(2);
h = h/2;
for i = 1:h
    y(i) = (c(2 * i - 1) + c(2 * i))/sqrt2;
    y(h + i) = (c(2 * i - 1) - c(2 * i))/sqrt2;
end
```

5. nstdhaarrec2.m

```
function a = nstdhaarrec2(x, level, rorc, h)
% nstdhaarrect2 二维非标准 Haar 小波规格化分解后图像重构程序(多级)
% 输出:x,载入的二维图像像素值
a = double(x); % 输出:a,重构后生成的图像像素数值矩阵,大小与 x 相同
level = 1;      % 分解重构层数
rorc = 0;       % 作行变换(1)或列变换(2),默认值为 0,行列变换都做
h = size(x, 2); % 重构的矩阵块大小,默认为整个 x 矩阵的变换
h1 = h;
h2 = h * (2 ^ (level - 1));
while h1 <= h2
    if rorc == 1;
        for j = 1:h1
            tempcol = a(1:h1, j)';
            a(1:h1, j) = haarrec(tempcol, h1)';
        end
    else
        if rorc == 2
            for i = 1:h1
                temprow = a(i, 1:h1);
                a(i, 1:h1) = haarrec(temprow, h1);
            end
        else
            for i = 1:h1
                temprow = a(i, 1:h1);
                a(i, 1:h1) = haarrec(temprow, h1);
            end
            for j = 1:h1
                tempcol = a(1:h1, j)';
                a(1:h1, j) = haarrec(tempcol, h1)';
            end
        end
    end
    h1 = h1 * 2;
end
% ---------------------------------
function y = haarrec(x, h)
```

```
% haarrec 1 - D haar reconstruct program
c = x;
h1 = h/2;
for i = 1:h1
    y(2 * i - 1) = (c(i) + c(h1 + i))/sqrt(2);
    y(2 * i) = (c(i) - c(h1 + i))/sqrt(2);
end
```

6. mydwt2.m

```
function deccoef = mydwt2(X, wavename, N, mode)
% 2 - D 多级非标准小波分解程序
% 输入 X        要分解的二维信号
% wavename    用来作分解的小波名称,与 MATLAB 的 wavename 定义一致
% N           分解级数
% 说明:数组标号对应分解级数
sX = size(X);
DX = X;
% 设置默认分解模式
mode = 'sym';
if sX(1) == 1
    error = sprintf('% s','出错信息:分解信号需要二维矩阵')
else
    % 用小波进行分解
    for i = 1:N
        [deccoef(i).cA, deccoef(i).cHdeccoef(i).cdeccoef(i).cV, deccoef(i).cD] = dwt2(DX,
wavename, 'mode', mode);
        % cA, cH, cV, cD 分别保存低频、水平高频、垂直高频、斜线高频分解系数数值
        deccoef(i).ex_size = size(DX);
        % 输出 deccoef 3 级分解的各级分解系数
        % (1x3 struct array with fields:cA, cH, cV, cD, ex_size)
        DX = deccoef(i).cA;
    end
end
```

7. myidwt2.m

```
function X = myidwt2(mode)
% myidwt2 2 - D 多级非级标准小波重构程序
mode = 'sym';
reccoef(N + 1).RX = deccoef(N).cA;
for j = N: - 1:1
    % 利用小波分解系数重构
    reccoef(j).RX = idwt2(reccoef(j + 1).RX, deccoef(j).cH, deccoef(j).cV, deccoef(j).cD,
deccoef(j).cD, wavename, deccoef(j).ex_size, 'mode', mode);
end
X = reccoef(1).RX;
```

21.1 图像类型的转换

许多图像处理工作都对图像类型有特定的要求。比如要对一幅索引图像滤波,首先要把它转换成真彩色图像,而直接滤波的结果是毫无意义的。

在 MATLAB 中,各种图像类型间的转换关系如图 21-1 所示。

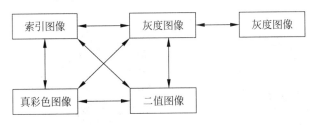

图 21-1 图像类型转换

同时,在 MATLAB 中也提供了相关函数用于实现图像类型的转换,如表 21-1 所示。

表 21-1 图像相互转换函数

转 换 类 型	转 换 函 数	用 处
真彩色→索引图像	X＝dither(RGB,map)	节省存储空间,假彩色
索引图像→真彩图像	RGB＝ind2rgb(X,map)	便于图像处理
真彩色图像→灰度图像	I＝rgb2gray(RGB)	得到亮度分布
真彩色图像→二值图像	BW＝im2bw(RGB,level)	阈值处理,筛选
索引图像→灰度图像	I＝ind2gray(X,map) Newmap＝rgb2gray(map)	得到亮度分布
灰度图像→索引图像	[X,map]＝gray2ind(I,n) X＝grayslice(I,n) X＝grayslice(I,v)	伪彩色处理
灰度图像→二值图像	BW＝dither(I) BW＝im2bw(I,level)	阈值处理,筛选
索引图像→二值图像	BW＝im2bw(X,map,level)	阈值处理,筛选
数据矩阵→灰度图像	I＝mat2gray(A,[max,min]) I＝mat2gray(A)	产生图像

各函数的用法大致相同,下面通过一个实例来演示它们的用法。

【例 21-1】 将真彩色图像转换为其他类型图像。

```
>> clear all;                    % 清除 MATLAB 工作空间中的变量
% 真彩图像转换为索引图像
RGB = imread('ngc6543a.jpg');    % ngc6543a.jpg 为 MATLAB 内置的图像
map = jet(256);
X = dither(RGB,map);
subplot(2,2,1);subimage(RGB);
title('真彩图');
subplot(2,2,2);subimage(X,map);
title('索引图')
% 真彩图像转换为灰度图像
I = rgb2gray(RGB);
subplot(2,2,3);subimage(I);
title('灰度图')
% 真彩色转换为二值图像
BW = im2bw(RGB,0.5);
subplot(2,2,4);subimage(BW);
title('二值图')
```

运行程序,效果如图 21-2 所示。

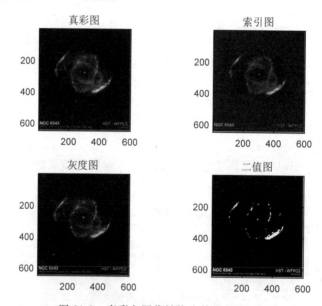

图 21-2 真彩色图像转换为其他类型图像

【例 21-2】 将索引图像转换为灰度图像。

```
>> clear all;                    % 清除 MATLAB 工作空间中的变量
I = imread('rice.png');
[X1,map1] = gray2ind(I,16);
X2 = grayslice(I,8);
X3 = grayslice(I,255 * [0 0.21 0.23 0.26 0.30 0.35 0.6 1.0]');
subplot(2,2,1);subimage(I);
```

```
title('灰度图')
subplot(2,2,2);subimage(X1,map1);
title('16灰度级图')
subplot(2,2,3);subimage(X2,hot(8));
title('均匀量化图')
subplot(2,2,4);subimage(X3,jet(8));
title('非均匀量化图')
```

运行程序,效果如图 21-3 所示。

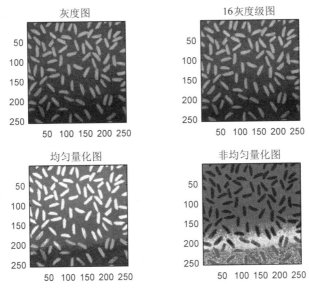

图 21-3　索引图像转换为灰度图像效果

21.2　彩色模型的转换

在 MATLAB 图像处理工具箱中,总是直接或间接地使用 RGB 数据表示颜色。除了 RGB 颜色模型之外,还有一些其他的颜色模型,这些颜色模型又称为颜色空间或色度空间。在 MATLAB 中,颜色模型分别有 RGB 模型、HSV 模型、HSI 模型、YCbCr 模型、NTSC 模型。

1. RGB 模型

RGB(Red,Green,Blue)颜色模型最常用于显示器系统。彩色阴极射线管、彩色光栅图形的显示器都使用 R、G、B 数值来驱动 R、G、B 电子枪发射电子,分别激发荧光屏上的 R、G、B 三种颜色,通过萤火粉发出不同亮度的光线,并相加混合产生各种颜色。扫描仪也通过吸收原稿经反射或透射发送来的光线中的 R、G、B 成分,来表示原始的颜色。RGB 色彩空间称为与设备相关的色彩空间,因为不同的扫描仪扫描同一幅图像会得到不同色彩的图像数据,不同型号的显示器显示同一幅图像也会有不同的色彩显示结果。显示器和扫描仪使用的 RGB 空间与 GIE 1931 RGB 真实三原色表色系统空间是不同的,后者是与设备无关的颜色空间。

RGB 颜色模型是最常见的颜色模型,在计算机图形学、数字图像处理中都得到了广泛应用。

2. HSV 模型

HSV(Hue,Saturation,Value)颜色模型对应于圆柱坐标系中的一个圆锥形子集,圆锥的顶面对应于 V=1。它包含 RGB 模型中的 R=1,G=1,B=1 三个面,所代表的颜色较亮。色彩 H 由绕 V 轴的旋转角给定。红色对应于角度 0°,绿色对应于角度 120°,蓝色对应于角度 240°。在 HSV 颜色模型中,每一种颜色和它的补色相差 180°。饱和度 S 取值为 0~1,所以圆锥顶面的半径为 1。HSV 颜色模型所代表的颜色域为 CIE 色图的一个子集,这个模型中饱和度为百分之百的颜色,其纯度一般小于百分之百。在圆锥的顶点(原点)处,V=0,H 和 S 无定义,代表黑色。圆锥的顶面中心处 S=0,V=1,H 无定义,代表白色。从该点到原点代表亮度渐暗的灰色,即具有不同灰度的灰色。对于这些点,S=0,H 的值无定义。可以说,HSV 模型中的 V 轴对应于 RGB 颜色空间中的主对角线。在圆锥顶面的圆周上的颜色,V=1,S=1,这种颜色是纯色。

3. HSI 颜色模型

HIS 颜色模型从人的视觉系统出发,用色调(Hue)、色饱和度(Saturation 或 Chroma)和亮度(Intensity 或 Brightness)来描述色彩。HSI 颜色模型可以用一个圆锥空间模型来描述,这种圆锥模型相当复杂,但确实能把色调、亮度和饱和度的变化情形表现得很清楚。

通常把色调和饱和度通称为色度,用来表示颜色的类别与深浅程度。由于人的视觉对亮度的敏感程度远高于对颜色浓淡的敏感程度,为了便于色彩处理和识别,人的视觉系统经常采用 HSI 颜色模型,它比 RGB 颜色模型更符合人的视觉特性。在图像处理和计算机视觉中,大量算法都可在 HSI 颜色模型中方便地使用,它们可以分开处理而且是相互独立的。因此,使用 HSI 颜色模型可以大大简化图像分析和处理的工作量。

4. YCbCr 模型

YCbCr 模型是数字视频常用的色彩模型。在模型中,亮度信息单独存储在 Y 中,色度信息存储在 Cb 和 Cr 中。Cb 表示绿色分量相对应的参考值;Cr 表示红色分量相对应的参考值。YCbCr 模型数据可以是双精度类型,也可以是 uint8 类型。对于 uint8 类型图像,Y 值为[16,235],Cb 和 Cr 的值为[16,240]。YCbCr 模型保留 uint8 类型范围的顶端和底端空间附加信息,这些信息包括视频流。

5. NTSC 模型

NTSC 模型所使用的是 YIQ 色彩坐标系,其中 Y 为亮度(luminance)、I 为色调(hue)、Q 为饱和度(saturation),应用于彩色电视广播。YIQ 其实是 RGB 的编码。在 YIQ 系统中 Y 分量提供了黑白电视机要求的所有影像信息。RGB 到 YIQ 的变换定义为:

$$\begin{bmatrix} Y \\ I \\ Q \end{bmatrix} = \begin{bmatrix} 0.299 & 0.587 & 0.114 \\ 0.596 & -0.275 & -0.321 \\ 0.212 & -0.523 & -0.311 \end{bmatrix} \begin{bmatrix} R \\ G \\ B \end{bmatrix}$$

YIQ 系统成为普通标准,它的主要优点是去掉了亮度(Y)和颜色信息(I 和 Q)间的紧密联系。

值得注意的是,色度空间只是同一物理量的不同表示法,因而它们之间存在着转换关系。MATLAB 提供了绝大多数这样的转换函数,在应用时,需要根据具体的应用灵活选择色度空间。

21.3 MATLAB 中颜色模型转换

颜色模型就是建立的一个 3D 坐标系统,表示一个彩色空间。采用不同的基本量来表示颜色,就得到不同的颜色模型(彩色空间),不同的颜色模型都能表示同一种颜色,因此,它们之间是可以相互转换的。

21.3.1 RGB 模型与 HSV 模型转换

归一化的 RGB 模型中,R、G、B 这 3 个分量值在[0,1]中,对应的 HSV 模型中的 H、S、V 分量可以由 R、G、B 表示为:

$$V = \frac{1}{3}(R + G + B)$$

$$S = 1 - \frac{3}{R + G + B}[\min(R, G, B)]$$

$$H = \cos^{-1}\left\{ \frac{\frac{[(R-G) + (R-B)]}{2}}{[(R-G)^2 + (R-B)(R-G)^{\frac{1}{2}}]} \right\} \Big/ 360$$

MATLAB 中,提供了 rgb2hsv 函数将 RGB 模型转换为 HSV 模型,函数的调用格式为:

cmap = rgb2hsv(M):将 RGB 色图 M 转换为 HSV 色图 cmap。色图都是 m×3 数组,色图每个元素值为[0,0.1]。

hsv_image = rgb2hsv(rgb_image):把 RGB 图像转换成 HSV 图像。参数 rgb_image 和 hsv_image 都为 m×n×3 的数组。

【例 21-3】 拆分一个 HSV 图像的图像阵列。

```
>> clear all;
RGB = reshape(ones(64,1) * reshape(jet(64),1,192),[64,64,3]);  %调整颜色条尺寸为正方形
HSV = rgb2hsv(RGB);         % 将 RGB 图像转换为 HSV 图像
H = HSV(:,:,1);             % 提取 H 矩阵
S = HSV(:,:,2);             % 提取 S 矩阵
V = HSV(:,:,3);             % 提取 V 矩阵
subplot(2,2,1);imshow(RGB);
title('RGB 图像');
```

```
subplot(2,2,2);imshow(H);
title('H 图像');
subplot(2,2,3);imshow(S);
title('S 图像');
subplot(2,2,4);imshow(V);
title('V 图像');
```

运行程序,效果如图 21-4 所示。

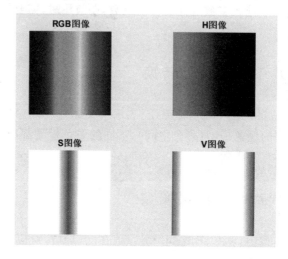

图 21-4　HSV 图像 H、S、V 分离图

在 MATLAB 中,提供了 hsv2rgb 函数将 HSV 模型转换为 RGB 模型。函数的调用格式为:

M = hsv2rgb(H):把 HSV 色图转换成 RGB 色图。H 为一个 m×3 数组,其中 m 为色图的色彩数。H 的列分别描述了色调、饱和度和亮度。M 也为一个 m×3 的数组,它的列分别描述了红、绿和蓝。

rgb_image = hsv2rgb(hsv_image):对应把 HSV 图像转换为 RGB 图像,hsv_image 为 m×n×3 的数组,三面包含色调、饱和度和亮度。返回值 rgb_image 为对应红、绿和蓝的 RGB 图像。

21.3.2　RGB 模型与 YCbCr 模型转换

RGB 与 YCbCr 的转换关系为:

$$Y = 0.299R + 0.587G + 0.114B$$
$$Cr = 0.713(R - Y) + 128$$
$$Cb = 0.564(B - Y) + 128$$

在 MATLAB 中,提供了 rgb2ycbcr 函数将 RGB 模型转换为 YCbCr 模型。函数的调用格式为:

ycbcrmap = rgb2ycbcr(map):把 RGB 色图 map 转换成 YCbCr 色图。map 与 ycbcrmap 都是 m×3 的数组。

YCBCR = rgb2ycbcr(RGB)：将真彩色图像 RGB 转换为 YCbCr 图像。

【例 21-4】　于将 RGB 模型图像转换为 YCbCr 模型图像。

```
>> clear all;
RGB = imread('board.tif');
subplot(1,3,1);imshow(RGB);
title ('真彩色图像')
YCBCR = rgb2ycbcr(RGB);
subplot(1,3,2);imshow(YCBCR);
title('YCbCr 图像')
map = jet(256);
newmap = rgb2ycbcr(map);
subplot(1,3,3);imshow(newmap);
title ('YCbCr 色图')
```

运行程序,效果如图 21-5 所示。

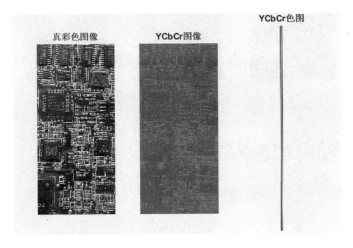

图 21-5　RGB 模型图像转换为 YCbCr 模型图像

在 MATLAB 中,提供了 ycbcr2rgb 函数将 YCbCr 模型转换为 RGB 模型。函数的调用格式为：

rgbmap = ycbcr2rgb(ycbcrmap)：将 RGB 模型颜色映射到 YCbCr 模型中。ycbcrmap 为一个 m×3 的矩阵,矩阵的列分别表示亮度 Y 和两种色度差 Cb、Cr,则rgbmap 也为一个 m×3 的矩阵,矩阵的列表示 R、G、B 的强度值。

RGB = ycbcr2rgb(Ycbcr)：将 YCbCr 模型图像转换成对应的 RGB 模型图像。

如果输入图像为 YCbCr 模型,则数据类型可以是 8 位无符号数、16 位无符号数或双精度浮点数,输出与输入数据类型相同。如果输入是一个模型颜色映射,那么只能是双精度浮点数,输出也为双精度浮点数。

【例 21-5】　将 YCbCr 图像转换为真彩色图像。

```
>> clear all;
rgb = imread('board.tif');
subplot(1,3,1);imshow(rgb);
title ('原始 RGB 图像')
```

```
ycbcr = rgb2ycbcr(rgb);
subplot(1,3,2);imshow(ycbcr)
title ('YCbCr 图像')
rgb2 = ycbcr2rgb(ycbcr);
subplot(1,3,3);imshow(ycbcr)
title ('转换后 RGB 图像')
```

运行程序,效果如图 21-6 所示。

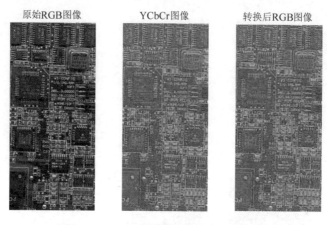

图 21-6　YCbCr 图像转换为真彩色图像

21.3.3　RGB 模型与 NTSC 模型转换

在 MATLAB 中,提供了两个相对应的函数实现这两个模型的相互转换。

(1) ntsc2rgb 函数。

ntsc2rgb 函数用于将 NTSC 色彩模型值变换成 RGB 色彩模型值。其调用格式为:

rgbmap = ntsc2rgb(yiqmap):把 yiqmap 的 m×3 的 NTSC 色彩模型值转换成 RGB 色彩模型值。yiqmap 的列分别对应 NTSC 的亮度(Y)和色度(I 和 Q),rgbmap 也是一个列,对应红、绿和蓝的 m×3 的数组。

RGB = ntsc2rgb(YIQ):把 HTSC 模型图像 YIQ 转换为真彩色图像 RGB。ntsc2rgb 应用的计算方法如下:

$$\begin{bmatrix} R \\ G \\ B \end{bmatrix} = \begin{bmatrix} 1.000 & 0.956 & 0.621 \\ 1.000 & -0.272 & -0.647 \\ 1.000 & -1.106 & 1.703 \end{bmatrix} \begin{bmatrix} Y \\ I \\ Q \end{bmatrix}$$

【例 21-6】　将 NTSC 模型转换为 RGB 模型图像。

```
   clear all;
load trees;
YIQMAP = rgb2ntsc(map);
map1 = ntsc2rgb(YIQMAP);
YIQMAP = mat2gray(YIQMAP);
Ymap = [YIQMAP(:,1),YIQMAP(:,1),YIQMAP(:,1)];
Imap = [YIQMAP(:,2),YIQMAP(:,2),YIQMAP(:,2)];
```

```
Qmap = [YIQMAP(:,3),YIQMAP(:,3),YIQMAP(:,3)];
subplot(2,3,1);subimage(X,map);
title('原始图像')
subplot(2,3,2);subimage(X,YIQMAP);
title('转换图像')
subplot(2,3,3);subimage(X,map1);
title('还原图像')
subplot(2,3,4);subimage(X,Ymap);
title('NTSC 的 Y 分量')
subplot(2,3,5);subimage(X,Imap);
title('NTSC 的 I 分量')
subplot(2,3,6);subimage(X,Qmap);
title('NTSC 的 Q 分量')
```

运行程序,效果如图 21-7 所示。

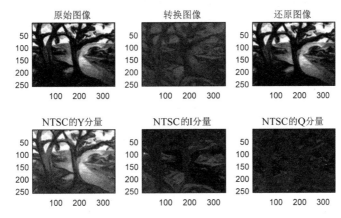

图 21-7　NTSC 模型转换为 RGB 模型

（2）rgb2ntsc 函数。

rgb2ntsc 函数用于将 RGB 模型转换成 NTSC 模型。其调用格式为：

yiqmap ＝ rgb2ntsc(rgbmap)：把 m×3 的 RGB 数组 rgbmap 转换成 NTSC 模型色彩 yiqmap。

　　YIQ ＝ rgb2ntsc(RGB)：把真彩色图像 RGB 转换成 NTSC 图像 YIQ。

【例 21-7】　将 RGB 模型图像转换为 NTSC 模型图像。

```
>> clear all;
RGB = imread('flower.jpg');
YIQ = rgb2ntsc(RGB);
subplot(2,3,1);
subimage(RGB);
title('RGB 图像')
subplot(2,3,3);subimage(mat2gray(YIQ));
title('NTSC 图像')
subplot(2,3,4);
subimage(mat2gray(YIQ(:,:,1)));
title('Y 分量')
subplot(2,3,5);subimage(mat2gray(YIQ(:,:,2)));
```

```
title('I 分量')
subplot(2,3,6);subimage(mat2gray(YIQ(:,:,3)));
title('Q 分量')
```

运行程序,效果如图 21-8 所示。

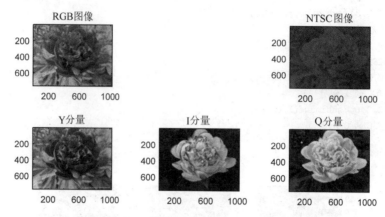

图 21-8　RGB 模型图像转换为 NTSC 模型图像

为了达到某种视觉效果，把输入图像的像素位置映射到一个新的位置，从而达到改变原图像显示效果的目的，这一过程称为图像的几何运算。图像的几何运算主要是指对图像进行几何校正、空间变换（缩放、旋转、仿射变换）等运算过程，在遥感图像的图像配准过程中也有很重要的应用。

22.1　齐次坐标

数字图像是指把连续图像在坐标空间和性质空间离散化了的图像。例如，一幅二维数字图像可以用一组二维（2D）数组 $f(x,y)$ 来表示，其中 x 和 y 表示 2D 空间 xy 中一个坐标点的位置，$f(x,y)$ 代表图像在点 (x,y) 的某种性质的数值。如果所处理的是一幅灰度图像，这时 $f(x,y)$ 表示灰度值，此时 $f(x,y),x,y$ 都在整数集合中取值。因此，除了插值运算外，常见的图像几何变换可以通过与之对应的矩阵线性变换来实现。

现将点 $P_0(x_0,y_0)$ 平移到 $P(x,y)$，其中 x 方向的平移量为 Δx，y 方向的平移量为 Δy。如图 22-1 所示，点 $P(x,y)$ 的坐标为：

$$\begin{cases} x = x_0 + \Delta x \\ y = y_0 + \Delta y \end{cases} \tag{22-1}$$

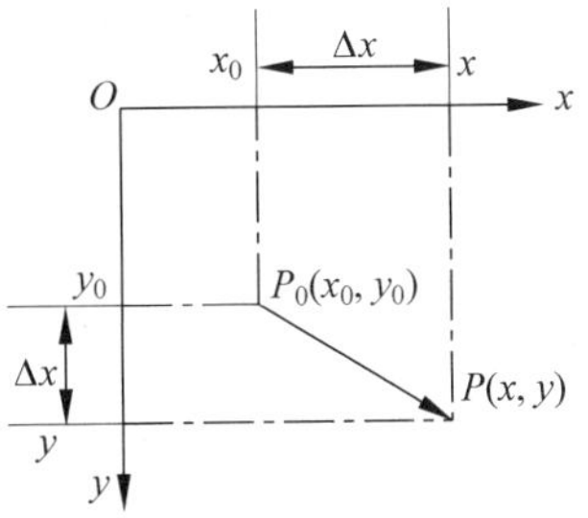

图 22-1　图像的平移变换示意图

第22章　图像几何运算的 MATLAB 实现

这个变换矩阵的形式可以表示为：

$$\begin{bmatrix} x \\ y \end{bmatrix} = \begin{bmatrix} x_0 \\ y_0 \end{bmatrix} + \begin{bmatrix} \Delta x \\ \Delta y \end{bmatrix} \tag{22-2}$$

对式(22-2)进行简单变换可得：

$$\begin{bmatrix} x \\ y \end{bmatrix} = \begin{bmatrix} 1 & 0 \\ 0 & 1 \end{bmatrix} \begin{bmatrix} x_0 \\ y_0 \end{bmatrix} + \begin{bmatrix} \Delta x \\ \Delta y \end{bmatrix} \tag{22-3}$$

对式(22-3)进一步变换，可得：

$$\begin{bmatrix} x \\ y \end{bmatrix} = \begin{bmatrix} 1 & 0 & \Delta x \\ 0 & 1 & \Delta y \end{bmatrix} \begin{bmatrix} x_0 \\ y_0 \\ 1 \end{bmatrix} \tag{22-4}$$

式(22-4)中等号右侧左面的矩阵的第 1、2 列构成单位矩阵，第 3 列元素为平移常量。该矩阵是点 $P_0(x_0, y_0)$ 平移到 $P(x, y)$ 的平移矩阵，即为变换矩阵。该变换矩阵是 2×3 阶的矩阵，为了符合矩阵相乘时要求前者列数与后者行数相等的规则，需要在点的坐标列矩阵 $[x_0 \quad y_0]^T$ 中引入第 3 个元素，增加一个附加坐标，扩展为 3×1 的列矩阵 $[x_0 \quad y_0 \quad 1]^T$。这样，式(22-3)同式(22-4)表述的意义完全相同。为了使式(22-4)左侧表示成矩阵 $[x \quad y \quad 1]^T$ 的形式，可用三维空间点 $(x, y, 1)$ 表示二维空间点 (x, y)，即采用一种特殊的坐标，可以实现平移变换，变换结果如下：

$$\begin{bmatrix} x \\ y \\ 1 \end{bmatrix} = \begin{bmatrix} 1 & 0 & \Delta x \\ 0 & 1 & \Delta y \\ 0 & 0 & 1 \end{bmatrix} \tag{22-5}$$

现对式(22-5)中的各个矩阵进行定义：$T = \begin{bmatrix} 1 & 0 & \Delta x \\ 0 & 1 & \Delta y \\ 0 & 0 & 1 \end{bmatrix}$ 为变换矩阵；$P = \begin{bmatrix} x \\ y \\ 1 \end{bmatrix}$ 为变换后的坐标矩阵；$P_0 = \begin{bmatrix} x_0 \\ y_0 \\ 1 \end{bmatrix}$ 为变换前的坐标矩阵。则有：

$$P = T \cdot P_0 \tag{22-6}$$

从式(22-6)可以看出，引入附加坐标后，扩充了矩阵的第 3 行，但并没有使变换结果受到影响。这种用 $(n+1)$ 维向量表示 n 维向量的方法称为齐次坐标表示法。

22.2　灰度插值

灰度级插值的方法有很多种，但是插值操作的方式都是相同的。无论使用何种插值方法，首先都需要找到与输出图像像素相对应的输入图像点，然后再通过计算该点附近某一像素集合的权平均值来指定输出像素的灰度值。像素的权是根据像素到点的距离而定的，不同插值方法的区别就在于所考虑的像素集合不同。

MATLAB 中提供了 3 种插值方法：

- 最近邻插值（Nearest neighbor interpolation）；
- 双线性插值（Bilinear interpolation）；
- 双三次插值（Bicubic interpolation）。

1. 最近邻插值

最近邻插值是最简单的插值，在这种算法中，每一个插值输出像素的值就是在输入图像中与其最临近的采样点的值。该算法的数序表示为：

$$f(x) = f(x_k) \quad \frac{1}{2}(x_{k-1} + x_k) < x < \frac{1}{2}(x_k + x_{k+1})$$

最近邻插值是工具箱函数默认使用的插值方法，而且这种插值方法的运算量非常小。对于索引图像来说，它是唯一可行的方法。不过，当图像含有精细内容，也就是高频分量时，这种方法实现了倍数放大处理，在图像中可明显看出块状态效应。

2. 双线性插值

双线性插值法是对最近邻插值法的一种改进，即用线性内插方法，根据点 $P(x_0, y_0)$ 的 4 个相邻点的灰度值，通过 2 次插值计算出灰度值 $f(x_0, y_0)$，如图 22-2 所示。

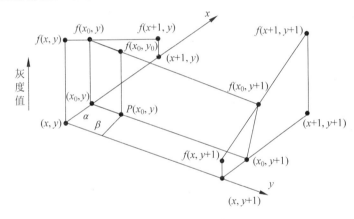

图 22-2 双线性插值法

具体计算情况如下：

（1）计算 α 和 β。

$$\begin{cases} \alpha = x_0 - x \\ \beta = y_0 - y \end{cases}$$

（2）先根据 $f(x, y), f(x+1, y)$ 插值求 $f(x_0, y)$。

$$f(x_0, y) = f(x, y) + a[f(x+1, y) - f(x, y)]$$

（3）再根据 $f(x_0, y), f(x+1, y+1)$ 插值求 $f(x_0, y+1)$。

$$f(x_0, y+1) = f(x_0, y) + a[f(x+1, y+1) - f(x_0, y)]$$

（4）最后根据 $f(x_0, y), f(x_0, y+1)$ 插值求 $f(x_0, y_0)$。

$$\begin{aligned} f(x_0, y_0) &= f(x_0, y) + \beta[f(x_0, y+1) - f(x_0, y)] \\ &= (1-\alpha)(1-\beta)f(x, y) + \alpha(1-\beta)f(x+1, y) + \\ &\quad (1-\alpha)\beta f(x, y+1) + \beta\alpha f(x+1, y+1) \end{aligned}$$

$$= f(x,y) + \alpha[f(x+1,y) - f(x,y)] + \beta[f(x,y+1) - f(x,y)] +$$
$$\beta\alpha[f(x+1,y+1) + f(x,y) - f(x,y+1) - f(x+1,y)]$$

其中，$x = [x_0]$，$y = [y_0]$。

双线性灰度插值计算方法已经考虑到了点 $P(x_0,y_0)$ 的直接邻点对它的影响，因此一般可以得到令人满意的插值效果。但这种方法具有低通滤波性质，使高频分量受到损失，使图像细节退化而变得轮廓模糊。在某些应用中，双线性灰度插值法的斜率不连续还可能会产生一些不期望的结果。

3. 双三次插值

该插值的邻域大小为 4×4。它的插值效果比较好，但相应的计算量较大。

这三种插值方法的运算方式基本类似。对于每一种来说，为了确定插值像素点的数值，必须在输入图像中查找到与输出像素对应的点。这三种插值方法的区别在于其对象像素点赋值的不同。

- 最近邻插值输出像素的赋值为当前点的像素点。
- 双线性插值输出像素的赋值为 2×2 矩阵所包含的有效点的加权平均值。
- 双三次插值输出像素的赋值为 4×4 矩阵所包含的有效点的加权平均值。

4. MATLAB 实现

在 MATLAB 中，提供了 interp2 函数用于实现图像的插值。其调用格式为：

$ZI = \text{interp2}(X,Y,Z,XI,YI,'Method')$：Z 为要插值的原始图像，XI 和 YI 为图像新的行和列，类型为 Grid，如 1:m，m 为整数。Method 为采用的插值方法，MATLAB 提供了 4 种插值方法，如表 22-1 所示。

$ZI = \text{interp2}(Z,XI,YI)$：默认 X=1:n、Y=1:m，这里 [m,n] = size(Z)。

$ZI = \text{interp2}(Z,\text{ntimes})$：ntimes 为放大倍数，双精度。

表 22-1　interp2 中 method 属性

参　　数	说　　明
nearest	最近邻插值法
linear	双线性内插值法
spline	三次样条插值法
cubic	当数据具有均匀间隔时，为立方插值法，否则和 spline 效果相同

【例 22-1】　利用 interp2 函数对图像通过各种插值法进行放大。

```
>> clear all;
I = imread('lean.jpg');
I2 = imresize(I,0.125);              % 缩小图像
Z1 = interp2(double(I2),2,'nearest'); % 最近邻插值法
Z1 = uint8(Z1);
subplot(221);imshow(Z1);
```

```
   title('最近邻插值法');
   Z2 = interp2(double(I2),2,'linear');        % 双线性内插值法
   Z2 = uint8(Z2);
   subplot(222);imshow(Z2);
   title('双线性内插值法');
   Z3 = interp2(double(I2),2,'spline');        % 三次样条插值法
   Z3 = uint8(Z3);
   subplot(223);imshow(Z3);
   title('三次样条插值法');
   Z4 = interp2(double(I2),2,'cubic');         % 立方插值法
   Z4 = uint8(Z4);
   subplot(224);imshow(Z4);
   title('立方插值法');
```

运行程序,效果如图 22-3 所示。

从图 22-3 的插值效果来看,最近邻插值法有明显的马赛克现象,双线性内插值法就没那么严重,三次样条插值法和立方插值法所得的结果较前两幅更加细腻。

图 22-3　不同插值法对图像进行放大

22.3　图像平移

平移(Translation)变换是几何变换中最简单的一种变换,将一幅图像上的所有点都按照给定的偏移量在水平方向沿 x 轴、在垂直方向沿 y 轴移动,如图 22-4 所示。

设点 $A_0(x_0,y_0)$ 进行平移后到 $A(x,y)$,其中 x 方向的平移量为 Δx,y 方向的平移量为 Δy。那么,点 $A(x,y)$ 的坐标为:

$$\begin{cases} x = x_0 + \Delta x \\ y = y_0 + \Delta y \end{cases} \quad (22\text{-}7)$$

变换前后图像上的点 $A_0(x_0,y_0)$ 和 $A(x,y)$ 之间的

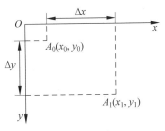

图 22-4　像素点的平移

关系可以用如下的矩阵变换表示：

$$\begin{bmatrix} x \\ y \\ 1 \end{bmatrix} = \begin{bmatrix} 1 & 0 & \Delta x \\ 0 & 1 & \Delta y \\ 0 & 0 & 1 \end{bmatrix} \begin{bmatrix} x_0 \\ y_0 \\ 1 \end{bmatrix} \tag{22-8}$$

对变换矩阵求逆，可以得到如下的逆变换：

$$\begin{bmatrix} x_0 \\ y_0 \\ 1 \end{bmatrix} = \begin{bmatrix} 1 & 0 & -\Delta x \\ 0 & 1 & -\Delta y \\ 0 & 0 & 1 \end{bmatrix} \begin{bmatrix} x \\ y \\ 1 \end{bmatrix} \tag{22-9}$$

$$\begin{cases} x_0 = x - \Delta x \\ y_0 = y - \Delta y \end{cases} \tag{22-10}$$

在 MATLAB 中，没有提供专门的函数实现图像的平移，此处自定义编写 translation. m 函数实现图像的平移。源代码为：

```
function J = translation(I,a,b)
% I 为输入图像,a 和 b 描述 I 图像沿着 x 轴和 y 轴移动的距离
% 不考虑溢出情况
[M,N,G] = size(I);
I = im2double(I);                      % 将图像数据类型转换为双精度
J = ones(M,N,G);                       % 初始化新图像矩阵为全1阵,大小与输入图像相同
for i = 1:M
    for j = 1:N
        if((i + a)> = 1 && (j + b > = 1) && (j + b< = N));   % 判断平移后行列坐标是否超出范围
            J(i + a,j + b,:) = I(i,j,:);   % 图像平移
        end
    end
end
```

【例 22-2】 对图像实现平移操作。

```
>> clear all;
I = imread('lean.jpg');
a = 90;b = 90;                  % 设置平移坐标
J1 = translation(I,a,b);        % 平移图像
subplot(221);imshow(J1);axis on;
title('右下平移图像');
a = - 90;b = - 90;              % 设置平移坐标
J2 = translation(I,a,b);        % 平移图像
subplot(222);imshow(J2);axis on;
title('左上平移图像');
a = - 90;b = 90;  % 设置平移坐标
J3 = translation(I,a,b);        % 平移图像
subplot(223);imshow(J3);axis on;
title('右上平移图像');
a = 90;b = - 90;                % 设置平移坐标
J4 = translation(I,a,b);        % 平移图像
subplot(224);imshow(J4);axis on;
title('左下平移图像');
```

运行程序,效果如图 22-5 所示。

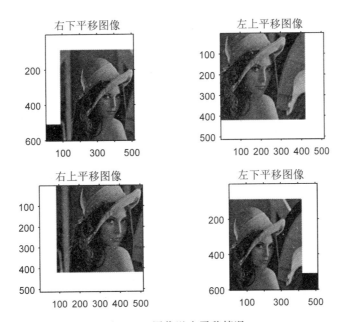

图 22-5　图像溢出平移情况

提示：以上程序中的参数 a 和 b 的取值若不同,图像平移的结果是不相同的。

如果考虑到图像平移不溢出的情况,又该怎样实现呢? 自定义编写 translation_T.m 实现图像平移不溢出效果,源代码为:

```
function J = translation1(I,a,b)
% I 为输入图像,a 和 b 描述 I 图像沿着 x 轴和 y 轴移动的距离
% 考虑溢出情况,采用扩大显示区域的方法
[M,N,G] = size(I);                   % 获取输入图像 I 的大小
I = im2double(I);                    % 将图像数据类型转换成双精度
J = ones(M + abs(a),N + abs(b),G);   % 初始化新图像矩阵全为 1,大小考虑 x 轴和 y 轴的平移范围
for i = 1:M
for j = 1:N
  if(a < 0 && b < 0);                % 如果进行右下移动,对新图像矩阵进行赋值
    J(i,j,:) = I(i,j,:);
  else if(a > 0 && b > 0);
    J(i + a,j + b,:) = I(i,j,:);     % 如果进行右上移动,对新图像矩阵进行赋值
  else if(a > 0 && b < 0);
    J(i + a,j,:) = I(i,j,:);         % 如果进行左上移动,对新图像矩阵进行赋值
  else
    J(i,j + b,:) = I(i,j,:);         % 如果进行右下移动,对新图像矩阵进行赋值
    end
   end
  end
 end
end
```

【**例 22-3**】 考虑平移后超出显示区域的像素点实现图像平移。

```
>> clear all;
I = imread('lean.jpg');
a = 90;b = 90;                  %设置平移坐标
J1 = translation_T(I,a,b);      %平移图像
subplot(221);imshow(J1);axis on;
title('右下平移图像');
a = -90;b = -90;                %设置平移坐标
J2 = translation_T(I,a,b);      %平移图像
subplot(222);imshow(J2);axis on;
title('左上平移图像');
a = -90;b = 90;                 %设置平移坐标
J3 = translation_T(I,a,b);      %平移图像
subplot(223);imshow(J3);axis on;
title('右上平移图像');
a = 90;b = -90;                 %设置平移坐标
J4 = translation_T(I,a,b);      %平移图像
subplot(224);imshow(J4);axis on;
title('左下平移图像');
```

运行程序,效果如图 22-6 所示。

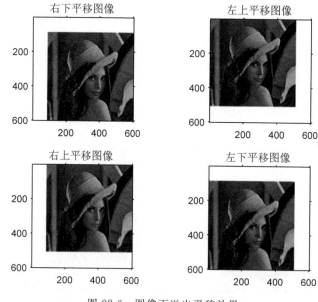

图 22-6　图像不溢出平移效果

22.4　图像旋转

　　图像的旋转变换是几何学研究的重要内容之一。一般情况下,图像的旋转变换是指以图像的中心为原点,将图像上的所有像素都旋转同一个角度的变换,图像经过旋转变换后,图像的位置发生了改变,但旋转后,图像的大小一般会改变。和平移变换一样,在图像旋转变换中既可以把转出显示区域的图像截去,也可以扩大显示区域的图像范围以显示图像的全部。

设原始图像的任意点 $A_0(x_0,y_0)$ 经旋转 β 角度以后到新的位置 $A(x,y)$，为表示方便，采用极坐标形式表示，原始点的角度为 α。

根据极坐标与二维垂直坐标的关系，原始图像的点 $A_0(x_0,y_0)$ 的 x 和 y 坐标如下：

$$\begin{cases} x_0 = r\cos\alpha \\ y_0 = r\sin\alpha \end{cases}$$

旋转到新位置以后点 $A(x,y)$ 的坐标如下：

$$\begin{cases} x = r\cos(\alpha-\beta) = r\cos\alpha\cos\beta + r\sin\alpha\sin\beta \\ y = r\sin(\alpha-\beta) = r\sin\alpha\cos\beta - r\cos\alpha\sin\beta \end{cases}$$

由于旋转变换需要用点 $A_0(x_0,y_0)$ 表示 $A(x,y)$，因此对上式进行简化，得：

$$\begin{cases} x = x_0\cos\beta + y_0\sin\beta \\ y = -x_0\sin\beta + y_0\cos\beta \end{cases}$$

同样，图像的旋转变换也可用矩阵形式表示，得：

$$\begin{bmatrix} x \\ y \\ 1 \end{bmatrix} = \begin{bmatrix} \cos\beta & \sin\beta & 0 \\ -\sin\beta & \cos\beta & 0 \\ 0 & 0 & 1 \end{bmatrix} \begin{bmatrix} x_0 \\ y_0 \\ 1 \end{bmatrix}$$

图像旋转后，由于数字图像的坐标值必须是整数，因此，可能引起图像部分像素点的局部改变，所以图像的大小也会发生一定的改变。

如果图像旋转角 $\beta = 45°$，则变换关系为：

$$\begin{cases} x = 0.707x_0 + 0.707y_0 \\ y = -0.707x_0 + 0.707y_0 \end{cases}$$

以原始图像的点 $(1,1)$ 为例，旋转后均为小数，经舍入后为 $(1,0)$，产生了位置误差，因此，图像旋转后可能会发生一些细微变化。

对图像进行旋转变换时应注意以下几点。

（1）为了避免图像旋转后可能产生的信息丢失，可以先进行平移，然后进行图像旋转。

（2）图像旋转后可能会出现一些空白点，需对这些空白点进行灰度级的插值处理，否则会影响旋转后的图像质量。

在 MATLAB 中，提供了 imrotate 函数用于实现图像的旋转。函数的调用格式为：

B = imrotate(A,angle)：将图像 A 旋转角度 angle，单位为（°），逆时针为正，顺时针为负。

B = imrotate(A,angle,method)：字符串参量 method 指定图像旋转插值方法，即 nearest(最近邻插值)、bilinear(双线性插值)、bicubic(双立方插值)，默认为 nearest。

B = imrotate(A,angle,method,bbox)：字符串参量 bbox 指定返回图像的大小，其取值为：

- crop：输出图像 B 与输入图像 A 具有相同的大小，对旋转图像进行剪切以满足要求。
- loose：默认值，输出图像 B 包含整个旋转后的图像，通常 B 比输入图像 A 要大。

【例 22-4】 利用 imrotate 函数对图像进行旋转处理。

```
>> clear all;
A = imread('gud3.jpg');              % 读入图像
J1 = imrotate(A, 60);                % 设置旋转角度,实现旋转并显示
J2 = imrotate(A, -30);
J3 = imrotate(A,60,'bicubic','crop');  % 设置输出图像大小,实现旋转图像并显示
J4 = imrotate(A,30, 'bicubic', 'loose');
figure;
subplot(221),imshow(J1);
title('逆时针旋转 60 度')
subplot(222),imshow(J2);
title('顺时针旋转 30 度')
subplot(223),imshow(J3);
title('裁剪的旋转');
subplot(224),imshow(J4);
title('不裁剪的旋转')
```

运行程序,效果如图 22-7 所示。

逆时针旋转60度

顺时针旋转30度

裁剪的旋转

不裁剪的旋转

图 22-7　图像的旋转效果

22.5　图像的比例变换

图像比例缩放是指将给定的图像在 x 轴方向按比例缩放 f_x 倍,在 y 轴方向按比例缩放 f_y 倍,从而获得一幅新的图像。如果 $f_x = f_y$,即在 x 轴方向和 y 轴方向缩小的比率相同,称这样的比例缩放为图像的全比例缩放;如果 $f_x \neq f_y$,图像的比例缩放会改变原始图像的像素间的相对位置,产生几何畸变,如图 22-8 所示。

设原图像中的点 $P_0(x_0, y_0)$ 比例缩放后,在新图像中的对应点为 $P(x, y)$,则 $P_0(x_0, y_0)$ 和 $P(x, y)$ 之间的对应关系如图 22-9 所示。

(b) 非全比例缩小

(a) 原图像

(c) 全比例缩小

图 22-8 图像的缩放

比例缩放前后两点 $P_0(x_0,y_0)$、$P(x,y)$ 之间的关系用矩阵形式可表示为：

$$\begin{bmatrix} x \\ y \\ 1 \end{bmatrix} = \begin{bmatrix} f_x & 0 & 0 \\ 0 & f_y & 0 \\ 0 & 0 & 1 \end{bmatrix} \begin{bmatrix} x_0 \\ y_0 \\ 1 \end{bmatrix}$$

上式的代数式为：

$$\begin{cases} x = f_x x_0 \\ y = f_y y_0 \end{cases}$$

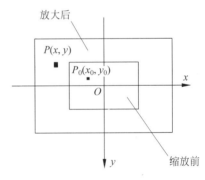

图 22-9 比例缩放

1. 图像的比例缩小变换

从数码技术的角度来说,图像的缩小是通过减少像素个数来实现的,因此,需要根据所期望缩小的尺寸数据,从原图像中选择合适的像素点,使图像缩小之后可以尽可能地保持原有图像的概貌特征不丢失。下面介绍两种简单的图像缩小变换。

（1）基于等间隔采样的图像缩小。

这种图像缩小方法的设计思想是,通过对画面像素的均匀采样来保持所选择到的像素仍然可以保持像素的概貌特征。该方法的具体实现步骤为：设原图为 $F(i,j)$,大小为 $M \times N(i=1,2,\ldots,M;j=1,2,\ldots,N)$,缩小后的图像为 $g(i,j)$,大小为 $k_1 M \times k_2 N(k_1 = k_2$ 时为按比例缩小,$k_1 \neq k_2$ 时为不按比例缩小,$k_1 < 1, k_2 < 1$。$i=1,2,\cdots,k_1 M; j=1,2,\cdots, k_2 N)$,则有：

$$\Delta i = 1/k_1, \quad \Delta j = 1/k_2 \tag{22-11}$$

$$g(i,j) = f(\Delta i \cdot i, \Delta j \cdot j) \tag{22-12}$$

（2）基于局部均值的图像缩小。

从前面的缩小算法可以看到,算法的实现非常简单,但是采用上述方法对于没有被选取到的点的信息就无法反映在缩小后的图像中。为了解决这个问题,可以采用基于局部均值的方法来实现图像的缩小。该方法的具体实现步骤如下。

用式(22-11)计算采样间隔,得到 Δi、Δj,即求出相邻两个采样点之间所包含的原图像的子块,为:

$$F_{(i,j)} = \begin{bmatrix} f_{\Delta i \cdot (i-1)+1, \Delta j \cdot (j-1)+1} & \cdots & f_{\Delta i \cdot (i-1)+1, \Delta j \cdot j} \\ \vdots & \cdots & \vdots \\ f_{\Delta i \cdot i, \Delta j \cdot (j-1)+1} & \cdots & f_{\Delta i \cdot i, \Delta j \cdot j} \end{bmatrix}$$

利用 $g(i,j) = F(i,j)$ 的均值,求出缩小的图像。

2. 图像的比例放大变换

图像在缩小操作中,是在现有的信息里挑选所需要的有用信息。而在图像的放大操作中,则需要对尺寸放大后所多出来的空格填入适当的像素值,这是信息的估计问题,所以较图像的缩小要难一些。由于图像的相邻像素之间的相关性很强,可以利用这个相关性来实现图像的放大。与图像缩小相同,按比例放大不会引起图像的畸变,而不按比例放大则会产生图像的畸变,图像放大一般采用最近邻域法和线性插值法。

(1) 最近邻域法。

一般地,按比例将原图像放大 k 倍时,如果按照最近邻域法则需要将一个像素值添在新图像的 $k \times k$ 的子块中,式(22-13)为图像 F 的矩阵,该图像放大3倍得到图像 F' 的矩阵,用式(22-14)表示,图22-10为放大5倍的效果图。显然,如果放大倍数太大,按照这种方法处理会出现马赛克效果。

$$F = \begin{bmatrix} f_{11} & f_{12} & f_{13} \\ f_{21} & f_{22} & f_{23} \\ f_{31} & f_{32} & f_{33} \end{bmatrix} \tag{22-13}$$

$$F' = \begin{bmatrix} f_{11} & f_{11} & f_{11} & f_{12} & f_{12} & f_{12} & f_{13} & f_{13} & f_{13} \\ f_{11} & f_{11} & f_{11} & f_{12} & f_{12} & f_{12} & f_{13} & f_{13} & f_{13} \\ f_{11} & f_{11} & f_{11} & f_{12} & f_{12} & f_{12} & f_{13} & f_{13} & f_{13} \\ f_{21} & f_{21} & f_{21} & f_{22} & f_{22} & f_{22} & f_{23} & f_{23} & f_{23} \\ f_{21} & f_{21} & f_{21} & f_{22} & f_{22} & f_{22} & f_{23} & f_{23} & f_{23} \\ f_{21} & f_{21} & f_{21} & f_{22} & f_{22} & f_{22} & f_{23} & f_{23} & f_{23} \\ f_{31} & f_{31} & f_{31} & f_{32} & f_{32} & f_{32} & f_{33} & f_{33} & f_{33} \\ f_{31} & f_{31} & f_{31} & f_{32} & f_{32} & f_{32} & f_{33} & f_{33} & f_{33} \\ f_{31} & f_{31} & f_{31} & f_{32} & f_{32} & f_{32} & f_{33} & f_{33} & f_{33} \end{bmatrix} \tag{22-14}$$

(2) 线性插值法。

为了提高几何变换后的图像质量,常采用线性插值法。该方法就是根据周围最近的几个点(对于平面图像来说,共有4点)的颜色作线性插值计算(对于平面图像来说就是二维线性插值)来估计该点的颜色,如图22-11所示。该方法图像边缘的锯齿化比最近邻域法小非常多,效果好得多。

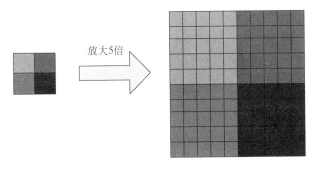

图 22-10　按最近邻域法放大 5 倍的图像

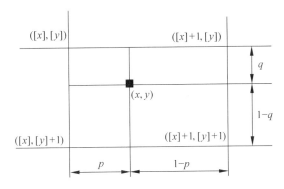

图 22-11　线性插值法效果图

简化的灰度值计算式为：

$$g(x,y) = (1-q)\{(1-p) \times g([x],[y]) + p \times g([x]+1,[y])\} +$$
$$q\{(1-p) \times g([x],[y]+1) + p \times g([x]+1,[y]+1)\}$$

式中，$g(x,y)$ 为坐标 (x,y) 处的灰度值；$[x]$、$[y]$ 为不大于 x,y 的整数。

在 MATLAB 中，提供了 imresize 函数实现图像的缩放。函数的调用格式为：

B = imresize(A, scale)：返回原始图像 A 的 scale 倍大小的图像 B。原始图像 A 可以为灰度图像、RGB 图像或二值图像。如果 scale 取值为 0～1.0，则 B 比 A 小（图像缩小）；如果 scale 取值大于 1.0，则 B 比 A 大（图像放大）。

B = imresize(A, [numrows numcols])：对原始图像 A 进行比例缩放，返回图像 B 的行数 numrows 和列数 numcols。如果 numrows 或 numcols 为 NaN，则表明 MATLAB 自动调整图像的缩放比例。

[Y newmap] = imresize(X, map, scale)：对索引图像 X 进行成比例放大或缩小。参数 map 为列数为 3 的矩阵，表示颜色表。scale 可为比例因子（标量）或是指定输出图像大小（[numrows numcols]）的向量。

[…] = imresize(…, method)：字符串参数 method 指定图像缩放插值方法，主要取值有 nearest（最近邻插值）、bilinear（双线性插值）、bicubic（双立方插值），默认为 nearest 插值。

【例 22-5】　利用 imresize 函数对图像实现缩放。

```
>> clear all;
I = imread('a03.jpg');
```

```
J = imresize(I,0.2);
subplot(2,2,1);imshow(I);
title('原始图像')
disp('图像放大,最近邻插值法运算时间: ')
tic
J1 = imresize(J,8,'nearest');            % 图像放大,最近邻插值法
toc
subplot(2,2,2);imshow(J1);
title('图像放大,最近邻插值')
disp('图像放大,双线性插值法运算时间: ')
tic
J2 = imresize(J,8,'bilinear');           % 图像放大,双线性插值法
toc
subplot(2,2,3);imshow(J2);
title('图像放大,双线性插值')
disp('图像放大,双立方插值法运算时间: ')
tic
J3 = imresize(J,8,'bicubic');            % 图像放大,双立方插值法
toc
subplot(2,2,4);imshow(J3);
title('图像放大,双立方插值')
```

运行程序,输出如下,效果如图 22-12 所示。

图像放大,最近邻插值法运算时间:
Elapsed time is 0.111775 seconds.
图像放大,双线性插值法运算时间:
Elapsed time is 0.018129 seconds.
图像放大,双立方插值法运算时间:
Elapsed time is 0.016027 seconds.

原始图像

图像放大,最近邻插值

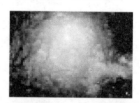

图像放大,双线性插值

图像放大,双立方插值

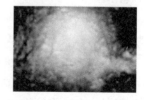

图 22-12　图像的缩放

23.1 离散余弦变换

离散余弦变换（Discrete Cosine Transform，DCT）是以一组不同频率和幅值的余弦函数和来近似一幅图像，实际上是傅里叶变换的实数部分。离散余弦变换有一个重要的性质，即对于一幅图像，其大部分可视化信息都集中在少数的变换系数上。

如果一个函数 $f(x)$ 为偶函数，即 $f(x)=f(-x)$，此函数的傅里叶变换为：

$$f(x) = f(-x)$$

$$F(u) = \int_{-\infty}^{+\infty} f(x) e^{-j2\pi ux} \mathrm{d}x$$

$$= \int_{-\infty}^{+\infty} f(x)\cos(2\pi ux)\mathrm{d}x - j \int_{-\infty}^{+\infty} f(x)\sin(2\pi ux)\mathrm{d}x$$

$$= \int_{-\infty}^{+\infty} f(x)\cos(2\pi ux)\mathrm{d}x$$

因为虚部的被积项为奇函数，因此傅里叶变换的虚数项为零。由于变换后的结果仅含有余弦项，因此称为余弦变换。其实，余弦变换是傅里叶变换的特例。

23.1.1 一维离散余弦变换

离散余弦变换也是一种可分离变换，设 $\{f(x)\,|\,x=0,1,\cdots,N-1\}$ 为离散的信号序列，一维离散余弦（DCT）变换对定义如下：

$$C(u) = a(u) \sum_{x=0}^{N-1} f(x) \cos \frac{(2x+1)u\pi}{2N}, \quad u = 0,1,2,\cdots,N-1$$

$$(23\text{-}1)$$

$$f(x) = \sum_{u=0}^{N-1} a(u) C(u) \cos \frac{(2x+1)u\pi}{2N}, \quad x = 0,1,2,\cdots,N-1$$

$$(23\text{-}2)$$

其中：

$$a(u) = \begin{cases} \sqrt{1/N}, & u = 0 \\ \sqrt{2/N}, & \text{其他} \end{cases} \tag{23-3}$$

由一维离散余弦变换对的定义式可以看出，其正变换和逆变换的核均为：

$$g(x,u) = h(x,u) = a(u)\cos\frac{(2x+1)u\pi}{2N}, \quad x,u = 0,1,2,\cdots,N-1 \tag{23-4}$$

可见，一维 DCT 的逆变换核与正变换核是相同的。

23.1.2　二维离散余弦变换

考虑两个变量，很容易将一维 DCT 的定义推广到二维 DCT。

设 $f(x,y)$ 为 $N\times N$ 的数字图像矩阵，则二维 DCT 变换对定义如下：

$$C(u,v) = a(u)a(u)\sum_{x=0}^{N-1}\sum_{y=0}^{N-1}f(x,y)\cos\frac{(2x+1)u\pi}{2N}\cos\frac{(2y+1)v\pi}{2N} \tag{23-5}$$

其中，$u,v = 0,1,2,\cdots,N-1$。

$$f(x,y) = \sum_{u=0}^{N-1}\sum_{v=0}^{N-1}a(u)a(u)C(u,v)\cos\frac{(2x+1)u\pi}{2N}\cos\frac{(2y+1)v\pi}{2N} \tag{23-6}$$

其中，$x,y = 0,1,2,\cdots,N-1$。

由二维离散余弦变换的定义式可以看出，其正变换和逆变换的核为：

$$g(x,y,u,v) = h(x,y,u,v) = a(u)a(v)\frac{(2x+1)u\pi}{2N}\cos\frac{(2x+1)v\pi}{2N} \tag{23-7}$$

其中，$a(u)$ 定义同式（23-3），$a(v)$ 从一维推广到二维的算法，与 $a(u)$ 定义相同。

由此可知，DCT 的变换核具有可分离性，而且二维 DCT 的正变换和逆变换的核是相同的。

与变换核为复指数的 DFT 相比，由于 DCT 的变换核是实数的余弦函数，因此 DCT 的计算速度更快，已广泛应用于数字信号处理，例如图像压缩编码、语音信号处理等方面。

23.1.3　快速离散余弦变换

关于 DCT 的快速算法已经有多种方案，其中一种典型的算法就是利用 FFT。

一维 DCT 与 DFT 具有相似性，重写 DCT 如下：

$$C(0) = \frac{1}{\sqrt{N}}\sum_{x=0}^{N-1}f(x) \tag{23-8}$$

$$\begin{aligned}
C(u) &= \sqrt{\frac{2}{N}}\text{Re}\left\{\left[\exp\left(-\text{j}\frac{u\pi}{N}\right)\right]\times\left[\sum_{x=0}^{2N-1}f_e(x)\exp\left(-\text{j}\frac{2xu\pi}{2N}\right)\right]\right\} \\
&= \sqrt{\frac{2}{N}}\text{Re}\left\{\text{e}^{-\text{j}\frac{u\pi}{N}}\left[\sum_{x=0}^{2N-1}f_e(x)\exp\left(-\text{j}\frac{2xu\pi}{2N}\right)\right]\right\} \\
&= \sqrt{\frac{2}{N}}\text{Re}\left\{w^{\frac{u}{2}}\sum_{x=0}^{2N-1}f_e(x)w^{ux}\right\}
\end{aligned} \tag{23-9}$$

其中，$w=\mathrm{e}^{-\mathrm{j}\frac{2\pi}{2N}}$，$f_e(x)=\begin{cases} f(x), & x=0,1,2,\cdots,N-1 \\ 0, & x=N,N+1,\cdots,2N-1 \end{cases}$。

对比 DFT 的定义可以看出，将序列拓展之后，DFT 实部对应着 DCT，而虚部对应着离散正弦变换，因此可以利用 FFT 实现 DCT。这种方法的缺点是将序列拓展，增加了一些不必要的计算量，此外这种处理也容易造成误解。其实，DCT 是独立发展的，并不是源于 DFT 的。

23.1.4 离散余弦变换的 MATLAB 实现

在 MATLAB 中，提供了 dct 函数进行一维离散余弦变换，采用 idct 函数进行一维离散余弦逆变换，这两个函数的使用可参考 MATLAB 帮助文档。通过 dct2 函数进行二维离散余弦变换，通过 idct2 函数进行二维离散余弦逆变换。函数的调用格式为：

B = dct2(A)：返回图像 A 的二维离散余弦变换值，它的大小与 A 相同，且各元素为离散余弦变换的系数 B(k1,k2)。

B = dct2(A,m,n) 或 B = dct2(A,[m n])：在对图像 A 进行二维离散余弦变换前，先将图像 A 补零到 m×n。如果 m 和 n 比图像 A 的尺寸小，则在进行变换前，将图像 A 进行剪切。

B = idct2(A)：返回图像 A 的二维离散余弦逆变换值，它的大小与 A 相同，且各元素为离散余弦变换的系数 B(k1,k2)。

B = idct2(A,m,n) 或 B = idct2(A,[m n])：在对图像 A 进行二维离散余弦逆变换前，先将图像 A 补零到 m×n。如果 m 和 n 比图像 A 的尺寸小，则在进行变换前，将图像 A 进行剪切。

【例 23-1】 对图像实现离散余弦变换及逆变换。

```
>> clear all;
RGB = imread('autumn.tif');     % 读入彩色图像
I = rgb2gray(RGB);              % 将彩色图像转换为灰度图像
J = dct2(I);                    % 离散余弦变换
figure;imshow(log(abs(J)),[]);
colormap(jet(64)), colorbar
title('离散余弦变换系数');
J(abs(J) < 10) = 0;
K = idct2(J);
figure;
subplot(121);imshow(I);
title('原始图像')
subplot(122), imshow(K,[0 255]);
title('离散余弦逆变换');
```

运行程序，效果如图 23-1 和图 23-2 所示。

由图 23-1 可看出，系数的能量主要集中在左上角，其余大部分系数接近 0。

此外，在 MATLAB 中，提供了 dctmtx 函数实现离散余弦变换矩阵。函数的调用格式为：

离散余弦变换系数

图 23-1 离散余弦变换系数图像

原始图像　　　　　　　　　　　　　　离散余弦逆变换

图 23-2 图像的离散余弦逆变换

D = dctmtx(n)：函数建立 n×n 的离散余弦变换矩阵 D，其中 n 是一个正整数。

【例 23-2】　利用 dctmtx 函数进行离散余弦变换。

```
>> clear all;
I = imread('rice.png');
A = im2double(I);
D = dctmtx(size(A,1));        % 离散余弦变换矩阵
dct = D * A * D';
subplot(121);imshow(I);
title('原始图像');
subplot(122);imshow(dct);
title('离散余弦变换矩阵')
```

运行程序，效果如图 23-3 所示。

原始图像　　　　　　　　　　　　　　离散余弦变换矩阵

图 23-3 灰度图像的离散余弦变换

23.2 离散哈达玛变换

$f(x)$ 的一维离散哈达玛(Hadamard)变换为：

$$B(u) = \frac{1}{N} \sum_{x=0}^{N-1} f(x)(-1)^{\sum_{i=0}^{n-1} b_i(x)b_i(u)}$$

其中，$u = 0, 1, \cdots, N-1$。

一维离散 Hadamard 变换的逆变换为：

$$f(x) = \sum_{u=0}^{N-1} B(u)(-1)^{\sum_{i=0}^{n-1} b_i(x)b_i(u)}$$

其中，$x = 0, 1, \cdots, N-1$。

将一维 Hadamard 变换扩展到二维，二维 Hadamard 变换为：

$$B(x, u) = \frac{1}{N^2} \sum_{x=0}^{N-1} \sum_{y=0}^{N-1} f(x, y)(-1)^{\sum_{i=0}^{n-1}[b_i(x)b_i(u)+b_j(y)b_j(v)]}$$

二维 Hadamard 变换的逆变换为：

$$f(x, y) = \sum_{x=0}^{N-1} \sum_{y=0}^{N-1} B(x, u)(-1)^{\sum_{i=0}^{n-1}[b_i(x)b_i(u)+b_j(y)b_j(v)]}$$

Hadamard 变换相当于在原来的图像矩阵左右分别乘以一个矩阵，这两个矩阵都是正交矩阵，称为 Hadamard 变换矩阵。Hadamard 变换矩阵中所有的元素都是 +1 或 -1。在 MATLAB 中，提供了 hadamard 函数产生 Hadamard 变换矩阵。函数的调用格式为：

H = hadamard(n)：函数产生阶数为 n 的 Hadamard 变换矩阵 H。Hadamard 变换矩阵 H 满足 H*H=n*I，其中 I 为 n 阶单位矩阵。

【例 23-3】 对图像进行 Hadamard 变换。

```
>> clear all;
I = imread('peppers.png');          % 读入 RGB 图像
I = rgb2gray(I);                     % 转换为灰度图像
I = im2double(I);
h1 = size(I,1);                      % 图像的行
h2 = size(I,2);                      % 图像的列
H1 = hadamard(h1);                   % Hadamard 变换矩阵
H2 = hadamard(h2);
J = H1 * I * H2/sqrt(h1 * h2);
figure;
set(0,'defaultFigurePosition',[100 100 1000 500]);
set(0,'defaultFigureColor',[1 1 1]);
subplot(121);imshow(I);
title('原始图像');
subplot(122);imshow(J);
title('Hadamard 变换');
```

运行程序，效果如图 23-4 所示。

原始图像

Hadamard变换

图 23-4　图像 Hadamard 变换

23.3　Radon 变换

Radon 变换用来计算图像矩阵在特定方向上的投影。二维函数的投影是一组线积分,Radon 变换计算一定方向上平行线上的积分,平行线的间隔为 1 个像素。Radon 变换以旋转图像的中心变换到不同的角度,来获得图像在不同方向上的投影积分。

图 23-5 显示了一个图像沿特定方向的平行投影。

例如,对于一个二维图像 $f(x,y)$ 来说,其垂直方向上的积分就是在 x 轴上的投影,其水平方向上的积分就是在 y 轴上的投影,图 23-6 显示了一个矩形区域在 x 轴和 y 轴上的投影。

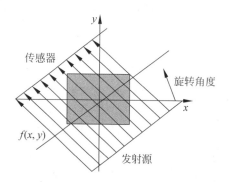

图 23-5　图像沿特定方向的平行投影

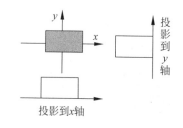

图 23-6　矩形区域在 x 轴和 y 轴上的投影

1. Radon 变换的定义

一般来说,Radon 变换是沿着 y' 方向的积分,它的定义如下:

$$R_\theta(x') = \int_{-\infty}^{+\infty} f(x'\cos\theta - y'\sin\theta, x'\sin\theta + y'\cos\theta)\mathrm{d}y'$$

其中,

$$\begin{bmatrix} x' \\ y' \end{bmatrix} = \begin{bmatrix} \cos\theta & \sin\theta \\ -\sin\theta & \cos\theta \end{bmatrix} \begin{bmatrix} x \\ y \end{bmatrix}$$

图 23-7 显示了 Radon 变换的几何表示。

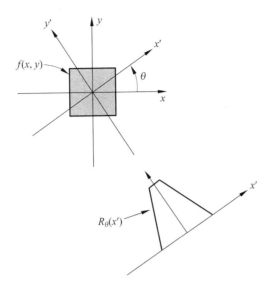

图 23-7　Radon 变换的几何表示

在 MATLAB 中,提供了 radon 函数实现 Radon 变换。函数的调用格式为:

R = radon(I, theta):计算图像 I 在 theta 向量指定的方向上的 Radon 变换。

[R,xp] = radon(…):R 的各行返回 theta 中各方向上的 Radon 变换值,xp 向量表示沿 x 轴相应的坐标值。图像 I 的中心在 floor((size(I)+1)/2),在 x 轴上对应 x'=0。

【例 23-4】　对图像从 0°到 180°每隔 1°做 Radon 变换。

```
>> clear all;
iptsetpref('ImshowAxesVisible','on')
I = zeros(100,100);
I(25:75, 25:75) = 1;
theta = 0:180;                      %角度值
[R,xp] = radon(I,theta);            % 求 0°到 180°的 Radon 变换
imshow(R,[],'Xdata',theta,'Ydata',xp,...
            'InitialMagnification','fit')
xlabel('\theta (degrees)')         %坐标轴设置
ylabel('x''')
colormap(hot), colorbar            %添加颜色条
iptsetpref('ImshowAxesVisible','off')
```

运行程序,效果如图 23-8 所示。

2. Radon 变换检测直线

Radon 变换可以用来检测直线,其步骤为:

(1) 使用 edge 函数计算二值图像;

(2) 计算二值图像的 Radon 变换;

(3) 寻找 Radon 变换的局部极大值,这些极大值的位置即为原始图像中直线的位置。

【例 23-5】　使用 Radon 变换检测直线。

```
>> clear all;
I = fitsread('solarspectra.fts');
```

```
I = mat2gray(I);
BW = edge(I);
subplot(121);imshow(I),
title('原始图像');
subplot(122), imshow(BW)
title('边缘图像')
% 计算边缘图像的 Radon 变换
theta = 0:179;
[R,xp] = radon(BW,theta);
figure, imagesc(theta, xp, R); colormap(hot);
xlabel('\theta (degrees)'); ylabel('x\prime');
title('R_{\theta} (x\prime)');
colorbar
Rmax = max(max(R));                    % 获取极大值
[row,column] = find(R> = Rmax)         % 获取行和列值
x = xp(row)                            % 获取位置
angle = theta(column)                  % 获取角度
```

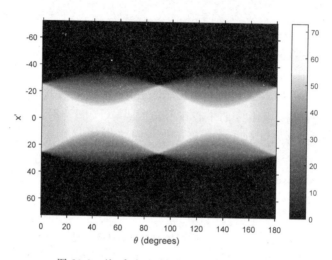

图 23-8　从 0°到 180°每隔 1°做 Radon 变换

在这个程序中,读取的图像如图 23-9 左边图像所示,转化为二值图像后,如图 23-9 右边图像所示,然后求其 Radon 变换,如图 23-10 所示。图 23-10 中极大值的坐标对应于原始图像中直线的位置。输出结果为:

原始图像

边缘图像

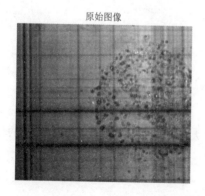 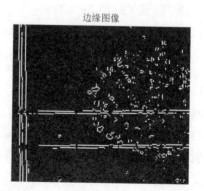

图 23-9　直线检测

```
Rmax =
    94.3295
row =
    49
column =
    2
x =
    -80
angle =
    1
```

Radon 变换结果的最大值为 Rmax＝94.3295，该点对应的角度为 angle＝1°，x'＝ -80。

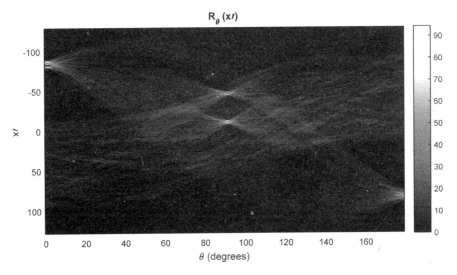

图 23-10　Radon 变换结果

3. Radon 逆变换

Radon 逆变换可以用来重建图像。在 X 射线应用方面，投影是通过测量射线以不同角度穿过人体时的衰减情况来形成的。原始图像可以看作人体的横断面，图像灰度值的大小表示人体的密度。投影可以使用专门的设备来收集，然后根据这些投影重建人体图像。使用这种技术，可以在不损害人体的情况下得到人体内部结构的图像。

图 23-11 显示了 Radon 逆变换在 X 射线成像中的应用。发射器发出射线，传感器接收衰减的射线，根据光线衰减情况来计算物体的密度。其中 $f(x,y)$ 指图像的亮度，$R_\theta(x')$ 指图像在角度 θ 上的投影。

在 MATLAB 中，提供了 iradon 函数用于实现 Radon 逆变换。函数的调用格式为：

I = iradon(R, theta)：进行 Radon 逆变换，R 为 Radon 变换矩阵，theta 为角度，返回参数 I 为逆变换后得到的图像。

I = iradon(P, theta, interp, filter, frequency_scaling, output_size)：根据指定的参数实现 Radon 逆变换。

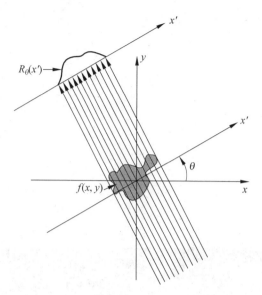

图 23-11　Radon 逆变换

$[I, H] = iradon(\cdots)$：除了返回 Radon 变换后的重建图像 I 外，还返回其变换矩阵 H。

【例 23-6】　对图像实现 Radon 逆变换。

```
>> clear all;
P = phantom(128);
R = radon(P,0:179);
I1 = iradon(R,0:179);
I2 = iradon(R,0:179,'linear','none');
subplot(1,3,1), imshow(P),
title('原始图像')
subplot(1,3,2), imshow(I1);
title('含线性滤波 Radon 逆变换')
subplot(1,3,3), imshow(I2,[]);
title('不含线性滤波 Radon 逆变换')
```

运行程序，效果如图 23-12 所示。

原始图像 | 含线性滤波Radon逆变换 | 不含线性滤波Radon逆变换

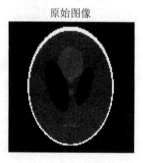 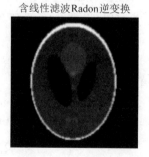 

图 23-12　Radon 逆变换

图像增强是指增强图像中的有用信息,它可以是一个失真的过程,其目的是:改善图像的视觉效果,针对给定图像的应用场合,有目的地强调图像的整体或局部特性,将原来不清晰的图像变得清晰;或者强调某些感兴趣的特征,扩大图像中不同物体特征之间的差别,抑制不感兴趣的特征,使之改善图像质量、丰富信息量,加强图像判读和识别效果,满足某些特殊分析的需要。

24.1　线性滤波器增强

滤波是一种图像增强的技术。对一幅图像进行滤波可以强调一些特征而去除另外一些特征。通过图像滤波可以实现图像的光滑、锐化和边缘检测。

图像滤波是一种邻域操作,输出图像的像素值是对输入图像相应像素的邻域进行一定的处理而得到的。线性滤波是指对输入图像的邻域进行线性算法操作得到输出图像。

24.1.1　卷积

图像的线性滤波是通过卷积来实现的。卷积是一种线性的邻域操作,其输出像素值为输入像素值的加权和。权重矩阵称为卷积核,也称为滤波器,卷积核是通过相关核旋转180°得到的。

例如,假设一幅图像矩阵如下所示:

$$A = \begin{bmatrix} 17 & 24 & 1 & 8 & 15 \\ 23 & 5 & 7 & 14 & 16 \\ 4 & 6 & 13 & 20 & 22 \\ 10 & 12 & 19 & 21 & 3 \\ 11 & 18 & 25 & 2 & 9 \end{bmatrix}$$

其卷积核为:

$$h = \begin{bmatrix} 8 & 1 & 6 \\ 3 & 5 & 7 \\ 4 & 9 & 2 \end{bmatrix}$$

计算 A(2,4)输出像素值的过程为：

（1）卷积核关于中心旋转 180°；

（2）把卷积核的中心移到矩阵 A 的(2,4)位置；

（3）卷积核的每个权重值与 A 的像素值相乘并求和。

因此，A(2,4)位置卷积后输出的像素值如下：

$$1\times2+8\times9+15\times4+7\times7+14\times5+16\times3+13\times6+20\times1+22\times8=575$$

24.1.2　相关

相关操作与卷积操作有密切的关系。在相关操作中，输出图像的像素值也是输入像素邻域值的加权和，不同的是，在相关操作中，加权矩阵不需要旋转 180°。图像处理工具箱中的函数返回的是相关核。

例如，对于矩阵 A 和相关核，计算 A(2,4)位置输出像素值的过程是：

（1）把相关核的中心移到矩阵 A(2,4)位置；

（2）相关核的每个权重值与 A 的像素值相乘求和。

因此，A(2,4)位置相关后输出的像素值如下：

$$1\times8+8\times1+15\times6+7\times3+14\times5+16\times7+13\times4+20\times9+22\times8=585$$

24.2　滤波的 MATLAB 实现

线性滤波器可以去除一定的噪声。除了线性滤波外，也可以选择均值滤波器或者高斯滤波器进行滤波。例如对于粒状的噪声，均值滤波器可以很好地滤除，因为均值滤波器得到的像素值是邻域区域的均值，因此粒状噪声能够被去除。

在 MATLAB 中，线性滤波器的函数为 imfilter。函数的调用格式为：

B = imfilter(A,H)：使用多维滤波器 H 对图像 A 进行滤波。参量 A 可以是任意维的二值或非奇异数值型矩阵。参量 H 为矩阵，表示滤波器。H 常由函数 fspecial 输出得到。返回值 B 与 A 的维数相同。

B= imfilter(___,options,…)：根据指定的属性"options,…"对图像 A 进行滤波，参数项取值如表 24-1 所示。

表 24-1　imfilter 函数的参数

参数类型	参数值	描　　述
边界选项	X	输入图像的外部边界通过 X 来扩展，默认的值为 0
	'symmertric'	输入图像的外部边界通过镜像反射其内部边界来扩展
	'replicate'	输入图像的外部边界通过复制内部边界的值来扩展
	'circular'	输入图像的边界通过假设输入图像是周期函数来扩展
输出大小选项	'same'	输入图像和输出图像同样大小，默认操作
	'full'	输出图像比输入图像大
滤波方式选项	'corr'	使用相关进行滤波
	'conv'	使用卷积进行滤波

【例 24-1】　使用相同权重的 5×5 的滤波器进行滤波（均值滤波）。

```
>> clear all;
I = imread('coins.png');
subplot(121);imshow(I);
title('原始图像');
h = ones(5,5)/25;          %5 维滤波器
I2 = imfilter(I,h);        % 滤波后的图像
subplot(122);imshow(I2);
title('均值滤波');
```

运行程序，效果如图 24-1 所示。

由图 24-1 可看出，滤波后的图像变得模糊，这是由于滤波后的图像像素是原图像中大小为 h 的区域像素的均值。

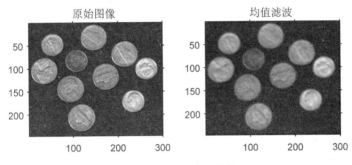

图 24-1　均值滤波效果

24.2.1　数据类型

与图像的代数运算类似，滤波器的运算会使输出图像和输入图像有相同的数据类型。imfilter 函数采用双精度浮点数计算输出图像的像素值，如果计算结果超出了数据类型的范围，则 imfilter 函数将结果截短到数据允许的范围；如果数据是整数类型，则 imfilter 函数将对小数进行四舍五入取整。

为了避免截短操作，可以在使用 imfilter 函数前先对图像数据类型进行转换，如下面的滤波器，当使用双精度浮点数据类型时，得到的结果会含有负数。

```
>> A = magic(5)          %5 阶魔方矩阵
A =
    17   24    1    8   15
    23    5    7   14   16
     4    6   13   20   22
    10   12   19   21    3
    11   18   25    2    9
>> h = [ - 1 0 1];
>> imfilter(A,h)
ans =
```

```
    24   -16   -16    14    -8
     5   -16     9     9   -14
     6     9    14     9   -20
    12     9     9   -16   -21
    18    14   -16   -16    -2
```

注意到结果中含有负值,因此先把数据类型转化为 uint8。

```
>> A = uint8(magic(5));
>> imfilter(A,h)
ans =
    24    0    0   14    0
     5    0    9    9    0
     6    9   14    9    0
    12    9    9    0    0
    18   14    0    0    0
```

因为输入图像的数据类型是 uint8,所以输出图像的数据类型也是 uint8,并且负值全部截短为 0。

24.2.2　相关和卷积

利用 imfilter 函数进行滤波时可以使用相关核或卷积核进行操作,默认值为相关核,如果想使用卷积核进行滤波,可以把参数'conv'传递给滤波器,如下所示:

```
>> A = magic(5);
>> h = [-1 0 1];
>> imfilter(A,h)
ans =
    24   -16   -16    14    -8
     5   -16     9     9   -14
     6     9    14     9   -20
    12     9     9   -16   -21
    18    14   -16   -16    -2
>> imfilter(A,h,'conv')
ans =
   -24    16    16   -14     8
    -5    16    -9    -9    14
    -6    -9   -14    -9    20
   -12    -9    -9    16    21
   -18   -14    16    16     2
```

其中,imfilter(A,h)采用默认相关操作进行滤波,而 imfilter(A,h,'conv')采用指定的滤波方式——卷积。

24.2.3　边界填充选项

当计算边界的输出像素值时,相关核或卷积核的一部分通常位于图像边缘的外侧。

这时 imfilter 函数默认操作会将边界的像素值补充为 0,称为 0 填充。

当使用 0 填充对图像进行滤波时,在图像周围可能产生黑色边界。为了去除产生的黑色边界,imfilter 函数使用另外一种被称为边界复制的边界填充方法,在这种方法中,图像边界外的像素值由距离边界最近的像素值确定。

【例 24-2】 不同的填充选项对比。

```
>> clear all;
I = imread('peppers.png');
subplot(131);imshow(I);
title('原始图像');
h = ones(5,5)/25;          % 均值滤波器的核函数
I2 = imfilter(I,h);        % 滤波后的图像
subplot(132);imshow(I2);
title('0 填充');
I3 = imfilter(I,h,'replicate');
subplot(133);imshow(I3);
title('边界复制填充')
```

运行程序,效果如图 24-2 所示。

由图 24-2 可看出,使用 0 填充边界滤波后含有黑色边界,而使用复制填充得到的图像不含有黑色边界。

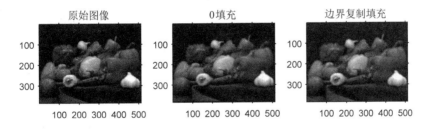

图 24-2　不同的填充效果

除此之外,imfilter 函数还支持其他填充选项,如'symmetric'和'circular'等,这些填充也不会产生黑色边界。

24.2.4　多维滤波

imfilter 函数可以处理多维图像和多维滤波器。滤波的一个常用方法是:使用一个二维的滤波器对一个三维图像进行滤波,等同于使用一个二维滤波器对三维图像的每一个颜色矩阵进行滤波。

【例 24-3】 对真彩色图像进行滤波。

```
>> clear all;
I = imread('peppers.png');
subplot(131);imshow(I);
title('原始图像');
```

```
h = ones(5,5)/25;        % 均值滤波器的核函数
I2 = imfilter(I,h);      % 滤波后的图像
subplot(132);imshow(I2);
title('均值滤波');
I3 = imfilter(I,h,'symmetric');
subplot(133);imshow(I3);
title('镜像反射填充滤波')
```

运行程序,效果如图 24-3 所示。

图 24-3　均值滤波前后的真彩色图像

MATLAB 中还有其他二维和多维的滤波函数。filter2 函数进行二维相关处理,函数的调用格式为:

Y = filter2(h,X):使用二维 FIR 滤波器 h 对矩阵 X 进行滤波操作。X 为矩阵,通常由函数 fspecial 输出得到。

Y = filter2(h,X,shape):使用二维 FIR 滤波器 h 对矩阵 X 进行滤波操作。字符串参数量 shape 指定返回值 Y 的形式,取值为 full 时,Y 的维数大于 X;取值为 same 时,Y 的维数等于 X;取值为 valid 时,Y 的维数小于 X,默认值为 same。

【例 24-4】　对矩阵 X 进行二维线性滤波处理。

```
>> X = magic(3);              % 3 阶魔方矩阵
>> h = fspecial('motion',20,45);   % 生成长度为 20,角度 45°的近似线性移动滤波器
>> Y = filter2(h,X)           % 二维线性滤波
Y =
    0.4094    0.4793    0.9311
    0.4793    0.9311    0.9365
    0.9311    0.9365    0.2985
```

conv2 函数用于进行二维卷积处理,函数的调用格式为:

C = conv2(A,B):计算矩阵 A 和 B 的二维卷积。

C = conv2(h1,h2,A):先将矩阵 A 和行向量 h1 进行卷积,然后和列向量 h2 进行卷积。如果 h1 为列向量而 h2 为行向量,则等同于 C=conv2(h1 * h2,A)。

C = conv2(…,shape):计算矩阵 A 和矩阵 B 的二维指定卷积。字符串参量 shape 指定卷积类型,取值为 full、same 或 valid。当取值为 full 时,计算全二维卷积,此为默认值;当取值为 same 时,返回矩阵 C 与 A 维数相同,为卷积的中间部分;当取值为 valid 时,只返回未补零部分的卷积计算结果。如果矩阵 A 的维数为[ma,na],矩阵 B 的维数为[mb,nb],当 size(A)≥size(B)时,C 的维数为[ma−mb+1,na−nb+1],否则 C 为[],其他参量及结果同上。

【例 24-5】 使用二维卷积运算演示图像处理中的 Sobel 算子边缘检测算法。

```
>> clear all;
s = [1 2 1; 0 0 0; -1 -2 -1];    %指定矩阵
% 使用二维卷积运算从 A 中突起的基座提取水平边缘
A = zeros(10);
A(3:7,3:7) = ones(5);
H = conv2(A,s);
figure, mesh(H)
% 对 s 进行转置,使用二维卷积运算提取 A 的垂直边缘
V = conv2(A,s');
figure, mesh(V)
% 结合了水平边缘和垂直边缘
figure
mesh(sqrt(H.^2 + V.^2))
```

运行程序,效果如图 24-4 所示。

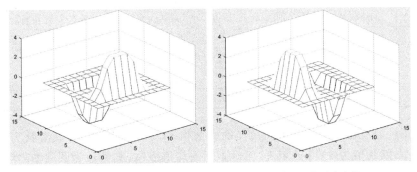

| (a) 提取A的水平边缘 | (b) 提取A的垂直边缘 |

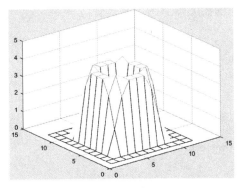

(c) 结合水平与垂直边缘

图 24-4　使用二维卷积演示 Sobel 算子边缘检测

24.3　预定义滤波器

　　MATLAB 中,提供了 fspecial 函数用相关核的方式产生多种预定义形式的滤波器。在用 fspecial 函数创建相关核后,可以直接使用 imfilter 函数对图像进行滤波。函数的调

用格式为：

h = fspecial(type)：参数 type 为设置各类滤波算子的参数，包括 average（均值滤波）、gaussian（高斯滤波）、laplacian（拉普拉斯滤波）、log（拉普拉斯高斯滤波）等 7 种常用的滤波算子的构建。

h = fspecial(type，parameters)：指定构建的滤波算子，并设置相应的滤波算子的参数 parameters，如表 24-2 所示。

表 24-2　fspecial 函数中 type 和 parameters 参数取值及说明

type	parameters	说　　明
average	hsize	均值滤波，如果邻域为方阵，则 hsize 为标量，否则由两元素向量 hsize 指定邻域的行数与列数
disk	radius	有（radius×2＋1）个边的圆形均值滤波器
gaussian	hsize，sigma	标准偏差为 sigma，大小为 hsize 的高斯低通滤波器
laplacian	alpha	系数由 alpha（0.0～1.0）决定的二维拉普拉斯操作
log	hsize，sigma	标准偏差为 sigma，大小 hsize 的高斯滤波器旋转对称拉普拉斯算子
motion	len，theta	按角度 theta 移动 len 个像素的运动滤波器
prewitt	无	近似计算垂直梯度的水平边缘强调算子
sobel	无	近似计算垂直梯度光滑效应的水平边缘强调算子
unsharp	alpha	根据 alpha 决定的拉普拉斯算子创建的掩模滤波器

对于每种滤波器类型会有不同含义的参数值，如对于均值滤波，其参数为返回的相关核的大小，默认值为 3×3 的矩阵，而对于圆周均值滤波，其参数为圆周的半径，默认值为 5，其他滤波器也都有对应的参数和默认值。

【例 24-6】　采用不同的滤波器对图像进行滤波。

```
>> clear all;
I = imread('cameraman.tif');
subplot(2,2,1); imshow(I);
title ('原始图像');
H = fspecial('motion',20,45);
MotionBlur = imfilter(I,H,'replicate');
subplot(2,2,2);imshow(MotionBlur);
title ('运动滤波器');
H = fspecial('disk',10);
blurred = imfilter(I,H,'replicate');
subplot(2,2,3); imshow(blurred);
title ('圆形均值滤波器');
H = fspecial('unsharp');
sharpened = imfilter(I,H,'replicate');
subplot(2,2,4); imshow(sharpened);
title('掩模滤波器');
```

运行程序，效果如图 24-5 所示。

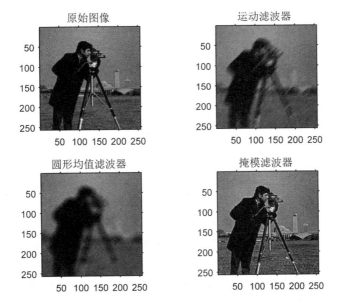

图 24-5　不同滤波器的滤波效果

第25章 数字图像复原的MATLAB实现

由于受到拍摄技术或自然条件的限制,使得许多图像的质量降低,甚至有些图像十分模糊,以至于掩盖了想要得到的信息。图像的复原技术就是消除图像的模糊,从而产生一幅质量清晰的图像的技术,如对于运动模糊产生的图片,如果用肉眼直接观察很难对图像做出解释,这时需要利用图像复原技术来得到清晰的图像。

图像的退化是指在图像的获取传输过程中,由于成像系统、传输介质方面的原因,造成图像的质量下降,典型的表现为图像模糊、失真、含有噪声等。

图像退化产生的原因有很多,常见的有以下几种:

- 目标或拍摄装置的移动造成的运动模糊、长时间曝光引起的模糊等;
- 焦点没对准、广角引起的模糊、大气扰动引起的模糊、曝光时间太短引起拍摄装置捕获的光子太少引起的模糊等;
- 散焦引起的图像扭曲;
- 图像在成像、数字化、采集和处理过程中引入的噪声。

25.1 图像复原概述

图像复原在数字图像处理中具有非常重要的研究意义。图像复原最基本的任务是在去除图像中噪声的同时,不丢失图像中的细节信息。然而抑制噪声和保持细节往往是一对矛盾体,也是图像处理中至今尚未得到很好解决的一个问题。图像复原的目的就是为了抑制噪声,从而改善图像的质量。

图像复原和图像增强都是为了改善图像的质量,但是两者是有区别的。两者的区别在于:图像增强不考虑图像是怎样退化的,而是试图采用各种技术来增强图像的视觉效果;而图像复原不同,需要知道图像退化的机制和过程等先验知识,据此来找到一种相应的逆处理方法,从而得到恢复的图像。

假定成像系统是线性位移不变系统,则获取的图像 $g(x,y)$ 表示为:

$$g(x,y) = f(x,y)h(x,y) + n(x,y)$$

其中，$f(x,y)$ 表示理想的、没有退化的图像，$g(x,y)$ 是退化后观察得到的图像，$n(x,y)$ 为加性噪声。图像复原是在已知 $g(x,y)$、$h(x,y)$ 和 $n(x,y)$ 的一些先验知识的条件下，来求解 $f(x,y)$ 的过程。图像的线性退化模型如图 25-1 所示。

图像复原是根据图像退化的原因，建立相应的数学模型，从退化的图像中提取所需要的信息，沿着图像退化的逆过程来恢复图像的本来面目。实际的图像复原过程是设计一个滤波器，从降质图像 $g(x,y)$ 中计算得到真实图像的估计值，最大程度地接近真实图像 $f(x,y)$。图像复原是一个求逆问题，其流程如图 25-2 所示。

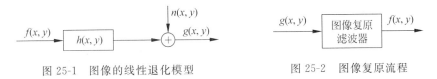

图 25-1　图像的线性退化模型　　　　图 25-2　图像复原流程

25.2　图像的噪声

数字图像的噪声主要来自图像的采集和传输过程。图像传感器的工作受到各种因素的影响。例如，在使用 CCD 摄像机获取图像时，光照强度和传感器的温度是产生噪声的主要原因。图像在传输过程中也会受到噪声的干扰。

图像噪声按照噪声和信号之间的关系可以分为加性噪声和乘性噪声两种。假设图像的像素值为 $F(x,y)$，噪声信号为 $N(x,y)$，如果混合叠加信号为 $F(x,y)+N(x,y)$ 的形式，则这种噪声为加性噪声；如果叠加后信号为 $F(x,y)\times[1+N(x,y)]$ 的形式，则这种噪声为乘法噪声。

1. 高斯噪声

高斯噪声是一种源于电子电路噪声和由低照明度或高温带来的传感器噪声。高斯噪声也称为正态噪声，是自然界中最常见的噪声。高斯噪声可以通过空域滤波的平滑或图像复原技术来消除。它的概率密度函数为：

$$P(z) = \frac{1}{\sqrt{2\pi}\sigma} e^{-(z-\mu)^2/2\sigma^2}$$

其中，z 表示像素值，μ 表示均值，σ 表示标准差。

2. 瑞利噪声

瑞利噪声的概率密度函数为：

$$p(z) = \begin{cases} \dfrac{2}{b}(z-a)e^{-\frac{(z-a)^2}{b}}, & z \geqslant a \\ 0, & z < a \end{cases}$$

其中，z 表示像素值，其均值和方差由下式确定：

$$\mu = a + \sqrt{\frac{\pi b}{4}}, \quad \sigma = \frac{b(4-\pi)}{4}$$

3. 伽马噪声

伽马噪声的概率密度函数为：

$$p(z) = \begin{cases} \dfrac{a^b z^{b-1}}{(b-1)!} e^{-az}, & z \geqslant 0 \\ 0, & z < 0 \end{cases}$$

其中，z表示像素值，$a > 0$，b为正整数，其均值和方差由下式确定：

$$\mu = \frac{b}{a}, \quad \sigma^2 = \frac{b}{a^2}$$

4. 均匀分布噪声

均匀分布的噪声的概率密度函数为：

$$p(z) = \begin{cases} \dfrac{1}{b-a}, & a \leqslant z \leqslant b \\ 0, & 其他 \end{cases}$$

概率密度函数的期望值和方差为：

$$\mu = \frac{a+b}{2}, \quad \sigma^2 = \frac{(b-a)^2}{12}$$

5. 指数分布噪声

指数分布噪声的概率密度函数为：

$$p(z) = \begin{cases} a e^{-ax}, & z \geqslant 0 \\ 0, & z < 0 \end{cases}$$

其中，z表示像素值，$a > 0$，其均值和方差由下式确定：

$$\mu = \frac{1}{a}, \quad \sigma^2 = \frac{1}{a^2}$$

6. 脉冲(椒盐)噪声

脉冲(椒盐)噪声的密度公式可表示为：

$$p(z) = \begin{cases} P_a, & z = a \\ P_b, & z = b \\ 0, & 其他 \end{cases}$$

如果$b > a$，灰度值b在图像中将显示为一个亮点；反之，a的值将显示为一个暗点。如果P_a或P_b为0，则脉冲噪声称为单极脉冲。如果P_a和P_b均不为0，尤其当它们近似相等时，脉冲噪声值将类似于随机分布在图像上的胡椒和盐粉微粒。由于这个原因，双极脉冲噪声也称为椒盐噪声。同时，它们有时也称为散粒和尖峰噪声。

在前面已经介绍了如何利用imnoise函数对图像添加噪声，此处不再对该函数展开介绍，通过一个实例来重温利用该函数为图像添加不同的噪声效果。

【例 25-1】 为图像添加不同的噪声。

```
>> clear all;
```

```
I = imread('cameraman.tif');
I = im2double(I);
figure;subplot(121); imshow(I);
title('原始图像');
subplot(122);imhist(I);              % 原始图像的直方图
title('原始图像的直方图')
J = imnoise(I, 'gaussian', 0, 0.015); % 高斯噪声,方差为 0.15
figure;subplot(121); imshow(J);
title('添加高斯噪声');
subplot(122);imhist(J);              % 高斯噪声图像的直方图
title('高斯噪声图像的直方图');
J2 = imnoise(I,'salt & pepper',0.015); % 椒盐噪声
figure;subplot(121);imshow(J2);
title('添加椒盐噪声');
subplot(122);imhist(J2);            % 椒盐噪声图像的直方图
title('椒盐噪声图像的直方图');
J3 = imnoise(I,'poisson');          % 泊松噪声
figure;subplot(121);imshow(J3);
title('添加泊松噪声');
subplot(122);imhist(J3);            % 泊松噪声图像的直方图
title('泊松噪声图像的直方图');
J4 = imnoise(I,'speckle',0.15);      % 乘性噪声
figure;subplot(121);imshow(J4);
title('添加乘性噪声');
subplot(122);imhist(J4);            % 乘性噪声图像的直方图
title('乘性噪声图像的直方图');
```

运行程序,效果如图 25-3 所示。

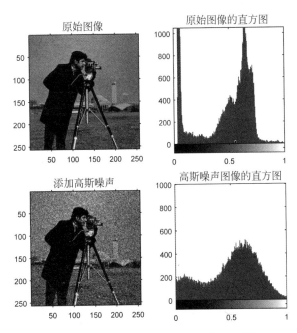

图 25-3 带噪声的图像及其对应的直方图

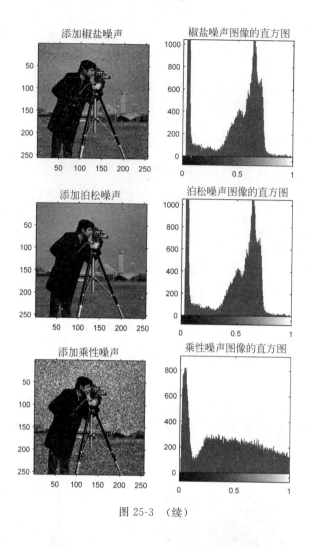

图 25-3 （续）

25.3 图像复原的模型

图像的复原是图像退化的逆过程,它尽可能地将退化图像的本来面目复原。一般来说,图像复原是在建立系统退化模型的基础上,以退化图像为依据,运用某些先验知识,将劣化了的图像以最大的保真度复原图像。

可见,图像复原的关键取决于对图像退化过程的先验知识所掌握的精度和建立的退化模型是否合适。

25.3.1 复原的模型

图像的退化模型可用图 25-4 来描述。其中,$g(x,y)$指退化的图像,$w(x,y)$指图像复原滤波器,$\hat{f}(x,y)$指复原的图像。

$$g(x,y) \longrightarrow \boxed{w(x,y)} \longrightarrow \hat{f}(x,y)$$

图 25-4 图像的复原模型

从广义上讲,图像复原是一个求逆问题,逆问题经常不存在唯一解,甚至不存在解,因此图像复原一般比较困难。为了得到一个有用解,图像复原往往需要一个评价标准,即衡量其接近真实图像的程度,或者说对退化图像的估计是否得到了某种准则下的最优。这需要具有先验知识及对解的附加约束条件。

引起图像质量退化的原因有很多,因此为了消除图像质量的退化而采取的图像复原方法有很多种,而复原的质量标准也不尽相同,因此图像的复原是一个复杂的数学过程,其方法技术也不尽相同。

在给定退化模型的情况下,图像复原可以分为无约束和有约束两大类;而根据是在频域复原还是在空域复原图像,图像复原可以划分为频域复原方法和空域复原方法。

25.3.2　无约束复原法

图像的噪声项可表示为:

$$n = g - Hf$$

在不了解 n 的情况下,希望找到一个 f,使得 Hf 在最小二乘方意义上来说近似于 g。换言之,希望找到一个 f 的估计 $\hat{f}$,使得:

$$\| n \|^2 = \| g - H\hat{f} \|^2$$

为最小。由范数定义:

$$\| n \|^2 = n^{\mathrm{T}} \cdot n$$

$$\| g - H\hat{f} \|^2 = (g - H\hat{f})^{\mathrm{T}} \cdot (g - H\hat{f})$$

则求 $\| n \|^2$ 最小等效于求 $\| g - H\hat{f} \|^2$ 最小,为此令:

$$J(\hat{f}) = \| g - H\hat{f} \|^2 \tag{25-1}$$

则复原问题变为求 $J(\hat{f})$ 的极小值问题。这里选择 $\hat{f}$ 时,除了要求 $J(\hat{f})$ 为最小值外,不受任何其他条件约束,因此称为无约束复原。求式(25-1)极小值的方法就是一般的极值求解方法。为此,将 $J(\hat{f})$ 对 $\hat{f}$ 微分,并使结果为0,即:

$$\frac{\partial J(\hat{f})}{\partial \hat{f}} = -2H^{\mathrm{T}}(g - H\hat{f}) = 0$$

$$H^{\mathrm{T}}H\hat{f} = H^{\mathrm{T}}g$$

$$\hat{f} = (H^{\mathrm{T}}H)^{-1}H^{\mathrm{T}}g$$

当 $M = N$ 时,H 为一方阵,并且假设 H^{-1} 存在,则可求得 $\hat{f}$:

$$\hat{f} = H^{-1}(H^{\mathrm{T}})^{-1}H^{\mathrm{T}}g = H^{-1}g$$

25.3.3　有约束复原法

在无约束复原方法的基础上,为了使用更多的先验信息,常常附加约束条件来提高

图像复原的精度,如可以令 L 为 f 的线性算子,那么最小二乘复原问题可以转化为使形式为 $\|Lf\|^2$ 的函数服从约束条件 $\|g-Lf\|^2=\|n\|^2$ 的最小值问题。这个最小值问题可用拉格朗日乘子法来求解,即寻找一个 $\hat{f}$,使得以下函数值最小:

$$\min \|Q\hat{f}\|^2 + \lambda(\|g-Lf\|^2-\|n\|^2)^2$$

可使用微分法求解,得到如下形式:

$$\hat{f} = \left(H^\mathrm{T}H + \frac{1}{\lambda}Q^\mathrm{T}Q\right)^{-1} H^\mathrm{T}g$$

25.3.4　复原法的评估

在使用各种图像复原法得到复原的图像后,需要评估一下各种方法的优劣。一般在计算机模拟中,使用信噪比的改善来评价复原质量的好坏。

计算信噪比的改善的公式为:

$$\mathrm{snr} = 10\lg \frac{\displaystyle\sum_{i,j \in D_f} (g(i,j)-f(i,j))^2}{\displaystyle\sum_{i,j \in D_f} (\hat{f}(i,j)-f(i,j))^2}$$

其中,$g(i,j)$ 为退化的图像,$f(i,j)$ 为原图像,$\hat{f}(i,j)$ 为复原的图像,D_f 为 $f(i,j)$ 的限制域。

对于实际的图像,其信噪比的改善是无法计算的,因为无法获取真实的图像,因此实际处理的图像复原要比在计算机上验证复原算法困难得多。

25.4　MATLAB 图像的复原方法

图像复原的目的是在假设具备有关 g、H 及 n 的某些知识的情况下,寻求估计原图像 f 的方法。这种估计应在某种预先选定的最佳准则下,具有最优的性质。

图像复原的方法很多,而在 MATLAB 中只提供了逆滤波复原法、维纳滤波复原法、最小二乘迭代非线性复原算法、约束最小二乘(正则)滤波和盲卷积算法。

25.4.1　逆滤波复原法

由以上介绍可知,$n=g-Hf$,在对 n 没有先验知识的情况下,需要寻找一个 f 的估计值 $\hat{f}$,使得 $H\hat{f}$ 在最小均方误差条件下最接近 g,使 n 的范数最小:

$$\|n\| = n^\mathrm{T}n = \|g-H\hat{f}\|^2 = (g-H\hat{f})^\mathrm{T}(g-H\hat{f})$$

图像复原问题就转变成求 $L(\hat{f})=\|g-H\hat{f}\|$ 的极小值问题。为此,只需要求其对 $\hat{f}$ 的微分就可以得到复原公式,这种复原称为无约束复原,得到:

$$\hat{f} = H^{-1}g$$

对其进行离散傅里叶变换,得 $\hat{F}(u,v) = \dfrac{G(u,v)}{H(u,v)}$,则复原后的图像为:

$$\hat{f}(x,y) = \mathrm{IDFT}(\hat{F}(u,v)) = \mathrm{IFFT}\left(\frac{G(u,v)}{H(u,v)}\right)$$

将 $G(u,v) = H(u,v)F(u,v) + N(u,v)$ 代入 $\hat{F}(u,v) = \dfrac{G(u,v)}{H(u,v)}$,得:

$$\hat{F}(u,v) = F(u,v) + \frac{N(u,v)}{H(u,v)}$$

其中包含了所求的 $F(u,v)$,但同时又增加了由噪声带来的项 $\dfrac{N(u,v)}{H(u,v)}$,而在许多实际应用中, $H(u,v)$ 离开原点后衰减得很快,当 $H(u,v)$ 较小或者接近于 0 时,对噪声具有放大作用,属于病态性质。这意味着退化图像中小的噪声干扰,在 $H(u,v)$ 取最小值的那些频谱上,将对复原的图像产生很大的影响。为此,对于任何图像复原方法需要考虑的重要问题就是当存在病态时如何控制噪声对结果的骚扰。

一种改进的方法就是在 $H(u,v) = 0$ 的那些频谱点及其附近,人为地设置 $H^{-1}(u,v)$ 的值,使得在这些频谱点附近 $\dfrac{N(u,v)}{H(u,v)}$ 不会对 $\hat{F}(u,v)$ 产生太大的影响。如将 $\dfrac{N(u,v)}{H(u,v)}$ 修改为:

$$\frac{1}{H(u,v)} = \begin{cases} k, & |H(u,v)| \leqslant d \\ \dfrac{1}{H(u,v)}, & \text{其他} \end{cases}$$

另外一种改进方法就是考虑到退化系统的 $H(u,v)$ 带宽比噪声的带宽窄得多,其频率特性具有低通性质,因此可令 $H(u,v)$ 为低通系统:

$$\frac{1}{H(u,v)} = \begin{cases} \dfrac{1}{H(u,v)}, & (u^2 + v^2)^{1/2} \leqslant D_0 \\ 1, & \text{其他} \end{cases}$$

【例 25-2】 利用逆滤波法实现图像的复原。

```matlab
>> clear all;
I = imread('rice.png');
subplot(1,3,1);imshow(I);
title('原始图像');
psf = fspecial('motion',40,75);              %生成运动模糊图像MF
MF = imfilter(I,psf,'circular');             %用PSF产生退化图像
noise = imnoise(zeros(size(I)),'gaussian',0.01);  %产生高斯噪声
MFN = imadd(MF,im2uint8(noise));
subplot(1,3,2);imshow(MFN,[]);
title('含噪图像')
NSR = sum(noise(:).^2)/sum(MFN(:).^2);        %计算信噪比
subplot(1,3,3);imshow(deconvwnr(MFN,psf));
title('(逆滤波复原')
```

运行程序,效果如图 25-5 所示。

原始图像　　　　　　含噪图像　　　　　　逆滤波复原

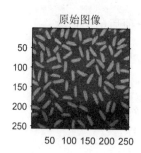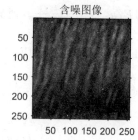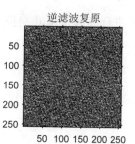

图 25-5　逆滤波图像复原

25.4.2　维纳滤波复原法

逆滤波比较简单,但没有清楚地说明如何处理噪声。而维纳滤波综合了退化函数和噪声统计特性两个方面进行复原处理。维纳滤波寻找一个滤波器,使得复原后图像 $\hat{f}(x,y)$ 与原始图像 $f(x,y)$ 的均方误差最小,即:

$$E\{[\hat{f}(x,y)-f(x,y)]^2\}=\min$$

其中,$E[\ ]$ 为数学期望算子。因此,维纳滤波器通常又称为最小均方误差滤波器。

R_f 和 R_n 分别为 f 和 n 的相关矩阵,即:

$$E[\ ]R_f=E\{ff^{\mathrm{T}}\}$$

$$R_s=E\{nn^{\mathrm{T}}\}$$

R_f 的第 i、j 个元素是 $E\{f_if_j\}$,代表 f 的第 i 个和第 j 个元素的相关。因为 f 和 n 中的元素都是实数,所以 R_f 和 R_n 都是实对称矩阵。对于大多数图像来说,像素间的相关不超过 20～30 个像素。所以,典型的相关矩阵只在主对角线方向的值不为 0,而右上角和左下角的值都是 0。根据两个像素间的相关只是它们的相互距离而不是位置的函数的假设,可将 R_f 和 R_n 都用块循环矩阵来表示,即有:

$$R_f=WAW^{-1}$$

$$R_n=WBW^{-1}$$

其中,A 和 B 中的元素对应 R_f 和 R_n 中相关元素的傅里叶变换。这些相关元素的傅里叶变换称为图像和噪声的功率谱。令:

$$Q^{\mathrm{T}}Q=R_f^{-1}R$$

则有:

$$\hat{f}=(H^{\mathrm{T}}H+\gamma R_f^{-1}R_n)^{-1}H^{\mathrm{T}}g$$
$$=(WD*DW^{-1}+\gamma WA^{-1}BW^{-1})^{-1}WD*W^{-1}g \tag{25-2}$$

因此可得:

$$W^{-1}\hat{f}=(D*D+\gamma A^{-1}B)^{-1}D*W^{-1}g$$

如果 $M=N$,则有:

$$\hat{F}(u,v)=\left[\frac{H*(u,v)}{|H(u,v)|^2+\gamma\dfrac{P_n(u,v)}{P_f(u,v)}}\right]G(u,v)$$

$$= \left[\frac{1}{H(u,v)} \cdot \frac{|H(u,v)|^2}{|H(u,v)|^2 + \gamma \dfrac{P_n(u,v)}{P_f(u,v)}} \right] G(u,v), \quad u,v = 0,1,2,\cdots,N-1$$

如果 $\gamma = 1$，则称为维纳滤波器；当无噪声影响时，由于 $P_n(u,v) = 0$，则退化为逆滤波器，又称为理想的逆滤波器。因此，逆滤波器是维纳滤波器的一种特殊情况。需要注意的是，$\gamma = 1$ 并不是在有约束条件下的最佳解，此时并不满足约束条件 $\| n \|^2 = \| g - H \hat{f} \|^2$。若 γ 为可变参数，则称为变参数维纳滤波器。

在 MATLAB 中，提供了 deconvwnr 函数用于实现维纳滤波法复原图像。函数的调用格式为：

$J = \text{deconvwnr}(I, PSF, NSR)$：复原 PSF（点扩展函数）和可能的加性噪声卷积退化的图像 I。算法是基于最佳的估计图像和真实图像的最小均方误差，以及和噪声图像（数组）的相关运算。在没有噪声的情况下，维纳滤波就是理想逆滤波。参数 NSR 为噪信功率比，NSR 可以是标量或和 I 相同大小的数组，默认值为 0。

$J = \text{deconvwnr}(I, PSF, NCORR, ICORR)$：参数 NCORR 和 ICORR 分别为噪声和原始图像自相关函数，NCORR 和 ICORR 的大小或维数不大于原始图像。一个 N 维 NCORR 和 ICORR 数组是对应于每一维的自相关。如果 PSF 为向量，NCORR 或 ICORR 向量表示第一维的自相关函数；如果 PSF 为数组，则 PSF 表示所有非单维对称一维自相关函数，NCORR 或 ICORR 向量表明噪声或图像的功率。

【例 25-3】 利用维纳滤波对含有噪声的运动模糊图像进行复原。

```
>> clear all;
I = im2double(imread('cameraman.tif'));
subplot(231);imshow(I);
title('原始图像');
% 模拟运动模糊。生成一个点扩散函数 PSF,相应的线性运动超过 21 像素长(LEN = 21)
% 运动运行角度为 11(THETA = 11)
LEN = 21;                                    % 设置 PSF 长度
THETA = 11;                                  % 设置运动角度
PSF = fspecial('motion', LEN, THETA);        % 生成滤波器
blurred = imfilter(I, PSF, 'conv', 'circular'); % 图像卷积计算
subplot(232);imshow(blurred);
title('运动模糊图像');
% 第一次模糊图像复原。为了考察 PSF 在图像复原中的重要性
wnr1 = deconvwnr(blurred, PSF, 0);           % 使用 PSF 进行图像复原
subplot(233);imshow(wnr1);
title('真实 PSF 复原图像');
% 模拟添加噪声。使用正态分布随机数模拟生成噪声信号,加入模糊图像 blurred 中
noise_mean = 0;
noise_var = 0.0001;
blurred_noisy = imnoise(blurred, 'gaussian',noise_mean, noise_var);
subplot(234);imshow(blurred_noisy);
title('模糊噪声图像')
% 恢复模糊,噪声图像使用 NSR = 0
wnr2 = deconvwnr(blurred_noisy, PSF, 0);
subplot(235);imshow(wnr2);
```

```
title('PSF 为 0 时的复原');
% 第二次复原运动与噪声模糊图像
signal_var = var(I(:));
wnr3 = deconvwnr(blurred_noisy, PSF, noise_var / signal_var);
subplot(236);imshow(wnr3);
title('使用 NSR 复原图像')
```

运行程序，效果如图 25-6 所示。

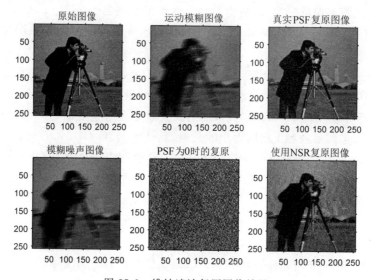

图 25-6   维纳滤波复原图像效果

数字图像是用二维图形来表示的。图形具有直观形象、清晰易懂的优点,能给人视觉冲击。用图形来显示数学计算的结果可以让用户更加容易理解与接受,更能够增加其说服力。MATLAB 提供了极其丰富的绘图功能,具有数百个绘图与图形操作方面的函数,不仅可以绘制二维、三维甚至更高维图形,还可以通过对图形的线型、平面、色彩、光线与视角等要素的控制,使绘制的图形尽善尽美。

26.1　二维图形绘制

二维绘图是以不同的方式来表现各种数据的含义,这些含义的不同体现在二维图形的外观上。

26.1.1　基本二维绘图

MATLAB 中提供了一些非常实用的基本二维绘图函数,帮助用户绘制一连串的向量资料。下面分别给予介绍。

1. plot 函数

MATLAB 中最基础与最常用的二维函数为 plot 函数。调用该函数时自动打开一个图形窗口 Figure,用直线连接相邻的两个数据点来绘制图形,根据图形坐标的大小自动缩放坐标轴,将数据标尺及单位标注自动加到两个坐标轴上,可以自定义坐标轴,也可以用对数坐标表示 x 与 y 相同。

如果已经存在一个图形窗口,plot 函数则清除当前图形,绘制新图形。plot 的功能十分强大,可以实现单窗口单曲线绘图、单窗口多曲线绘图、单窗口多曲线分图绘图、多窗口绘图,还可以任意设定曲线颜色、线型等。可为图形加坐标网格线与添加标注等。plot 函数的常用的调用格式为:

plot(Y):默认自变量绘图格式,Y 为向量,以 Y 元素值为纵坐标,以元素在 Y 向量中的位置为横坐标绘图。

【例 26-1】 绘制单向量曲线图。

```
>> y = [0 0.5 0.9 1.2 1.7 1.9 2.1 2.3 2.7];
plot(y)
```

运行程序,效果如图 26-1 所示。

plot(X1,Y1,…,Xn,Yn):绘制多个相同长度向量组(Xi,Yi)的图形。如果其中某对 X,Y 是矩阵,则按 X,Y 匹配的方向配对绘制曲线。

【例 26-2】 在同一个窗口中绘制多条曲线。

```
>> x = 0:pi/50:2 * pi;
y = [sin(x);0.5 * sin(x);1.2 * sin(x)];
plot(x,y)
```

运行程序,效果如图 26-2 所示。

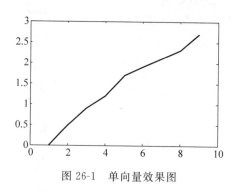

图 26-1　单向量效果图

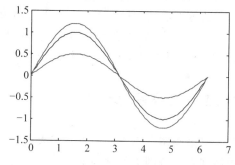

图 26-2　在一个图形窗口绘制多条曲线的效果

plot(X1,Y1,LineSpec,…,Xn,Yn,LineSpec):绘制多个同长度向量组(Xi,Yi)的图形。如果其中某对 X,Y 是矩阵,则按 X,Y 匹配的方向配对绘制曲线,且每组向量由参数 LineSpec 确定曲线的线型、颜色及标记符号,可以同时使用 2 个或 3 个参数。LineSpec 参数取值如图 26-3 所示。

线型		颜色		标识符号			
-	实线	b	蓝色	.	点	s	方块符 (square)
:	虚线	g	绿色	o	圆圈	d	菱形符 (diamond)
-.	点画线	r	红色	x	叉号	v	朝下三角符号
--	双画线	c	青色	+	加号	^	朝上三角符号
		m	品红色	*	星号	<	朝左三角符号
		y	黄色			>	朝右三角符号
		k	黑色			p	六角星符 (pentagram)
		w	白色			h	六角星符 (Hexgram)

图 26-3　线型、颜色和标记符号选项

【**例 26-3**】 在同一图形窗口中绘制多条曲线,并改变其线型及颜色。

```
>> x = 0:0.1:2 * pi;
y1 = sin(x);
y2 = cos(x);
y3 = sin(x). * cos(x);
plot(x,y1,' - r',x,y2,'.m',x,y3,'bs');
```

运行程序,效果如图 26-4 所示。

plot(X1,Y1,LineSpec,'PropertyName',PropertyValue):对所有用 plot 函数创建的图形进行属性设置。

【**例 26-4**】 利用 plot 绘制曲线,并对改变其线型大小。

```
>> x = - pi:pi/10:pi;
y = tan(sin(x)) - sin(tan(x));
plot(x,y,' -- rs','LineWidth',2, 'MarkerEdgeColor','k',...
                'MarkerFaceColor','g',...
                'MarkerSize',10)
```

运行程序,效果如图 26-5 所示。

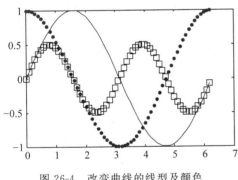

图 26-4　改变曲线的线型及颜色

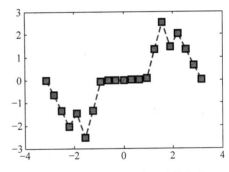

图 26-5　改变曲线的线型及其大小

2. loglog、semilogx、semilogy 函数

MATLAB 中提供了 loglog 函数用于绘制双对数图形,semilogx 函数用于绘制 x 轴为半对数坐标图形,semilogy 函数用于绘制 y 轴为半对数坐标图形。这 3 个函数的调用格式与 plot 函数的调用格式相同,下面通过示例来演示其绘制效果。

【**例 26-5**】 绘制双对数图形、y 轴半对数图形及 x 轴半对数图形。

```
>> x = 0:.1:10;
figure;loglog(x,exp(x),' - s');      %双对数图形
figure;semilogy(y,10.^y);           %y 轴半对数图形
figure;semilogx(x,10.^x);           %x 轴半对数图形
```

运行程序,效果如图 26-6～图 26-8 所示。

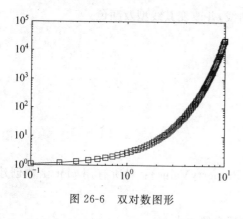

图 26-6 双对数图形

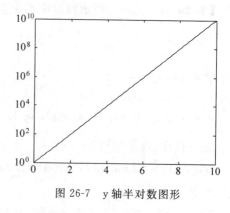

图 26-7 y 轴半对数图形

3. plotyy 函数

在 MATLAB 中,如果需要绘制出具有不同纵坐标标度的两个图形,可以使用 plotyy 函数。这种方法能把函数值具有不同量纲、不同数量级的两个函数绘制在同一坐标中,有利于图形数据的对比分析。plotyy 函数的调用格式如下:

lotyy(X1,Y1,X2,Y2):用左边的 y 轴画出 X1 对应于 Y1 的图,用右边的 y 轴画出 X2 对应于 Y2 的图。

plotyy(X1,Y1,X2,Y2,function):使用字符串 function 指定的绘图函数产生每一个图形,function 可以是 plot、semilogx、semilogy、stem 或任何满足 h = function(x,y)的 MATLAB 函数。

plotyy(X1,Y1,X2,Y2,'function1','function2'):以 function1(X1,Y1)为左轴画出图形,以 function2(X2,Y2)为右轴画出图形。

【例 26-6】 利用 plotyy 函数绘制双 y 轴曲线。

```
>> x = 0:0.3:12;
y = exp( - 0.3 * x). * sin(x) + 0.6;
plotyy(x,y,x,y,'stem');
```

运行程序,效果如图 26-9 所示。

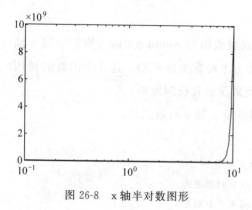

图 26-8 x 轴半对数图形

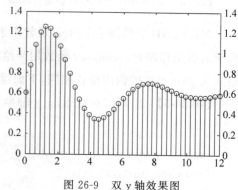

图 26-9 双 y 轴效果图

4. fplot 函数

fplot 函数也是 MATLAB 提供的一个基本绘图函数,它是一个专门用于画一元函数图像的函数。fplot 函数与 plot 函数有哪些不同呢?

plot 函数是依据给定的数据点来作图的,而在实际情况中,一般并不清楚函数的具体情况,导致依据所选取的数据点作的图像可能会忽略真实函数的某些重要特性,给科研工作造成不可估计的损失。因此,MATLAB 提供了专门的绘制一元函数图像的 fplot 函数。fplot 函数用来指导数据的选取,通过其内部自适应算法,在函数变化比较平稳处,所取的数据点就会相对稀疏一些;在函数变化明显处,所取的数据点就会自动密一些。因此,用 fplot 函数作出的图像要比用 plot 函数作出的图像光滑、准确。fplot 函数的调用格式如下:

fplot(fun,limits):在指定的范围 limits 内绘制一元函数 fun 的图形。

fplot(fun,limits,LineSpec):用指定的线型 LineSpec 在指定的范围 limits 内绘制一元函数 fun 的图形。

fplot(fun,limits,tol):用相对误差 tol 在指定的范围 limits 内绘制一元函数 fun 的图形。tol 的默认值为 $2e-3$。

fplot(fun,limits,tol,LineSpec):用指定的相对误差值 tol 及指定的线型 LineSpec 在指定的范围 limits 内绘制一元函数 fun 的图形。

fplot(fun,limits,n):当 n≥1 时,则至少画出 n+1 个点(即至少把范围 limits 分成 n 个小区间),最大步长不超过(xmax-xmin)/n。

fplot(fun,lims,…):允许可选参数 tol、n 以及 LineSpec 以任意组合方式输入。

[X,Y] = fplot(fun,limits,…):返回横坐标与纵坐标的值给变量 X 与 Y。

【例 26-7】 利用 fplot 函数绘制一元函数。

首先建立 M 文件,代码如下:

```
function Y = li8_7fun(x)
Y(:,1) = 200 * sin(x(:))./x(:);
Y(:,2) = x(:).^2;
```

其实现的 MATLAB 代码如下:

```
>> fh = @li8_7fun;
fplot(fh,[ - 20 20])
```

运行程序,效果如图 26-10 所示。

【例 26-8】 分别用 fplot 函数与 plot 函数绘制 $y = \cos\dfrac{1}{x}, x \in [0.01, 0.03]$。

首先创建函数文件,代码如下:

```
function y = li8_8fun(x)
y = cos(1./x);
```

其实现的 MATLAB 代码如下:

```
>> x = linspace(0.01,0.03,45);
```

```
y = li8_8fun(x);
subplot(1,2,1);plot(x,y);xlabel('(a) plot 函数绘图效果');
subplot(1,2,2);fplot('li8_8fun',[0.01,0.03]); xlabel('(b) fplot 函数绘图效果');
```

运行程序,效果如图 26-11 所示。

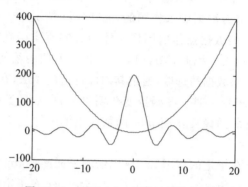

图 26-10　利用 fplot 函数绘制的效果图

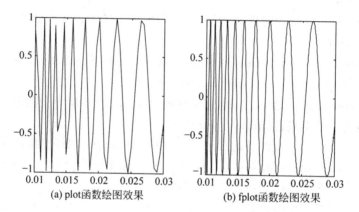

图 26-11　fplot 函数与 plot 函数绘图效果比较

5. ezplot 函数

如果给定了函数的显式表达式,可以先设置自变量向量,然后根据表达式计算出函数向量,从而用 plot 等函数绘制出图形。但如果函数用隐函数形式给出,如 $x^3 + y^2 - 4xy + 1/4 = 0$,则很难用 plot 等函数绘制出图形。MATLAB 中提供了 ezplot 函数用于绘制隐函数图形。其调用格式如下:

ezplot(fun):在默认区间$(-2\pi, 2\pi)$内绘制 fun(x) 的图形。

ezplot(fun,[min,max]):在区间(min, max)内绘制 fun(x) 的图形。

ezplot(fun2):在默认区间$-2\pi < x < 2\pi$ 与 $-2\pi < y < 2\pi$ 内绘制 fun2(x,y) = 0 的图形。

ezplot(fun2,[xmin,xmax,ymin,ymax]):在区间 $xmin < x < max$ 及 $ymin < y < ymax$ 内绘制 fun2(x,y) = 0 的图形。

ezplot(fun2,[min,max]):在区间 $a < x < b$ 与 $a < y < b$ 内绘制 fun2(x,y) = 0 的图形。

ezplot(funx,funy)：在默认区间 0＜t＜2π 内绘制 funx＝funx(t)及 funy＝funy(t)的图形。

ezplot(funx,funy,[tmin,tmax])：在区间 tmin＜t＜tmax 内绘制 funx＝funx(t)及 funy＝funy(t)的图形。

ezplot(…,figure_handle)：在指定的图形窗口中绘制函数图形。

【例 26-9】 绘制以下隐函数的效果图。

(1) 绘制 $f_1(x)=e^{2x}\sin 2x$，当 $x\in(-\pi,\pi)$时的图像；

(2) 绘制隐函数 $f_2(x,y)=x^2-y^3=0$ 在区间 $(-2\pi,2\pi)$ 上的图像；

(3) 绘制 $f_3(x,y)=\ln(|\sin x+\cos y|)$ 在 $(-\pi,\pi)\times(0,2\pi)$ 上的图像；

(4) 绘制下面参数的曲线图像：

$$\begin{cases} x = e^t\sin t \\ y = e^t\sin t \end{cases}, \quad t\in(-4\pi,4\pi)$$

其实现的 MATLAB 代码如下：

```
>> syms x y t
f1 = exp(2 * x) * sin(2 * x);
f2 = x ^ 2 - y ^ 3;
f3 = log(abs(sin(x) + cos(y)));
X = exp(t) * sin(t);
Y = exp(t) * cos(t);
subplot(2,2,1);ezplot(f1,[ - pi,pi]);
subplot(2,2,2);ezplot(f2);
subplot(2,2,3);ezplot(f3,[ - pi,pi,0,2 * pi]);
subplot(2,2,4);ezplot(X,Y,[ - 4 * pi,4 * pi]);
```

运行程序，效果如图 26-12 所示。

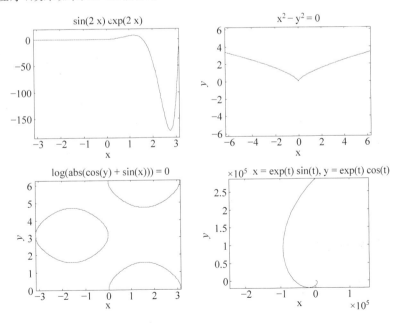

图 26-12　几种隐函数的效果图

6. subplot 函数

MATLAB 允许用户在同一图形窗口里同时显示多幅独立的子图,即进行图形窗口的分割,也称为多子图。图形窗口的分割可使用函数 subplot 来完成。其调用格式为:

subplot(m, n, k):使 m×n 幅子图中的第 k 幅成为当前图。

subplot(mnk):subplot(m, n, k)的简化形式。

subplot('position', [left bottom width height]):指定位置上分割子图,并成为当前图。

subplot(m, n, k)的含义是:将同一个图形窗口分割为 m 行 n 列子窗口(或称子图),k 是子图的编号,编号顺序是自左向右,再自上而下依次排号,所产生的子图分割按照此编号顺序(为默认值)自动进行;函数 subplot()产生的子图彼此之间独立,所有的绘图命令可以在子图中使用;使用函数 subplot()之后,如果再想绘制图形窗口的单幅图,则应先使用 clf 命令,以清除图形窗口;k 不能大于 m 与 n 之和。

关于 subplot 函数的用法可以参考例 26-9 和例 26-10。

【例 26-10】 图形窗口的分割示例。

```
>> for i = 1:8
    subplot(8,1,i)
    plot (sin(1:100) * 10 ^ (i − 1))
    set(gca,'xtick',[],'ytick',[])
end
set(gca,'xtickMode', 'auto')
```

运行程序,效果如图 26-13 所示。

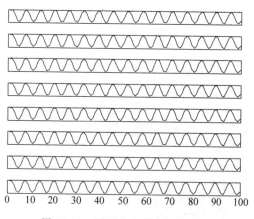

图 26-13　图形窗口的分割效果图

26.1.2　二维修饰处理

为了让所绘制的图形更直观易懂,MATLAB 提供了许多图形控制的命令。下面分别给予介绍。

1. 坐标轴控制

在绘制图形时,MATLAB 可以自动根据要绘制曲线数据的范围选择合适的坐标刻度,使得曲线尽可能清晰地显示出来。所以,一般情况下用户不必选择坐标的刻度范围,但是如果用户对坐标系不满意,可以利用 axis 函数对其重新设定。该函数的调用格式如下:

axis([xmin xmax ymin ymax]):设置当前坐标轴的 x 轴与 y 轴的范围。

axis([xmin xmax ymin ymax zmin zmax cmin cmax]):设置当前坐标轴的 x 轴、y 轴及 z 轴的范围,当前颜色刻度范围。

v = axis:返回包含 x 轴、y 轴及 z 轴的刻度因子的行向量,其中 v 为四维还是六维向量,这取决于当前坐标为二维还是三维的。

axis auto:自动计算当前轴的范围,该命令也可针对某一具体坐标轴使用,例如,auto x 为自动计算 x 轴的范围,auto yz 为自动计算 y 轴与 z 轴的范围。

axis manual:把坐标固定在当前的范围,这样,若保持状态 hold 为 on,后面的图形仍用相同界限。

axis tight:把坐标轴的范围定为数据的范围,即将 3 个方向上的纵高比设为同一个值。

axis fill:该命令用于将坐标轴的取值范围分别设置为绘图所用数据在相应方向上的最大、最小值。

axis ij:将二维图形的坐标原点设置在图形窗口的左上角,坐标轴 i 垂直方向下,坐标轴 j 水平向右。

axis xy:使用笛卡儿坐标系。

axis equal:设置坐标轴的纵横比,使在每个方向的数据单位都相同,其中 x 轴、y 轴及 z 轴将根据所给数据在各个方向的数据单位自动调整其纵横比。

axis image:效果与命令 axis equal 相同,只是图形区域刚好紧紧包围图像数据。

axis square:设置当前图形为正方形(或立方体),系数将调整 x 轴、y 轴及 z 轴,使它们有相同的长度,同时相应地自动调整数据单位之间的增加量。

axis vis3d:该命令将冻结坐标系此时的状态,以便进行旋转。

axis normal:自动调整坐标轴的纵横比,还有用于填充图形区域的、显示于坐标轴上的数据单位的纵横比。

axis off:关闭所用的坐标轴上的标记、格栅和单位标记,但保留由 text 和 gtext 设置的对象。

axis on:显示坐标轴上的标记、单位和格栅。

[mode,visibility,direction] = axis('state'):返回表明当前坐标轴的设置属性的 3 个参数 mode(auto 或 manual)、visibility(on 或 off)、direction(xy 或 ij)。

2. 图形注释

MATLAB 中提供了 title 函数用于给图形对象加标题,xlabel 函数给图形对象的 x 轴加注释,ylabel 函数给图形对象的 y 轴加注释,zlabel 函数给图形对象的 z 轴加注释。

它们的调用格式如下：

title('string')：在当前坐标轴上方正中央放置字符串 string 作为图形标题。

title(fname)：先执行能返回字符串的函数 fname，然后在当前轴上方正中央放置返回的字符串作为标题。

title(…,'PropertyName',PropertyValue,…)：对由 title 函数生成的 text 图形对象的属性进行设置。

h = title(…)：返回作为标题的 text 对象句柄值 h。

xlabel('string')：在当前轴对象中的 x 轴上标注说明语句 string。

xlabel(fname)：先执行函数 fname，其返回一个字符串，然后在 x 轴旁边显示出来。

xlabel(…,'PropertyName',PropertyValue,…)：指定轴对象中的要控制的属性名及要改变的属性值。

h = xlabel(…)：返回作为 x 轴标注的 text 对象句柄值 h。

ylabel(…)：在当前轴对象中的 y 轴上标注说明语句 string。

h = ylabel(…)：返回作为 y 轴标注的 text 对象句柄值 h。

zlabel(…)：返回作为 z 轴标注的 text 对象句柄值 h。

h = zlabel(…)：返回作为 z 轴标注的 text 对象句柄值 h。

3. 标注图形

在对所绘得的图形进行详细的标注时，最常见的两个命令为 text 与 gtext，它们均可以在图形的具体部分进行标注。text 与 gtext 函数的调用格式如下：

text(x,y,'string')：在图形中指定的位置(x,y)上显示字符串 string。

text(x,y,z,'string')：在三维图空间中的指定位置(x,y,z)上显示字符串 string。

text(x,y,z,'string','PropertyName',PropertyValue…)：在三维图形空间中的指定位置(x,y,z)上显示字符串 string，并用指定的属性进行设置。

h = text(…)：返回 text 对象的句柄值 h。

gtext('string')：当光标位于一个图形窗口内时，等待用户单击或按下键盘。若单击或按下键盘，则在光标的位置放置给定的文字 string。

gtext({'string1','string2','string3',…})：当光标位于一个图形窗口内时，等待用户单击或按下键盘。若单击或按下键盘，则在光标位置的每个单独行上放置所给定的字符 string1,string2,string3,…。

gtext({'string1';'string2';'string3';…})：当光标位于一个图形窗口内时，等待用户单击或按下键盘。每单击一次或按下键盘，即放置一个 string1，直到放置完为止。

h = gtext(…)：当用户在鼠标指定的位置放置文字 string 后，返回一个 text 图形对象句柄给 h。

4. 图形保持

一般情况下，每执行一次绘图命令就刷新一次当前图形窗口，图形窗口原有图形将不复存在。如果希望在已存在的图形上再继续添加新的图形，可使用图形保持命令 hold。其调用格式如下：

hold on：图形保持，即把当前图形窗口的 NextPlot 属性设置为 add。

hold off：用来消除图形保持功能，即把当前图形窗口的 NextPlot 属性设置为 repalce。

hold all：对当前打开所有的图形窗口实现图形保持功能。

hold：实现在 hold on 与 hold off 之间切换。也就是说，如果图形窗口处于保持状态，在 MATLAB 命令窗口中输入 hold，回车后，图形窗口就取消保持；如果图形窗口不处于保持状态，在 MATLAB 命令窗口中输入 hold，回车后，图形窗口就会处于保持状态。

【例 26-11】 作曲线 $y = x(1-x)$ 在 $[0，1]$ 上转动切线，从几何上说明水平切线的存在性。

其实现的 MATLAB 程序代码如下：

```
>> axis([0 1 0 1])              % 坐标设置
hold on;
x = 0:0.005:1;
y = x. * (1 - x);
plot(x,y,'r');
x0 = 0:0.05:1;
y0 = x0. * (1 - x0);            % 选取切点
n = length(x0);                % 测出切点个数
ybar = 1 - 2 * x0;             % 切点处的导数
for i = 1:n                     % 作切线
    for x1 = 0:0.01:1
        y1 = y0(i) + ybar(i) * (x1 - x0(i));
        plot(x1,y1,'k');
    end
    pause(0.1);                 % 图形显示停留 0.1s
end
plot([0 1],[1/4 1/4],'k')       % 作水平切线
xlabel('x 轴');                 % 标注 x 轴
ylabel('y 轴');                 % 标注 y 轴
title('水平切线的存在性演示');
text(0.4,0.2,'y = x(1-x)');     % 给出曲线的表达式
hold off;
set(gcf,'color','w');
```

运行程序，输出效果如图 26-14 所示。

5. 网格线

MATLAB 中提供了 grid 函数在图形窗口中添加网格线，也可以消除网格线。其调用格式如下：

grid on：给当前的坐标轴添加网格线。

grid off：给当前的坐标轴取消网格线。

grid：转换网格线的显示与否状态。

grid(axes_handle，…)：对于指定的坐标轴 axes_handle 是否显示网格线进行设置。

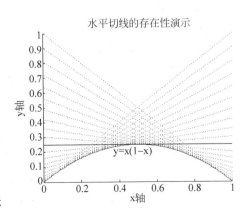

图 26-14 水平切线存在性的演示

【例 26-12】 为所绘制的图形添加网格线。

```
>> for i = 1:4
axh(i) = subplot(2, 2, i);
plot(rand(1, 10));
end
for i = 1:4
grid(axh(i),'on')
end
```

运行程序,效果如图 26-15 所示。

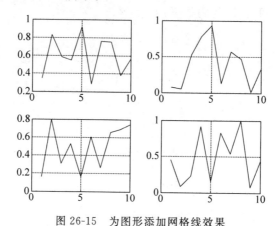

图 26-15   为图形添加网格线效果

6. 添加图例

当在一幅图中出现多种曲线时,用户可以根据自己的需要,利用 legend 函数对不同的曲线进行说明。其调用格式如下:

legend:对当前图形中所有的图例进行刷新。

legend('string1','string2',…):用指定的文字 string1,string2,…在当前坐标轴中对所给数据的每一部分显示一个图例。

legend(h,'string1','string2',…):用指定的文字 string 在一个包含句柄向量 h 的图形中显示图例。

legend(M):用字符矩阵参量 M 的每一行字符串作为标签。

legend(h,M):用字符矩阵参量 M 的每一行字符串作为标签,给包含句柄向量 h 的相应图形对象加标签。

legend(M,'parameter_name','parameter_value',…):用字符矩阵参量 M 的每一行字符串作为标签,并指定其属性值。

legend(h,M,'parameter_name','parameter_value',…):用字符矩阵参量 M 的每一行字符串作为标签,给包含句柄向量 h 中相应的图形对象加标签,并指定其属性值。

legend(axes_handle,…):给由句柄 axes_hanlde 指定的坐标轴显示图例。

legend('off')或 legend(axes_handle,'off'):给由句柄 axes_hanlde 指定的坐标轴显示图例,并关闭标注的内容。

legend('toggle')，legend(axes_handle,'toggle')：用双位按钮使图例在关闭与显示之间进行切换。

legend('hide')，legend(axes_handle,'hide')：给由句柄 axes_hanlde 指定的坐标轴显示图例，并隐藏标注内容。

legend('show')，legend(axes_handle,'show')：给由句柄 axes_hanlde 指定的坐标轴显示图例，并显示标注内容。

legend('boxoff')，legend(axes_handle,'boxoff')：给由句柄 axes_hanlde 指定的坐标轴显示图例，并关闭标注图例部分之外的边框。

legend('boxon')，legend(axes_handle,'boxon')：给由句柄 axes_hanlde 指定的坐标轴显示图例，并显示标注图例部分之外的边框。

legend_handle ＝ legend(…)：返回图例的句柄值向量 legend_handle。

legend(…,'Location','location')：在指定的位置放置 location 图例。

legend(…,'Orientation','orientation')：在指定的方向放置 orientation 图例。

【例 26-13】 为绘制的图形添加图例。

```
>> figure('Position',[57 99 890 536]);          % 生成图形窗口并指定位置
t = linspace(0,pi,101);                          % 生成采样数据
hp = plot(t,sin(2 * t),'r.',t,cos(t * 2),'b');   % 绘制曲线
hold on;
plot(t(1:5:end),sinc(t(1:5:end)),'k - o');
text(0.1, - 0.4,'This is the sinc and cosine functions');
legend('sin(2{\itt})','cos(2{\itt})',3);
```

运行程序，效果如图 26-16 所示。

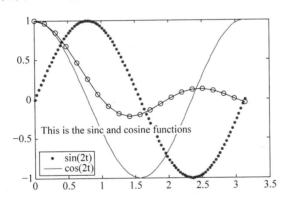

图 26-16　为绘制图形添加图例效果图

26.2　二维特殊图形绘制

在各种专业上会常常碰到一些场合，需要把数据以分类的形式显示出来，例如：按月份组织年度销售收入、在信号处理中需要绘制时间信号的波形、若干地区的平均气温数据等，为了满足这些特殊要求而需要采用特殊的平面图形。在实际工作中，人们习惯用直方图、条形图、扇形图等表达这些数据，为此 MATLAB 设计了一些专门用于绘制这些

特殊平面图的函数,使这些工作变得非常简单。

26.2.1 条形图

条形图常用于统计数据的作图,可分为竖直条形图与水平条形图。竖直条形图由 bar 函数绘制,水平条形图由 barh 函数绘制。它们的调用格式如下:

bar(Y)或 barh(Y):绘制 Y 的条形图。

bar(x,Y)或 barh(x,Y):在位置 x 上绘制 Y 的条形图。

bar(…,width)或 barh(…,width):用 width 指定条形图的宽度,默认值为 0.8。如果宽度大于 1,那么条与条之间将重合。

bar(…,'style')或 barh(…,'style'):指定条形图绘制类型 style,style 取值为 grouped 或 stacked。group 为排列型,其为默认值,stacked 为堆型条状图。

bar(…,'bar_color')或 barh(…,'bar_color'):指定条形图颜色。

bar(…,'PropertyName',PropertyValue,…) 或 bar(…,'PropertyName',PropertyValue,…):指定条形图的属性名及属性值。

h = bar(…)或 h = barh(…):返回条形图的句柄值向量 h。

【例 26-14】 条形图绘制。

```
>> Y = round(rand(5,3) * 10);
subplot(2,2,1)
bar(Y,'grouped')
xlabel( '(a)竖直条形图 Group');
subplot(2,2,2)
bar(Y,'stacked')
xlabel( '(b) 竖直条形图 Stack');
subplot(2,2,3)
barh(Y,'stacked')
xlabel( '(c) 水平条形图 Stack');
subplot(2,2,4)
bar(Y,1.5)
xlabel( '(d) 水平条形图 Width = 1.5')
```

运行程序,效果如图 26-17 所示。

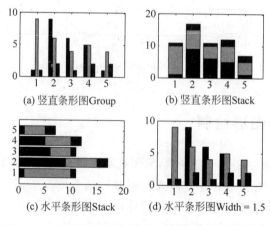

图 26-17 条形图绘制

26.2.2　直方图

直方图用来显示数据的分布情况,绘制二维直方图使用 hist 函数,输入的参数 Y 是向量或矩阵。如果是向量,则将向量中的元素按它们的数值范围分组,然后绘制柱形图;如果是矩阵,则将矩阵的每一列作为一个向量进行处理。hist 函数的调用格式如下:

n = hist(Y):把 Y 按其中数据的大小分为 10 个长度相等的段,统计每段中的元素个数并返回给 n。如果 Y 是矩阵,那么按列分段。

n = hist(Y,x):输入参数 x 为向量,以 x 的值为中心生成直方图的各条内容。

n = hist(Y,nbins):输入参数 nbins 是正整数,用来设置分段的个数。

[n,xout] = hist(…):不绘制数据 Y 的直方图,只返回反映每个条形图中元素个数的向量和每个条形图频率的向量。

hist(…):只绘制直方图,不输出参数。

【例 26-15】　直方图的绘制。

```
>> rand('state',1);
y = rand(100,1);                    %生成待统计的数据
[n,x] = hist(y)                     %返回统计频数 n 和区域中心位置 x
s(1) = subplot(131);
hist(y);                            %绘制统计直方图
xlabel('(a) hist(y)');              %x 轴标注
s(2) = subplot(132);
hist(y,7);                          %绘制统计直方图,并指定区域数目
xlabel('(b)hist(y,7)');             %x 轴标注
s(3) = subplot(133);
hist(y,0:.1:1);                     %绘制统计直方图,并指定每个区域的中心位置
xlabel('(c)hist(y,0:.1:1)');        %x 轴标注
axis(s,'square');                   %设置所有坐标轴为方形
set(gcf,'Color','w');
```

运行程序,效果如图 26-18 所示。

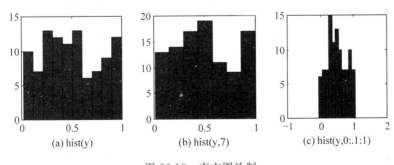

(a) hist(y)　　　　(b) hist(y,7)　　　　(c) hist(y,0:.1:1)

图 26-18　直方图绘制

26.2.3　面积图

绘制数据的面积图用 area 函数。area 函数根据向量或矩阵的列向量中的分量构成

数据点,再将这些数据点连成一条或多条折线,然后用颜色填充折线下的面积,以此来显示一个数值在该列所有数值总和中所占的比例。其调用格式如下:

area(Y):绘制向量 Y 的面积图或矩阵 Y 各列元素总和的面积图。

area(X,Y):在 X 的位置上绘制 Y 相应数据的面积图。

area(⋯,basevalue):绘制面积图,指定 Y 方向上的面积填充的最低限,basevalue 默认值为 0。

area(⋯,'PropertyName',PropertyValue,⋯):绘制面积图,并为绘制的面积图设定属性与属性值。

h = area(⋯):返回绘制面积图的句柄向量值 h。

【例 26-16】 绘制面积图。

```
>> Y = [1, 5, 3;3, 2, 7;1, 5, 3;2, 6, 1];
area(Y)
grid on
colormap summer
set(gca,'Layer','top')
%改变面积图的颜色及其线型
h = area(Y, -2);
set(h(1),'FaceColor',[.5 0 0])
set(h(2),'FaceColor',[.7 0 0])
set(h(3),'FaceColor',[1 0 0])
set(h,'LineStyle',':','LineWidth',2)
```

运行程序,效果如图 26-19 所示。

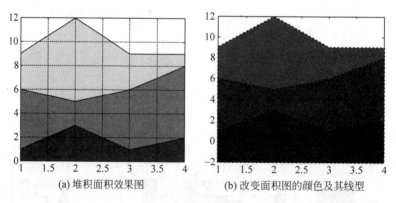

(a) 堆积面积效果图   (b) 改变面积图的颜色及其线型

图 26-19　面积图

26.2.4　杆形图

二维的杆形图将数据显示为从 x 轴向外延伸的直线,直线末端有一个小圆圈(默认设置)或其他标记,其纵坐标代表每个杆终点的数据值。因为图形的形状酷似火柴杆,也称为火柴杆图。在 MATLAB 中绘制火柴杆图的函数为 stem。其调用格式如下:

stem(Y):绘制数据 Y 的火柴杆图。

stem(X,Y):在向量 X 指定的位置绘制 Y 的火柴杆图。

stem(…,'fill')：绘制数据的火柴杆图,参数 fill 默认值表示火柴杆顶端的小圆圈不填充颜色。

stem(…,LineSpec)：以 LineSpec 确定的线型要素绘制数据的火柴杆图。

h = stem(…)：返回绘制图形的句柄向量值 h。

【例 26-17】 火柴杆图绘制。

```
>> t = linspace( - 2 * pi,2 * pi,10);
h = stem(t,cos(t),'fill','-- ');
set(get(h,'BaseLine'),'LineStyle',':')
set(h,'MarkerFaceColor','red')
```

运行程序,效果如图 26-20 所示。

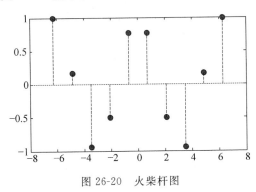

图 26-20　火柴杆图

26.2.5　阶梯图

MATLAB 中提供了 stairs 函数用于绘制阶梯图。其调用格式如下：

stairs(Y)：绘制 Y 中元素的阶梯图。当 Y 为向量时,X 轴从 1 到 length(Y)；当 Y 为矩阵时,X 轴度量从 1 到 Y 的行数。

stairs(X,Y)：绘制 X 与 Y 的列的阶梯图。X 与 Y 为相同大小的向量或相同大小的矩阵；或者 X 为行向量或列向量,Y 为一个 length(x)行的矩阵。

stairs(…,LineSpec)：指定线型、点型及图形颜色。

stairs(…,'PropertyName',propertyvalue)：设置阶梯图的属性值。

h = stairs(…)：返回阶梯图句柄值向量 h。

[xb,yb] = stairs(Y,…)：绘制图形,返回向量 xb 与向量 yb,也可通过 plot(xb,yb) 绘制图形。

【例 26-18】 绘制阶梯图,并为图形添加标注。

```
>> alpha = 0.01;
beta = 0.5;
t = 0:10;
f = exp( - alpha * t). * sin(beta * t);
stairs(t,f)
hold on
plot(t,f,'-- * ')
```

```
hold off
label = 'Stairstep plot of e^{ - (\alpha * t)} sin\beta * t';
text(0.5, - 0.2,label,'FontSize',14)
xlabel('t = 0:10','FontSize',14)
axis([0 10 - 1.2 1.2])
```

运行程序,效果如图 26-21 所示。

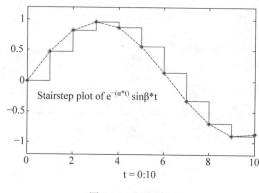

图 26-21　阶梯图

26.2.6　扇形图

扇形图用于显示向量中的元素所占向量元素总和的百分比,由于所画出的图形是一个圆形,也称为饼形图。MATLAB 中提供了 pie 函数绘制扇形图。其调用格式如下:

pie(X): X 是向量,根据 X 中各分量所占的百分比,绘制出它在整个圆中占的比例。如果向量各元素之和小于 1,则只绘制部分圆。

pie(X,explode):可以把指定的部分从圆形中抽取出来,explode 为一个与 X 长度相同的向量,其中不为 0 的数所对应的分块将被抽取出来。

pie(…,labels):对每个分块添加标注,labels 为单元数组,长度与 X 相同,并且只能用字符串表示。

h = pie(…):返回图形对象的句柄向量值 h。

【例 26-19】　扇形图绘制。

```
>> x = [1 3 0.5 2.5 2];
explode = [0 1 0 0 0];
pie(x,explode)
colormap jet
```

运行程序,效果如图 26-22 所示。

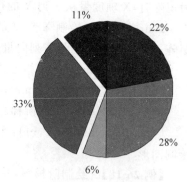

图 26-22　扇形效果图

26.2.7　罗盘图

MATLAB 中提供了 compass 函数绘制罗盘图,即在极坐标系下用带箭头的线段来表示一个复数,其调用格式如下:

compass(U,V)：U 与 V 分别为复数数组的实部与虚部。

compass(Z)：Z 为一个复数数组。

compass(…,LineSpec)：指定绘制罗盘图的线条、点型及颜色。

h = compass(…)：返回罗盘效果图句柄向量值 h。

【例 26-20】 罗盘图绘制。

```
>> wdir = [45 90 90 45 360 335 360 270 335 270 335 335];
knots = [6 6 8 6 3 9 6 8 9 10 14 12];
rdir = wdir * pi/180;
[x,y] = pol2cart(rdir,knots);
compass(x,y)
```

运行程序,效果如图 26-23 所示。

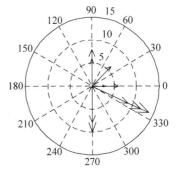

图 26-23 罗盘效果图

26.2.8 极坐标图

MATLAB 中提供了 polar 函数绘制极坐标图。其调用格式如下：

polar(theta,rho)：在极坐标中绘图,theta 代表弧度,rho 代表极坐标矢径。

polar(theta,rho,LineSpec)：在极坐标中绘图,参数 LineSpace 指定图形的线型、点型及颜色。

h = polar(…)：返回极坐标图的句柄值向量 h。

【例 26-21】 极坐标图绘制。

```
>> theta = linspace(0,pi * 2,101);        %角度数据
rho = cos(theta + sin(theta));            %矢径数据
subplot(1,2,1);polar(theta,rho);
xlabel('(a) 极坐标图');
subplot(1,2,2);polar(theta,cos(theta * 2 + cos(4 * theta)),'k - x');
xlabel('(b) 改变矢径极坐标图')
```

运行程序,效果如图 26-24 所示。

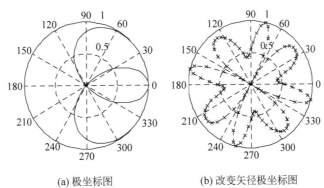

(a) 极坐标图   (b) 改变矢径极坐标图

图 26-24 极坐标效果图

26.2.9 羽毛图

MATLAB 中提供了 feather 函数绘制羽毛图。其调用格式如下：

feather(U,V)：绘制羽毛图,其中 U 与 V 为复数的实部与虚部;

feather(Z)：绘制一个复数数组羽毛图;

feather(…,LineSpec)：指定所绘羽毛图的线型、点型及颜色。

h = feather(…)：返回羽毛图句柄值向量 h。

【例 26-22】 绘制羽毛图。

```
>> theta = 90: - 10:0;
r = ones(size(theta));
[u,v] = pol2cart(theta * pi/180,r * 10);
feather(u,v)
axis equal
```

运行程序,效果如图 26-25 所示。

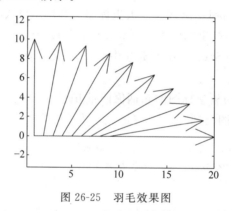

图 26-25　羽毛效果图

26.2.10　等高线

MATLAB 中提供了 contour 函数绘制等高线。其调用格式如下：

contour(Z)：绘制等高线,并给出等高线的高度数据 Z。

contour(Z,n)：绘制 n 条高为 Z 的等高线。

contour(Z,v)：绘制等高线,其中 Z 为指定等高线的高度数据,v 为指定高度值处的等高线。

contour(X,Y,Z)：绘制等高线,其中 X 与 Y 分别指定 X 轴与 Y 轴的坐标,Z 表示等高线的高度。

contour(X,Y,Z,n)：绘制 n 条等高线,其中 X 与 Y 分别指定 X 轴与 Y 轴的坐标,Z 表示等高线的高度。

contour(X,Y,Z,v)：绘制等高线,其中 X 与 Y 分别指定 X 轴与 Y 轴的坐标,Z 表示等高线的高度,v 表示指定高度值处的等高线。

contour(⋯,LineSpec)：指定等高线的线型、点型及颜色。

[C,h] = contour(⋯)：返回等高线的颜色矩阵及等高线的句柄值 h。

【例 26-23】 等高线的绘制。

```
>> [x,y,z] = peaks(75);        % 生成坐标刻度数据和高度数据
s(1) = subplot(221);
contour(z);
xlabel('(a) 根据高度数据绘制等高线');
s(2) = subplot(222);
contour(x,y,z);
xlabel('(b)根据刻度数据与高度数据绘制等高线');
s(3) = subplot(223);
contour(x,y,z,4);
xlabel('(c)指定等高线数目');
s(4) = subplot(224);
contour(x,y,z,linspace(min(z(:)),max(z(:)),12));
xlabel('(d) 等间隔指定高度位置');
axis(s,'square');              % 设置所有坐标轴为方形
```

运行程序,效果如图 26-26 所示。

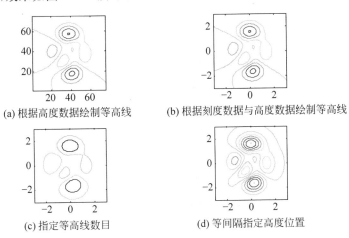

(a) 根据高度数据绘制等高线　　(b) 根据刻度数据与高度数据绘制等高线

(c) 指定等高线数目　　(d) 等间隔指定高度位置

图 26-26　等高线

MATLAB 中提供了 clabel 函数为二维等高线添加高度标签。其调用格式如下：

clabel(C,h)：把标签旋转到恰当的角度,再插入到等高线中,只有等高线之间有足够的空间时才加入,这决定于等高线的尺度,其中 C 为等高矩阵。

clabel(C,h,v)：在指定的高度 v 上显示标签 h。

clabel(C,h,'manual')：手动设置标签,用户用鼠标左键或空格键在最接近指定的位置上放置标签,用键盘上的 Enter 键结束该操作。

clabel(C)：对 contour 生成的等高矩阵 C 的位置上添加标签,此时标签的放置位置是随机的。

clabel(C,v)：在给定的位置 v 上显示标签。

clabel(C,'manual')：在 contour 生成的等高矩阵 C 的位置手动添加标签。

text_handles = clabel(…)：返回为等高线添加标签对象的句柄值 h。

clabel(…,'PropertyName',propertyvalue,…)：为添加的标签设置属性名及属性值。

clabel(…'LabelSpacing',points)：指定在同一等高线标签之间的间距点的单位,默认值为 72 英寸。

【例 26-24】 为等高线添加标签。

```
>>[x,y] = meshgrid( - 2:.2:2);
z = x.^exp( - x.^26 - y.^2);
[C,h] = contour(x,y,z);
clabel(C,h);
```

运行程序,效果如图 26-27 所示。

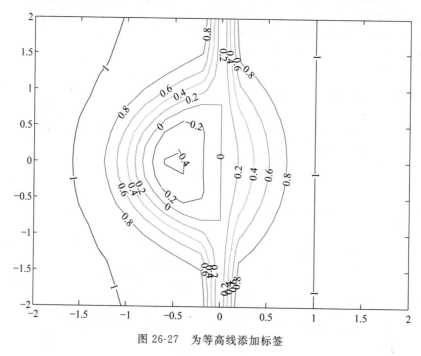

图 26-27 为等高线添加标签

26.2.11 向量场图

MATLAB 中提供了 quiver 函数绘制向量场图。其调用格式如下：

quiver(x,y,u,v)：绘制向量场图,其中 x 与 y 为指定箭头位置的坐标,u 与 v 分别为向量场水平与竖直分量的大小。

quiver(u,v)：绘制向量场图,其中箭头坐标为默认值,u 与 v 分别为向量场水平与竖直分量的大小。

quiver(…,scale)：绘制向量场图,并指定其缩放比例。

quiver(…,LineSpec)：绘制向量场图,并指定线型、点型及颜色。

quiver(…,LineSpec,'filled')：绘制向量场图，并使用 LineSpec 中的标记符号填充箭头的位置。

h = quiver(…)：返回向量场图的句柄值向量 h。

【例 26-25】　绘制向量场图。

```
>> x = -3:.2:3;
y = -3:.2:3;
clf
[xx,yy] = meshgrid(x,y);
zz = peaks(xx,yy);
hold on
pcolor(x,y,zz);
axis([-3 3 -3 3]);
colormap((jet + white)/2);
shading interp
[px,py] = gradient(zz,.2,.2);
quiver(x,y,px,py,2,'k');
axis off
hold off
```

运行程序，效果如图 26-28 所示。

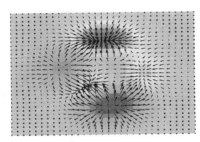

图 26-28　向量场

26.2.12　带形图

MATLAB 中提供了 ribbon 函数绘制带形图。其调用格式如下：

ribbon(Y)：绘制 Y 中元素的带形图。当 Y 为向量时，X 轴从 1 到 length(Y)；当 Y 为矩阵时，X 轴度量从 1 到 Y 的行数。

ribbon(X,Y)：绘制 X 向量对 Y 各列元素的三维带形图，X 与 Y 为大小相同的向量或矩阵。

ribbon(X,Y,width)：绘制 X 向量对 Y 各列元素的三维带形图，并指定带的宽度。

h = ribbon(…)：返回带形图的句柄值向量 h。

【例 26-26】　绘制带形图。

```
>> [x,y] = meshgrid(-3:.5:3,-3:.1:3);
z = peaks(x,y);
ribbon(y,z)
```

```
xlabel('X')
ylabel('Y')
zlabel('Z')
colormap hsv
```

运行程序,效果如图 26-29 所示。

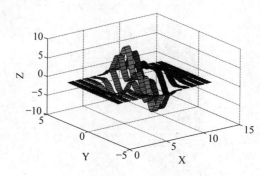

图 26-29　带形图

在满足一定保真度的要求下,对图像数据进行变换、编码和压缩,去除多余数据,减少表示数字图像时需要的数据量,以便于图像的存储和传输,即以较少的数据量有损或无损地表示原来像素矩阵的技术,称为图像编码。

27.1 图像压缩编码基础

27.1.1 图像压缩编码的必要性

数字图像已成为人们生活中不可缺少的一部分。但是图像数字化之后,其数据量是非常庞大的。例如,一幅 640×480 分辨率的彩色图像(24 位/像素),其数据量为 900KB。如果以每秒 30 帧的速度播放,则每秒的数据量为 $640 \times 480 \times 24 \times 30 = 210.9 \times 10^6$,即 210.9Mb $= 26.4$MB,需要 210.9Mb/s 的通信回路;如果存放在 650MB 的光盘中,在不考虑音频信号的情况下,每张光盘也只能播放 24s。由此可见,如不进行编码压缩处理,在图像存储中所遇到的困难和成本之高是可想而知的。对于利用电话线传送黑白二值图像的传真,如果以 200dpi(点/英寸)的分辨率传输,一张 A4 纸内容的数据量为 $(200 \times 210/25.4) \times (200 \times 297/25.4) = 3\ 866\ 948$,即 $3\ 866\ 948$ 位,按目前 14.4kb/s 的电话线传输速率,需要传送的时间是 263s。

总之,大数据量的图像信息会给存储器的存储容量、通信干线信道的带宽以及计算的处理速度增加极大的压力。单纯地靠增加存储容量,提高信道带宽以及计算机的处理速度等来解决这个问题是不现实的,这时就要考虑对数据进行压缩。因此,图像数据在传输和存储中,数据的压缩是必不可少的。

27.1.2 图像压缩编码的可能性

数据的作用是表示信息,如果不同的方法为了表示给定量的信息而使用不同的数据量,那么使用较多数据量的方法中,必然有些数据代表了无用的信息,或者是重复地表示了其他数据已经表示的信息,这就是数据冗余的概念。

由于图像数据本身固有的冗余性和相关性,使得将一个大的图像数据文件转换成较小的图像数据文件成为可能,图像数据压缩就是去掉信号数据的冗余性。一般来说,图像数据中存在以下 6 种冗余。

(1)空间冗余(像素间冗余、几何冗余):这是图像数据中经常存在的一种冗余。在同一幅图像中,规则物体和规则背景(所谓规则是指表面有序的,而不是完全杂乱无章的排列)的表面物理特性具有相关性,这些相关性的光成像结果在数字化图像中就表现为数据冗余。

(2)时间冗余:在序列图像(电视图像、运动图像)中,相邻两帧图像之间有较大的相关性。如图 27-1 所示,F1 帧中有一个人和一个路标,在时间 T 后的 F2 图像中仍包含以上两个物体,只是人向前走了一段路程,此时 F1 和 F2 的路标和背景都是时间相关的,人也是时间相关的,因而 F2 和 F1 具有时间冗余。

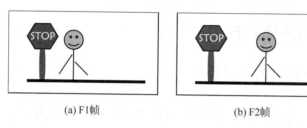

(a) F1帧　　　　　　　(b) F2帧

图 27-1　时间冗余

(3)信息熵冗余:也称为编码冗余,如果图像中平均每个像素使用的比特数大于该图像的信息熵,则图像中存在冗余,称为信息熵冗余。

(4)结构冗余:有些图像(例如墙纸、草席等)存在较强的纹理结构,称为结构冗余。

(5)知识冗余:对许多图像的理解与某些基础知识有相当大的相关性,例如:人脸的图像有固定的结构,嘴的上方有鼻子,鼻子的上方有眼睛,鼻子位于正脸图像的中线上等。这类规律性的结构可由先验知识和背景知识得到,称此类冗余为知识冗余。

(6)心理视觉冗余:人类的视觉系统对于图像场的注意是非均匀和非线性的,特别是视觉系统并不是对图像场的任何变化都能感知,即眼睛并不是对所有信息都有相同的敏感度。有些信息在通常的视觉感觉过程中与另外一些信息相比并不是那么重要,这些信息可认为是心理视觉冗余,去除这些信息从感观上来看并不会明显地降低图像的质量。心理视觉冗余的存在是与人观察图像的方式有关的,人在观察图像时主要是寻找某些比较明显的目标特征,而不是定量地分析图像中每个像素的亮度,或至少不是对每个像素等同地进行分析。人通过在脑子里分析这些特征并与先验知识结合来完成对图像的解释过程,由于每个人所具有的先验知识不同,对同一幅图像的心理视觉冗余也就因人而异。

27.1.3　图像压缩编码的性能指标

由于图像数据本身存在固有的冗余性和相关性,使得通过去除这些冗余信息,将一幅大的图像数据文件转换为较小的图像数据文件成为可能。图像压缩编码就是要通过编码技术来去除这些冗余信息量以达到减少图像数据量的目的。图像的编码必须在保持信息源内容不变或损失不大的前提下才有意义。

1. 信息量

设信息源 X 可发出的信息符号集合表示为 $A=\{a_i \mid i=1,2,\cdots,m\}$，$X$ 发现的符号 a_i 出现的概率为 $p(a_i)$，则定义符号 a_i 出现的自信息量为：

$$I(a_i) = -\log_2 p(a_i)$$

其中，信息量的单位为比特。

2. 信息熵

对信息源 X 的各符号的自信息量取统计平均，可得每个符号的平均自信息量 $H(X)$，称为信息源 X 的源，定义为：

$$H(x) = -\sum_{i=1}^{n} p(a_i) \log_2 p(a_i)$$

该式信息源的熵单位为比特/符号。如果信息源为图像，图像的灰度级为 $[1,M]$，通过直方图获得各灰度级出现的概率为 $p_s(s_i)(i=1,2,\cdots,M)$，可以得到图像的熵定义：

$$H = -\sum_{i=1}^{M} p(s_i) \log_2 p_s(s_i)$$

图像数据中存在的基本数据冗余包括编码冗余，也称为信息熵冗余，即所用的代码大于最佳编码长度（即最小长度）时出现的编码冗余；像素间冗余也称为空间冗余或几何冗余，即在同一幅图像像素间的相关性造成的冗余；心理视觉冗余，即人类的视觉系统对数据忽略的冗余。此外，冗余信息还包括时间冗余、知识冗余和结构冗余等。

3. 编码效率

编码效率定义为：

$$\eta = \frac{H}{R}$$

如果 R 和 H 相等，编码效果最佳；如果 R 和 H 接近，编码效果为佳；如果 R 远大于 H，则编码效果差。

4. 压缩比

压缩比是衡量数据压缩程度的指标之一，到目前为止，尚无压缩比的统一定义。目前常用的压缩比 P_r 定义为：

$$P_r = \frac{L_s - L_d}{L_s} \times 100\%$$

其中，L_s 为源代码长度，L_d 为压缩后的代码长度。

压缩比的物理意义是被压缩掉的数据占原数据的百分比，一般来讲，压缩比大，则说明被压缩掉的数据量多，当压缩比 P_r 接近 100% 时，压缩效率最理想。

5. 冗余度

如果编码效果 $\eta\neq100\%$，即说明还有冗余，冗余度 r 定义为：

$$r = 1 - \eta$$

r 越小，说明可压缩的余地越小。

总之，一个编码系统要研究的问题是设法减小编码平均长度 R，使编码效率尽量趋于 1，而冗余度尽量趋于 0。

27.1.4　保真度准则的评价

图像信息在编码和传输过程中会产生误差，尤其是在有损编码中，产生的误差应在允许的范围内。在这种情况下，保真度准则可用来衡量编码方法或系统质量的优劣。通常，这种衡量的尺度可分为客观保真度准则和主观保真度准则。

1. 客观保真度准则

当输入图像与压缩解码后的图像可用函数表示时，最常用的一个准则是输入图像和输出图像之间的均方误差或均方根误差。

设 $f(i,j)(i=1,2,\cdots,N；j=1,2,\cdots,M)$ 为原始图像，$\hat{f}(i,j)(i=1,2,\cdots,N；j=1,2,\cdots,M)$ 为压缩后的还原图像，则 $f(i,j)$ 与 $\hat{f}(i,j)$ 之间的均方误差（EMS）定义为：

$$E_{ms} = \frac{1}{MN}\sum_{i=1}^{N}\sum_{j=1}^{M}\left[f(i,j)-\hat{f}(i,j)\right]^2$$

如果对上式求平方根，就可以得到 $f(i,j)$ 与 $\hat{f}(i,j)$ 之间均方根差（ERMS），即 $E_{rms}=\sqrt{E_{ms}}$。

另一种关系更紧密的客观评价准则是输入图像和输出图像之间的均方信噪比，定义为：

$$SNR = \frac{\displaystyle\sum_{i=1}^{N}\sum_{j=1}^{M}\left[f(i,j)\right]^2}{\displaystyle\sum_{i=1}^{N}\sum_{j=1}^{M}\left[f(i,j)-\hat{f}(i,j)\right]^2}$$

除了均方根信噪比，还有基本信噪比，它用分贝表示压缩图像的定量性评价，设：

$$\bar{f} = \frac{1}{MN}\sum_{i=1}^{N}\sum_{j=1}^{M}f(i,j)$$

则基本信噪比定义为：

$$SNR = 10\lg\left[\frac{\displaystyle\sum_{i=1}^{N}\sum_{j=1}^{M}\left[f(i,j)-\bar{f}\right]^2}{\displaystyle\sum_{i=1}^{N}\sum_{j=1}^{M}\left[f(i,j)-\hat{f}(i,j)\right]^2}\right]$$

最常用的是峰值信噪比（PSNR），设 $f_{max}=2^k-1$，k 为图像中表示一个像素点所用的二进制位数，则峰值信噪比定义为：

$$PSNR = 10\lg \left[\frac{NM f_{max}^2}{\sum\limits_{i=1}^{N} \sum\limits_{j=1}^{M} \left[f(i,j) - \hat{f}(i,j) \right]^2} \right]$$

2. 主观保真度准则

图像处理的结果,绝大多数是给人观看,并由研究人员来解释的。因此,图像质量的好坏与图像本身的客观质量有关,也与人的视觉系统特性有关。有时客观评价完全一样的两幅图像可能会有完全不同的视觉质量,所以又规定了主观评价准则。这种方法是把图像显示给观察者,然后把评价结果加以平均,以此来评价一幅图像的主观质量。

主观评价也可对照某种绝对尺度来进行。表 27-1 为对图像质量的主观评价标准。

表 27-1 对图像质量的主观评价标准

得分	第一种评价标准	第二种评价标准
5	优秀	没有失真的感觉
4	良好	感觉到失真,但没有不舒服的感觉
3	可用	感觉有点不舒服
2	较差	感觉较差
1	差	感觉非常不舒服

设每一种得分为 C_i,每一种得分的评分人数为 n_i,那么一个被称为感觉平均分的主观评价可定义为:

$$MOS = \frac{\sum\limits_{i=1}^{k} n_i C_i}{\sum\limits_{i=1}^{k} n_i}$$

MOS 越高,表示解码后图像的主观评价越高。

27.1.5 压缩编码的分类

图像编码压缩的方法目前有很多种,其分类方法因出发点不同而存有差异。

(1) 根据解压重建后的图像和原始图像之间是否有误差,图像编码压缩分为无损(无失真、无误差、信息保持型)编码和有损(有失真、有误差、信息非保持型)编码两大类。

- 无损编码:这类压缩算法中删除的仅仅是图像数据中冗余的信息,因此在解压缩时能精确恢复原图像。无损编码要求重建后图像严格地与原始图像保持相同的场合,例如复制、保存十分珍贵的历史和文物图像等。

- 有损编码:这类算法把不相干的信息也删除了,因此在解压缩时只能对原始图像进行近似地重建,而不能精确地复原,有损编码适合大多数用于存储数字化的模拟数据。

(2) 根据编码原理,图像压缩编码分为熵编码、预测编码、变换编码和混合编码等。

- 熵编码:这是纯粹基于信号统计特性的编码技术,是一种无损编码。熵编码的基本原理是给出现概率较大的符号赋予一个短码字,而给出现概率较小的符号赋予一个长码字,从而使得最终的平均码长很小,常见的熵编码方法有赫夫曼编码、算术编码和行程编码。

- 预测编码:它是基于图像数据的空间或时间冗余特性,用相邻的已知像素(或像素块)来预测当前像素(或像素块)的取值,然后再对预测误差进行量化和编码。预测编码可分为帧内预测和帧间预测,常用的预测编码有差分脉码调制(Differential Pulse Code Modulation,DPCM)和运动补偿法。

- 变换编码:通常是将空间域上的图像经过正交变换后映射到另一变换域上,使变换后的系数之间的相关性降低。图像变换本身并不能压缩数据,但变换后图像的大部分能量只集中到少数几个变换系数上,再采用适当的量化和熵编码就可以有效地压缩图像。

- 混合编码:这是综合了熵编码、变换编码或预测编码的编码方法,如 JPEG 标准和 MPEG 标准。

(3)根据图像的光谱特征,图像压缩编码分为单色图像编码、彩色图像编码和多光谱图像编码。

(4)根据图像的灰度,图像压缩编码分为多灰度编码和二值图像编码。

27.2　熵编码

熵编码是纯粹基于信号统计特性的编码技术,是一种无损编码。熵编码的基本原理是给出现概率较大的符号赋予一个短码字,而给出现概率较小的符号赋予一个长码字,从而使最终的平均码长很小。常见的熵编码方法有赫夫曼编码、香农编码和算术编码。

27.2.1　赫夫曼编码

赫夫曼编码(Huffman Coding)是一种编码方式,是可变字长编码(VLC)的一种。Huffman 于 1952 年提出一种编码方法,有时称为最佳编码,一般称为 Huffman 编码。

赫夫曼编码的基本方法是先对图像数据扫描一遍,计算出各种像素出现的概率,按概率的大小指定不同长度的唯一码字,由此得到一张该图像的赫夫曼码表。编码后的图像数据记录的是每个像素的码字,而码字与实际像素值的对应关系记录在码表中。

设信源 X 的信源空间为:

$$[X \cdot P] : \begin{cases} X: & x_1 & x_2 & \cdots & x_N \\ P(X): & P(x_1) & P(x_2) & \cdots & P(x_N) \end{cases}$$

其中,$\sum_{i=1}^{N} P(x_i) = 1$,现用二进制对信源 X 中每一个符号 $x_i (i=1,2,\cdots,N)$进行编码。

根据变长最佳编码定理,赫夫曼编码步骤为:

(1)将信源符号 x_i 按其出现的概率,由大到小顺序排列。

(2)将两个最小概率的信源符号进行组合相加,并重复这一步骤,始终将较大的概率分支放在上部,直到只剩下一个信源符号且概率达到 1.0 为止。

（3）对每对组合的上边一个信源指定为 1，下边一个信源指定为 0（或相反地，对上边一个指定为 0，下边一个指定为 1）。

（4）画出由每个信源符号到概率 1.0 处的路径，记下沿路径的 1 和 0。

如图 27-2 所示，设原始数据序列概率为 U：

$$U：(a1 \quad a2 \quad a3 \quad a4 \quad a5 \quad a6 \quad a7)$$

0.20 0.19 0.18 0.17 0.15 0.10 0.01（已经按由大至小的顺序排列）

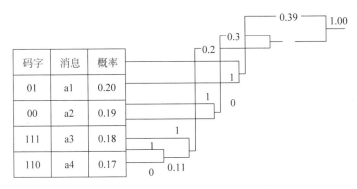

图 27-2　赫夫曼编码过程

给概率最小的两个符号 a6 和 a7 分别指定为 1 与 0，然后将它们的概率相加再与原来的 a1～a5 组合并重新排序成新的序列：

$$U'：(a1 \quad a2 \quad a3 \quad a4 \quad a5 \quad a6')$$

0.20 0.19 0.18 0.17 0.15 0.11

对 a5 与 a6' 分别指定 1 与 0 后，再作概率相加并重新按概率排序：

$$U''：(0.26 \quad 0.20 \quad 0.19 \quad 0.18 \quad 0.17)\cdots$$

直到最后得 $U^0 = (0.61 \quad 0.39)$，分别给以 0、1 为止。

由于编码需要建立赫夫曼二叉树，并遍历二叉树生成编码，因此数据压缩和还原速度都较慢，但此法的特点是简单有效，因而得到广泛的应用。在 H.264 中采用的统一变长编码（UVLC）就是一种固定码表的赫夫曼编码。由于固定了码表，因而相对于传统赫夫曼编码性能稍差，但编码复杂性降低、编码速度上升。

【例 27-1】　对一个读入图像实现赫夫曼编码。

```
>> clear all;
I = [0 1 3 2 1 3 2 1;0 5 7 6 2 5 6 7;1 6 0 6 1 6 3 4;2 6 7 5 3 5 6 5;3 2 2 7 2 6 1 6;...
     2 6 5 0 2 7 5 0;1 2 3 2 1 2 1 2;3 1 2 3 1 2 2 1];            % 读入一幅图像的灰度值
[m,n] = size(I);
% 将矩阵的不同数统计在数组 c 的第一列中
p1 = 1; s = m * n;
for k = 1:m
    for L = 1:n
        f = 0;
        for b = 1:p1 − 1;
            if(c(b,1) == I(k,L))
                f = 1;
                break;
```

```
                    end
                end
                if(f == 0)
                    c(p1,1) = I(k,L);
                    p1 = p1 + 1;
                end
            end
        end
    % 将相同的数占整个数组总数的比例统计在数组 p 中
    for g = 1:p1 - 1
        p(g) = 0; c(g,2) = 0;
        for k = 1:m
            for L = 1:n
                if(c(g,1) == I(k,L))
                    p(g) = p(g) + 1;
                end
            end
        end
        p(g) = p(g)/s;
    end
    p11 = p;
    % 找到最小的概率,相加直到等于 1,把最小概率的序号存在 tree 第一列中,次小的放在第二列,
    % 和放在 p 像素比例之后
    pn = 0; po = 1;
    while(1)
        if(pn >= 1.0)
            break;
        else
            [pm,p2] = min(p(1:p1 - 1));
            p(p2) = 1.1;
            [pm2,p3] = min(p(1:p1 - 1));
            p(p3) = 1.1;
            pn = pm + pm2;
            p(p1) = pn;
            tree(po,1) = p2;
            tree(po,2) = p3;
            po = po + 1; p1 = p1 + 1;
        end
    end
    % 数组第一维表示值,第二维表示代码数值大小,第三维表示代码的位数
    for k = 1:po - 1;
        tt = k;
        m1 = 1;
        if(or(tree(k,1)< = g,tree(k,2)< = g));
            if(tree(k,1)< = g)
                c(tree(k,1),2) = c(tree(k,1),2) + m1;
                m2 = 1;
                while(tt < po - 1);
                    m1 = m1 * 2;
                    for L = tt:po - 1
                        if(tree(L,1) == tt + g)
```

```
                    c(tree(k,1),2) = c(tree(k,1),2) + m1;
                    m2 = m2 + 1; tt = L;
                    break
                elseif(tree(L,2) == tt + g)
                    m2 = m2 + 1; tt = L;
                    break;
                end
            end
        end
        c(tree(k,1),3) = m2;
    end
    tt = k; m1 = 1;
    if(tree(k,2) < g)
        m2 = 1;
        while(tt < po - 1)
            m1 = m1 * 2;
            for L = tt:po - 1
                if(tree(L,1) == tt + g)
                    c(tree(k,2),2) = c(tree(k,2),2) + m1;
                    m2 = m2 + 1; tt = L;
                    break;
                elseif(tree(L,2) == tt + g)
                    m2 = m2 + 1; tt = L;
                    break;
                end
            end
        end
        c(tree(k,2),3) = m2;
    end
end
end
% 把概率小的值用 1 标识,概率大的值用 0 标识
[M,N] = size(c);
disp('编码')
A1 = dec2bin(c(1,2),c(1,3))    % 这里可以把编码存在高维数组或结构数组中,元胞数组同时显示
A2 = dec2bin(c(2,2),c(2,3))
A3 = dec2bin(c(3,2),c(3,3))
A4 = dec2bin(c(4,2),c(4,3))
A5 = dec2bin(c(5,2),c(5,3))
A6 = dec2bin(c(6,2),c(6,3))
A7 = dec2bin(c(7,2),c(7,3))
A8 = dec2bin(c(8,2),c(8,3))
for m = 1:M
    if(p11(m) ~= 0)
        H(m) = - p11(m) * log2(p11(m));
    end
end
disp('信源的熵')
H1 = sum(H)                                    % 信源的熵
NN = 0;
for i = 1:M
```

```
    NN = NN + p11(1,i) * c(i,3);                    %平均码长
end
disp('平均码长')
NN
disp('编码效率')
yita = H1/(NN * log2(2))                           %效率
disp('冗余度')
Rd = 1 - yita                                      %冗余度
```

运行程序,输出如下:

```
编码
A1 = 00000
A2 = 11
A3 = 100
A4 = 01
A5 = 101
A6 = 0001
A7 = 001
A8 = 00001
信源的熵
H1 =    2.7639
平均码长
NN =    2.8281
编码效率
yita =
    0.9773
冗余度
Rd =
    0.0227
```

用户还可调用 MATLAB 中与赫夫曼编码相关的函数,分别为 huffmandict、huffmanenco 和 huffmandeco,其具体的调用格式为:

$[dict, avglen] = huffmandict(symbols, p)$:该函数用于产生赫夫曼编码的编码词典。参数 symbols 是待编码的符号数组,p 为每个符号出现的概率,要求 symbols 和 p 的数组大小相同。函数返回赫夫曼编码的编码词典 dict 和平均码字长度 avglen。

$dsig = huffmandeco(comp, dict)$:利用 huffmandict 函数中产生的编码词典 dict 对 sig 编码,其结果存放在 enco 中。

$comp = huffmanenco(sig, dict)$:利用 huffmandict 函数中产生的编码词典 dict 对 sig 解码,其结果存放在 comp 中。

【例 27-2】 利用 MATLAB 提供的函数实现图像的赫夫曼编码和解码。

```
>> clear all;                    %清除工作空间所有变量
I = imread('lean.jpg');
I = im2double(I) * 255;
[height, width] = size(I);       % 求图像的大小
HWmatrix = zeros(height, width);
Mat = zeros(height, width);      % 建立与原图像大小相同的矩阵 HWmatrix 和 Mat,矩阵元素为 0
```

```
HWmatrix(1,1) = I(1,1);          % 图像第一个像素值 I(1,1)传给 HWmatrix(1,1)
for i = 2:height                 % 以下将图像像素值传递给矩阵 Mat
    Mat(i,1) = I(i - 1,1);
end
for j = 2:width
    Mat(1,j) = I(1,j - 1);
end
for i = 2:height                 % 以下建立待编码的数组 symbols 和每个像素出现的概率矩阵 p
    for j = 2:width
        Mat(i,j) = I(i,j - 1)/2 + I(i - 1,j)/2;
    end
end
Mat = floor(Mat);HWmatrix = I - Mat;
SymPro = zeros(2,1); SymNum = 1; SymPro(1,1) = HWmatrix(1,1); SymExist = 0;
for i = 1:height
    for j = 1:width
        SymExist = 0;
        for k = 1:SymNum
            if SymPro(1,k) == HWmatrix(i,j)
                SymPro(2,k) = SymPro(2,k) + 1;
                SymExist = 1;
                break;
            end
        end
        if SymExist == 0
          SymNum = SymNum + 1;
          SymPro(1,SymNum) = HWmatrix(i,j);
          SymPro(2,SymNum) = 1;
        end
    end
end
for i = 1:SymNum
    SymPro(3,i) = SymPro(2,i)/(height * width);
end
symbols = SymPro(1,:);p = SymPro(3,:);
[dict,avglen] = huffmandict(symbols,p);
                            % 产生赫夫曼编码词典,返回编码词典 dict 和平均码长 avglen
actualsig = reshape(HWmatrix',1,[]);
compress = huffmanenco(actualsig,dict);
                            % 利用 dict 对 actuals 来编码,其结果存放在 compress 中
UnitNum = ceil(size(compress,2)/8);
Compressed = zeros(1,UnitNum,'uint8');
for i = 1:UnitNum
    for j = 1:8
        if ((i - 1) * 8 + j)< = size(compress,2)
        Compressed(i) = bitset(Compressed(i),j,compress((i - 1) * 8 + j));
        end
    end
```

```
end
NewHeight = ceil(UnitNum/512); Compressed(width * NewHeight) = 0;
ReshapeCompressed = reshape(Compressed, NewHeight, width);
imwrite(ReshapeCompressed, 'Compressed Image.bmp', 'bmp');
Restore = zeros(1, size(compress, 2));
for i = 1:UnitNum
    for j = 1:8
        if ((i - 1) * 8 + j)< = size(compress, 2)
        Restore((i - 1) * 8 + j) = bitget(Compressed(i), j);
        end
    end
end
decompress = huffmandeco(Restore, dict);   % 利用 dict 对 Restore 解码, 结果存放在 decompress 中
RestoredImage = reshape(decompress, 512, 512);
RestoredImageGrayScale = uint8(RestoredImage' + Mat);
imwrite(RestoredImageGrayScale, 'Restored Image.bmp', 'bmp');
subplot(1, 3, 1); imshow(I, [0, 255]);
title('原始图像');
subplot(1, 3, 2); imshow(ReshapeCompressed);
title('压缩后的图像');
subplot(1, 3, 3); imshow('Restored Image.bmp');
title('解压后的图像')
```

运行以上代码后,再在 MATLAB 命令行中输入"whos+变量",得到结果如下:

```
>> whos I      % 原始图像的尺寸
   Name      Size        Bytes     Class       Attributes
   I         512x512     2097152   double
>> whos compress     % 压缩后图像的尺寸
   Name      Size        Bytes     Class       Attributes
   compress  1x1182902   9463216   double
>> whos decompress      % 解码后的图像尺寸
   Name      Size        Bytes     Class       Attributes
   decompress 1x262144   2097152   double
```

运行程序,效果如图 27-3 所示。

由图可看出,原始图像与解压后的图像在视觉上基本没有差异,实现了无失真编码。

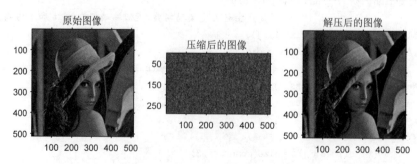

图 27-3　赫夫曼编码与解码效果

27.2.2 香农编码

香农编码也是一种常见的可变字长编码,解决了赫夫曼编码过程中需要多次排序的问题。

1. 基本原理

香农第一定理指出了平均码长与信源之间的关系,同时也指出了可以通过编码使平均码长达到极限值,这是一个很重要的极限定理。如何构造这种编码呢?香农第一定理指出,选择每个码字的长度 K_i 使之满足下式:

$$I(x_i) \leqslant K < I(x_i) + 1, \forall i$$

就可以得到这种码。这种编码方法就是香农编码。

2. 编码步骤

香农编码法冗余度稍大,实用性不大,但有重要的理论意义。编码步骤如下:

(1) 将信源消息符号按其出现的概率大小依次排列:

$$p(x_1) \geqslant p(x_2) \geqslant \cdots \geqslant p(x_n)$$

(2) 确定满足下列不等式整数码长 K_i:

$$-\log_2 p(x_i) \leqslant K_i < -\log_2 p(x_i) + 1$$

(3) 为了编成唯一可译码,计算第 i 个消息的累加概率:

$$p_i = \sum_{k+1}^{i-1} p(x_k)$$

(4) 将累加概率 p_i 变成二进制数。

(5) 取 p_i 二进制数的小数点后 K_i 位即为该消息符号的二进制码字。

【例 27-3】 设输入图像的灰度级 $\{l_1, l_2, l_3, l_4\}$ 出现的概率对应为 $\{0.5, 0.19, 0.19, 0.12\}$,试进行香农编码。

```
>> clear all;                      % 清除工作空间所有变量
p = [0.5 0.19 0.19 0.12]           % 输入信息符号对应的概率
n = length(p);                     % 输入概率的个数
y = fliplr(sort(p));               % 大到小排序
D = zeros(n,4);                    % 生成 n * 4 的零矩阵
D(:,1) = y';                       % 把 y 赋给零矩阵的第一列
for i = 2:n
D(1,2) = 0;                        % 令第一行第二列的元素为 0
D(i,2) = D(i-1,1) + D(i-1,2);      % 求累加概率
end
   for i = 1:n
D(i,3) = -log2(D(i,1));            % 求第三列的元素
D(i,4) = ceil(D(i,3));             % 求第四列的元素,对 D(i,3) 向无穷方向取最小正整数
   end
D
A = D(:,2)';                       % 取出 D 中第二列元素
```

```
B = D(:,4)';                    % 取出 D 中第四列元素
for j = 1:n
C = binary(A(j),B(j))           % 生成码字
end
```

运行程序,输出如下:

```
p =
    0.5000    0.1900    0.1900    0.1200
D =
    0.5000         0    1.0000    1.0000
    0.1900    0.5000    2.3959    3.0000
    0.1900    0.6900    2.3959    3.0000
    0.1200    0.8800    3.0589    4.0000
C =
    0
C =
    1    0    0
C =
    1    0    1
C =
    1    1    1    0
```

在以上代码中用到自定义求小数的二进制转换函数 binary.m,源代码为:

```
function [C] = binary(A,B)    % 对累加概率求二进制的函数
C = zeros(1,B);                 % 生成零矩阵用于存储生成的二进制数,对二进制的每一位进行操作
temp = A;                       % temp 赋初值
for i = 1:B                     % 累加概率转化为二进制,循环求二进制的每一位,A 控制生成二进制的位数
   temp = temp * 2;
if temp >= 1
   temp = temp - 1;
C(1,i) = 1;
   else
C(1,i) = 0;
   end
end
```

27.2.3 算术编码

算术编码是图像压缩的主要算法之一,是一种无损数据压缩方法,也是一种熵编码的方法。与其他熵编码方法不同之处在于,其他的熵编码方法通常是把输入的消息分割为符号,然后对每个符号进行编码,而算术编码是直接把整个输入的消息编码为一个数,一个满足 $(0.0 \leqslant n < 1.0)$ 的小数 n。

算术压缩接近压缩的理论极限,并且不需要码表,只需要编码一次就可以得到编码结果,但是算法较为复杂,硬件实现难度较大。H.264 中可选的基于内容的二进制算术编码(CABAC)就是一种性能非常优越的算术编码。算术编码在图像数据压缩标准(如JPEG、JBIG)中扮演了重要的角色。在算术编码中,消息用 0~1 的实数进行编码,算术

编码用到两个基本的参数：符号的概率和编码间隔。信源符号的概率决定压缩编码的效率和编码过程中信源符号的间隔，而这些间隔为0～1。编码过程中的间隔决定了符号压缩后的输出。

图27-4是一个算术编码的实例。表27-2给出了信源符号的概率和初始区间。从左到右把信源符号概率按从小到大的顺序排列。

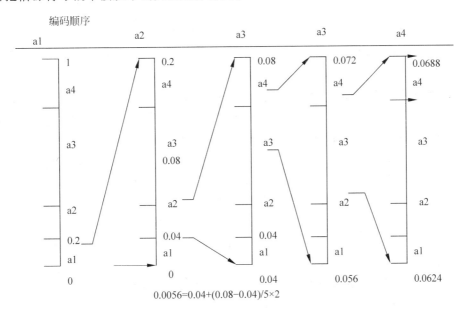

0.0056=0.04+(0.08-0.04)/5×2

图 27-4　算术编码实例

表 27-2　信源符号说明

信源符号	概率	初始区间
a1	0.2	[0.0　0.2]
a2	0.2	[0.2　0.4]
a3	0.4	[0.4　0.8]
a4	0.2	[0.8　1.0]

算术编码的特点：

（1）不必预先定义概率模型，自适应模式具有独特的优点。

（2）信源符号概率接近时，建议使用算术编码，此时效率高于赫夫曼编码。

（3）算术编码绕过了用一个特定的代码替代一个输入符号的想法，用一个浮点输出数值代替一个符号流的输入。

算术编码的主要步骤为：

（1）先将数据符号当前区间定义为[0,1)。

（2）对输入流中的每个符号s重复执行两步操作，首先把当前区间分割为长度正比于符号概率的子区间；然后为s选择一个子区间，并将其定义为新的当前区间。

（3）当整个输入流处理完毕后，输出即为能唯一确定当前区间的数字。

在给定符号集和符号概率的情况下，算术编码可以给出接近最优的编码结果。使用算术编码的压缩算法通常先要对输入符号的概率进行估计,然后再编码。这样估计越准,编码结果就越接近最优的结果。

在算术编码中需要注意以下几个问题:

(1)由于实际的计算机精度不可能无限长,运算中出现溢出是一个明显的问题,但多数机器都有 16 位、32 位或者 64 位的精度,因此这个问题就可使用比例缩放方法来解决。

(2)算术编码器对整个消息只产生一个码字,这个码字是[0,1)中的一个实数,因此译码器在接收到表示这个实数的所有位之前不能进行译码。

(3)算术编码也是一种对错误很敏感的编码方法,如果有一位发生错误就会导致整个消息译错。

算术编码可以是静态的或者自适应的。在静态算术编码中,信源符号的概率是固定的。在自适应算术编码中,信源符号的概率可根据编码时符号出现的频繁程度动态地进行修改,在编码期间估算信源符号概率的过程称为建模。需要开发动态算术编码是因为事先知道精确的信源概率是很难的,而且是不切实际的。当压缩消息时,不能期待一个算术编码器能获得最大的效率,所能做的最有效的方法是在编码过程中估算概率。因此,动态建模就成为确定编码器压缩效率的关键。

算术编码是一种高效清除字串冗余的算法。它避开用一个特定码字代替输入符号的思想,而用一个单独的浮点数来代替一串输入符号,避开了特殊字符串编码中比特数必须取整的问题。但是算术编码的实现有两大缺陷,分别为:

- 很难在具有固定精度的计算机完成无限精度的算术操作;
- 高度复杂的计算量不利于实际应用。

【例 27-4】 利用算术编码方法对矩阵进行编码。

```matlab
>> clear all;                    % 清除工作空间所有变量
I = [0 0 1 1 0 0 1 1;1 0 0 1 0 0 1 1;1 1 0 0 0 0 1 0];    % 待编码的矩阵
[m,n] = size(I);                 % 计算矩阵大小
I = double(I);
p_table = tabulate(I(:));        % 统计矩阵中元素出现的概率,第一列为矩阵元素,第二列
                                 % 为个数,第三列为概率百分数
color = p_table(:,1)';
p = p_table(:,3)'/100;           % 转换成小数表示的概率
psum = cumsum(p_table(:,3)');    % 数组各行的累加值
allLow = [0,psum(1:end - 1)/100];% 由于矩阵中元素只有两种,将[0,1)区间划分为两个区域
                                 % allLow 和 allHigh
allHigh = psum/100;
numberlow = 0;                   % 算术编码的上下限 numberlow 和 numberhigh
numberhigh = 1;
for k = 1:m                      % 计算算术编码的上下限
    for kk = 1:n
        data = I(k,kk);
        low = allLow(data == color);
        high = allHigh(data == color);
        range = numberhigh - numberlow;
        tmp = numberlow;
        numberlow = tmp + range * low;
        numberhigh = tmp + range * high;
```

```
        end
    end
fprintf('算术编码下限为 %16.15f\n\n',numberlow);
fprintf('算术编码上限为 %16.15f\n\n',numberhigh);
```

运行程序,输出如下:

算术编码下限为 0.248453061949268
算术编码上限为 0.248453126740064

在对图像进行进一步的处理之前,首先需要对图像的目标区域进行标记,获取目标区域的相关属性。

28.1 连通区域标记

一幅数字图像可以看作像素点的集合。邻接和连通是图像的基本集合特征之一,主要研究像素或由像素构成目标物之间的关系。

下面讨论图像中某一像素点 P(不在边缘上),其坐标位置为 (x, y) 的邻接性问题。邻接通常有 3 种定义方法:

(1) 4 邻接。

只取 P 点的上、下、左、右 4 个像素点作为邻接点,即 $(x+1, y)$,$(x-1, y)$,$(x, y-1)$,$(x, y+1)$。

(2) 8 邻接。

除了上述 4 点外,再加上 P 点的 4 个对角线像素,即 $(x+1, y+1)$,$(x+1, y-1)$,$(x-1, y+1)$,$(x-1, y-1)$。

(3) 6 邻接。

当用 6 角形网格进行采样时,即要用 6 邻接。在此情况下,像素点 P 的邻接点有 6 个,除上述 4 邻接的 4 个点外,再加 2 个邻接点,它们为:

- 当 y 为奇数时,加 $(x-1, y-1)$,$(x-1, y+1)$。
- 当 y 为偶数时,加 $(x+1, y-1)$,$(x+1, y+1)$。

因此可以将 6 角形网格看成是由正方形网格派生的,偶数行向右移动半个网格单位所形成的网格。由于数字图像普遍采用矩形网格,而 6 角形网格不易变成矩形网格,又由于 6 角形网格不适于卷积和傅里叶分析,因此很少采用。

设 A 和 B 为图像的二个子集,如果 A 中至少有一点,其邻点在 B 内,称 A 和 B 邻接,显然有 4 邻点邻接和 B 邻点邻接两个概念。连通的定义如下:设 S 是图像中的一个子集,P、Q 是 S 中的点。如果从 P 到 Q 存在一个全部点都在 S 中的路径,则称 P、Q 在 S 中是连通的。如果这个路径是 4 邻点路径,则称 4 连通;如果为 8 邻点路径,则称为

8 连通。

为了区分连通区域,求得连通区域个数,连通区域的标记是不可缺少的。对属于同一个像素连通区域的所有像素分配相同的编号,对不同的连通区域分配不同的编号,称为连通区域的标记。

在 MATLAB 中,提供了 bwlabel 函数和 bwlabeln 函数来确定二值图像中对象的个数,并且对这些对象进行标记。bwlabel 函数只支持二维的输入,而 bwlabeln 函数可以支持任何维的输入。函数的调用格式为:

L = bwlabel(BW, n):输出参数 L 为返回的经过标注的图像。n 为区域的连接数,当 n=4 时表示采用 4 连通定义;当 n=8 时表示采用 8 连通定义,n 的默认值为 8。

[L, num] = bwlabel(BW, n):除了返回经过标注后的图像 L 外,还返回连接对象数 num。

【例 28-1】 利用 bwlabel 函数对图像进行标记。

```
>> clear all;
BW = imread('rice.png');
BW1 = im2bw(BW,graythresh(BW));    % 转化为二值图像
L = bwlabel(BW1);                  % 获得标记矩阵
RGB = label2rgb(L);                % 标记矩阵的彩色显示
subplot(1,2,1);imshow(BW);
title('原文本图像')
subplot(1,2,2);imshow(RGB);
title('图像标记')
```

运行程序,效果如图 28-1 所示。

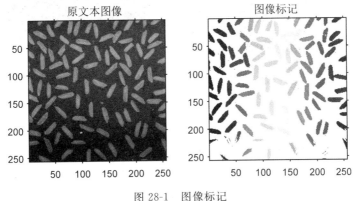

图 28-1　图像标记

28.2　边界测定

集合 A 的边界表示为 $\beta(A)$,它可以先由 B 对 A 进行腐蚀,然后用 A 减去腐蚀后的图像得到边缘,即:

$$\beta(A) = A - (A \otimes B)$$

其中,B 为一个适当的结构元素。类似地,也可以先由 B 对 A 进行膨胀,然后用膨胀后的

图像减去 A 得到边缘,即:

$$\beta(A) = (A \oplus B) - A$$

对于灰度图像可以通过形态学的膨胀和腐蚀来获取图像的边缘。通过形态学获取灰度图像边缘的优点:对边缘的方向性依赖比较小。

【例 28-2】 通过膨胀和腐蚀获取灰度图像的边缘。

```
>> clear all;
I = imread('rice.png');          % 二值图像
se = strel('disk',2);            % 结构元素
J = imdilate(I,se);              % 膨胀
K = imerode(I,se);               % 腐蚀
L = J - K;                       % 膨胀与腐蚀相减
subplot(121);imshow(I);
title('原始图像');
subplot(122);imshow(L);
title('边缘图像');
```

运行程序,效果如图 28-2 所示。

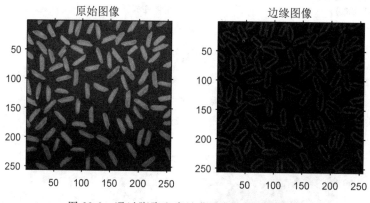

图 28-2   通过膨胀和腐蚀获取灰度图像的边缘

在 MATLAB 中,提供了 bwperim 函数来确定图像的目标边界。其调用格式为:

BW2 = bwperim(BW1):返回仅包含输入图像 BW1 中目标像素边界的二值图像 BW2。其中,一个像素确定为边界像素的条件是其值非 0,且它的邻域中至少有一个像素值为 0。

BW2 = bwperim(BW1, conn):返回仅包含输入图像 BW1 中目标像素边界的二值图像 BW2。参数 conn 为连通数,可以为 4、8、6、18 或 26。当 n 取 4 或 8 时,分别表示二维图像中采用的 4 连通和 8 连通;当 n 取 6、18 或 26 时,分别表示三维图像中采用的 6 连通、18 连通和 26 连通。

【例 28-3】 利用 bwperim 获取二值图像的边缘。

```
>> clear all;
BW = imread('circles.png');
BW2 = bwperim(BW,8);          % 获取图像的边缘
subplot(121);imshow(BW);
title('原始图像');
```

```
subplot(122);imshow(BW2);
title('边缘图像');
```

运行程序,效果如图 28-3 所示。

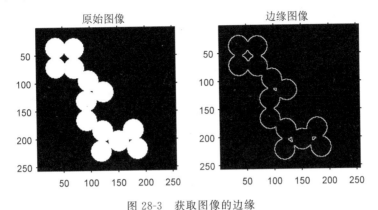

图 28-3　获取图像的边缘

在二值图像中,该点的像素不为 0,并且其邻域内至少有一个像素为 0,则认为是该点的边界。

28.3　查表操作

在 MATLAB 中,对二值制图像的某些操作,也可以通过查表方法非常容易地实现同样的操作功能。所谓查表操作,就是某一函数进行邻域操作后,将像素所有可能的计算结果都记录下来,在进行其他像素处理时直接通过查表,就可得到该像素的取值,而不必再进行重复计算。查表通常都是一个列向量,向量中的每个元素都表示边沿中一种可能的像素组合的返回值。

图像处理工具箱提供了函数 makelut 来产生 2×2 和 3×3 的邻域查找表。一旦创建好查找表,就可以调用函数 applylut,借助所创建的表来完成需要实现的操作。下面是函数中定义的 2×2 和 3×3 邻域。对于 2×2 邻域,总共有 16 种排列方式,因此生成的 2×2 查找表是一个拥有 16 个元素的向量;对于 3×3 邻域,总共有 512 种排列方式,因此生成的 3×3 查找表是一个拥有 512 个元素的向量。所有的邻域点都用"×"表示,中心像素点用一个圆圈表示,如图 28-4 所示。

图 28-4　函数中定义的 2×2 和 3×3 邻域

在 MATLAB 中,提供了 makelut 函数来实现二值图像的查表操作。函数的调用格式为:

lut = makelut(fun,n):返回用于 applylut 函数的查找表。参数 fun 为包含函数名或内联函数对象的字符串,n 为邻域大小。

采用 makelut 函数建立表单后，可以采用函数 applylut 建立表单。函数的调用格式为：

A = applylut(BW,LUT)：这里 LUT 为 makelut 函数返回的查找表。具体的算法说明如下：

（1）2×2 邻域。

这里，每个邻域有 4 个像素，每个像素有 2 个可能值，所有交换的总次数为 16。applylut 函数将二值图像与矩阵 $\begin{bmatrix} 8 & 2 \\ 4 & 1 \end{bmatrix}$ 进行卷积，生成索引矩阵。卷积的结果值为 [0,15] 中的整数值。applylut 使用卷积中与输入二值图像矩阵相同大小的中心部分，将每个值都加 1，范围变成 [1,16]。然后，将索引矩阵中每个位置上的值用 LUT 中索引值所指定的值置换，构造出 A。

（2）3×3 邻域。

和 2×2 邻域一样，总次数变为 512，而二值图像的卷积矩阵为 $\begin{bmatrix} 256 & 32 & 4 \\ 128 & 16 & 2 \\ 64 & 8 & 1 \end{bmatrix}$。

【例 28-4】 实现建立表格和查表操作。

```
>> clear all;
lutfun = @(x)(sum(x(:)) == 4);        %建立匿名函数
lut    = makelut(lutfun,2);           %建立表格
BW1    = imread('text.png');
BW2    = applylut(BW1,lut);           %查表
subplot(121);imshow(BW1);
title('原始图像');
subplot(122);imshow(BW2);
title('极限腐蚀');
```

运行程序，效果如图 28-5 所示。

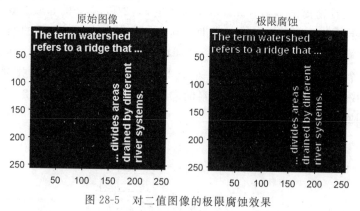

图 28-5　对二值图像的极限腐蚀效果

28.4　对象选择

二值图像的对象就是指像素值为 1 的像素组成的图像区域。当只对图像中的特定对象感兴趣时，在 MATLAB 中，可以使用 bwselect 函数在二值图像中选择单个的对象。

在进行对象选择时,首先在输入图像中指定一些像素,返回一个包含指定像素的二值图像。bwselect 函数的调用格式为:

BW2 = bwselect(BW,c,r,n):返回一个包含像素(r,c)对象的二值图像。r 和 c 为标量或等长的向量。如果 r 和 c 为向量,返回图像 BW2 包含像素点(r(k),c(k))的对象。参数 n 为 4 或 8,默认值为 8,4 对应 4 连通,8 对应 8 连通。

BW2 = bwselect(BW,n):用交互的方式来选择对象。BW1 默认为当前轴图像。单击则选择一个像素点(r,c),按下退格键(Backspace)或删除键(Delete)则移除先前选择的一点,按下 Shift 键同时单击,右击或双击都会选择最后一点,按下回车键表示结束选择。

[BW2,idx] = bwselect(…):返回选择对象点数的线性索引。

BW2 = bwselect(x,y,BW,xi,yi,n):为图像 BW 用非默认的空间坐标系统 x 和 y。xi 和 yi 指定这个坐标系中特定点的坐标。

[x,y,BW2,idx,xi,yi] = bwselect(…):返回 x 和 y 坐标中的属性 XData 和 YData;输出图像 BW2;选择对象所有像素点的线性索引 idx 和 xi、yi 所指定的空间坐标轴。

【例 28-5】 通过 bwselect 函数进行对象的选择。

```
>> clear all;
BW = imread('text.png');
c = [43 185 212];          % 对象横坐标
r = [38 68 181];           % 对象的纵坐标
BW2 = bwselect(BW,c,r,4);  % 对象选择
subplot(121);imshow(BW);
title('原始图像');
subplot(122);imshow(BW2);
title('对象选择');
```

运行程序,效果如图 28-6 所示。

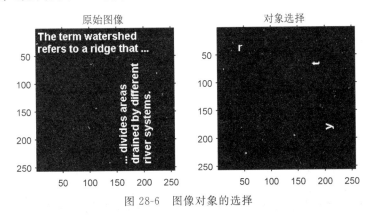

图 28-6 图像对象的选择

28.5 图像的面积

在进行图像处理时,希望获得图像中某些改变的特征信息,例如,膨胀和腐蚀从定量的角度上来看就是二值图像中各对象面积的增大或缩小。

MATLAB 图像处理工具箱中提供了 bwarea 函数来计算二进制图像的面积,粗略地

说,面积就是图像中前景像素的个数。但是 bwarea 函数并不仅仅是简单地计算非 0 像素的数目,而是在计算面积的过程中,对不同的像素赋予不同的权值,这个加权的过程是为了补偿用离散图像代表连续图像误差的过程。例如,图像中 50 个像素的对角线比 50 个像素的水平线长。因此,经过加权,bwarea 函数返回 50 个像素长的水平面积为 50,而一个 50 个像素长的对角线为 62.5。

bwarea 函数的调用格式为:

total = bwarea(BW):估算二值图像 BW 的选择对象的面积。参数 totale 为一个标量,概略地看作值为 1(on)的像素点数,但由于不同的像素点的权值不同,所以也不能完全相等。例如,水平线和对角线上的像素点的权值是不一样的。其实现算法如下:

单个像素点的面积由 2×2 邻域确定,有 6 种不同的方式,分别表示 6 种不同的面积。

(1) 有 0 个 1(对应 on,下同)像素的方式(area=0)。

(2) 有 1 个 1 像素的方式(area=1/4)。

(3) 有 2 个相邻 1 像素的方式(area=1/2)。

(4) 有 2 个对角 1 像素的方式(area=3/4)。

(5) 有 3 个 1 像素的方式(area=7/8)。

(6) 有 4 个 1 像素的方式(area=1)。

注意:每个像素点都有 4 个不同的 2×2 的邻域,这就意味着,一个像素点的面积不是简单的算法所定义的值,而是 4 个不同邻域的和值。

【例 28-6】 计算图像 circles.tif 在膨胀运算前后图像面积的改变。

```
>> clear all;
BW = imread('circbw.tif');
disp('膨胀前图像面积为: ')
bwarea(BW)
SE = ones(5);
BW2 = imdilate(BW,SE);
disp('膨胀后图像面积')
bwarea(BW2)
```

运行程序,输出如下:

```
膨胀前图像面积为:
ans =
  3.7415e + 04
膨胀后图像面积
ans =
    50347
```

计算图像中某个区域的面积以及这个区域的周长,根据它们的比值分析该区域所代表的图像形状,这是一种很常用的分析方法。

28.6 图像的欧拉数

在几何理论中,欧拉数是对图像拓扑的估计。欧拉数等于图像中所有对象的总数减去这些对象中孔洞的数目。

在 MATLAB 图像处理工具箱中提供了 bweuler 函数用于欧拉数计算。其调用格式为：

eul ＝ bweuler(BW，n)：n 表示连通类型，可以用 4 连通或 8 连通来进行计算，其默认值为 8；BW 为二值图像。

【例 28-7】 计算 circbw 图像的欧拉数。

```
>> clear all;
J = imread('circles.png');        % 灰度图像
I = imread('circbw.tif');         % 二值图像
disp('二值图像的欧拉数：')
e1 = bweuler(I,8)
disp('灰度图像的欧拉数：')
e2 = bweuler(J,8)
```

运行程序，输出如下：

```
二值图像的欧拉数：
e1 =
   - 85
灰度图像的欧拉数：
e2 =
     - 3
```

第29章 基于小波图像去噪的MATLAB实现

图像在生成或传输过程中,常常因受到各种噪声的干扰和影响而使图像的质量下降,对后续的图像处理产生不利影响。因此,图像去噪是图像处理中的一个重要环节。对图像去噪的方法可以分为两种:一种是在空间域内对图像进行去噪的处理;另一种是将图像变换到频域进行去噪的处理。

小波变换属于在频域内对图像进行处理的一种方法。

29.1 去噪原理

在图像去噪邻域,小波变换以其自身良好的时频局部化特性,开辟了用非线性方法去噪的先河。目前,小波图像去噪的方法可分为3大类。

第一类,利用小波变换模极大值原理去噪,即根据信号和噪声在小波变换各尺度上的不同传播特性,剔除由噪声产生的模极大值点,保留信号所对应的模极大值点,然后利用所余模极大值点重构小波系数,进而恢复信号。

第二类,对含噪信号作小波变换之后,计算相邻尺度间小波系数的相关性,根据相关性的大小区别小波系数的类型,从而进行取舍,然后直接重构信号。

第三类,小波阈值去噪方法,该方法认为信号对应的小波系数包含信号的重要信息,其幅值较大,但数目较少,而噪声对应的小波系数是一致分布的,个数较多,但幅值小。基于这一思想,在众多小波系数中,把绝对值较小的系数置为零,而让绝对值较大的系数保留或收缩,得到估计小波系数,然后利用估计小波系数直接进行信号重构,即可达到去噪的目的。

(1) 小波变换模极大值去噪方法。

信号与噪声的模极大值在小波变换下会呈现不同的变化趋势。小波变换模极大值去噪方法,实质上就是利用小波变换模极大值所携带的信息,具体地说就是用信号小波系数的模极大值的位置和幅值来完成对信号的表征和分析。信号与噪声的局部奇异性不一样,其模极大值的传播特性也不一样,利用这一特性对信号中的随机噪声进行去噪处理。

算法的基本思想是,根据信号与噪声在不同尺度上模极大值的不同传播特性,从所有小波变换模极大值中选择信号的模极大值而去除噪声的模极大值,然后用剩余的小波变换模极大值重构原信号。小波变换模极大值去噪方法,具有很好的理论基础,对噪声的依赖性较小,无须知道噪声的方差,非常适合低信噪比的信号去噪。这种去噪方法的缺点是:计算速度慢,小波分解尺度的选择是难点,小尺度下,信号受噪声影响较大,大尺度下,会使信号丢失某些重要的局部奇异性。

（2）小波系数相关性去噪方法。

在不同尺度上信号与噪声模极大值的不同传播特性表明,信号的小波变换在各尺度相应位置上的小波系数之间有很强的相关性,而且在边缘处也有很强的相关性。而噪声的小波变换在各尺度间却没有明显的相关性,而且噪声的小波变换主要集中在小尺度各层次中。相关性去噪方法去噪效果比较稳定,在分析信号边缘方面有优势,不足之处是计算量较大,并且需要估算噪声方差。

（3）小波阈值去噪方法。

Donoho 和 Johnstone 于 1992 年提出了小波阈值去噪方法（Wavelet Shrinkage）,该方法在最小均方误差意义下可达近似最优,并且取得了良好的视觉效果,因而得到了深入而广泛的研究和应用。

小波去噪方法之所以成功,主要是因为其具有以下重要特点:

- 低熵性。小波系数的稀疏分布,使图像变换后的熵降低。
- 多分辨率特性。由于采用了多分辨率的方法,所以可以非常好地刻画信号的非平稳特征,如边缘、尖峰、断点等,以便特征提取和保护。
- 去相关性。因小波变换可对信号去相关,且噪声在变换后有白化趋势,所以小波域比时域更利于去噪。
- 选基灵活性。由于小波变换有形式多样的小波基可供选择,所以可针对不同的应用场合选取合适的小波基函数,以获取最佳的去噪效果。

29.2 MATLAB 提供两种阈值函数

在 MATLAB 小波处理工具箱中提供了两种阈值函数。

（1）硬阈值函数。

当小波系数的绝对值不小于给定的阈值时,令其保持不变,否则的话,令其为 0,则施加阈值后的估计小波系数 $\widetilde{\omega}_{j,k}$ 为:

$$\widetilde{\omega}_{j,k} = \begin{cases} \omega_{j,k}, & |\omega_{j,k}| > \lambda \\ 0, & |\omega_{j,k}| \leqslant \lambda \end{cases}$$

（2）软阈值函数。

当小波系数的绝对值不小于给定的阈值时,令其减去阈值,否则的话,令其为 0,则:

$$\widetilde{\omega}_{j,k} = \begin{cases} \mathrm{sgn}(\omega_{j,k}) \cdot (|\omega_{j,k}| - \lambda), & |\omega_{j,k}| > \lambda \\ 0, & |\omega_{j,k}| \leqslant \lambda \end{cases}$$

其中,阈值函数中的 $\omega_{j,k}$ 为第 j 尺度下的第 k 个小波系数,$\widetilde{\omega}_{j,k}$ 为阈值函数处理后的小波系数,λ为阈值。

29.3　去噪 MATLAB 函数实现

29.3.1　wdencmp 函数

在 MATLAB 中,提供了 wdencmp 函数对图像去噪或压缩处理。函数的调用格式为:

[XC,CXC,LXC,PERF0,PERFL2] = wdencmp('gbl',X,'wname',N,THR,SORH,KEEPAPP):输入参数 X 为一维或二维信号;gbl 表示每层都使用相同的阈值进行处理;N 为小波压缩的尺度;wname 为小波函数名称;THR 为阈值向量;SORH 为软阈值或硬阈值;KEEPAPP 为细节系数不能阈值化,返回的参数包括消噪或压缩后的信号 XC、CXC 和 LXC 小波分解的结构;PERF0 和 PERFL2 为恢复和压缩的范数百分比。

[XC,CXC,LXC,PERF0,PERFL2] = wdencmp('lvd',X,'wname',N,THR,SORH):参数 lvd 表示每层使用不同的阈值进行分解结构。

[XC,CXC,LXC,PERF0,PERFL2] = wdencmp('lvd',C,L,'wname',N,THR,SORH):参数 C 和 L 为去噪信号的小波分解结构。

29.3.2　ddencmp 函数

在 MATLAB 中,提供了 ddencmp 函数获取图像去噪或压缩阈值选取。函数的调用格式为:

[THR,SORH,KEEPAPP,CRIT] = ddencmp(IN1,IN2,X):返回小波或小波包对输入向量或矩阵 X 进行压缩或消噪的默认值。参量 THR 表示阈值;SORH 表示软、硬阈值;KEEPAPP 允许保留近似系数;CRIT 表示熵名(只用于小波包)。当输入参量 IN1 取值为'den'时表示消噪,取值为'cmp'时表示压缩;当 IN2 取值为'wv'时表示小波,取值为'wp'时表示小波包。

[THR,SORH,KEEPAPP] = ddencmp(IN1,'wv',X):IN1='den'时,返回 X 消噪的默认值;IN1='cmp'时,返回 X 压缩的默认值。这些值可应用于 wdencmp 函数。对于小波包则输出 4 个参量。

[THR,SORH,KEEPAPP,CRIT] = ddencmp(IN1,'wp',X):IN1='den'时,返回 X 消噪的默认值;IN1='cmp'时,返回 X 压缩的默认值。这些值可应用于 wpdencmp 函数。

29.3.3　wthcoef2 函数

在 MATLAB 中,提供了 wthcoef2 函数实现对图像进行二维小波系数阈值去噪处理。函数的调用格式为:

NC= wthcoef2('type',C,S,N,T,SORH):通过对小波分解结构[C,S]进行阈值处

理后,返回'type'(水平、对角线或垂直)方向上的小波分解向量 NC。

NC＝ wthcoef2('type',C,S,N):type＝'h'(或'v'或'd')时,函数返回将定义在 N 中尺度的高频系数全部置 0 后的 type 方向系数。

NC ＝ wthcoef2('a',C,S):返回将低频系数全部置 0 后的系数。

NC ＝ wthcoef2('t',C,S,N,T,SORH):返回对小波分解结构[C,S]经过阈值处理后的小波分解向量 NC。N 为一个包含高频系数的尺度向量,T 为与尺度向量 N 相对应的阈值向量,它定义每个尺度相应的阈值,N 和 T 长度相等。参数 SORH 用来对阈值方式进行选择,SORH＝'h'时,为硬阈值;SOHR＝'s'时,为软阈值。

【例 29-1】 利用小波分解和小波阈值对含噪的图像进行去噪处理。

```
>> clear all;                          % 清除工作空间变量
load noiswom;                          % 载入带噪声的图像
init = 2055615866;                     % 生成含噪图像并显示
randn('seed',init)
XX = X + 2 * randn(size(X));
[c,l] = wavedec2(XX,2,'db2');          % 对图像进行消噪处理,用 db2 小波函数对 X 进行两层分解
a2 = wrcoef2('a',c,l,'db2',2);         % 重构第二层图像的近似系数
n = [1,2];                             % 设置尺度向量
p = [10.28,24.08];                     % 设置阈值向量
nc = wthcoef2('t',c,l,n,p,'s');        % 对高频小波系数进行阈值处理
mc = wthcoef2('t',nc,l,n,p,'s')        % 再次对高频小波系数进行阈值处理
X2 = waverec2(mc,l,'db2');             %    图像的二维小波重构
colormap(map)
subplot(131),image(XX),axis square;
title('含噪图像');
subplot(132),image(a2),axis square;
title('小波分解去噪');
subplot(133),image(X2),axis square;
title('小波阈值去噪');
Ps = sum(sum((X - mean(mean(X))).^2));    % 计算信噪比
Pn = sum(sum((a2 - X).^2));
disp('利用小波 2 层分解去噪的信噪比')
snr1 = 10 * log10(Ps/Pn)
disp('利用小波阈值去噪的信噪比')
Pn1 = sum(sum((X2 - X).^2));
snr2 = 10 * log10(Ps/Pn1)
```

运行程序,输出如下,效果如图 29-1 所示。

```
利用小波 2 层分解去噪的信噪比
snr1 =
    7.4651
利用小波阈值去噪的信噪比
snr2 =
    9.9988
```

在程序中,先利用随机函数的方法产生带噪声图像。然后采用两种方式实现图像去噪,一种是基于小波分解,即先利用函数 wavedec2 对图像进行二层小波分解,再利用函

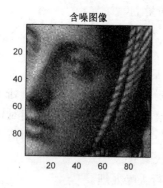
含噪图像

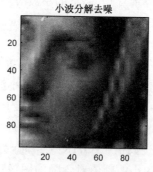
小波分解去噪

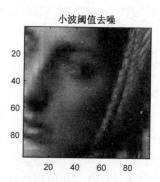
小波阈值去噪

图 29-1　小波去噪处理效果

数 wrcoef 直接提取第二层的近似系数 a2,根据小波分解的滤波器特性,a2 即是原始图像经过两次低通滤波后的结果;第二种是基于小波阈值去噪,也是先利用函数 wavedec2 对图像进行二层小波分解,然后利用 wthcoef2 函数对图像进行两次高频系数阈值去噪,再经过 waverec2 函数实现图像的重构。

【例 29-2】 利用不同的阈值实现图像的去噪处理。

```
>> clear all;                    %清除工作空间中的变量
load facets;
subplot(221);image(X);
colormap(map);
title('原始图像');
axis square
%产生含噪声图像
init = 2055615866;randn('seed',init)
x = X + 50 * randn(size(X));
subplot(222);image(x);
colormap(map);
title('含噪声图像');
axis square
%下面进行图像的去噪处理
%用小波函数 coif3 对 x 进行二层小波分解
[c,s] = wavedec2(x,2,'coif3');
%提取小波分解中第一层的低频图像,即实现了低通滤波去噪
%设置尺度向量 n
n = [1,2];
%设置阈值向量 p
p = [10.12,23.28];
%对三个方向高频系数进行阈值处理
nc = wthcoef2('h',c,s,n,p,'s');
nc = wthcoef2('v',c,s,n,p,'s');
nc = wthcoef2('d',c,s,n,p,'s');
%对新的小波分解结构[nc,s]进行重构
x1 = waverec2(nc,s,'coif3');
subplot(223);image(x1);
colormap(map);
title('第一次去噪后的图像');
axis square;
```

```
xx = wthcoef2('v',nc,s,n,p,'s');
x2 = waverec2(xx,s,'coif2');    % 图像的二维小波重构
subplot(2,2,4);image(x2);
colormap(map);
title('第二次消噪后图解');
axis square;
```

运行程序，效果如图 29-2 所示。

原始图像

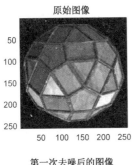

含噪声图像

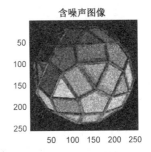

第一次去噪后的图像

第二次消噪后图解

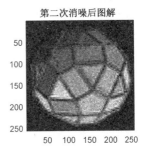

图 29-2　阈值去噪处理

以上程序中，第一次消噪滤去了大部分高频噪声，但与原图比较，依然有不少高频噪声；第二次消噪是在第一次消噪的基础上，再次滤去高频噪声，消噪效果较好，但图像质量比原图稍差。

【例 29-3】　分别利用小波变换和中值滤波实现图像去噪。

```
>> clear all;                                 % 关闭当前所有图形窗口,清空工作空间变量
X = imread('flower.jpg');                     % 把原图像转化为灰度图像
X = double(rgb2gray(X));
init = 2055615866;                            % 生成含噪图像并显示
randn('seed',init)
X1 = X + 25 * randn(size(X));                 % 生成含噪图像并显示
[thr,sorh,keepapp] = ddencmp('den','wv',X1);  % 消噪处理:设置函数 wpdencmp 的消噪参数
X2 = wdencmp('gbl',X1,'sym4',2,thr,sorh,keepapp);
X3 = X;                                       % 保存纯净的原图像
for i = 2:577;
        for j = 2:579
                Xtemp = 0;
                for m = 1:3
                        for n = 1:3
                                Xtemp = Xtemp + X1((i + m) - 2,(j + n) - 2);
```

```
                                    % 对图像进行平滑处理以增强消噪效果(中值滤波)
                  end
             end
             Xtemp = Xtemp/9;
             X3(i-1,j-1) = Xtemp;
          end
   end
   figure
   subplot(221);imshow(uint8(X)); axis square;
   title('原图像');
   subplot(222);imshow(uint8(X1));axis square;
   title('含噪声图像');
   subplot(223),imshow(uint8(X2)),axis square;
   title('全局阈值滤波去噪');
   subplot(224),imshow(uint8(X3)),axis square;
   title('中值滤波去噪');
   Ps = sum(sum((X - mean(mean(X))).^2));% 计算信噪比
   Pn = sum(sum((X1 - X).^2));
   Pn1 = sum(sum((X2 - X).^2));
   Pn2 = sum(sum((X3 - X).^2));
   disp('未处理的含噪声图像信噪比')
   snr = 10 * log10(Ps/Pn)
   disp('采用小波全局阈值滤波的去噪图像信噪比')
   snr1 = 10 * log10(Ps/Pn1)
   disp('采用中值滤波的去噪图像信噪比')
   snr2 = 10 * log10(Ps/Pn2)
```

运行程序,输出如下,效果如图 29-3 所示。

图 29-3　图像去噪法

未处理的含噪声图像信噪比

snr =

  5.6872

采用小波全局阈值滤波的去噪图像信噪比

snr1 =

 15.2927

采用中值滤波的去噪图像信噪比

snr2 =

 16.3344

  在程序中,分别采用小波的全局阈值滤波和中值滤波实现花瓣图像的去噪,实际上这两种方法相当于分别从频域和时域对图像进行滤波。

第30章 图像配准及识别技术的分析与实现

图像配准是图像处理的基本任务之一,将不同时间、不同传感器、不同视角及不同拍摄条件下获取的两幅或多幅图像进行匹配。在对图像配准的研究过程中,大量技术应用于图像配准工作的不同数据和问题。

图像识别诞生于 20 世纪 20 年代,随着 40 年代计算机的出现,50 年代人工智能的兴起,在 60 年代图像识别迅速发展成一门学科,它所研究的理论和方法在很多科学技术领域得到了广泛的重视。

30.1 图像配准基础

1. 图像配准的定义

给定两幅待配准的图像 $I_1(x,y)$ 和 $I_2(x,y)$,称 $I_1(x,y)$ 为参考图像,称 $I_2(x,y)$ 为观察图像。在许多图像配准的文献中,图像的配准被定义为:

$$I_2(x,y) = g(I_1(f(x,y))) \tag{30-1}$$

其中,f 为二维空间的坐标变换;g 为一维的灰度变换。

寻找最佳的空间或几何变换参数是匹配问题的关键。它常常被表示为两个参数变量的单值函数 f_x 和 f_y:

$$I_2(x,y) = I_1(f_x(x,y), f_y(x,y)) \tag{30-2}$$

图像配准广泛地应用于遥感数据分析、计算机视觉、医学图像处理等领域。具体而言,根据图像获取的方式,图像配准的应用主要可以分为以下 4 类。

(1) 多观察点配准。对从不同观察点获得的同一场景的多幅图像进行配准。例如,在计算机视觉领域中,从视觉差异中构建二维深度和形状信息,对目标物运动进行跟踪,对序列图像进行分析等。

(2) 时间序列配准。不同时间获取的图像之间的配准。例如,医学图像处理中的注射造影剂前后的图像配准,遥感数据处理中的自然资源监控等。

(3) 多模态配准。不同传感器获取的图像之间的配准。例如,医学图像处理中 CT、MRI、PET、SPECT 图像信息融合,遥感图像领域中多波段图像信息融合等。

（4）模板匹配。场景到模型的配准。例如，遥感数据处理中定位和识别定义好的或已知的特征场景（如飞机场、高速路、车站、停车场等）。

2. 图像配准的基本流程

由于图像数据的多样性以及应用条件的不同，很难设计出一种适合所有图像的通用配准方法。每一种配准方法的研究不仅要考虑图像间的几何形变，还要考虑图像退化的影响、需要的配准精度等，但大多数的配准方法都包含如下 3 个关键的步骤。

（1）图像分割与特征的提取。进行图像配准的第一步就是要进行图像分割，找到并提取出图像的特征空间。图像分割是按照一定的准则来检测图像区域的一致性，以达到将一幅图像分割为若干个不同区域的过程，从而可以对图像进行更高层的分析和理解。对图像进行分割基本上有如下两种方法：

① 直接依据图像感兴趣区域的生理特征进行分析，将这些特征与图像中的边、轮廓、表面、跳跃性特征（角落、线的交叉点、高曲率点）、统计性特征（力矩常量、质心）等特征点相互对应起来，然后根据先验知识选择一定的分割阈值，对图像进行自动、半自动或手动的分割，从而提取出图像的特征空间。

② 采用特征点的方法，特征点包括立体定位框架上的标记点、在病人皮肤上的标记点或在两幅图像中都可以检测到的附加标记物等。

（2）变换。将一幅图像中的坐标点变换到另一幅图像的坐标系中。常用的空间变换有刚体变换、仿射变换、投影变换和非线性变换。刚体变换使得一幅图像中任意两点间的距离变换到另一幅图像中仍然保持不变；仿射变换使得一幅图像中的直线经过变换后仍保持直线，并且平行线仍保持平行；投影变换将直线映射到直线，但不再保持平行性质，主要用于二维投影图像与三维体积图像的配准；非线性变换也称为弯曲变换（Curved Transformation），它把直线变换为曲线，这种变换一般用多项式函数来表示。

（3）寻优。在选择了一种相似性测度以后，采用优化算法使该测度达到最优值。经过坐标变换以后，两幅图像中相关点的几何关系已经一一对应，接下来就需要选择一种相似性测度来衡量两幅图像的相似性程度，并通过不断地改变变换参数，使得相似性测度达到最优。目前经常采用的相似性测度有均方根距离、相关性、归一化互相关、互信息、归一化互信息、相关比、灰度差的平方和等。常用的优化算法有穷尽搜索法、最速梯度下降法、单纯形法、共轭梯度法、Powell 法、模拟退火法、遗传算法等。

当然，配准的过程并不绝对要按上述步骤进行，一些自动配准的方法，如采用基于灰度信息的配准方法，其配准过程中一般都包括分割步骤。此外，坐标变换和寻优过程在实际计算过程中是彼此交叉进行的。

30.2 图像配准的 MATLAB 实现

【例 30-1】 读标准图像和待配准图像。

```
lily = imread('lily.tif');
flowers = imread('flowers.tif');
```

```
% 选择图像的配准区域
imshow(lily)
figure, imshow(flowers)
    rect_lily = [93 13 81 69];
rect_flowers = [190 68 235 210];
sub_lily = imcrop(lily, rect_lily);
sub_flowers = imcrop(flowers, rect_flowers);
% 计算两幅图像的互相关
c = normxcorr2(sub_lily(:,:,1), sub_flowers(:,:,1));
figure, surf(c), shading flat
% 根据互相关计算两幅图像之间的偏差
[max_c, imax] = max(abs(c(:)));
[ypeak, xpeak] = ind2sub(size(c), imax(1));
corr_offset = [(xpeak - size(sub_lily,2))
               (ypeak - size(sub_lily,1))];
rect_offset = [(rect_flowers(1) - rect_lily(1))
               (rect_flowers(2) - rect_lily(2))];
offset = corr_offset + rect_offset;
xoffset = offset(1);
yoffset = offset(2);
% 从标准图像中提取待配准图像
xbegin = xoffset + 1;
xend = xoffset + size(lily,2);
ybegin = yoffset + 1;
yend = yoffset + size(lily,1);
extracted_lily = flowers(ybegin:yend, xbegin:xend, :);
if isequal(lily, extracted_lily)
disp('lily.tif was extracted from flowers.tif')
end
% 修正待配图像
recovered_lily = uint8(zeros(size(flowers)));
recovered_lily(ybegin:yend, xbegin:xend, :) = lily;
figure, imshow(recovered_lily)
% 将修正后的待配图像和标准图像融合
[m, n, p] = size(flowers);
mask = ones(m, n);
i = find(recovered_lily(:,:,1) == 0);
mask(i) = 2;
figure, imshow(flowers(:,:,1))              % 仅显示红色的花
hold on
h = imshow(recovered_lily);                 % 覆盖 recovered_lily 图像
set(h, 'AlphaData', mask)
```

标准图像和待配准图像分别如图 30-1(a) 和图 30-1(b) 所示，利用最大互相关法进行图像配准的结果如图 30-1(c) 和图 30-1(d) 所示。

(a) 标准图像　　　　　　　　(b) 待配准图像

(c) 配准变换后的图像　　　　(d) 配准后的融合图像

图 30-1　互相配准法的配准结果

30.3　图像识别的基本原理

粗略地说,图像识别就是把一种研究对象根据其某些特征进行识别并分类。例如,要识别写在卡片上的数码字,判断它是 $0,1,2,\cdots,9$ 中的哪个数字,这就是将数码字图像分成 10 类的问题。

图像识别的大致过程如图 30-2 所示,可分为以下 4 个主要部分。

(1) 信息获取部分。对被研究对象进行调查和了解,从中得到数据和材料,对图像识别来说,就是把图片、底片、文字图形等用光电扫描设备变换为电信号以备后续处理。

(2) 预处理部分。对于数字图像而言,预处理就是应用前面讲到的图像复原、增强和变换等技术对图像进行处理、提高图像的视觉效果,优化各种统计指标,为特征提取提供高质量的图像。

(3) 特征提取。其作用在于把调查了解到的数据材料进行加工、整理、分析、归纳,以去伪存真,去粗取精,提出能反映事物本质的特征。当然,提取什么特征、保留多少特征,与采用何种判决有很大关系。

(4) 决策分类。这相当于人们从感性认识上升到理性认识而做出结论的过程。第四部分与特征提取的方式密切相关。它的复杂程度也依赖于特征的提取方式,如类似度、相关性、最小距离等。

图 30-2　图像识别系统基本框架图

统计识别、模糊识别和神经网络图像识别是 3 种代表性的图像识别方法,下面分别介绍这 3 种方法。

1. 统计识别方法

统计识别方法是受数学中决策理论的启发而产生的一种识别方法。它一般假定被识别的对象或经过特征提取得到的特征向量是符合一定分布规律的随机变量。其基本思想是将特征提取阶段得到的特征向量定义在一个特征空间中,这个空间包含了所有的特征向量。不同的特征向量,或者说不同类别的对象,都对应于此空间中的一点。在分类阶段,则利用统计决定的原理对特征空间进行划分,从而达到识别不同特征对象的目的。支持向量机是近年来最常用的统计识别方法之一。

支持向量机(Support Vector Machines,SVM)是一种新的学习机器,它是在 V. Ladimir 和 N. Vapnik 等人所建立的以解决有限样本机器学习问题为目标的统计学习理论的基础上发展起来的,它在解决小样本、非线性及高维模式识别问题中表现出许多特有的优势。它通过构造最优超平面,使得对未知样本的分类误差最小。根据结构风险最小归纳原则,为了最小化期望风险的上界,SVM 通过最优超平面的构造,在固定学习机经验风险的条件下最小化 VC 置信度。对于两类线性可分情况,直接构造最优超平面,使得样本集中的所有向量满足如下条件:

(1) 能被某一超平面正确划分;

(2) 距该超平面最近的异类向量与超平面之间的距离最大,即分类间隔最大,则该超平面为最优超平面。其中,条件(1)是保证经验风险最小,条件(2)是使期望风险最小。

这里,最优超平面的构造问题实质上是在约束条件下求解一个二次规划问题,以得到一个最优分类函数为:

$$f(x) = \text{sgn}\Big(\sum_{i=1}^{L} y_i a_i k(x_i, x) + b\Big) \tag{30-3}$$

其中,$k(x_i, x)$ 为一个核函数;$\text{sgn}()$ 为符号函数;L 为训练样本数目。

在该分类函数中,某些 $\vec{x_i}$ 对应的 a_i 为零,某些 $\vec{x_i}$ 对应的 a_i 不为零。由于这些具有非零值的 a_i 对应的向量支撑了最优分类面,因此被称为支持向量。

目前,常用的核函数主要有以下 3 类。

- 多项式形式的核函数:$K(x, x_i) = [(x \cdot x_i) + 1]^q$,$q$ 为多项式的阶数。
- 径向基形式的核函数:$K(x, x_i) = \exp\{-|x - x_i|^2 / \sigma^2\}$。
- Sigmoid 形式的核函数:$K(x, x_i) = \tanh(v(x \cdot x_i) + c)$。

选择不同形式的核函数,就可以得到不同的支持向量。

SVM 本质是一种二分类方法,而大部分的图像识别问题都是多分类问题。因此,SVM 方法具有很大的局限性,必须寻求一种多分类 SVM 方法,才能使 SVM 方法真正具有实用价值。目前应用较多的是 One-against-One(一对一)方法和 One-against-Rest(一对多)方法。这两种方法都是通过构造多个 SVM 二值分类器来达到多分类的目的。下面简单介绍这两种方法。

假设样本集中包含 k 个类别,对于 One-against-One 方法而言,其思想是将这 k 个类别中的任意两类样本组合在一起构成一个 SVM,从而共需要建立 $C_k^2 = k(k-1)/2$ 个

SVM 二值分类器。在实现过程中,需要求解 $k(k-1)/2$ 个二次规划。对于 One-against-Rest 方法而言,其思想是将这 k 个类别中的任意一类与其他 $k-1$ 类样本组合构成一个 SVM,这样就需要建立 k 个 SVM 二值分类器,实现过程中需要求解 k 个二次规划。

2. 模糊识别方法

常规的分类方法认为一个对象只能属于一个类别,但模糊分类方法中认为一个对象能够同时属于多个不同的类别,不过隶属不同类别的程度或可能性不同。模糊分类法是建立在模糊集合论和模糊逻辑基础上的,模糊集合是相对于普通集合来讲的。在普通集合论中,元素 x 和集合 A 的从属关系是绝对的,要么 x 属于 A,要么 x 不属于 A,这是一种二值逻辑。而在模糊集合中,元素 x 和集合 A 的从属关系则不是简单的是与不是的二值关系,x 和 A 的从属关系,可用一个称为隶属关系的函数来衡量和表示。

在模糊集合中,被讨论的全体对象称为论域,记为 X,论域 $X=\{x\}$ 上的一个模糊集合 A 的隶属函数 $\mu_A(x)$ 可以反映 X 中任一元素 x 对 A 的隶属程度。$\mu_A(x)$ 的取值为 $[0,1]$,其中值越大,表示 x 从属于 A 的程度越高;反之,其值越小,表示 x 从属于 A 的程度越低。

例如,若 A 表示"老年人"这一模糊集合,一般认为人超过 60 岁便属于老年人,即 $A=\{x|x>60\}$,则 A 的隶属函数可用下式表示:

$$\mu_A(x) = \frac{1}{1 + \left(\dfrac{5}{x-60}\right)^2} \tag{30-4}$$

其中,$x>60$ 表示年龄大于 60 岁的人。如某人的年龄为 65,用 65 代入式(30-4)有 $\mu_A(65)=0.5$,若某人的年龄为 70,则有 $\mu_A(70)=0.8$。这表示年龄为 70 的人从属于老年人这一模糊集合的程度要比年龄为 65 岁的人从属这一集合的程度高。

利用模糊集合理论进行图像识别可以归纳为如下两种方法。

(1) 模糊化特征法。根据一定的模糊化规则(通常根据具体应用领域的专门知识、人为确定或经过试算确定),把原来的一个或几个特征变量分成多个模糊变量,使每个模糊变量表达原特征的某一局部特征,用这些新的模糊特征代替原来的特征进行识别。比如在某个问题中,人的体重本来作为一个特征使用,现在根据需要可以把体重特征分为"偏轻""中等"和"偏重"3 个模糊特征。每个模糊特征的取值实际上是一个新的连续变量,它们表示的不再是体重的数值,而是关于这个人的体重状况的描述,即分别属于偏轻、中等和偏重的程度,如图 30-3 所示。这种做法通常被称为 $1ofN$ 编码(N 分之一编码),在模糊神经网络系统中也经常得到应用。

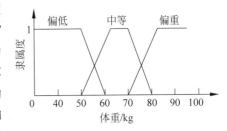

图 30-3 体重的 $1ofN$ 编码

把原来的一个特征变为若干模糊特征的目的在于使新特征更好地反映问题的本质。在很多情况下,用一个特征(如体重)参与分类(如判断是否有某种可能导致体重变化的病），正确分类结果与这个特征之间可能是复杂的非线性关系；而如果根据有关知识适当地提取模糊特征，虽然特征数增多了，但却可能使分类结果与特征之间的关系线性化，从而大大简化后面分类器的设计和提高分类性能。如果对所提取的特征与要研究的分类问题之间的关系有一定的先验认识，则采用这种方法往往能取得很好的结果。

（2）模糊化结果法。模式识别中的分类就是把样本空间（或样本集）分成若干个子集，可以用模糊子集的概念代替确定子集，从而得到模糊的分类结果，或者说使分类结果模糊化。

在模糊化的分类结果中，一个样本将不再属于每个确定的类别，而是以不同的程度属于各个类别。这种结果与原来明确的分类结果相比有两个显著的优点。

（1）在分类结果中可以反映出分类过程中的不确定性，有利于用户根据结果进行决策。

（2）如果分类是多级的，即本系统的分类结果将与其他系统的分类结果一起作为下一级分类决策的依据，则模糊化的分类结果通常更有利于下一级分类，因为模糊化的分类结果比明确的分类结果包含更多的信息。

3. 神经网络识别方法

神经网络识别技术是一种全新的图像识别技术。它充分吸收了人们认识事物的特点，利用了人们在以往识别图像时所积累的经验，在被分类图像的信息引导下，通过自学习，修改自身的结构及识别方式，从而提高图像的分类精度和分类速度，以取得满意的分类结果。

不同应用领域所选用的人工神经网络模型不尽相同，BP（Back Propagation）神经网络是目前广泛应用于图像分类中的一种神经网络模型。

BP神经网络是一种多层前馈型神经网络，由输入层、隐层和输出层组成。层与层之

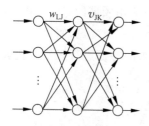

间采用全互连方式，同一层的单元之间不存在相互连接，隐层可以有一个或多个。1989年，Robert Hecht-Nielsen证明了一个3层的BP网络可以完成任意的n维到m维的映射。隐层中的神经元均采用S型变换函数。输出层的神经元可采用S型函数，此时输出被限制在一个很小的范围内；也可以采用线性变换函数，此时网络输出则可在一个很大的范围内变化。

图 30-4　BP神经网络结构　图 30-4 为含有一个隐层的 3 层 BP 神经网络拓扑结构。

利用 BP 神经网络进行图像识别的过程可分为训练学习阶段和识别阶段。训练学习阶段的主要工作是将训练样本输入网络，通过有指导或无指导学习方式寻找一组合适的网络连接权值，确定适当的网络连接模式。学习阶段则是利用已训练好的网络进行分类，最终的识别结果就是对神经网络的输出做出判断。这里可以采用编码的方式，即通过对神经网络输出层各节点输出的 0 和 1 组合判断输入图像的属性；也可以采用最大（或最小）准则，即神经网络输出层中输出最大（或最小）的节点对应的图像属性为属于图像的属性。

30.4　图像识别的 MATLAB 实现

在字符自动识别系统中,自然因素或采样因素会使得原本规则的印刷字符产生畸变,这给字符识别带来了很大的困难。本节将给出一个基于 BP 神经网络算法的印刷体数字识别的 MATLAB 实例。

实例中采用了实验对象数字 0~9 的 10 组 bmp 图片,其中 1 组为清晰的,另外 9 组是在清晰样本的基础上,用 MATLAB 添加 salt&pepper 和 gaussian 等噪声制作成的。这些图片经过一定的预处理,取出最大有效区域,归一化为 16×16 的二值图像,数字 5 的 10 幅 bmp 图片如图 30-5 所示。

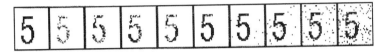

图 30-5　数字识别实验中的部分实验图片

【例 30-2】　利用 BP 神经网络进行数字识别。

```
% 生成输入向量和目标向量
clear all;
'LOADING......'
for kk = 0:99
    p1 = ones(16,16);
    m = strcat('C:\Documents and Settings\',int2str(kk),'.bmp');
    x = imread(m,'bmp');
    bw = im2bw(x,0.5);
    [i,j] = find(bw == 0);
    imin = min(i);
    imax = max(i);
    jmin = min(j);
    jmax = max(j);
    bw1 = bw(imin:imax,jmin:jmax);
    rate = 16/max(size(bw1));
    bw1 = imresize(bw1,rate);
    [i,j] = size(bw1);
    i1 = round((16 - i)/2);
    j1 = round((16 - j)/2);
    p1(i1 + 1:i + i,j1 + 1:j1 + j) = bw1;
    p1 = - 1. * p1 + ones(16,16);
    for m = 0:15;
     p(m * 16 + 1:(m + 1) * 16,kk + 1) = p1(1:16,m + 1);
    end
      switch kk
        case{0,10,20,30,40,50,60,70,80,90}
          t(kk + 1) = 0;
        case{1,11,21,31,41,51,61,71,81,91}
           t(kk + 1) = 1;
        case{2,12,22,32,42,52,62,72,82,92}
```

```
            t(kk + 1) = 2;
        case{3, 13, 23, 33, 43, 53, 63, 73, 83, 93}
            t(kk + 1) = 3;
        case{4, 14, 24, 34, 44, 54, 64, 74, 84, 94}
            t(kk + 1) = 4;
        case{5, 15, 25, 35, 45, 55, 65, 75, 85, 95}
            t(kk + 1) = 5
        case{6, 16, 26, 36, 46, 56, 66, 76, 86, 96}
            t(kk + 1) = 6;
        case{7, 17, 27, 37, 47, 57, 67, 77, 87, 97}
            t(kk + 1) = 7
        case{8, 18, 28, 38, 48, 58, 68, 78, 88, 98}
            t(kk + 1) = 8;
        case{9, 19, 29, 39, 49, 59, 69, 79, 89, 99}
            t(kk + 1) = 9;
end
end
'LOAD OK. '
save E52PT p t;
claer all;
load E52PT p t;
pr(1:256, 1) = 0;
pr(1:256, 2) = 1;
net = newff(Pr, [25 1], {'logsig' 'purelin'}, 'traingdx', 'learngdm');
net. trainParam. epochs = 2500;
net. trainParam. goal = 0.001;
net. trainParam. show = 10;
net. trainParam. lr = 0.05;
net = train(net, p, t)
'TRAIN OK. '
save E52net net;
for times = 0:999
    clear all
    p(1:256, 1) = 1;
    p1 = ones(16 , 16);
    load E52net net;
    test = input('FileName:', 's');
    x = imread(text, 'bmp');
    b2 = im2bw(x, 0.5);
    [i, j] = find(bw == 0);
    imin = min(i);
    imax = max(i);
    jmin = min(j);
    jmax = max(j);
    bw1 = bw(imin:imax, jmin:jmax);
    rate = 16/max(size(bw1));
    bw1 = imresize(bw1, rate);
    [i, j] = size(bw1);
    i1 = round((16 - i)/2);
    j1 = round((16 - j)/2);
    p1(i1 + 1:i + i, j1 + 1:j1 + j) = bw1;
```

```
        p1 = -1. * p1 + ones(16,16);
        for m = 0:15;
            p(m * 16 + 1:(m + 1) * 16,1) = p1(1:16,m + 1);
        end
        [a,Pf,Af] = sim(net,p);
        imshow(p1);
        a = round(a);
end
```

30.5   数字图像在神经网络识别中的应用

人工神经网络是由大量的人工神经元广泛互连而成的网络。人工神经网络是在现代神经科学研究成果的基础上提出来的,是大脑认知活动的一种数学模型。人工神经网络从脑的神经系统结构出发来研究脑的功能,研究大量简单的神经元的集团处理能力及其动态行为。人工神经网络的研究重点在于模拟和实现人的认知过程中的感知过程、形象思维、分布式记忆和自学习、自组织过程,特别是对并行搜索、联想记忆、时空数据统计描述的自组织以及从一些相互关联的活动中自动获取知识。人工神经网络的信息处理由神经元之间的相互作用来实现;知识与信息的存储表现为互连的网络元件间分布式的物理联系;网络的学习和识别决定各神经元连接权的动态演化过程。

神经网络已经在各个领域中得到应用,以实现各种复杂的功能。这些领域包括模式识别、鉴定、分类、语音、翻译和控制系统。

【例 30-3】   下面演示基于神经网络的图像识别效果。

```
>> clear ll;
num = 3;              % 类的数目
n = 3;               % 每类的图像数目,图像变形成 p 中的列元素,图像尺寸(3×3)变成(1×9)
% 训练图像
P = [195 34 235 231 60 243 244 58 227;189 16 235 246 45 230 250 50 232;...
    267 49 221 226 42 228 210 36 236;...          % 类 1
    256 224 225 256 0 256 250 256 236;235 256 208 252 0 252 240 252 242;...
    231 256 232 248 40 250 192 237 252;...        % 类 2
    26 54 225 256 16 26 250 56 240;25 36 206 252 11 26 239 54 241;...
    24 36 232 248 40 24 192 38 250]';             % 类 3
% 测试图像
% 测试图像
N = [210 18 236 256 45 230 238 25 248;246 22 214 256 56 253 216 52 250;...
    250 23 226 254 56 254 216 52 250;...          % 类 1
    256 242 210 256 30 256 195 235 190;238 244 238 238 20 252 230 226 240;...
    225 252 216 246 32 224 234 256 255;...        % 类 2
    26 22 210 256 30 26 195 36 190;28 24 238 238 20 22 228 26 238;...
    25 50 216 246 32 24 234 56 254]';             % 类 3
% 标准化
P = P/256;N = N/256;
figure;
for i = 1:n * num
    im = reshape(P(:,i),[3,3]);
    im = imresize(im,20);                         % 调整图像尺寸使其看起来清晰
    subplot(num,n,i);imshow(im);
```

```
        title(strcat('Train image/Class #',int2str(ceil(i/n))));
    end
    figure;
    for i = 1:n * num;
        im = reshape(N(:,i),[3,3]);
        im = imresize(im,20);                    %调整图像尺寸使其看起来清晰
        subplot(num,n,i);imshow(im);
        title(strcat('test image #',int2str(ceil(i/n))));
    end
    %目标
    T = [1 1 1 0 0 0 0 0 0;0 0 0 1 1 1 0 0 0;0 0 0 0 0 0 1 1 1];
    S1 = 5;                                       %隐藏层的数目
    S2 = 3;                                       %输出层的数目(=类的数目)
    [R,Q] = size(P);
    epochs = 10000;                               %反复次数
    goal_err = 10e - 5;                           %目标误差
    a = 0.25;                                     %定义随机变量范围
    b = - 0.25;
    W1 = a + (b - a) * rand(S1,R);                %输入和隐藏神经元间的权重
    W2 = a + (b - a) * rand(S2,S1);               %输出和隐藏神经元间的权重
    b1 = a + (b - a) * rand(S1,1);                %输入和隐藏神经元间的权重
    b2 = a + (b - a) * rand(S2,1);                %隐藏和输出神经元间的权重
    n1 = W1 * P;
    a1 = logsig(n1);
    n2 = W2 * a1;
    a2 = logsig(n2);
    e = a2 - T;
    error = 0.5 * mean(mean(e. * e));
    nntwarn off
    for itr = 1:epochs
        if error < = goal_err
            break;
        else
            for i = 1:Q
                df1 = dlogsig(n1,a1(:,i));
                df2 = dlogsig(n2,a2(:,i));
                s2 = - 2 * diag(df2) * e(:,i);
                s1 = diag(df1) * W2' * s2;
                W2 = W2 - 0.1 * s2 * a1(:,i)';
                b2 = b2 - 0.1 * s2;
                W1 = W1 - 0.1 * s1 * P(:,i)';
                b1 = b1 - 0.1 * s1;
                a1(:,i) = logsig(W1 * P(:,i),b1);
                a2(:,i) = logsig(W2 * a1(:,i),b2);
            end
            e = T - a2;
            error = 0.5 * mean(mean(e. * e));
            disp(sprintf('Iteration: % 5d'));
        end
    end
end
```

运行程序,输出如下,效果如图 30-6 和图 30-7 所示。

```
TrnOutput =
    1    1    1    0    0    0    0    0    0
    0    0    0    1    1    1    0    0    0
    0    0    0    0    0    0    1    1    1
TstOutput =
    1    1    1    0    0    0    0    0    0
    0    0    0    1    1    1    0    0    0
    0    0    0    0    0    0    1    1    1
recognition_rate =
   100
```

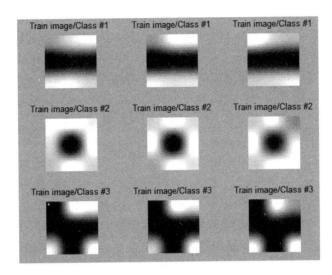

图 30-6　训练图像效果

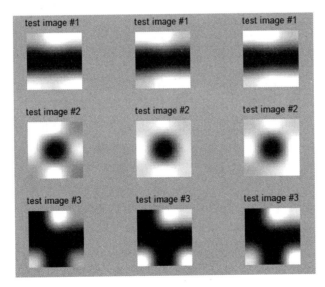

图 30-7　测试图像效果

由以上生成结果可见,本例是使用神经网络对不同类别的图像进行分类,识别率为 100％代表了神经网络可以正确地对本例中设定的测试图像分类。

第31章 图像多尺度边缘检测的算法分析与实现

通过检测二维小波变换的模极大点可以确定图像的边缘点。由于小波变换在各尺度上都提供了图像的边缘信息,所以称为多尺度边缘。沿着边界方向将任意尺度下的边缘连接起来可形成该尺度下沿着边界的模极大曲线。小波变换能够把图像分解成多种尺度成分,并对大小不同的尺度成分采用相应的时域或空域采样步长,从而能够不断地聚焦到对象的任意微小细节。小波变换具有的多尺度特性,正好可以用于图像的边缘检测。

小波分析是近年来发展起来的新兴学科,作为一种快速高效、高精度的近似方法,它是傅里叶分析的一个突破性发展,给许多相关学科的研究领域带来了新的思想,为工程应用提供了一种新的分析工具。边缘检测是图像处理中的重要内容,边缘是图像的最基本特征。目前边缘检测已成为机器视觉领域最活跃的课题之一,在工程应用中占有十分重要的地位。

31.1 多尺度边缘检测

通常,沿边缘走向的幅度变化平缓,垂直于边缘走向的幅度变化剧烈。此外,因物体大小不一,它们的边缘也有不同的尺度。边缘点的 Lipschitz 正则性取决于尺度细化过程中模极大的衰减速度。

在二维情况下,图像信号 $f(x,y)$ 的梯度向量为:

$$\nabla f = \left(\frac{\partial f}{\partial x}, \frac{\partial f}{\partial y} \right)$$

边缘检测算法通过计算梯度向量模的局部极大值来寻找图像边缘的空间位置。梯度向量的方向指出了图像灰度值变化最快的方向。

为了计算图像信号的两个偏导数,需要两个有方向性的二维小波,它们分别是二维平滑函数 $\theta(x,y)$ 的偏导数:

$$\psi^x(x,y) = -\frac{\partial \theta(x,y)}{\partial x}, \quad \psi^y(x,y) = -\frac{\partial \theta(x,y)}{\partial y}$$

$\theta(x,y)$ 在 x-y 平面的积分为 1,且很快地收敛到 0。

令:

$$\psi_j^x(x,y) = 2^{-j}\psi^x(2^{-j}x, 2^{-j}y), \quad \psi_j^y(x,y) = 2^{-j}\psi^y(2^{-j}x, 2^{-j}y)$$

并定义小波变换的两个分量：

$$\begin{cases} W^x f(2^j, x, y) = (f(u,v), \psi_j^x(u-x, v-y)) = f * \overline{\psi_j^x}(x,y) \\ W^y f(2^j, x, y) = (f(u,v), \psi_j^y(u-x, v-y)) = f * \overline{\psi_j^y}(x,y) \end{cases}$$

其中：

$$\overline{\psi_j^x}(x,y) = \psi_j^x(-x, -y), \quad \overline{\psi_j^y}(x,y) = \psi_j^y(-x, -y)$$

任意 $f \in L^2(R^2)$ 的二进制小波变换定义为：

$$Wf(2^j, x, y) = \{W^x f(2^j, x, y), W^y f(2^j, x, y)\}_{j \in Z}$$

为确保二进制小波变换的完备性和稳定性，必须满足如下充分必要条件：存在两个正常数 A 和 B，对 $\forall (\omega_x, \omega_y) \in R^2 - \{(0,0)\}$ 使：

$$A \leqslant \sum_{j=-\infty}^{\infty} |\hat{\psi}^x(2^j\omega_x, 2^j\omega_y)|^2 + |\hat{\psi}^y(2^j\omega_x, 2^j\omega_y)|^2 \leqslant B$$

其中，$\hat{\psi}^x$ 和 $\hat{\psi}^y$ 分别表示 ψ^x 和 ψ^y 的二维傅里叶变换。满足上式的 $\{\psi^x, \psi^y\}$ 称为二进小波，对二进小波，存在重构小波 $\{\tilde{\psi}^x, \tilde{\psi}^y\}$，它们的傅里叶变换满足：

$$\sum_{j=-\infty}^{\infty} 2^{-2j} [\hat{\tilde{\psi}}^x(2^j\omega_x, 2^j\omega_y)\hat{\psi}^{x*}(2^j\omega_x, 2^j\omega_y) + \hat{\tilde{\psi}}^y(2^j\omega_x, 2^j\omega_y)\hat{\psi}^{y*}(2^j\omega_x, 2^j\omega_y)] = 1$$

因而：

$$f(x,y) = \sum_{j=-\infty}^{\infty} 2^{-2j}[W^x f(2^j, x, y) * \tilde{\psi}_j^x(x,y) + W^y f(2^j, x, y) * \tilde{\psi}_j^y(x,y)]$$

由于 $\{\psi^x, \psi^y\}$ 是平滑函数 $\theta(x,y)$ 的一阶偏导数，所以二维二进小波变换的两个分量等价于信号 $f(x,y)$ 被平滑后的梯度向量的两个分量，即：

$$\begin{bmatrix} W^x f(2^j, x, y) \\ W^y f(2^j, x, y) \end{bmatrix} = 2^j \begin{bmatrix} \dfrac{\partial}{\partial x}(f * \bar{\theta}_j)(x,y) \\ \dfrac{\partial}{\partial y}(f * \bar{\theta}_j)(x,y) \end{bmatrix} = 2^j \nabla (f * \bar{\theta}_j)(x,y)$$

梯度向量 $\nabla(f * \bar{\theta}_j)(x,y)$ 的模正比于：

$$Mf(2^j, x, y) = \sqrt{|W^x f(2^j, x, y)|^2 + |W^y f(2^j, x, y)|^2}$$

而梯度向量与水平方向的夹角为：

$$Af(2^j, x, y) = \begin{cases} \alpha(x,y), & W^x f(2^j, x, y) \geqslant 0 \\ \pi - \alpha(x,y), & W^x f(2^j, x, y) < 0 \end{cases}$$

其中：

$$\alpha(x,y) = \tan^{-1}\left[\frac{W^y f(2^j, x, y)}{W^x f(2^j, x, y)}\right]$$

用二进小波变换实现多尺度边缘检测就是寻找 $Mf(2^j, x, y)$ 的局部极大值，$Af(2^j, x, y)$ 指明了边缘的方向。除了边缘的位置和方向外，还可以用小波变换的衰减速度判断边缘的奇异性。对 Lipschitz 指数 $0 \leqslant \alpha \leqslant 1$，如存在常数 $A > 0$，对所有的 $(x,y) \in R^2$，使得：

$$|f(x,y) - f(x_0, y_0)| \leqslant A(|x - x_0|^2 + |y - y_0|^2)^{\alpha/2}$$

则称函数 f 在 (x_0, y_0) 点 Lipschitzα。如对区域 $(x_0, y_0) \in \Omega$ 内的所有点都存在 $A > 0$，使

得上式成立,则称函数 f 在 Ω 内一致 Lipschitzα。可以证明:当且仅当存在 $A>0$,对于所有的 2^j 尺度及区域 Ω 内的所有点,使得:

$$\left| Mf(2^j,x,y) \right| \leqslant A 2^{j(\alpha+1)}$$

则 f 在 Ω 内一致 Lipschitzα。

31.2　快速多尺度边缘检测算法

边缘检测的二维二进小波可以设计为一维二进小波的可分积,其傅里叶变换为:

$$\begin{cases} \hat{\psi}^x(\omega_x,\omega_y) = G(\omega_x/2)\hat{\phi}(\omega_x/2)\hat{\phi}(\omega_y/2) \\ \hat{\psi}^y(\omega_x,\omega_y) = G(\omega_y/2)\hat{\phi}(\omega_x/2)\hat{\phi}(\omega_y/2) \end{cases}$$

其中,$\hat{\phi}(\omega)$ 是一个低通滤波器,而:

$$G(x) = -\mathrm{i}\sqrt{2}\,\mathrm{e}^{-\mathrm{i}\omega/2}\sin(\omega/2)$$

是一个高通数字滤波器。

为了能用滤波器快速实现二维离散二进小波变换,假定尺度函数满足如下二尺度方程:

$$\hat{\phi}(\omega) = \prod_{p=1}^{+\infty} \frac{H(2^{-p}\omega)}{\sqrt{2}} = \frac{1}{2}H\left(\frac{\omega}{2}\right)\hat{\phi}\left(\frac{\omega}{2}\right)$$

若选择尺度函数为 m 次样条,即:

$$\hat{\phi}(\omega) = \mathrm{e}^{-\frac{\mathrm{i}\varepsilon\omega}{2}}\left(\frac{\sin(\omega/2)}{(\omega/2)}\right)^{m+1}, \quad \varepsilon = \begin{cases} 0, & m \text{ 为奇数} \\ 1, & m \text{ 为偶数} \end{cases}$$

则可得

$$H(\omega) = \sqrt{2}\,\mathrm{e}^{-\mathrm{i}\varepsilon\omega/2}\left[\cos(\omega/2)\right]^{m+1}$$

对二进小波变换在所有尺度时都均匀采样,假定采样间隔等于 1,则离散小波系数为:

$$d_j^x(n,m) = W^x(2^j,n,m), \quad d_j^y(n,m) = W^y(2^j,n,m)$$

同样定义原始图像信号为:

$$a_0(n,m) = \langle f(x,y),\phi(x-n)\phi(y-m)\rangle$$

$j \geqslant 0$ 时的平滑图像信号为

$$a_j(n,m) = \langle f(x,y),\phi_j(x-n)\phi_j(y-m)\rangle$$

那么,二维离散二进小波变换的 $atrous$ 算法表示为如下离散卷积形式:

$$\begin{cases} a_{j+1}(n,m) = a_j * \overline{h_j}\,\overline{h_j}(n,m) \\ d_{j+1}^x(n,m) = a_j * \overline{g_j}\delta(n,m) \\ d_{j+1}^y(n,m) = a_j * \delta\overline{g_j}(n,m) \end{cases}$$

其中:

$$\begin{cases} \overline{h_j}\,\overline{h_j}(n,m) = \overline{h_j}(n)\,\overline{h_j}(m) \\ \overline{g_j}\delta(n,m) = \overline{g_j}(n)\delta(m) \\ \delta\overline{g_j}(n,m) = \delta(n)\,\overline{g_j}(m) \end{cases}$$

也就是说，a_{j+1} 是 a_j 沿横向和纵向低通滤波的结果，而 d_{j+1}^x 是 a_j 沿横向高通滤波的结果，d_{j+1}^y 是 a_j 沿纵向高通滤波的结果。

31.3 实验结果与分析

设灰度图像 $x(n,m)$ 为 N_x（行）$\times M_x$（列）矩阵，二维数字滤波器 $h(n,m)$ 为 $N_h \times M_h$ 矩阵，输出 $y(n,m)$ 为 $(N_x+N_h-1) \times (M_x+M_h-1)$ 矩阵。仿真程序实现灰度图像 $x(n,m)$ 和二维数字滤波器 $h(x,y)$ 的离散卷积，得到输出图像 $y(n,m)$ 与输入图像 $x(n,m)$ 具有相同的大小。

灰度图像经过数字滤波器等计算后，矩阵元素可能出现负值。例如经过高通滤波，一般都会出现负值，因为高通滤波体现了灰度的变化，如灰度由暗变亮时出现正值，由亮变暗时就会出现负值，反之亦然。在进行图像边缘检测时，主要关心的是小波变换的模，所以这个仿真程序也主要是计算小波变换的模。

【例 31-1】 实现以上问题的代码。

```
clear all;
load facets;
I = ind2gray(X,map);
I = imadjust(I,stretchlim(I),[0 1]);
[N,M] = size(I);
figure
imshow(I);title('(a) 原始图像');
% 设置样条滤波器系数
h = [0.125,0.375,0.375,0.125];
g = [0.5, - 0.5];
delta = [1,0,0];
% 设置分解级数,逼近 x,y 方向的二进小波系数及梯度绝对值数组清零
J = 2;
a(1:N,1:M,1:J + 1) = 0;
dx(1:N,1:M,1:J + 1) = 0;
dy(1:N,1:M,1:J + 1) = 0;
d(1:N,1:M,1:J + 1) = 0;
% 第 1 级分解,显示第 1 级分解的边缘
a(:,:,1) = conv2(h,h,I,'same');
dx(:,:,1) = conv2(delta,g,I,'same');
dy(:,:,1) = conv2(g,delta,I,'same');
x = dx(:,:,1);
y = dy(:,:,1);
d(:,:,1) = sqrt(x.^2 + y.^2);
I = imadjust(d(:,:,1),stretchlim(d(:,:,1)),[0 1]);
figure;
imshow(I);title('(b) 第 1 级小波变换边缘检测');
% 第 2 至 J + 1 级分解
lh = length(h);
lg = length(g);
for j = 1:J
    lhj = 2^j * (lh - 1) + 1;
    lgj = 2^j * (lg - 1) + 1;
    hj(1:lhj) = 0;
```

```
gj(1:lgj) = 0;
for n = 1:lh
    hj(2 ^ j * (n - 1) + 1) = h(n);
end
for n = 1:lg
    gj(2 ^ j * (n - 1) + 1) = g(n);
end
a(:,:,j + 1) = conv2(hj,hj,a(:,:,j),'same');
dx(:,:,j + 1) = conv2(delta,gj,a(:,:,j),'same');
dy(:,:,j + 1) = conv2(gj,delta,a(:,:,j),'same');
x = dx(:,:,j + 1);
y = dy(:,:,j + 1);
d(:,:,j + 1) = sqrt(x.^2 + y.^2);
I = imadjust(d(:,:,j + 1),stretchlim(d(:,:,j + 1)),[0 1]);
figure(j + 2);
if j == 1
    ch = 'c'
else
    ch = 'd'
end
imshow(I);title(['(',ch,') 第',num2str(j + 1),'级小波变换边缘检测']);
end
```

运行程序,效果如图 31-1 所示。第 1 级小波变换模显示出图像的边缘和纹理,第 2 和第 3 级小波变换模则主要显示出图像的边缘,平滑掉了图像细致的纹理结构。

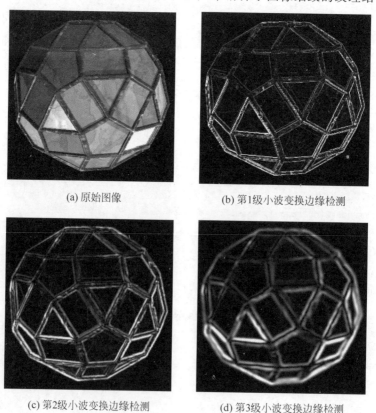

(a) 原始图像　　　　　　　　　　(b) 第1级小波变换边缘检测

(c) 第2级小波变换边缘检测　　　　(d) 第3级小波变换边缘检测

图 31-1　二进小波变换图像边缘检测

物体的边缘表现为图像局部特征的不连续性,如灰度值的突变、颜色的突变。边缘常常意味着一个区域的终结和另一个区域的开始。图像边缘有幅度和方向两个特征。本章就是结合了基于灰度图像和边缘图像的二进小波检测方法的优点,介绍了一种基于小波变换的快速检测算法,它既克服了直接从灰度图像中提取所带来的算法复杂、耗时长的缺点,又克服了一般的边缘提取算法所带来的噪声敏感问题,从而降低误判率。

第32章 边界跟踪的算法分析与实现

数字图像可用各种方法检测出边缘点,在某些情况下,仅仅获得边缘点是不够的。此外,由于噪声、光照不均等因素的影响,获得的边缘点有可能是不连续的,必须通过边界跟踪将它们转换为有意义的边缘信息,以便于后续处理。边界跟踪可以直接在原始图像上进行,也可以在做边界跟踪之前,先利用边缘检测方法对图像进行预处理得到图像的梯度图,然后在图像的梯度图上进行边界跟踪。

32.1 边界跟踪的方法

边界跟踪是从图像中一个边缘点出发,然后根据某种判别准则搜索下一个边缘点,以此跟踪出目标边界。边界跟踪包括 3 个步骤。

(1) 确定边界的起始搜索点。起始点的选择很关键,对于某些图像,选择不同的起始点会导致不同的结果。

(2) 确定合适的边界判别准则和搜索准则。判别准则用于判断一个点是不是边缘点,搜索准则指导如何搜索下一个边缘点。

(3) 确定搜索的终止条件。

假定图像为二值图像,其中只有一个具有闭合边界的目标。下面是一个按 4 连通方向搜索边界的方法。

(1) 起始搜索点。按从左到右、从上到下的顺序搜索,找到的第一个亮点一定是最左上方的边缘点,把它作为起始搜索点,记为 S;同时记下起始搜索点的搜索方向,记为 D。这里黑色对应背景,白色对应目标物体。

(2) 边界判别准则和搜索准则。按上、右、下、左的顺序寻找下一个边缘点 N,如图 32-1 所示。C 点为当前点,单元格中的数字表示搜索顺序。如果 N 点为亮点,则该点为边缘点,搜索下一个边缘点时,把 N 作为当前点 C,同时改变搜索方向,图 32-1 中箭头所指的像素点为搜索下一个边缘点时的第一个考虑点。

【例 32-1】 二值图像边界跟踪。

```
clear all;
RGB = imread('earth.bmp');
```

(a) 搜索顺序   (b) 搜索方向

图 32-1 边界跟踪搜索顺序和搜索方向

```
figure;
imshow(RGB);
xlabel('Orignial');
I = rgb2gray(RGB);              % 将彩色图像转换成灰度图像
threshold = graythresh(I);     % 计算将灰度图像转换为二值图像所需要的门限
BW = im2bw(I,threshold);       % 将灰度图像转换为二值图像
figure;
imshow(BW);
xlabel('二值图像');
dim = size(BW);
col = round(dim(2)/2) - 90;    % 计算起始点列坐标
row = find(BW(:,col),1);       % 计算起始点行坐标
connectivity = 8;
num_points = 180;
contour = bwtraceboundary(BW,[row,col],'N',connectivity,num_points);    % 提取边界
figure;
imshow(RGB);
hold on;
plot(contour(:,2),contour(:,1),'g','LineWidth',2);
xlabel('Results');
```

运行程序,效果如图 32-2 所示。

(a) 原始图像   (b) 二值图像   (c) 结果

图 32-2 bwtraceboundary 函数边界提取

32.2 霍夫变换

霍夫(Hough)变换可以将边缘像素连接起来得到边界曲线,它的主要优点是受噪声和曲线间断的影响较小。在已知曲线形状的条件下,Hough 变换实际上是利用分散的边缘点进行曲线逼近,它也可以看成是一种聚类分析技术,图像空间中的每一点可以对参数空间中的参数集合进行投票表决,获得多数表决票的参数即为所求的特征参数。

32.2.1 利用直角坐标中的 Hough 变换检测直线

在图像空间中,经过(x,y)的直线可表示为:

$$y = ax + b \tag{32-1}$$

其中,a 为斜率,b 为截距。式(32-1)可变换为:

$$b = -xa + y \tag{32-2}$$

该变换即为直角坐标中对(x,y)点的 Hough 变换,它表示参数空间的一条直线,如图 32-3 所示。图像空间中的点(x_i,y_i)对应于参数空间中的直线 $b = -x_ia + y_i$,点(x_j,y_j)对应于参数空间中的直线 $b = -x_ja + y_j$,这两条直线的交点(a',b')即为图像空间中过点(x_i,y_i)和点(x_j,y_j)的直线的斜率和截距。事实上,图像空间中所有过这条直线的点经 Hough 变换后在参数空间中的直线都会交于(a',b')点。如此,通过 Hough 变换,就可以将图像空间中直线的检测问题转化为参数空间中对点的检测问题。Hough 变换的具体计算步骤如下:

(1) 在参数空间中建立一个二维累加数组 A,数组的第一维的范围为图像空间中直线斜率的可能范围,第二维的范围为图像空间中直线截距的可能范围,且开始时把数组 A 初始为 0。

(2) 对图像空间中的点用 Hough 变换计算出所有的 a、b 值,每计算出一对 a、b 值,就对数组元素 $A(a,b)$加 1。计算结束后,$A(a,b)$的值就是图像空间中落在以 a 为斜率,b 为截距的直线上点的数目。

数组 A 的大小对计算量和计算精度影响很大,当图像空间中有直线为竖直线时,斜率 a 为无穷大,使得计算量大增。此时,参数空间可采用极坐标。

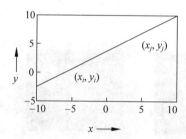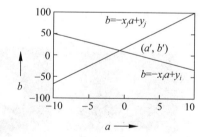

图 32-3 直角坐标中的 Hough 变换

32.2.2 利用极坐标的 Hough 变换检测直线

与直角坐标类似,在极坐标中通过 Hough 变换可以将图像空间中的直线对应于参数空间中的点。如图 32-4 所示,对于图像空间中的一条直线,ρ 代表直线原点的法线距离,θ 代表该法线与 x 轴的极坐标中的 Hough 变换夹角,可用如下参数方程来表示该直线:

$$\rho = x\cos(\theta) + y\sin(\theta) \tag{32-3}$$

这就是极坐标中对点(x,y)的 Hough 变换。在极坐标中,横坐标为直线的法向角,纵坐标为直角坐标原点到直线的法向距离。图像空间中的点(x,y)，经 Hough 变换映射到参数空间中一条曲线，这条曲线其实是正弦曲线。图像空间中共直线的点(x_i,y_i)和(x_j,y_j)的直线的斜率和截距，同样，图像空间中所有过这条直线的点经 Hough 变换后在参数空间中的曲线都会交于点(θ',ρ')。证明如下：

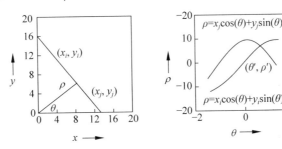

图 32-4 极坐标中的 Hough 变换

设图像空间中的点$(x_i,y_i)(i=1,2,\cdots,n)$共线，则有：

$$y_i = ax_i + b, \quad i = 1,2,\cdots,n \tag{32-4}$$

对应的 Hough 变换为：

$$\rho = x_i\cos(\theta) + y_i\sin(\theta), \quad i = 1,2,\cdots,n \tag{32-5}$$

将$y_i = ax_i + b$代入式(32-5)得：

$$\rho = x_i(\cos\theta + a\sin\theta) + b\sin\theta, \quad i = 1,2,\cdots,n \tag{32-6}$$

设这n条曲线相交于一点(ρ',θ')，可得：

$$\rho' = x_i(\cos\theta' + a\sin\theta') + b\sin\theta', \quad i = 1,2,\cdots,n \tag{32-7}$$

欲使上边n个等式成立，必须取：

$$\cos\theta' + a\sin\theta' = 0 \tag{32-8}$$

得：

$$\begin{cases} \theta' = \arctan\left(\dfrac{-1}{a}\right) \\ \rho' = b\sin\theta' \end{cases} \tag{32-9}$$

由此可知，n条曲线都会相交于点(ρ',θ')。

极坐标中 Hough 变换的实现与直角坐标类似，也要在参数空间中建立一个二维累加数组A，但数组范围不同，第一维的范围为$[-D,D]$，D为图像的对角长度；第二维的范围为$[-90°,90°]$。开始时把数组A初始化为 0，然后对图像空间中的点，用 Hough 变换计算出所有的(ρ,θ)值，每计算出一对(ρ,θ)值，就对数组元素$A(\rho,\theta)$加 1，计算结束后，$A(\rho,\theta)$的值就是图像空间中落在距原点法线距离为ρ、法线与x轴的夹角为θ的直线上点的数目。

下面是用 Hough 变换检测直线的 MATLAB 程序。程序中假定一条有意义的直线的共线点数至少是 3 个点以上，因此，thresh$\geqslant$3，共线点数少于 thresh 的直线将被过滤掉。

```
function [rodetect,tetadetect,Accumulator] = houghtrans(imb,rostep,tetastep,thresh)
% houghtrans 函数用 Hough 变换检测直线,imb 为输入二值图像
% 图像的左上角为极坐标的原点
```

```
% rostep 和 tetastep 为参数 ρ 和 θ 的步长；thresh 是阈值,用于过滤共线点数少的直线
if nargin == 3
    thresh = 3;
end
d = sqrt((size(imb,1))^2 + (size(imb,2))^2);
D = ceil(d);
p = - D:rostep:D
teta = - 90:tetastep:90;
Accumulator = zeros(length(p),length(teta));
rorec = zeros(length(p),length(teta));
teta = teta * pi/180;
for x = 1:size(imb,2)
    for y = 1:size(imb,1)
        if imb(y,x) == 1
            indteta = 0;
            for tetai = teta
                indteta = indteta + 1;
                roi = (x - 1) * cos(tetai) + (y - 1) * sin(tetai);
                temp = abs(roi - p);
                mintemp = min(temp);
                indro = find(temp == mintemp);
                indro = indro(1);
                Accumulator(indro,indteta) = Accumulator(indro,indteta) + 1;
            end
        end
    end
end
% 在累加数组中找出局部最大值
Accumutemp = Accumulator - thresh;
Accumubinary = imregionalmax(uint8(Accumutemp));
[rodetect,tetadetect] = find(Accumubinary == 1);
rodetect = diag(rorec(rodetect,tetadetect));
tetadetect = (tetadetect - 1) * tetastep - 90;
```

【例 32-2】 用 Hough 变换检测直线。

下面的 MATLAB 程序利用 houghtrans 函数检测直线。

```
f = imread('hours1.bmp');
subplot(221);
imshow(f);
title('原始图像');
T = graythresh(f);
f = im2bw(f,T);
subplot(222);
imshow(f);
title('二值化图像');
subplot(223);
f = bwmorph(f,'skel',Inf);
f = bwmorph(f,'skel',8);
imshow(f);
```

```
title('细化图像');
[rodetect,tetadetect,Accumulator] = houghtrans(f,0.25,1,20);
subplot(224);
[m,n] = size(f);
for n1 = 1:length(rodetect)
    if tetadetect(n1)~ = 0
        x = 0:n - 1;
        y = - cot(tetadetect(n1) * pi/180) * x + rodetect(n1)/sin(tetadetect(n1) *
pi/180);
    else
        x = rodetect(n1) * ones(1,n);
    end;
    xr = x + 1;
    yr = floor(y + 1.0e - 10) + 1
    xidx = zeros(1,n);
    xmin = 0;
    xmax = 0;
    for i = 1:n
        if(yr(i)> = 1 & yr(i)< = m)
            if f(yr(i),xr(i)) == 1
                if xmin == 0
                    xmin = i;
                end
                xmax = i;
            end
        end
    end
    if tetadetect(n1)~ = 0
        x = xmin - 1:xmax - 1;
        y = y(x + 1);
    else
        y = xmin - 1:xmax - 1;
        x = x(y + 1);
    end
    y = m - 1 - y;
    plot(x,y,'linewidth',1);
    hold on;
end
axis([0,m - 1,0,n - 1]);
title('Hough 变换检测出的直线');
```

运行程序,效果如图 32-5 所示。

在进行 Hough 变换前先对原始图像做必要的预处理。首先用 Otsu 提出的最大类间方差法求取灰度阈值以对图像进行二值化处理;然后用形态函数处理二值化图像,得到细化的图像骨架;最后才利用 Hough 变换提取出图像中的直线。程序中,ρ 和 θ 的步长决定了计算量和计算精度。计算出 ρ 和 θ 后,利用它可以计算出对应的直线。然而还需要确定这条直线的起始和终点,这时要回到图像空间去寻找落在这条直线上的点。此外,还要考虑到$\theta=0$(即直线为竖直线)的特殊情况。从图 32-5 可以看出,利用 Hough 变换可将中断的竖直线连接起来。能将断了的线段连接起来是 Hough 变换的一大特点;Hough 变换的另外一大特点是其抑制噪声的能力,它能够提取出噪声背景中的直线。

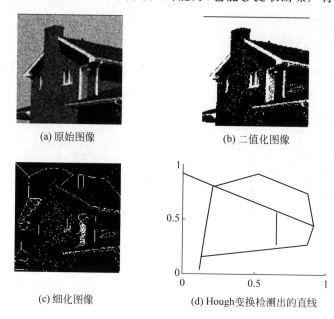

(a) 原始图像   (b) 二值化图像

(c) 细化图像   (d) Hough变换检测出的直线

图 32-5   利用 Hough 变换检测直线

32.2.3   利用 Hough 变换检测圆

Hough 变换利用了图像的全局特征,将边缘像素连接起来从而得到目标的边缘。Hough 变换不仅可以用于检测直线,事实上,它可以检测所有可以给出解析式的曲线。对圆周而言,它在直角坐标的一般方程为:

$$(x-a)^2 + (x-b)^2 = r^2 \tag{32-10}$$

其中,(a,b)为圆心坐标,r 的圆的半径,圆像空间中有 3 个参数 a、b、r,因此,在参数空间中累加数组的大小相应是三维的。设为 $A(a,b,r)$,a、b 在允许范围内变化,根据式(32-10)求出 r 值,每计算出一个(a,b,r)值,就对数组元素 $A(a,b,r)$加1,计算结束后,$A(a,b,r)$的值就是图像空间中落在以(a,b)为圆心坐标,以 r 为半径的圆周上的点的数目。可见,利用 Hough 变换检测圆的原理和计算过程与检测直线类似,只是程序复杂度增大了。如果可以得到边缘梯度角,从圆的中心到每一个边缘点的方向由梯度确定,剩下的未知参数只有圆的半径,那么就可以减少计算量。圆的极坐标方程为:

$$\begin{cases} x = a + r\cos\theta \\ y = b + r\sin\theta \end{cases} \tag{32-11}$$

在边缘点(x,y)处给定梯度角 θ,可以从式(32-11)中消除半径,得到:

$$b = a\tan\theta - x\tan\theta + y \tag{32-12}$$

此时,只需要一个两维的累加数组 $A(a,b)$。

32.2.4 广义 Hough 变换

Hough 变换的原理是利用图像空间与参数空间的对应关系,将图像空间的检测问题转化到参数空间,通过在参数空间进行简单的累加统计来完成检测任务。利用这种思想,当目标的边缘没有解析表达式时,也可以使用 Hough 变换检测边缘,这就是广义 Hough 变换。广义 Hough 变换把物体的边缘形状编码成参考表,用这个离散的参考表来表示目标边缘。如图 32-6 所示,(a,b) 为目标内一参考点,(x,y) 为任一边缘点,(x,y) 到 (a,b) 的向量为 r,r 与 x 的夹角为 φ,θ 为 (x,y) 处的梯度角。对于每一个梯度角为 θ 的边缘点 (x,y),参考点的位置可由下式算出:

$$\begin{cases} a = x + r(\theta)\cos(\phi(\theta)) \\ b = y + r(\theta)\sin(\phi(\theta)) \end{cases} \tag{32-13}$$

利用广义 Hough 变换检测任意形状边界的主要步骤为:

(1) 在预知区域形状的条件下,将物体的边缘形状编码成参考表。对每个边缘点计算梯度角 θ_i,对每一个梯度 θ_i,计算出对应于参考点的距离 r_i 和 ϕ_i。

(2) 在参数空间建立一个二维累加数组 $A(a,b)$,初值赋为 0,对边缘上的每一点,计算出该点处的梯度角。然后,由式(32-13)计算出对每一个可能的参考点的位置值,对相应的数组元素 $A(a,b)$ 加 1。

(3) 计算结束后,具有最大值的数组元素 $A(a,b)$ 所对应的 (a,b) 值即为图像空间中所求的参考点。求出图像空间中参考点后,整个目标的边界就可以确定了。

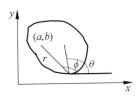

图 32-6 广义 Hough 变换参考点和边缘点的关系

首先要下载 MATLAB R2016a 及其破解文件,将下载的 MATLAB R2016a 及其破解文件解压放到文件夹中。图 A-1 是 MATLAB R2016a 启动界面。

(1) 下载软件,得到 Matlab_R2016a_win64.iso 和 Matlab_R2016a_破解文档.RAR 两个文件。

图 A-1　MATLAB R2016a 启动界面

(2) 解压 Matlab_R2016a_win64.iso 和 Matlab_R2016a_破解文档.RAR 两个文件得到 Matlab_R2016a_win64 和 Matlab_R2016a_破解文档两个文件夹,并运行 Matlab_R2016a_win64 文件夹中的 setup.exe 开始安装,安装方法选择"使用文件安装秘钥,不需要 Internet 连接",如图 A-2 所示,单击"下一步"按钮。

(3) 选择"是"接受许可协议,如图 A-3 所示。

(4) 选择"我已有我的许可证的文件安装密钥",并输入 09806-07443-53955-64350-21751-41297,如图 A-4 所示,单击"下一步"按钮。

(5) 默认安装路径为 C:\Program Files\MATLAB\R2016a,如图 A-5 所示,单击"下一步"按钮。

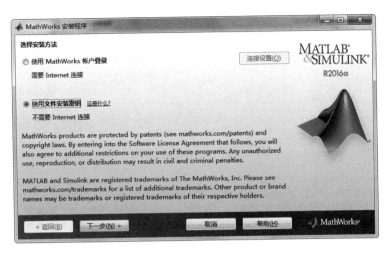

图 A-2　选择安装方法

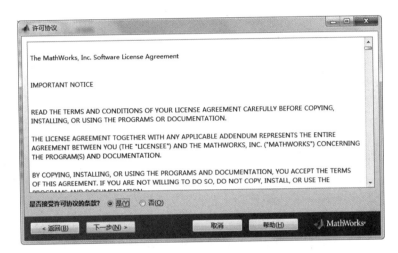

图 A-3　许可协议的条款

图 A-4　提供文件安装秘钥

图 A-5　选择安装文件

（6）选择要安装的产品，如图 A-6 所示，可全部选择，单击"下一步"按钮。

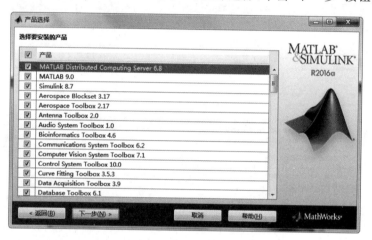

图 A-6　选择要安装的产品

（7）单击"安装"按钮进行安装，如图 A-7 所示。

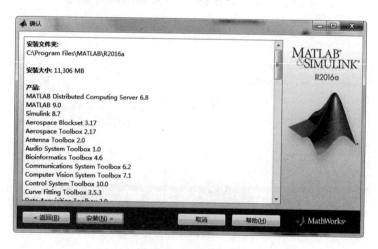

图 A-7　安装的产品

（8）如图 A-8 所示，安装用时根据机器配置不同而不同，需要一段时间。

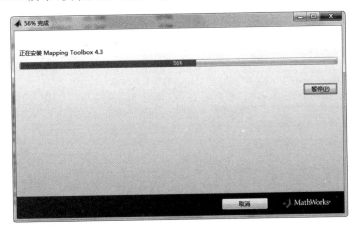

图 A-8 安装进度显示

（9）安装完成，弹出产品配置说明，如图 A-9 所示，单击"下一步"按钮。

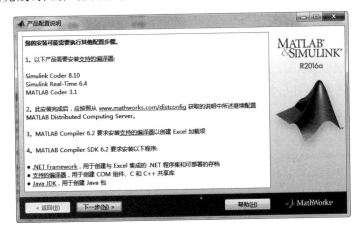

图 A-9 产品配置说明

（10）安装完成界面如图 A-10 所示。

图 A-10 安装完成界面

（11）安装完成后，打开 C:\Program Files\MATLAB\R2016a\bin，单击 matlab.exe 进行激活，选择"在不使用 Internet 的情况下手动激活"，如图 A-11 所示，单击"下一步"按钮。

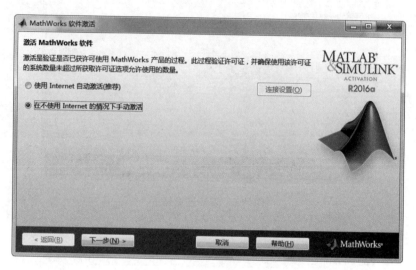

图 A-11　选择激活方法

（12）浏览找到 Matlab_R2016a_破解文档文件夹下的 license_standalone.lic 文件，如图 A-12 所示。单击"下一步"按钮，完成激活。

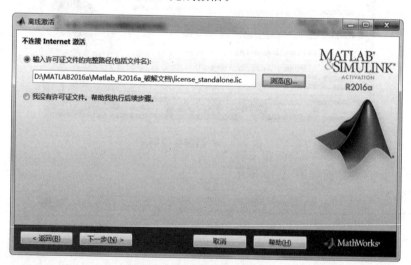

图 A-12　选择激活文件

（13）成功完成激活界面如图 A-13 所示。

（14）下面的操作是成功运行 MATLAB R2016a 很重要的一步。如果 Matlab_R2016a_破解文档文件夹存放在 D 区，那么要复制 D:\MATLAB2016a\Matlab_R2016a_破解文档\R2016a 下的两个文件夹 bin 和 toolbox 覆盖 C:\Program Files\MATLAB\R2016a 下的两个文件夹 bin 和 toolbox。此时才可正常运行 C:\Program Files\MATLAB\R2016a\bin 下的 matlab.exe 文件，如图 A-14 所示。

图 A-13　激活完成

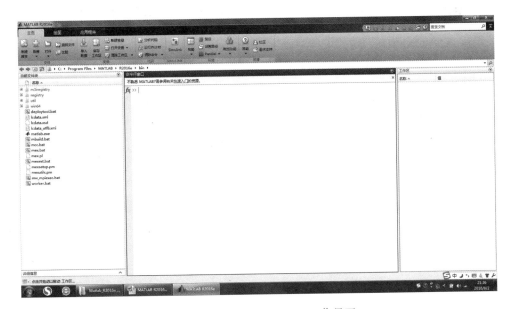

图 A-14　MATLAB R2016a 工作界面

至此安装完毕,可以使用 MATLAB R2016a 了。

参 考 文 献

[1]　刘浩,韩晶. MATLAB R2014a 完全自学一本通[M]. 北京：电子工业出版社,2015.

[2]　杨帆. 数字图像处理与分析[M]. 北京：北京航空航天大学出版社,2007.

[3]　丁伟雄. MATLAB R2015a 数字图像处理[M]. 北京：清华大学出版社,2016.

[4]　杨丹,赵海滨,龙哲. MATLAB 图像处理实例详解[M]. 北京：清华大学出版社,2013.

[5]　张强,王正林. 精通 MATLAB 图像处理[M]. 2 版. 北京：电子工业出版社,2012.

[6]　秦襄培. MATLAB 图像处理与界面编程宝典[M]. 北京：电子工业出版社,2009.

[7]　王爱玲,叶明生,邓秋香. MATLAB R2007 图像处理处理技术与应用[M]. 北京：电子工业出版社,2007.

[8]　高成,等. MATLAB 图像处理与应用[M]. 2 版. 北京：国防工业出版社,2007.

[9]　陈天华. 数字图像处理[M]. 北京：清华大学出版社,2007.

[10]　赵小川. MATLAB 图像处理——能力提高与应用案例[M]. 北京：北京航空航天大学出版社,2014.

[11]　张德丰. 数字图像处理(MATLAB 版)[M]. 北京：人民邮电出版社,2009.

[12]　张倩,占君,陈珊. 详解 MATLAB 图像函数及其应用[M]. 北京：电子工业出版社,2011.

[13]　Gonzalez R C,Woods R E,Eddins S L. 数字图像处理的 MATLAB 实现[M]. 2 版. 阮秋琦,译. 北京：清华大学出版社,2012.

图 书 资 源 支 持

感谢您一直以来对清华版图书的支持和爱护。为了配合本书的使用，本书提供配套的资源，有需求的读者请扫描下方的"书圈"微信公众号二维码，在图书专区下载，也可以拨打电话或发送电子邮件咨询。

如果您在使用本书的过程中遇到了什么问题，或者有相关图书出版计划，也请您发邮件告诉我们，以便我们更好地为您服务。

我们的联系方式：

地　　址：北京海淀区双清路学研大厦 A 座 707

邮　　编：100084

电　　话：010－62770175－4604

资源下载：http://www.tup.com.cn

电子邮件：weijj@tup.tsinghua.edu.cn

QQ：883604(请写明您的单位和姓名)

用微信扫一扫右边的二维码，即可关注清华大学出版社公众号"书圈"。

资源下载、样书申请

书 圈